Álgebra Li

con métodos elementales

Álgebra Lineal
con métodos elementales

Luis M. Merino González
Evangelina Santos Aláez

Departamento de Álgebra
Universidad de Granada

Paraninfo

Paraninfo

Álgebra lineal con métodos elementales

Gerente Editorial Área Técnico-Vocacional:
María José López Raso

Asistente Editorial:
Alicia Cerviño González

Editora de Adquisiciones:
Carmen Lara Carmona

Producción:
Rafael García Jiménez

Diseño de cubierta:
Digraf

Preimpresión:
Merino Santos

1ª edición, 4ª impresión de 2010

Av. Filipinas, 50 Bajo A / 28003 Madrid, ESPAÑA
Teléfono: 902 995 240 / Fax: 914 456 218
clientes@paraninfo.es / www.paraninfo.es

ISBN: 978-84-9732-481-6
Depósito legal : M-34092-2010

(017/93/96)

Impreso en España / Printed in Spain
CLM, SL
Polígono Codeín
Fuenlabrada (Madrid)

A Pascual

Prólogo

El Álgebra Lineal es una materia habitual en la mayor parte de las carreras técnicas y científicas, y es también habitual que su presentación al alumno sea o demasiado abstracta, perdiendo en la efectividad de los cálculos, o un amplio recetario sin justificación que no dejará la suficiente huella en el alumno. Hemos pretendido encontrar un cierto equilibrio entre ambos caminos. Aún sin abandonar el esquema teorema-demostración, hemos hecho un esfuerzo por que el desarrollo teórico sea fácilmente comprensible para el alumno, sacrificando la elegancia formal de una presentación más teórica en aras de la sencillez y aplicabilidad de los métodos elementales. Las transformaciones elementales de matrices son protagonistas de todo el texto, tanto en lo referente a métodos de cálculo:

discusión y resolución de sistemas de ecuaciones,
cálculo del rango de una matriz,
cálculo de la matriz inversa,
determinación de las ecuaciones de un subespacio vectorial o de una variedad afín,
cálculo del núcleo y la imagen de una aplicación lineal,
cálculo de la signatura de una forma cuadrática,
cálculo de inversas laterales de una matriz,

como en el aspecto teórico, de forma que las transformaciones elementales no aparecen sólo como método de cálculo, sino en el centro mismo de la teoría.

Gran parte de las demostraciones son constructivas y hemos tratado de alcanzar el objetivo fijado en cada Capítulo de la forma más rápida posible. Los más de 200 ejemplos ayudan a la comprensión de las definiciones y a la asimilación de los métodos de cálculo que se proponen. Al final de cada Capítulo se presentan ejercicios resueltos y propuestos, algunos de los cuales (los marcados con *) han aparecido en diferentes exámenes de la Universidad de Granada, principalmente en los estudios de Ingeniería de Caminos C. y P. y Estadística.

En cuanto a los contenidos, el núcleo básico de la Teoría: sistemas de ecuaciones, matrices, determinantes, espacios vectoriales, aplicaciones lineales y diagonalización, lo conforman los Capítulos I y II y las Secciones III.1, III.2 y IV.1. A partir de este núcleo, pueden plantearse distintas elecciones en función de los objetivos y del tiempo disponible. La interdependencia de las distintas secciones responde al siguiente esquema:

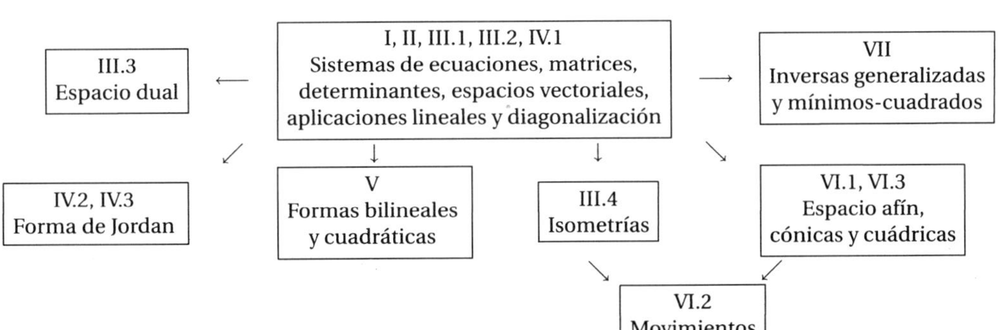

Notas a la nueva edición

Este libro es ya fruto de muchas andaduras. Primero fue nuestra dedicación a la docencia del Álgebra Lineal y las horas en el despacho común en las que disfrutamos debatiendo sobre la forma de presentar una materia tan popular. Luego, las observaciones, correcciones y colaboraciones de muchos de nuestros compañeros y alumnos; la lista es tan larga que sin duda olvidaríamos algún nombre esencial. Con algún que otro apoyo externo, conseguimos editar el libro por nuestros propios medios y comenzar una pequeña labor de difusión; los amigos, compañeros y antiguos alumnos hicieron una buena parte del trabajo y después se añadió la mano del librero Paco Pons, al que hemos llegado a considerar nuestro amigo. Hace poco llegó el ofrecimiento de Thomson-Paraninfo de hacerse cargo de una nueva edición. En cualquier caso, la mayor satisfacción que obtenemos del esfuerzo realizado es la constatación de que ha sido útil para otras personas, que les ayuda en su trabajo o que les facilita el aprendizaje. Esperamos que siga siendo así en esta nueva etapa.

Granada, enero de 2006

Contenidos

I

Sistemas de ecuaciones, matrices y determinantes

1. Sistemas de ecuaciones lineales

1.1. Ecuaciones lineales

Sea $\mathbb{K}$ un cuerpo, una **ecuación lineal** con coeficientes en $\mathbb{K}$ es una expresión de la forma:

$$a_1x_1 + \cdots + a_nx_n = b$$

donde los términos $a_1, \ldots, a_n$ son elementos (conocidos) de $\mathbb{K}$ y se llaman **coeficientes**; el término b es de nuevo un elemento de $\mathbb{K}$ y recibe el nombre de **término independiente**; y por último $x_1, \ldots, x_n$ son símbolos que llamaremos **incógnitas**. Para un número pequeño de incógnitas, será usual también denotarlas por las letras $x, y, z, t, \ldots$.
Nótese que en una ecuación lineal no pueden aparecer términos como una incógnita al cuadrado, el producto de dos incógnitas ni una función trigonométrica o logarítmica.

Ejemplo 1. *Las ecuaciones:*

$$2x + 5y = 0 \; ; \quad 3x - y + 7z = 13$$

son ecuaciones lineales, mientras las siguientes no lo son:

$$2x^2 + y = 5 \; ; \quad xy + z = 0 \; ; \quad sen(x) + y + z = 9$$

Una **solución** de una ecuación es una asignación de valores a las incógnitas de forma que se verifique la igualdad. Así, por ejemplo, para la ecuación $2x + 3y = 5$ (con coeficientes en $\mathbb{R}$) una solución es $x = 1$, $y = 1$; otra solución es $x = 0$, $y = \frac{5}{3}$.

1.2. Sistemas de ecuaciones lineales

A un conjunto de m ecuaciones lineales con las mismas incógnitas:

$$\left\{ \begin{array}{lcl} a_{11}x_1 + \cdots + a_{1n}x_n & = & b_1 \\ a_{21}x_1 + \cdots + a_{2n}x_n & = & b_2 \\ \ldots\ldots\ldots\ldots\ldots\ldots & & \ldots \\ a_{m1}x_1 + \cdots + a_{mn}x_n & = & b_m \end{array} \right.$$

se le llama **sistema de m ecuaciones lineales con n incógnitas**.
Llamaremos **solución** del sistema a cada asignación de valores a las incógnitas, digamos $x_1 = k_1, \ldots, x_n = k_n$ que sea solución de todas las ecuaciones del sistema, esto es: que haga verificarse todas las igualdades simultáneamente. Se dice también que $(k_1, \ldots, k_n)$ es solución del sistema. Se llama **solución general** del sistema al conjunto de todas las soluciones del sistema. Dos sistemas se dice que son **sistemas equivalentes** si tienen igual solución general, esto es: si tienen exactamente las mismas soluciones.

Ejemplo 2. *Una solución del sistema:*

$$\left\{ \begin{array}{lcl} x + y & = & 2 \\ x - y & = & 0 \end{array} \right.$$

es $x = 1, y = 1$ y es fácil comprobar que ésta es la única posible solución. Pero esto no ocurre siempre; así, por ejemplo el sistema:

$$\left\{\begin{array}{rcl} x+y & = & 2 \\ x+y & = & 3 \end{array}\right.$$

no tiene ninguna solución, mientras que el sistema:

$$\left\{\begin{array}{rcl} x+y & = & 2 \\ 2x+2y & = & 4 \end{array}\right.$$

tiene entre otras las soluciones $x = 1, y = 1; x = 0, y = 2$; de hecho, la solución general de este sistema es el conjunto: $\{(\lambda, 2-\lambda) \mid \lambda \in \mathbb{R}\}$.

1.3. Discusión de un sistema

Según su número de soluciones clasificaremos los sistemas de ecuaciones lineales de la siguiente forma: un sistema es **compatible** si tiene alguna solución, **compatible determinado** si tiene una única solución, **compatible indeterminado** si tiene más de una solución e **incompatible** si no tiene ninguna solución.

- Sistema compatible
  - Compatible determinado (si tiene solución única)
  - Compatible indeterminado (si tiene más de una solución)
- Sistema incompatible (si no tiene solución)

Al proceso de estudiar a cuál de estos tipos pertenece un sistema dado lo llamaremos **discutir** el sistema.

De un sistema de ecuaciones lineales se dice que es **homogéneo** si cada término independiente es cero:

$$\left\{\begin{array}{rcl} a_{11}x_1 + \cdots + a_{1n}x_n & = & 0 \\ a_{21}x_1 + \cdots + a_{2n}x_n & = & 0 \\ \multicolumn{3}{c}{\dotfill} \\ a_{m1}x_1 + \cdots + a_{mn}x_n & = & 0 \end{array}\right.$$

Cada sistema homogéneo admite la solución trivial $x_1 = 0, \ldots, x_n = 0$ y por tanto es siempre compatible. Será compatible determinado o indeterminado dependiendo de que sólo tenga la solución trivial o tenga además otras soluciones.

1.4. Método de Gauss-Jordan

Veamos ahora cómo resolver un sistema de ecuaciones lineales. La filosofía de los métodos de Gauss y Gauss-Jordan es simple: a partir de un sistema dado, conseguir otro con exactamente las mismas soluciones (es decir, un sistema equivalente) pero más simple y así sucesivamente hasta llegar a un sistema con las mismas soluciones que el de partida pero tan simple que éstas sean conocidas. Veámoslo en un ejemplo:

Ejemplo 3. *Consideremos el sistema:*

$$\left\{\begin{array}{rcrcrcl} 2x & + & 2y & + & 10z & = & 18 \\ 2x & + & 3y & + & 12z & = & 23 \\ & & 2y & + & 5z & = & 11 \end{array}\right.$$

Podemos simplificar la primera ecuación dividiéndola por 2 *(esto, evidentemente, no afecta a las soluciones del sistema):*

$$\left\{\begin{array}{rcrcrcl} x & + & y & + & 5z & = & 9 \\ 2x & + & 3y & + & 12z & = & 23 \\ & & 2y & + & 5z & = & 11 \end{array}\right.$$

Ahora, si restamos a la segunda ecuación la primera multiplicada por 2*, tenemos:*

$$\left\{\begin{array}{rcrcrcl} x & + & y & + & 5z & = & 9 \\ & & y & + & 2z & = & 5 \\ & & 2y & + & 5z & = & 11 \end{array}\right.$$

De igual forma, podemos restar a la tercera ecuación la segunda multiplicada por 2*:*

$$\left\{\begin{array}{rcrcrcl} x & + & y & + & 5z & = & 9 \\ & & y & + & 2z & = & 5 \\ & & & & z & = & 1 \end{array}\right.$$

Tenemos entonces lo que intuitivamente podemos llamar un sistema escalonado (concretaremos más adelante) y podemos seguir dos caminos en este momento: un primer camino, el método de Gauss, consistirá en hacer sustitución regresiva, esto es, sustituir en la segunda ecuación el valor obtenido para z: $y + 2 = 5$ *con lo cual* $y = 3$*; ahora sustituyendo en la primera ecuación:* $x + 3 + 5 = 9$ *con lo que* $x = 1$ *y tenemos el sistema resuelto. En el método de Gauss-Jordan, por contra, continuamos simplificando el sistema. Restamos ahora a la segunda ecuación la tercera multiplicada por* 2*, y a la primera la tercera multiplicada por* 5*:*

$$\left\{\begin{array}{rcrcrcl} x & + & y & & & = & 4 \\ & & y & & & = & 3 \\ & & & & z & = & 1 \end{array}\right.$$

y finalmente restamos la segunda ecuación a la primera:

$$\left\{\begin{array}{rrrcl} x & & & = & 1 \\ & y & & = & 3 \\ & & z & = & 1 \end{array}\right.$$

con lo que obtenemos ya la solución del sistema.

Evidentemente, será necesario aún concretar y profundizar bastante en este asunto; para empezar, hemos de comprobar que las transformaciones que se han hecho en el ejemplo anterior son "permisibles", esto es: que proporcionan sistemas de ecuaciones equivalentes al de partida.

PROPOSICIÓN

Si en un sistema de ecuaciones se intercambian dos ecuaciones, se multiplica una ecuación por un elemento no nulo del cuerpo o se suma a una ecuación otra multiplicada por un elemento del cuerpo, se obtiene un sistema de ecuaciones equivalente.

DEMOSTRACIÓN. La primera afirmación es evidente. La segunda se basa en que para elementos a, b, c de un cuerpo si $c \neq 0$, entonces $a = b$ si, y sólo si, $ac = bc$. Veamos pues la tercera de las afirmaciones. Consideremos el sistema

$$\left\{\begin{array}{rcl} a_{11}x_1 + \cdots + a_{1n}x_n & = & b_1 \\ \cdots\cdots\cdots\cdots\cdots & & \cdots \\ a_{i1}x_1 + \cdots + a_{in}x_n & = & b_i \\ \cdots\cdots\cdots\cdots\cdots & & \cdots \\ a_{j1}x_1 + \cdots + a_{jn}x_n & = & b_j \\ \cdots\cdots\cdots\cdots\cdots & & \cdots \\ a_{m1}x_1 + \cdots + a_{mn}x_n & = & b_m \end{array}\right. \quad (1)$$

y el sistema resultante de sumar k veces la j-ésima ecuación a la i-ésima ecuación

$$\left\{\begin{array}{rcl} a_{11}x_1 + \cdots + a_{1n}x_n & = & b_1 \\ \cdots\cdots\cdots\cdots\cdots & & \cdots \\ (a_{i1} + ka_{j1})x_1 + \cdots + (a_{in} + ka_{jn})x_n & = & b_i + kb_j \\ \cdots\cdots\cdots\cdots\cdots & & \cdots \\ a_{j1}x_1 + \cdots + a_{jn}x_n & = & b_j \\ \cdots\cdots\cdots\cdots\cdots & & \cdots \\ a_{m1}x_1 + \cdots + a_{mn}x_n & = & b_m \end{array}\right. \quad (2)$$

Hemos de probar que ambos tienen igual conjunto de soluciones. Supongamos que $x_1 = c_1, \ldots, x_n = c_n$ es solución de (1) y veamos que también es solución de (2). Puesto que ambos sistemas sólo difieren en la i-ésima ecuación, basta ver que $x_1 = c_1, \ldots, x_n = c_n$ verifica la i-ésima ecuación de (2). Ahora bien, por ser solución de (1) se tiene que:

$$\begin{array}{rcl} a_{i1}c_1 + \cdots + a_{in}c_n & = & b_i \\ a_{j1}c_1 + \cdots + a_{jn}c_n & = & b_j \end{array}$$

Multiplicando por k la segunda igualdad, y sumando:

$$(a_{i1}c_1 + \cdots + a_{in}c_n) + k(a_{j1}c_1 + \cdots + a_{jn}c_n) = b_i + kb_j$$

y de aquí:

$$(a_{i1} + ka_{j1})c_1 + \cdots + (a_{in} + ka_{jn})c_n = b_i + kb_j$$

Es decir $x_1 = c_1, \ldots, x_n = c_n$ es solución de (2) como queríamos probar. Recíprocamente, si $x_1 = c_1, \ldots, x_n = c_n$ es solución de (2), entonces:

$$\begin{array}{rcl} (a_{i1} + ka_{j1})c_1 + \cdots + (a_{in} + ka_{jn})c_n & = & b_i + kb_j \\ a_{j1}c_1 + \cdots + a_{jn}c_n & = & b_j \end{array}$$

y restando a la primera igualdad k veces la segunda:

$$a_{i1}c_1 + \cdots + a_{in}c_n = b_i$$

Esto es, $x_1 = c_1, \ldots, x_n = c_n$ es solución de (1). □

Algoritmo para convertir un sistema en escalonado reducido.
Lo siguiente que hemos de concretar es el método por el que se transforma un sistema en otro lo más simple posible:
Paso 1: Se lleva al primer lugar una ecuación con coeficiente no nulo para la incógnita x_1.
Paso 2: Se divide esta primera ecuación por el coeficiente de x_1 de forma que se obtenga coeficiente 1 para x_1.

Paso 3: Se elimina la incógnita x_1 de las restantes ecuaciones, restándoles la primera multiplicada por el número conveniente.
Con esto la incógnita x_1 aparecerá sólo en la primera ecuación:

$$\left\{\begin{array}{llllll} x_1 & +a_{12}x_2 & +\cdots & +a_{1n}x_n & = & b_1 \\ & a_{22}x_2 & +\cdots & +a_{2n}x_n & = & b_2 \\ & \cdots & \cdots & \cdots & \cdots & \cdots \\ & a_{m2}x_2 & +\cdots & +a_{mn}x_n & = & b_m \end{array}\right.$$

Ahora, se deja fija la primera ecuación y se repite el proceso (pasos 1, 2 y 3) para las restantes ecuaciones y la incógnita x_2:

$$\left\{\begin{array}{llllll} x_1 & +a_{12}x_2+ & \cdots\cdots & +a_{1n}x_n & = & b'_1 \\ & x_2+ & \cdots\cdots & +a_{2n}x_n & = & b'_2 \\ & & \cdots\cdots & \cdots & \cdots & \cdots \\ & & a_{m3}x_3 \quad +\ldots & +a_{mn}x_n & = & b'_m \end{array}\right.$$

Repitiendo el proceso mientras sea posible, obtendremos un **sistema escalonado** (la primera incógnita de cada ecuación tiene coeficiente 1 y no aparece en las siguientes). Además la ecuación $0 = 0$ es verificada por cualquier asignación de valores que se dé a las incógnitas y si aparece puede ser eliminada.

$$\left\{\begin{array}{llllll} x_1+ & a_{12}x_2+ & \cdots\cdots & +a_{1n}x_n & = & b''_1 \\ & x_2+ & \cdots\cdots & +a_{2n}x_n & = & b''_2 \\ & & \cdots\cdots & \cdots & \cdots & \\ & & x_r \quad +\ldots & +a_{rn}x_n & = & b''_r \end{array}\right.$$

Pero aún podemos simplificar más. Llamemos **incógnitas principales** a las incógnitas que aparecen como primera incógnita en alguna de las ecuaciones, e **incógnitas libres o secundarias** a las restantes (si las hay). Cada incógnita principal de una ecuación puede ser eliminada de las restantes y obtenemos así un **sistema de ecuaciones escalonado reducido** (cada incógnita que es la primera de una ecuación no aparece en las restantes ecuaciones).

Discusión y resolución de sistemas escalonados reducidos.

Sabemos ya simplificar un sistema hasta obtener un sistema escalonado reducido, pero no todos los sistemas escalonados reducidos son tan simples como el del ejemplo 3. Veamos los distintos casos que se nos pueden presentar:
Caso 1: Si aparece una ecuación del tipo $0 = b$ con $b \neq 0$, el sistema será incompatible, puesto que ninguna asignación de valores a las incógnitas puede ser solución de esta ecuación.
En el caso de que no aparezca la ecuación $0 = b$ con $b \neq 0$, se pueden dar dos posibilidades:
Caso 2: Si todas las incógnitas son principales, entonces siendo el sistema escalonado reducido, ha de ser forzosamente de la forma:

$$\left\{\begin{array}{lllll} x_1 & & & = & b_1 \\ & x_2 & & = & b_2 \\ & & \ddots & & \\ & & x_n & = & b_n \end{array}\right.$$

y es por tanto compatible determinado con solución única $x_1 = b_1, \ldots, x_n = b_n$.
Caso 3: Si existen incógnitas libres, entonces las incógnitas principales pueden despejarse en función de las libres y por tanto existe una solución del sistema para cada elección que se haga de las incógnitas libres. El sistema será, en consecuencia, compatible indeterminado, y la solución general del sistema se obtendrá asignando un parámetro a cada una de las incógnitas libres.

Ejemplo 4. *En el sistema escalonado reducido:*

$$\left\{\begin{array}{ccccccc} x & & & + & z & = & 1 \\ & & y & + & z & = & 1 \end{array}\right.$$

Las incógnitas x e y son principales y la incógnita z es libre. Despejando las incógnitas principales se obtiene:

$$\left\{\begin{array}{cccc} x & & = & 1 - z \\ & y & = & 1 - z \end{array}\right.$$

y por tanto las soluciones del sistema son: $x = 1 - \lambda,\ y = 1 - \lambda,\ z = \lambda$, donde λ varía entre todos los números reales.

2. Matrices. Transformaciones elementales

2.1. Matrices

Dado un cuerpo $\mathbb{K}$, una **matriz** de orden $m \times n$ con coeficientes en $\mathbb{K}$ es una “caja” de la forma:

$$A = \begin{pmatrix} a_{11} & a_{12} & \dots & a_{1n} \\ a_{21} & a_{22} & \dots & a_{2n} \\ \vdots & \vdots & \ddots & \vdots \\ a_{m1} & a_{m2} & \dots & a_{mn} \end{pmatrix}$$

constituida por mn elementos de $\mathbb{K}$ distribuidos en m filas y n columnas, de forma que denotamos por a_{ij} al elemento situado en la fila i, columna j. De forma reducida se expresa:

$$A = (a_{ij})_{i,j}$$

Ejemplo 5.

$$A = \begin{pmatrix} 1 & 2 & 9 \\ 2 & 7 & 5 \end{pmatrix}$$

es una matriz de orden 2×3 *(esto es: tiene* 2 *filas y* 3 *columnas) y* a_{13} *es el elemento que se encuentra en la primera fila, tercera columna, es decir* $a_{13} = 9$.

Dos matrices son iguales si tienen igual orden e iguales elementos en cada una de sus posiciones.

Ejemplo 6. *Las matrices*

$$A = \begin{pmatrix} a & 2 & 3 \\ 4 & 5 & 6 \end{pmatrix} \text{ y } B = \begin{pmatrix} 1 & 2 & 3 \\ 4 & 5 & b \end{pmatrix}$$

son iguales si, y sólo si, $a = 1$ *y* $b = 6$.
Las matrices

$$A = \begin{pmatrix} 1 & 2 & 3 \\ 4 & 5 & 6 \end{pmatrix} \text{ y } C = \begin{pmatrix} 1 & 2 & 3 \\ 4 & 5 & 6 \\ 0 & 0 & 0 \end{pmatrix}$$

no son iguales puesto que tienen distinto orden.

De una matriz con una única fila diremos que es una **matriz fila** y de una matriz con una única columna que es una **matriz columna**. Una matriz es **cuadrada** si tiene igual número de filas que de columnas, esto es: si es de orden $n \times n$ para algún n.
Al conjunto de todas las matrices de orden $m \times n$ con coeficientes en el cuerpo $\mathbb{K}$ lo denotaremos por $\mathfrak{M}_{m\times n}(\mathbb{K})$. Para el caso en que $m = n$ escribiremos simplemente $\mathfrak{M}_n(\mathbb{K})$ en lugar de $\mathfrak{M}_{n\times n}(\mathbb{K})$. Así, por ejemplo, $\mathfrak{M}_3(\mathbb{R})$ designará al conjunto de todas las matrices cuadradas de orden 3 con coeficientes en el cuerpo $\mathbb{R}$ de los números reales, mientras que $\mathfrak{M}_{2\times 3}(\mathbb{Q})$ será el conjunto de todas las matrices de 2 filas y 3 columnas con coeficientes en el cuerpo de los racionales.
Para una matriz A, llamaremos **submatriz** de A a cada matriz que se obtenga de ella suprimiendo algunas de sus filas y columnas.

2.2. Matrices triangulares y diagonales

Dada una matriz cuadrada $A = (a_{ij})_{i,j} \in \mathfrak{M}_n(\mathbb{K})$, los elementos $a_{11}, a_{22}, \ldots, a_{nn}$ constituyen su **diagonal principal**. Se dice que A es una **matriz diagonal** si todos los elementos fuera de su diagonal principal son cero (esto es: $a_{ij} = 0, \ \forall i \neq j$):

$$A = \begin{pmatrix} a_{11} & 0 & \ldots & 0 \\ 0 & a_{22} & \ldots & 0 \\ \vdots & \vdots & \ddots & \vdots \\ 0 & 0 & \ldots & a_{nn} \end{pmatrix}$$

A es **triangular superior** si todos los elementos por debajo de su diagonal son cero ($a_{ij} = 0, \ \forall i > j$) y **triangular inferior** si todos los elementos por encima de su diagonal son cero ($a_{ij} = 0, \ \forall i < j$)

Triangular superior	Triangular inferior
$\begin{pmatrix} a_{11} & a_{12} & \ldots & a_{1n} \\ 0 & a_{22} & \ldots & a_{2n} \\ \vdots & \vdots & \ddots & \vdots \\ 0 & 0 & \ldots & a_{nn} \end{pmatrix}$	$\begin{pmatrix} a_{11} & 0 & \ldots & 0 \\ a_{21} & a_{22} & \ldots & 0 \\ \vdots & \vdots & \ddots & \vdots \\ a_{n1} & a_{n2} & \ldots & a_{nn} \end{pmatrix}$

Llamaremos **matriz identidad** de orden n a la matriz cuadrada I_n que tiene 1 en los elementos de su diagonal principal y 0 en las restantes posiciones:

$$I_n = \begin{pmatrix} 1 & 0 & \ldots & 0 \\ 0 & 1 & \ldots & 0 \\ \vdots & \vdots & \ddots & \vdots \\ 0 & 0 & \ldots & 1 \end{pmatrix}$$

Utilizando el símbolo de Kronecker δ_{ij} que vale 1 si $i = j$ y 0 en caso contrario, podemos describir la matriz identidad en la forma $I_n = (\delta_{ij})_{i,j}$.
Por último, se llama **traza** de la matriz cuadrada A y se denota por $tr(A)$ a la suma de los elementos de su diagonal principal, esto es: $tr(A) = a_{11} + \cdots + a_{nn}$.

2.3. Matrices escalonadas reducidas

Sea $A \in \mathfrak{M}_{m\times n}(\mathbb{K})$ una matriz. Llamaremos **pivote** (o término líder) de una fila (o columna) de A al primer elemento no nulo de dicha fila (o columna), si es que hay alguno. La matriz A se dice que es **escalonada por filas** si verifica las siguientes condiciones:

1. Si A tiene filas compuestas enteramente por ceros (filas nulas), éstas están agrupadas en la parte inferior de la matriz.

2. El pivote de cada fila no nula es 1.

3. El pivote de cada fila no nula está a la derecha del de la fila anterior.

4. Los elementos que aparecen en la misma columna que el pivote de una fila y debajo de él, son todos cero.

A es **escalonada reducida por filas** si además de ser escalonada verifica:

4'. Los elementos que aparecen en la misma columna que el pivote de una fila son todos cero.

Ejemplo 7. *Consideremos las siguientes matrices en las que se han recuadrado los pivotes de cada fila:*

$$A = \begin{pmatrix} \boxed{2} & 0 & 0 & 5 \\ 0 & \boxed{1} & 0 & -2 \\ 0 & 0 & \boxed{1} & 4 \end{pmatrix}; \; B = \begin{pmatrix} \boxed{1} & 0 & 0 & 5 \\ 0 & \boxed{1} & 0 & -2 \\ 0 & \boxed{1} & 1 & 4 \end{pmatrix}$$

$$C = \begin{pmatrix} \boxed{1} & 0 & 0 & 5 \\ 0 & \boxed{1} & 1 & -2 \\ 0 & 0 & \boxed{1} & 4 \end{pmatrix}; \; D = \begin{pmatrix} \boxed{1} & 0 & 0 & 5 \\ 0 & \boxed{1} & 0 & -2 \\ 0 & 0 & \boxed{1} & 4 \end{pmatrix}$$

A no es escalonada por filas puesto que el pivote de la primera fila no es un 1. B no es escalonada por filas puesto que los pivotes de la segunda y tercera fila no están uno a la derecha del otro. C es escalonada por filas pero no reducida, ya que en la tercera columna deberían ser cero todos los elementos salvo el pivote de la tercera fila. Por último D es escalonada reducida por filas.

De forma análoga se definen los conceptos de matriz escalonada y escalonada reducida por columnas; la matriz A es **escalonada por columnas** si verifica:

1. Si A tiene columnas compuestas enteramente por ceros éstas son las últimas columnas de la matriz.

2. El pivote de cada columna no nula es 1.

3. El pivote de cada columna no nula está más abajo que el de la fila anterior.

4. Los elementos que aparecen en la misma fila que el pivote de una columna y a la derecha de él, son todos cero.

A es **escalonada reducida por columnas** si además de ser escalonada verifica:

4'. Los elementos que aparecen en la misma fila que el pivote de una columna son todos cero.

Veamos algunos ejemplos:

Ejemplo 8. *Consideremos las siguientes matrices en las que se han recuadrado los pivotes de cada columna:*

$$E = \begin{pmatrix} \boxed{1} & 0 & 0 \\ 0 & \boxed{1} & 0 \\ 3 & 1 & 0 \\ 0 & 0 & \boxed{1} \end{pmatrix}; \; F = \begin{pmatrix} \boxed{1} & 0 & 0 \\ 0 & \boxed{1} & \boxed{1} \\ 3 & 1 & 0 \\ 0 & 0 & 1 \end{pmatrix}; \; G = \begin{pmatrix} \boxed{1} & 0 & 0 \\ 0 & \boxed{1} & 0 \\ 3 & 1 & \boxed{1} \\ 0 & 0 & 0 \end{pmatrix}$$

E es escalonada reducida por columnas, F no es escalonada por columnas y G es escalonada por columnas pero no reducida.

2.4. Forma normal de Hermite

Nuestro siguiente objetivo será transformar de alguna forma cada matriz en una escalonada reducida. Para ello, establecemos primero qué tipos de transformaciones consideraremos válidas. Para simplificar, utilizaremos el nombre de **escalar** para referirnos a los elementos del cuerpo que se esté considerando.
Llamamos **transformaciones elementales de filas** a cada una de las de los siguientes tipos:

Tipo I: Intercambiar la posición de dos filas.
Tipo II: Multiplicar todos los elementos de una fila por un escalar no nulo.
Tipo III: Sumar a una fila otra multiplicada por un escalar.

Diremos que dos matrices A y B son **equivalentes por filas** , y lo denotaremos por $A \sim_f B$, si se puede pasar de una a otra por medio de una sucesión de transformaciones elementales de filas. Puesto que evidentemente el proceso inverso de una transformación elemental es otra transformación elemental, es fácil ver que ser equivalentes por filas es una relación de equivalencia, esto es:

LEMA

Para cualesquiera matrices A, B y C en $\mathfrak{M}_{m\times n}(\mathbb{K})$, se verifica:
1. $A \sim_f A$.
2. $A \sim_f B \Leftrightarrow B \sim_f A$.
3. *Si* $A \sim_f B$ *y* $B \sim_f C$, *entonces* $A \sim_f C$.

El siguiente resultado técnico nos será de gran utilidad:

LEMA

Sean A y B dos matrices escalonadas reducidas por filas. Si A y B son equivalentes por filas, entonces $A = B$.

DEMOSTRACIÓN. Veámoslo por inducción sobre el número de columnas n.
Para $n = 1$, si $A = 0$ entonces siendo A y B equivalentes por filas ha de ser forzosamente $B = 0$. Si $A, B \neq 0$, siendo escalonadas han de ser necesariamente:

$$A = \begin{pmatrix} 1 \\ 0 \\ \vdots \\ 0 \end{pmatrix} = B$$

Supongamos ahora que el enunciado es cierto para $n-1$ y comprobémoslo para n. Llamemos A_1 y B_1 a las matrices que se obtienen de A y B eliminando la última columna. Por ser $A \sim_f B$ se tiene que $A_1 \sim_f B_1$ y aplicando la hipótesis de inducción se obtiene que $A_1 = B_1$. Queda comprobar que también las últimas columnas de A y B son iguales. Pueden darse dos casos, que la última columna de A contenga un pivote 1, en cuyo caso los restantes elementos han de ser cero, por ser A escalonada reducida:

$$\begin{pmatrix} 0 \\ \vdots \\ 1 \\ \vdots \\ 0 \end{pmatrix}$$

En este caso, es fácil ver que también B ha de tener un pivote 1 en la misma posición y por tanto estas últimas columnas de A y B son iguales. Si las últimas columnas de A y B no contienen ningún pivote, entonces A y B tienen el mismo número de pivotes, r, y situados en idénticas posiciones (están todos en $A_1 = B_1$) de las r primeras filas. Además, en la última columna de cada matriz sólo pueden aparecer elementos distintos de cero en las filas correspondientes a pivotes, esto es, las r primeras, así que serán de la forma:

$$\begin{pmatrix} a_{1n} \\ \vdots \\ a_{rn} \\ \vdots \\ 0 \end{pmatrix} \quad ; \quad \begin{pmatrix} b_{1n} \\ \vdots \\ b_{rn} \\ \vdots \\ 0 \end{pmatrix}$$

Puesto que B se obtiene de A por transformaciones elementales de filas, cada fila no nula de B será igual a una suma de las filas no nulas de A multiplicada cada una por un escalar; para cada $1 \leq i \leq r$:

$$b_{ij} \quad = \quad k_1 a_{1j} + \cdots + k_r a_{rj} \qquad j = 1, \ldots, n \tag{2.1}$$

Si j_i es la columna en la que aparece el pivote de la fila i, entonces todos los elementos en ella son cero excepto $a_{ij_i} = b_{ij_i} = 1$ y por tanto de la relación anterior queda

$$1 = b_{ij_i} \quad = \quad k_1 0 + \cdots + k_i 1 + \cdots + k_r 0$$

con lo que $k_i = 1$. Por otra parte, para las columnas $j \neq j_i$ en las que hay un pivote, digamos en la posición lj, éste es el único elemento no nulo y entonces

$$0 = b_{ij} \quad = \quad k_1 0 + \cdots + k_l 1 + \cdots + k_r 0$$

por tanto $k_l = 0$ para todo $l \neq i$.
Sustituyendo en (2.1) se obtiene: $a_{in} = b_{in}$, para cada i y tenemos el resultado. □

TEOREMA

Cada matriz es equivalente por filas a una única matriz escalonada reducida por filas.

DEMOSTRACIÓN. Veamos un método explícito para obtener, por medio de transformaciones elementales de filas, una matriz escalonada reducida:
Paso 1. Se lleva al primer lugar una fila con primer coeficiente no nulo (si todos son cero, se considera el segundo coeficiente y así sucesivamente).
Paso 2. Si esta primera fila tiene pivote a, se multiplica por $\frac{1}{a}$ de forma que se obtenga pivote 1.
Paso 3. A cada una de las restantes filas se le hace 0 el primer coeficiente sumándole la primera multiplicada por el escalar conveniente.
Ahora, se deja fija la primera fila y se aplican los pasos 1, 2 y 3 para las restantes filas con el siguiente coeficiente, y así sucesivamente hasta conseguir una matriz escalonada.
Finalmente, con el pivote 1 de cada fila no nula se hace 0 el término correspondiente de todas las anteriores, con lo que la matriz resultante será escalonada reducida.
La unicidad se obtiene del Lema anterior: si A es equivalente por filas a dos matrices escalonadas reducidas H_1 y H_2, entonces H_1 y H_2 son equivalentes por filas y entonces $H_1 = H_2$. □

Dada una matriz $A \in \mathfrak{M}_{m\times n}(\mathbb{K})$, llamaremos **forma normal de Hermite por filas** (o forma escalonada reducida por filas) de A a la única matriz escalonada reducida por filas que se obtiene de A por transformaciones elementales de filas. De forma similar se define la **forma normal de Hermite por columnas** de una matriz, y se prueba su existencia y unicidad. Observemos que aunque la forma de Hermite es única, se puede llegar a ella por diversos caminos sin necesidad de seguir exactamente el algoritmo anterior (ver ejemplo 9).

2.5. Rango de una matriz

Dada una matriz $A \in \mathfrak{M}_{m\times n}(\mathbb{K})$, llamaremos **rango** de A y lo denotaremos por $rg(A)$ al número de filas no nulas de su forma normal de Hermite por filas (o lo que es igual: el número de pivotes).

PROPOSICIÓN

Si A es de orden $m \times n$, entonces $rg(A) \leq min\{m, n\}$.

DEMOSTRACIÓN. Evidentemente, por su propia definición, el rango de A es menor o igual al número de filas de A. Por otra parte, si $rg(A) = r$ entonces en cada una de las r filas no nulas de su forma de Hermite habrá un 1 como término líder, con lo cual H (y en consecuencia A) habrá de tener al menos r columnas, es decir: $rg(A) \leq n$. □

Ejemplo 9. *Consideremos la matriz:*

$$A = \begin{pmatrix} 3 & 6 & -5 & 0 \\ 1 & 1 & 2 & 9 \\ 2 & 4 & 3 & 1 \end{pmatrix}$$

Entonces:

$$\begin{pmatrix} 3 & 6 & -5 & 0 \\ 1 & 1 & 2 & 9 \\ 2 & 4 & -3 & 1 \end{pmatrix} \sim_f \begin{pmatrix} 1 & 1 & 2 & 9 \\ 3 & 6 & -5 & 0 \\ 2 & 4 & -3 & 1 \end{pmatrix} \sim_f \begin{pmatrix} 1 & 1 & 2 & 9 \\ 0 & 3 & -11 & -27 \\ 2 & 4 & -3 & 1 \end{pmatrix} \sim_f$$

$$\begin{pmatrix} 1 & 1 & 2 & 9 \\ 0 & 3 & -11 & -27 \\ 0 & 2 & -7 & -17 \end{pmatrix} \sim_f \begin{pmatrix} 1 & 1 & 2 & 9 \\ 0 & 2 & -7 & -17 \\ 0 & 3 & -11 & -27 \end{pmatrix} \sim_f \begin{pmatrix} 1 & 1 & 2 & 9 \\ 0 & 1 & -\frac{7}{2} & -\frac{17}{2} \\ 0 & 3 & -11 & -27 \end{pmatrix} \sim_f$$

$$\begin{pmatrix} 1 & 1 & 2 & 9 \\ 0 & 1 & -\frac{7}{2} & -\frac{17}{2} \\ 0 & 0 & -\frac{1}{2} & -\frac{3}{2} \end{pmatrix} \sim_f \begin{pmatrix} 1 & 1 & 2 & 9 \\ 0 & 1 & -\frac{7}{2} & -\frac{17}{2} \\ 0 & 0 & 1 & 3 \end{pmatrix} \sim_f \begin{pmatrix} 1 & 0 & \frac{11}{2} & \frac{35}{2} \\ 0 & 1 & -\frac{7}{2} & -\frac{17}{2} \\ 0 & 0 & 1 & 3 \end{pmatrix} \sim_f$$

$$\begin{pmatrix} 1 & 0 & 0 & 1 \\ 0 & 1 & -\frac{7}{2} & -\frac{17}{2} \\ 0 & 0 & 1 & 3 \end{pmatrix} \sim_f \begin{pmatrix} 1 & 0 & 0 & 1 \\ 0 & 1 & 0 & 2 \\ 0 & 0 & 1 & 3 \end{pmatrix}$$

Luego la forma normal de Hermite por filas de A es:

$$H = \begin{pmatrix} 1 & 0 & 0 & 1 \\ 0 & 1 & 0 & 2 \\ 0 & 0 & 1 & 3 \end{pmatrix}$$

y el rango de A es 3.

Notemos que para calcular el rango de una matriz A no es necesario calcular su forma normal de Hermite, sino que es suficiente llegar a una matriz escalonada equivalente por filas con A, ya que en el proceso de pasar de una matriz escalonada a una escalonada reducida no cambia el número de filas no nulas.

2.6. Matrices y sistemas de ecuaciones

Dado un sistema de m ecuaciones lineales con n incógnitas:

$$\left\{\begin{array}{lcl} a_{11}x_1 + \cdots + a_{1n}x_n & = & b_1 \\ a_{21}x_1 + \cdots + a_{2n}x_n & = & b_2 \\ \multicolumn{3}{c}{\dotfill} \\ a_{m1}x_1 + \cdots + a_{mn}x_n & = & b_m \end{array}\right.$$

llamaremos **matriz de coeficientes** del sistema a la matriz de orden $m \times n$:

$$A = \begin{pmatrix} a_{11} & a_{12} & \dots & a_{1n} \\ a_{21} & a_{22} & \dots & a_{2n} \\ \vdots & \vdots & \ddots & \vdots \\ a_{m1} & a_{m2} & \dots & a_{mn} \end{pmatrix}$$

y llamaremos **matriz ampliada** del sistema a la matriz de orden $m \times (n+1)$:

$$(A|B) = \begin{pmatrix} a_{11} & a_{12} & \dots & a_{1n} & b_1 \\ a_{21} & a_{22} & \dots & a_{2n} & b_2 \\ \vdots & \vdots & \ddots & \vdots & \vdots \\ a_{m1} & a_{m2} & \dots & a_{mn} & b_m \end{pmatrix}$$

Ejemplo 10. *El sistema*

$$\left\{\begin{array}{rrrcl} 2x & +3y & +4z & = & 0 \\ x & +2y & & = & 6 \\ & 3y & +5z & = & 1 \end{array}\right.$$

tiene matriz de coeficientes y matriz ampliada:

$$A = \begin{pmatrix} 2 & 3 & 4 \\ 1 & 2 & 0 \\ 0 & 3 & 5 \end{pmatrix}, \quad (A|B) = \begin{pmatrix} 2 & 3 & 4 & 0 \\ 1 & 2 & 0 & 6 \\ 0 & 3 & 5 & 1 \end{pmatrix}$$

El siguiente resultado resume el método de Gauss-Jordan:

PROPOSICIÓN

Dado un sistema de ecuaciones lineales con matriz ampliada $(A|B)$, si H es la forma normal de Hermite por filas de $(A|B)$, entonces el sistema cuya matriz ampliada es H es un sistema escalonado reducido equivalente al de partida.

DEMOSTRACIÓN. Puesto que la forma de Hermite por filas H se obtiene de $(A|B)$ por transformaciones elementales de filas, bastará probar que las transformaciones elementales no afectan a la solución general del sistema. Ahora bien, si aplicamos una transformación elemental de primer tipo, lo que estamos haciendo es intercambiar dos ecuaciones; si la transformación elemental es de tipo II, estaremos multiplicando una ecuación por un escalar no nulo y finalmente si es de tipo III lo que haremos será sumar a una ecuación, otra multiplicada por un escalar. Como vimos en la sección anterior, estas transformaciones proporcionan sistemas equivalentes al de partida. □

Ejemplo 11. *El sistema*

$$\begin{cases} 3x+6y-5z &= 0 \\ x+y+2z &= 9 \\ 2x+4y-3z &= 1 \end{cases}$$

tiene matriz ampliada

$$(A|B) = \begin{pmatrix} 3 & 6 & -5 & 0 \\ 1 & 1 & 2 & 9 \\ 2 & 4 & -3 & 1 \end{pmatrix}$$

cuya forma normal de Hermite es (la calculamos en el ejemplo 9):

$$H = \begin{pmatrix} 1 & 0 & 0 & 1 \\ 0 & 1 & 0 & 2 \\ 0 & 0 & 1 & 3 \end{pmatrix}$$

Así pues, el sistema de partida es equivalente (tiene las mismas soluciones) al sistema

$$\begin{cases} x & & &= 1 \\ & y & &= 2 \\ & & z &= 3 \end{cases}$$

que evidentemente es compatible determinado con solución única: $x = 1, y = 2, z = 3$.

TEOREMA (Teorema de Rouché-Frobenius)

Dado un sistema de m *ecuaciones lineales con* n *incógnitas con matriz de coeficientes* A *y matriz ampliada* $(A|B)$ *se verifica:*

1. *El sistema es compatible si, y sólo si,* $rg(A) = rg(A|B)$.
2. *El sistema es compatible determinado si, y sólo si,* $rg(A) = rg(A|B) = n$.

DEMOSTRACIÓN. Sea H la forma de Hermite por filas de $(A|B)$, entonces la forma de Hermite de A será la matriz H' que se obtiene de H eliminando la última columna. Como ya sabemos el sistema es compatible si, y sólo si, en su forma escalonada reducida no aparece la ecuación $0 = b$ con $b \neq 0$, es decir si H' y H tienen el mismo número de filas no nulas o equivalentemente si $rg(A) = rg(A|B)$.
Ahora, si $rg(A) = rg(A|B) = r$ entonces existen r incógnitas principales, y el sistema será compatible determinado si, y sólo si, todas las incógnitas son principales, es decir, cuando $r = n$.
□

3. Operaciones con matrices

Las matrices, que hemos usado hasta ahora para los sistemas de ecuaciones lineales, tienen además otras muchas aplicaciones como se verá más adelante. En esta sección estudiaremos la aritmética de matrices.

3.1. Suma de matrices

Dadas dos matrices de igual orden $m \times n$, $A = (a_{ij})_{i,j}$ y $B = (b_{ij})_{i,j}$, se define su suma como la matriz de orden también $m \times n$ dada por:

$$A + B = (a_{ij} + b_{ij})_{i,j} = \begin{pmatrix} a_{11} + b_{11} & a_{12} + b_{12} & \dots & a_{1n} + b_{1n} \\ a_{21} + b_{21} & a_{22} + b_{22} & \dots & a_{2n} + b_{2n} \\ \vdots & \vdots & \ddots & \vdots \\ a_{m1} + b_{m1} & a_{m2} + b_{m2} & \dots & a_{mn} + b_{mn} \end{pmatrix}$$

Esto es, la suma de las matrices A y B es la matriz que en la posición ij tiene al elemento $a_{ij} + b_{ij}$, suma de los correspondientes elementos de A y B. Nótese que la suma de matrices sólo está definida para matrices de igual orden.

Ejemplo 12.

$$\begin{pmatrix} 2 & 3 \\ 0 & 1 \end{pmatrix} + \begin{pmatrix} 0 & 1 \\ 3 & 5 \end{pmatrix} = \begin{pmatrix} 2 & 4 \\ 3 & 6 \end{pmatrix}$$

Esta operación verifica las siguientes propiedades:

Propiedades de la suma de matrices

$(\mathfrak{M}_{m\times n}(\mathbb{K}), +)$ es un grupo abeliano. Esto es, la suma de matrices verifica las propiedades:

Asociativa: $A + (B + C) = (A + B) + C;\ \ \forall A, B, C \in \mathfrak{M}_{m\times n}(\mathbb{K})$.

Conmutativa: $A + B = B + A;\ \ \forall A, B, \in \mathfrak{M}_{m\times n}(\mathbb{K})$.

Elemento neutro: $\exists\, 0 \in \mathfrak{M}_{m\times n}(\mathbb{K})\ /\ A + 0 = 0 + A = A;\ \ \forall A \in \mathfrak{M}_{m\times n}(\mathbb{K})$.

Elementos simétricos: $\forall A \in \mathfrak{M}_{m\times n}(\mathbb{K});\ \exists -A \in \mathfrak{M}_{m\times n}(\mathbb{K})\ /\ A + (-A) = (-A) + A = 0$.

DEMOSTRACIÓN. Pongamos $A = (a_{ij})_{i,j},\ B = (b_{ij})_{i,j},\ C = (c_{ij})_{i,j}$. Entonces:
1. $A + (B + C) = (a_{ij})_{i,j} + (b_{ij} + c_{ij})_{i,j} = (a_{ij} + [b_{ij} + c_{ij}])_{i,j} = ([a_{ij} + b_{ij}] + c_{ij})_{i,j} = (a_{ij} + b_{ij})_{i,j} + (c_{ij})_{i,j} = (A + B) + C$.
2. $A + B = (a_{ij} + b_{ij})_{i,j} = (b_{ij} + a_{ij})_{i,j} = B + A$.
3. Considerando la matriz $0 = (0)_{i,j}$ (la matriz enteramente formada por ceros) se tiene: $A + 0 = (a_{ij})_{i,j} + (0)_{i,j} = (a_{ij} + 0)_{i,j} = (a_{ij})_{i,j} = A$.
4. Considerando ahora $-A = (-a_{ij})_{i,j}$, se tiene: $A + (-A) = (a_{ij} + [-a_{ij}])_{i,j} = (0)_{i,j} = 0$. □

3.2. Producto de un escalar por una matriz

Dada una matriz $A = (a_{ij})_{i,j} \in \mathfrak{M}_{m\times n}(\mathbb{K})$ y dado un escalar $\alpha \in \mathbb{K}$, se define su producto como la matriz de orden $m \times n$

$$\alpha A = A\alpha = (\alpha a_{ij})_{i,j} = \begin{pmatrix} \alpha a_{11} & \alpha a_{12} & \dots & \alpha a_{1n} \\ \alpha a_{21} & \alpha a_{22} & \dots & \alpha a_{2n} \\ \vdots & \vdots & \ddots & \vdots \\ \alpha a_{m1} & \alpha a_{m2} & \dots & \alpha a_{mn} \end{pmatrix}$$

Ejemplo 13. *Si consideramos la matriz:*

$$A = \begin{pmatrix} 1 & 0 & 5 \\ 3 & 5 & -1 \\ 2 & 1 & 0 \end{pmatrix}$$

entonces:

$$2A = \begin{pmatrix} 2 & 0 & 10 \\ 6 & 10 & -2 \\ 4 & 2 & 0 \end{pmatrix} \quad ; \quad (-0{,}5)A = \begin{pmatrix} -0{,}5 & 0 & -2{,}5 \\ -1{,}5 & -2{,}5 & 0{,}5 \\ -1 & -0{,}5 & 0 \end{pmatrix}$$

Propiedades del producto por escalares

El producto de un escalar por una matriz verifica las siguientes propiedades:

Distributiva respecto de la suma de escalares:
$(\alpha + \beta)A = \alpha A + \beta A;\ \forall \alpha, \beta \in \mathbb{K};\ \forall A \in \mathfrak{M}_{m\times n}(\mathbb{K})$.

Distributiva respecto de la suma de matrices:
$\alpha(A + B) = \alpha A + \alpha B;\ \forall \alpha \in \mathbb{K};\ \forall A, B \in \mathfrak{M}_{m\times n}(\mathbb{K})$.

Pseudoasociativa: $(\alpha\beta)A = \alpha(\beta A);\ \forall \alpha, \beta \in \mathbb{K};\ \forall A \in \mathfrak{M}_{m\times n}(\mathbb{K})$.

Ley de identidad: $1A = A;\ \forall A \in \mathfrak{M}_{m\times n}(\mathbb{K})$.

DEMOSTRACIÓN. Pongamos $A = (a_{ij})_{i,j}$, $B = (b_{ij})_{i,j}$. Entonces:
1. $[\alpha+\beta]A = [\alpha+\beta](a_{ij})_{i,j} = ([\alpha+\beta]a_{ij})_{i,j} = ([\alpha a_{ij}] + [\beta a_{ij}])_{i,j} = (\alpha a_{ij})_{i,j} + (\beta a_{ij})_{i,j} = \alpha A + \beta A$.
2. $\alpha(A+B) = \alpha(a_{ij}+b_{ij})_{i,j} = (\alpha[a_{ij}+b_{ij}])_{i,j} = ([\alpha a_{ij}]+[\alpha b_{ij}])_{i,j} = (\alpha a_{ij})_{i,j}+(\alpha b_{ij})_{i,j} = \alpha A+\alpha B$.
3. $(\alpha\beta)A = ([\alpha\beta]a_{ij})_{i,j} = (\alpha[\beta a_{ij}])_{i,j} = \alpha(\beta a_{ij})_{i,j} = \alpha(\beta A)$.
4. $1A = (1a_{ij})_{i,j} = (a_{ij})_{i,j} = A$. □

3.3. Producto de matrices

Dadas matrices A y B en las siguientes condiciones:

$$A = (a_{ik})_{i,k} \in \mathfrak{M}_{m\times p}(\mathbb{K}) \text{ (m filas y p columnas)}$$

$$B = (b_{kj})_{k,j} \in \mathfrak{M}_{p\times n}(\mathbb{K}) \text{ (p filas y n columnas)}$$

se define su producto como la matriz

$$AB = (c_{ij})_{i,j} \in \mathfrak{M}_{m\times n}(\mathbb{K}) \text{ (m filas y n columnas)}$$

donde:

$$c_{ij} = \sum_{k=1}^{p} a_{ik}b_{kj} = a_{i1}b_{1j} + a_{i2}b_{2j} + \cdots + a_{ip}b_{pj}$$

Así pues, el producto de dos matrices A y B sólo está definido cuando el número de columnas de A es igual al número de filas de B y, en tal caso, la matriz producto resultante tiene tantas filas como A y tantas columnas como B. Gráficamente:

$$\boxed{\begin{matrix} A & \cdot & B & = & C \\ m \times p & & p \times n & & m \times n \end{matrix}}$$

El elemento c_{ij} que ocupa el lugar i, j en AB se obtiene a partir de la fila i-ésima de A y la columna j-ésima de B (que han de tener igual número de elementos, en este caso p)

$$\begin{pmatrix} a_{11} & \cdots & a_{1p} \\ \vdots & & \vdots \\ \boxed{a_{i1} \ \cdots \ a_{ip}} \\ \vdots & & \vdots \\ a_{m1} & \cdots & a_{mp} \end{pmatrix} \cdot \begin{pmatrix} b_{11} & \cdots & \boxed{b_{1j}} & \cdots & a_{1n} \\ \vdots & & \vdots & & \vdots \\ b_{p1} & \cdots & \boxed{b_{pj}} & \cdots & b_{pn} \end{pmatrix} = \begin{pmatrix} c_{11} & \cdots & c_{1j} & \cdots & a_{1n} \\ \vdots & & \vdots & & \vdots \\ c_{i1} & \cdots & \boxed{c_{ij}} & \cdots & c_{in} \\ \vdots & & \vdots & & \vdots \\ c_{m1} & \cdots & c_{mj} & \cdots & c_{mn} \end{pmatrix}$$

Veamos un ejemplo:

Ejemplo 14. *Consideremos el producto*

$$\begin{pmatrix} 2 & 3 & 1 \\ 0 & 1 & 2 \end{pmatrix} \begin{pmatrix} 0 & 1 & 1 & 2 \\ 3 & 5 & 0 & 1 \\ 0 & 1 & 2 & 3 \end{pmatrix}$$

en este caso:

$$\begin{matrix} A & \cdot & B & = & C \\ 2 \times 3 & & 3 \times 4 & & 2 \times 4 \end{matrix}$$

luego el producto está definido y el resultado será una matriz de orden 2×4. *Denotando a la matriz producto por:*

$$\begin{pmatrix} c_{11} & c_{12} & c_{13} & c_{14} \\ c_{21} & c_{22} & c_{23} & c_{24} \end{pmatrix}$$

el elemento c_{11} *se obtiene de la primera fila de* A *y la primera columna de* B:

$$\boxed{2 \quad 3 \quad 1} \qquad \boxed{\begin{matrix} 0 \\ 3 \\ 0 \end{matrix}}$$

Así pues

$$c_{11} = 2 \cdot 0 + 3 \cdot 3 + 1 \cdot 0 = 9$$

de igual forma:

$$c_{12} = 2 \cdot 1 + 3 \cdot 5 + 1 \cdot 1 = 18$$

Y calculándolos todos de esta forma se obtiene:

$$\begin{pmatrix} 2 & 3 & 1 \\ 0 & 1 & 2 \end{pmatrix} \begin{pmatrix} 0 & 1 & 1 & 2 \\ 3 & 5 & 0 & 1 \\ 0 & 1 & 2 & 3 \end{pmatrix} = \begin{pmatrix} 9 & 18 & 4 & 10 \\ 3 & 7 & 4 & 7 \end{pmatrix}$$

Propiedades del producto de matrices

El producto de matrices verifica las siguientes propiedades:

1. $A(BC) = (AB)C$ *siempre que tenga sentido.*
2. *Dada* $A \in \mathfrak{M}_{m\times n}(\mathbb{K})$, *se verifica* $I_m A = A;\quad AI_n = A$.
3. $A(B+C) = AB + AC$ *siempre que tenga sentido.*
4. $(A+B)C = AC + BC$ *siempre que tenga sentido.*
5. $\alpha(AB) = (\alpha A)B$ *siempre que tenga sentido.*

DEMOSTRACIÓN. Pongamos $A = (a_{ik})_{i,k},\ B = (b_{kl})_{k,l},\ C = (c_{lj})_{l,j}$. Entonces:
1. $A(BC) = (a_{ik})_{i,k}(\sum_l b_{kl}c_{lj})_{k,j} = (\sum_k a_{ik}[\sum_l b_{kl}c_{lj}])_{i,j} = (\sum_{k,l} a_{ik}b_{kl}c_{lj})_{i,j} = (\sum_l[\sum_k a_{ik}b_{kl}]c_{lj}])_{i,j} = (\sum_k a_{ik}b_{kl})_{i,l}(c_{lj})_{l,j} = (AB)C$.
2. Poniendo $I_m = (\delta_{ki})_{k,i}$, el elemento que ocupa el lugar kj en I_mA es

$$\sum_i \delta_{ki}a_{ij} = \delta_{k1}a_{1j} + \cdots + \delta_{kk}a_{kj} + \cdots + \delta_{km}a_{mj} = a_{kj}$$

y por tanto $I_mA = A$. La otra igualdad se prueba de forma similar.
3. $A(B+C) = (a_{ik})_{i,k}(b_{kj}+c_{kj})_{k,j} = (\sum_k a_{ik}[b_{kj}+c_{kj}])_{i,j} = (\sum_k[a_{ik}b_{kj}+a_{ik}c_{kj}])_{i,j} = ([\sum_k a_{ik}b_{kj}]+[\sum_k a_{ik}c_{kj}])_{i,j} = (\sum_k a_{ik}b_{kj})_{i,j} + (\sum_k a_{ik}c_{kj})_{i,j} = AB + AC$.
4. La demostración es enteramente similar a la anterior.
5. $(\alpha A)B = (\alpha a_{ik})_{i,k}(b_{kj})_{k,j} = (\sum_k[\alpha a_{ik}]b_{kj})_{i,j} = (\sum_k \alpha a_{ik}b_{kj})_{i,j} = (\alpha[\sum_k a_{ik}b_{kj}])_{i,j} = \alpha(\sum_k a_{ik}b_{kj})_{i,j} = \alpha(AB)$. □

En el conjunto $\mathfrak{M}_n(\mathbb{K})$ de las matrices cuadradas de orden n, el producto de matrices es una operación interna y en vista de lo anterior se tiene:

TEOREMA

$(\mathfrak{M}_n(\mathbb{K}), +, \cdot)$ *es un anillo, no conmutativo si* $n > 1$.

El siguiente ejemplo sirve como prueba de la no conmutatividad del producto de matrices:

Ejemplo 15. *Para las matrices A y B dadas por:*

$$A = \begin{pmatrix} 1 & -1 & 1 \\ -3 & 2 & -1 \\ -2 & 1 & 0 \end{pmatrix} \quad B = \begin{pmatrix} 1 & 2 & 3 \\ 2 & 4 & 6 \\ 1 & 2 & 3 \end{pmatrix}$$

se verifica:

$$AB = \begin{pmatrix} 0 & 0 & 0 \\ 0 & 0 & 0 \\ 0 & 0 & 0 \end{pmatrix} \quad BA = \begin{pmatrix} -11 & 6 & -1 \\ -22 & 12 & -2 \\ -11 & 6 & -1 \end{pmatrix}$$

3.4. División de una matriz en bloques

Dada una matriz A de orden $m \times n$ podemos considerar las submatrices de A, A_1 formada por las r primeras filas de A y A_2 formada por el resto de las filas de A. Esta división puede expresarse mediante una línea horizontal después de la fila r

$$A = \left(\begin{array}{cccc} a_{11} & a_{12} & \cdots & a_{1n} \\ \vdots & \vdots & \ddots & \vdots \\ a_{r1} & a_{r2} & \cdots & a_{rn} \\ \hline a_{r+1,1} & a_{r+1,2} & \cdots & a_{r+1,n} \\ \vdots & \vdots & \ddots & \vdots \\ a_{m1} & a_{m2} & \cdots & a_{mn} \end{array} \right)$$

o bien escribiendo

$$A = \left(\begin{array}{c} A_1 \\ \hline A_2 \end{array} \right)$$

donde A puede verse como una matriz de orden 2×1 cuyos elementos son a su vez matrices a las que llamaremos **bloques**. La división puede hacerse también con líneas verticales, y los bloques quedan organizados en filas y columnas. Entonces a los bloques se les designa por la misma letra mayúscula que a la matriz que se divide afectada de dos subíndices: el primero indica la fila (de bloques) y el segundo la columna (de bloques) donde se sitúa el bloque. Se escribirá

$$A = (A_{ij})_{i,j}$$

Ejemplo 16. *Consideramos la matriz de orden* 3×3

$$A = \left(\begin{array}{cc|c} 1 & 2 & 1 \\ 2 & 1 & 1 \\ \hline 1 & 0 & 1 \end{array} \right)$$

que se ha dividido mediante una línea vertical y otra horizontal. Si llamamos

$$A_{11} = \begin{pmatrix} 1 & 2 \\ 2 & 1 \end{pmatrix} \quad A_{12} = \begin{pmatrix} 1 \\ 1 \end{pmatrix}$$

$$A_{21} = \begin{pmatrix} 1 & 0 \end{pmatrix} \quad A_{22} = \begin{pmatrix} 1 \end{pmatrix}$$

entonces A *es la matriz* 2×2 *por bloques*

$$A = \left(\begin{array}{c|c} A_{11} & A_{12} \\ \hline A_{21} & A_{22} \end{array} \right)$$

Como hemos visto en este ejemplo, los bloques que aparecen al dividir una matriz no tienen que ser del mismo orden, sólo es imprescindible que compongan la matriz A.

3.5. Producto por bloques

Supongamos ahora que $A \in \mathfrak{M}_{m\times n}(\mathbb{K})$ se ha dividido en bloques de manera que resulta una matriz fila por bloques con k columnas

$$A = \left(\begin{array}{c|c|c|c} A_1 & A_2 & \ldots & A_k \end{array} \right)$$

y que $B \in \mathfrak{M}_{n\times s}(\mathbb{K})$ es una matriz columna por bloques con k filas

$$B = \begin{pmatrix} B_1 \\ \hline B_2 \\ \hline \vdots \\ \hline B_k \end{pmatrix}$$

entonces podemos plantearnos cómo calcular $AB \in \mathfrak{M}_{m\times s}(\mathbb{K})$ utilizando los bloques como elementos de A y B. Si empleamos el método usual sería:

$$AB = \left(\Sigma_{i=1}^{k} A_i B_i\right)$$

Pero esto requiere:

- que A_iB_i pueda calcularse, o sea, que el número de columnas de A_i coincida con el número de filas de B_i. Esto ocurre cuando las divisiones en las columnas de A aparecen al mismo tiempo que en las filas de B;
- que todas las matrices A_iB_i tengan el mismo orden que AB; pero si la condición del apartado anterior ocurre, entonces si A_i es de orden $m \times l$, B_i es de orden $l \times s$ y por tanto $A_iB_i \in \mathfrak{M}_{m\times s}(\mathbb{K})$.

Así que la única condición que necesitamos puede enunciarse de la siguiente forma: "Si una línea separa las columnas r y $r+1$ de A, entonces una línea separa las filas r y $r+1$ de B y viceversa".

PROPOSICIÓN

Si la condición anterior ocurre en la división por bloques de A y B, entonces

$$AB = \left(\Sigma_{i=1}^{k} A_i B_i\right)$$

DEMOSTRACIÓN. La demostración puede reducirse al caso $k = 2$ y repetir el razonamiento las veces necesarias. Tenemos que probar

$$\begin{pmatrix} A_1 & | & A_2 \end{pmatrix} \begin{pmatrix} B_1 \\ \hline B_2 \end{pmatrix} = (A_1B_1 + A_2B_2)$$

Calculamos el elemento en la posición ij de AB:

$$c_{ij} = a_{i1}b_{1j} + \cdots + a_{in}b_{nj}$$

y si la división ocurre entre las columnas r y $r+1$ de A (y por tanto entre las filas r y $r+1$ de B) escribimos

$$c_{ij} = (a_{i1}b_{1j} + \cdots + a_{ir}b_{rj}) + (a_{i,r+1}b_{r+1,j} + \cdots + a_{in}b_{nj}) = d_{ij} + f_{ij}$$

donde

$$d_{ij} = a_{i1}b_{1j} + \cdots + a_{ir}b_{rj}$$

es el producto de la fila i de A_1 con la columna j de B_1 y

$$f_{ij} = a_{i,r+1}b_{r+1,j} + \cdots + a_{in}b_{nj}$$

es el producto de la fila i de A_2 y la columna j de B_2. Así los elementos en cada posición de AB y $(A_1B_1 + A_2B_2)$ son idénticos. □

Ejemplo 17. *Tomemos*

$$A = (A_1|A_2) = \left(\begin{array}{cc|c} 1 & 2 & 1 \\ 0 & 1 & 2 \end{array}\right)$$

y

$$B = \left(\frac{B_1}{B_2}\right) = \left(\begin{array}{cc} 0 & 1 \\ 1 & 1 \\ \hline -1 & 1 \end{array}\right)$$

Calculamos

$$A_1B_1 = \begin{pmatrix} 1 & 2 \\ 0 & 1 \end{pmatrix}\begin{pmatrix} 0 & 1 \\ 1 & 1 \end{pmatrix} = \begin{pmatrix} 2 & 3 \\ 1 & 1 \end{pmatrix}$$

$$A_2B_2 = \begin{pmatrix} 1 \\ 2 \end{pmatrix}\begin{pmatrix} -1 & 1 \end{pmatrix} = \begin{pmatrix} -1 & 1 \\ -2 & 2 \end{pmatrix}$$

Luego

$$AB = (A_1B_1 + A_2B_2) = \begin{pmatrix} 2 & 3 \\ 1 & 1 \end{pmatrix} + \begin{pmatrix} -1 & 1 \\ -2 & 2 \end{pmatrix} = \begin{pmatrix} 1 & 4 \\ -1 & 3 \end{pmatrix}$$

PROPOSICIÓN

Sean $A = (A_{ik})_{i,k}$ y $B = (B_{kj})_{k,j}$ matrices que pueden multiplicarse y cuya división por bloques verifica la condición "Si una línea separa las columnas r y $r+1$ de A, entonces una línea separa las filas r y $r+1$ de B y viceversa".
Se verifica

$$AB = \left(C_{ij}\right)_{i,j}; \qquad \text{con } C_{ij} = \sum_k A_{ik}B_{kj}$$

DEMOSTRACIÓN. Es suficiente probar que dada una división en A

$$A = \left(\frac{A_1}{A_2}\right)$$

entonces

$$AB = \left(\frac{A_1B}{A_2B}\right)$$

y aplicar la proposición anterior a las matrices fila por bloques A_1 y A_2. Pero esa afirmación es evidente. □

Ejemplo 18. *El producto por bloques de dos matrices suele usarse cuando en ellas aparecen bloques compuestos enteramente por ceros (es decir, submatrices 0). Por ejemplo, si A es una* **matriz diagonal por bloques***:*

$$A = \left(\begin{array}{c|c} A_{11} & 0 \\ \hline 0 & A_{22} \end{array}\right) = \left(\begin{array}{cc|cc} -1 & 1 & 0 & 0 \\ 0 & -1 & 0 & 0 \\ \hline 0 & 0 & 1 & 1 \\ 0 & 0 & 0 & 1 \end{array}\right)$$

Tomando

$$B = \left(\frac{B_{11}}{I_2}\right) = \left(\begin{array}{cc} -1 & 1 \\ 0 & -1 \\ \hline 1 & 0 \\ 0 & 1 \end{array}\right)$$

entonces

$$AB = \left(\frac{A_{11}B_{11} + 0I_2}{0B_{11} + A_{22}I_2}\right) = \left(\frac{A_{11}B_{11}}{A_{22}}\right) = \left(\begin{array}{cc} 1 & -2 \\ 0 & 1 \\ \hline 1 & 1 \\ 0 & 1 \end{array}\right)$$

3.6. Matriz traspuesta

Dada una matriz $A = (a_{ij})_{i,j} \in \mathfrak{M}_{m\times n}(\mathbb{K})$, llamaremos **matriz traspuesta** de A a la matriz $A^t = (a_{ij})_{j,i}$. Esto es, si A es la matriz

$$A = \begin{pmatrix} a_{11} & a_{12} & \dots & a_{1n} \\ a_{21} & a_{22} & \dots & a_{2n} \\ \vdots & \vdots & \ddots & \vdots \\ a_{m1} & a_{m2} & \dots & a_{mn} \end{pmatrix} \text{ de orden } m \times n.$$

entonces A^t es la matriz

$$A^t = \begin{pmatrix} a_{11} & a_{21} & \dots & a_{m1} \\ a_{12} & a_{22} & \dots & a_{m2} \\ \vdots & \vdots & \ddots & \vdots \\ a_{1n} & a_{2n} & \dots & a_{mn} \end{pmatrix} \text{ de orden } n \times m.$$

cuyas filas son las columnas de A.

Ejemplo 19.

$$Si\, A = \begin{pmatrix} 1 & 2 & 3 \\ 4 & 5 & 6 \\ 7 & 8 & 9 \end{pmatrix} \text{ entonces } A^t = \begin{pmatrix} 1 & 4 & 7 \\ 2 & 5 & 8 \\ 3 & 6 & 9 \end{pmatrix}$$

Propiedades de la trasposición de matrices

La trasposición de matrices verifica las siguientes propiedades:

1. $(A+B)^t = A^t + B^t;\ \ \forall A, B \in \mathfrak{M}_{m\times n}(\mathbb{K})$.
2. $(AB)^t = B^t A^t;\ \ \forall A \in \mathfrak{M}_{m\times p}(\mathbb{K});\ \ \forall B \in \mathfrak{M}_{p\times n}(\mathbb{K})$.
3. $(\alpha A)^t = \alpha A^t;\ \ \forall \alpha \in \mathbb{K};\ \ \forall A \in \mathfrak{M}_{m\times n}(\mathbb{K})$.

DEMOSTRACIÓN. Pongamos $A = (a_{ij})_{i,j}$, $B = (b_{ij})_{i,j}$, entonces:
1. $(A+B)^t = [(a_{ij} + b_{ij})_{i,j}]^t = (a_{ij} + b_{ij})_{j,i} = (a_{ij})_{j,i} + (b_{ij})_{j,i} = B^t + A^t$.
2. $B^t A^t = (b_{kj})_{j,k}(a_{ik})_{k,i} = (\sum_k b_{kj}a_{ik})_{j,i} = (\sum_k a_{ik}b_{kj})_{j,i} = [(\sum_k a_{ik}b_{kj})_{i,j}]^t = (AB)^t$.
3. $(\alpha A)^t = [(\alpha a_{ij})_{i,j}]^t = (\alpha a_{ij})_{j,i} = \alpha(a_{ij})_{j,i} = \alpha A^t$. □

Notemos que puesto que las filas de A^t son las columnas de A, es evidente que la matriz A es escalonada reducida por columnas si, y sólo si, A^t lo es por filas. Además, dos matrices A y B serán equivalentes por columnas si, y sólo si, sus traspuestas son equivalentes por filas.

Dada una matriz cuadrada A se dice que A es **simétrica** si $A^t = A$, es decir si para cada i, j se tiene $a_{ij} = a_{ji}$.

Ejemplo 20. *La matriz*

$$\begin{pmatrix} 1 & 2 & 3 \\ 2 & 2 & 5 \\ 3 & 5 & 7 \end{pmatrix}$$

es simétrica, mientras que la matriz

$$\begin{pmatrix} 1 & 2 & 4 \\ 2 & 2 & 5 \\ 3 & 5 & 7 \end{pmatrix}$$

no es simétrica, puesto que $a_{13} = 4 \neq 3 = a_{31}$

Se dice que A es **antisimétrica** si $A^t = -A$, esto es, si para cada i, j se verifica $a_{ij} = -a_{ji}$. Nótese que esto implica en particular que para cada i se verifica $a_{ii} = -a_{ii}$ y por tanto, si $\mathbb{K} = \mathbb{R}$ ó $\mathbb{C}$ se obtiene $a_{ii} = 0$, es decir, en una matriz antisimétrica los elementos de la diagonal principal son todos cero.

Ejemplo 21. *La matriz*

$$A = \begin{pmatrix} 0 & 2 & 3 \\ -2 & 0 & 5 \\ -3 & -5 & 0 \end{pmatrix}$$

es antisimétrica, puesto que

$$A^t = \begin{pmatrix} 0 & -2 & -3 \\ 2 & 0 & -5 \\ 3 & 5 & 0 \end{pmatrix} = -A$$

3.7. Propiedades del rango y de la traza

En este epígrafe estudiaremos el comportamiento del rango y la traza respecto de las operaciones con matrices.

PROPOSICIÓN

Sean A y B matrices de orden $m \times n$, entonces:

$$|rg(A) - rg(B)| \leq rg(A + B) \leq rg(A) + rg(B)$$

$$rg(kA) = rg(A); \quad \forall\, 0 \neq k \in \mathbb{K}$$

DEMOSTRACIÓN. La segunda afirmación es evidente, puesto que kA se obtiene de A por transformaciones elementales, multiplicando cada una de sus filas por k y en consecuencia A y kA tienen igual forma de Hermite por filas.
Veamos ahora que $rg(A + B) \leq rg(A) + rg(B)$.
Consideremos la matriz $\left(\frac{A+B}{0}\right)$ que se obtiene añadiendo a $A + B$, m filas de ceros; evidentemente

$$rg(A + B) = rg\left(\frac{A + B}{0}\right) \leq rg\left(\frac{A + B}{B}\right)$$

Además

$$rg\begin{pmatrix} A+B \\ B \end{pmatrix} = rg\begin{pmatrix} A \\ B \end{pmatrix}$$

puesto que $\left(\frac{A}{B}\right)$ puede obtenerse de $\left(\frac{A+B}{B}\right)$ por transformaciones elementales de filas. Y por último

$$rg\begin{pmatrix} A \\ B \end{pmatrix} \leq rg(A) + rg(B)$$

ya que si $rg(A) = r$, $rg(B) = s$ y las formas de Hermite por filas de A y B son H_1 y H_2 respectivamente, entonces $\left(\frac{A}{B}\right)$ es equivalente por filas a la matriz $\left(\frac{H_1}{H_2}\right)$ que tiene sólo $r+s$ filas no nulas.
Veamos ahora que $rg(A+B) \geq |rg(A) - rg(B)|$.
Puesto que $A = (A+B) + (-B)$, aplicando lo anterior se obtiene

$$rg(A) \leq rg(A+B) + rg(-B) = rg(A+B) + rg(B)$$

y por tanto $rg(A+B) \geq rg(A) - rg(B)$. De igual forma $rg(A+B) \geq rg(B) - rg(A)$ y por consiguiente $rg(A+B) \geq |rg(A) - rg(B)|$. □

PROPOSICIÓN

Dadas dos matrices cuadradas $A, B \in \mathfrak{M}_n(\mathbb{K})$, se verifica:

$$tr(A+B) = tr(A) + tr(B)$$

$$tr(kA) = k\ tr(A); \quad \forall k \in \mathbb{K}$$

DEMOSTRACIÓN. Los elementos en la diagonal de $A+B$ son $a_{11}+b_{11}, \ldots, a_{nn}+b_{nn}$. Por tanto $tr(A+B) = (a_{11}+b_{11}) + \cdots + (a_{nn}+b_{nn}) = (a_{11}+\cdots+a_{nn}) + (b_{11}+\cdots+b_{nn}) = tr(A) + tr(B)$
De igual forma: $tr(kA) = ka_{11} + \cdots + ka_{nn} = k(a_{11} + \cdots + a_{nn}) = ktr(A)$. □

PROPOSICIÓN

Dadas dos matrices cuadradas $A, B \in \mathfrak{M}_n(\mathbb{K})$, se verifica:

$$tr(AB) = tr(BA)$$

DEMOSTRACIÓN. Notemos $C = AB$. Los elementos de la diagonal de C son:

$$\begin{aligned} c_{11} &= a_{11}b_{11} + \cdots + a_{1n}b_{n1} \\ &\ldots \\ c_{nn} &= a_{n1}b_{1n} + \cdots + a_{nn}b_{nn} \end{aligned}$$

y por tanto

$$tr(AB) = \sum_{i=1}^{n} c_{ii} = \sum_{i,j=1}^{n} a_{ij}b_{ji}.$$

De igual forma:

$$tr(BA) = \sum_{i,j=1}^{n} b_{ij}a_{ji}$$

y por tanto $tr(AB) = tr(BA)$. □

4. Matrices regulares

4.1. Matrices elementales

Veremos ahora cómo aplicar transformaciones elementales a una matriz puede ser visto como el resultado de multiplicar la matriz por ciertas matrices.
Llamaremos **matrices elementales** de orden n a las matrices resultantes de aplicar una (y sólo una) transformación elemental por filas a la matriz identidad de orden n. Puesto que hay tres tipos de transformaciones elementales, existirán también tres tipos de matrices elementales, que serán de la forma:
Matrices elementales de tipo I:
Denotaremos E_{ij} a la matriz que se obtiene de la identidad intercambiando las filas i-ésima y j-ésima, esto es:

$$E_{ij} = \begin{pmatrix} 1 & & & & & & \\ & \ddots & & & & & \\ & & 0 & \dots & 1 & & \\ & & \vdots & \ddots & \vdots & & \\ & & 1 & \dots & 0 & & \\ & & & & & \ddots & \\ & & & & & & 1 \end{pmatrix}$$

Matrices elementales de tipo II:
Denotaremos $E_i(k)$ a la matriz que se obtiene de la identidad multiplicando por $k \neq 0$ los elementos de la fila i-ésima:

$$E_i(k) = \begin{pmatrix} 1 & & & & \\ & \ddots & & & \\ & & k & & \\ & & & \ddots & \\ & & & & 1 \end{pmatrix}$$

Matrices elementales de tipo III:
Denotaremos $E_{ij}(k)$ a la matriz que se obtiene de la identidad sumando a la fila i-ésima la fila j-ésima multiplicada por k:

$$E_{ij}(k) = \begin{pmatrix} 1 & & & & \\ & \ddots & & k & \\ & & 1 & & \\ & & & \ddots & \\ & & & & 1 \end{pmatrix}$$

Notemos que las matrices elementales se pueden obtener también aplicando a la identidad transformaciones elementales de columnas. De hecho si en la matriz identidad se intercambian las columnas i-ésima y j-ésima se obtiene la misma matriz E_{ij}, si se multiplica por k la columna i-ésima se obtiene $E_i(k)$ y por último $E_{ij}(k)$ puede obtenerse de la identidad sumando a la columna j-ésima la i-ésima multiplicada por el escalar k.

Ejemplo 22. *En $\mathfrak{M}_4(\mathbb{R})$ se tiene:*

$$E_{13} = \begin{pmatrix} 0 & 0 & 1 & 0 \\ 0 & 1 & 0 & 0 \\ 1 & 0 & 0 & 0 \\ 0 & 0 & 0 & 1 \end{pmatrix} \quad E_3(2) = \begin{pmatrix} 1 & 0 & 0 & 0 \\ 0 & 1 & 0 & 0 \\ 0 & 0 & 2 & 0 \\ 0 & 0 & 0 & 1 \end{pmatrix} \quad E_{24}(3) = \begin{pmatrix} 1 & 0 & 0 & 0 \\ 0 & 1 & 0 & 3 \\ 0 & 0 & 1 & 0 \\ 0 & 0 & 0 & 1 \end{pmatrix}$$

Cálculos rutinarios nos proporcionan el siguiente resultado:

PROPOSICIÓN

Sea A una matriz de orden $m \times n$ y sean E y F matrices elementales de órdenes m y n respectivamente. Entonces:
(1) EA es la matriz que se obtiene de A aplicando a sus filas la misma transformación elemental con la que se obtiene E a partir de la identidad.
(2) AF es la matriz que se obtiene de A aplicando a sus columnas la misma transformación elemental con la que se obtiene F a partir de la identidad.

En consecuencia se obtiene:

COROLARIO

Sea $A \in \mathfrak{M}_{m\times n}(\mathbb{K})$ y sean H la forma normal de Hermite por filas de A y C la forma de Hermite por columnas de A. Entonces:
1. *$H = E_k E_{k-1} \cdots E_1 A$ para algunas matrices elementales $E_1, E_2, \dots E_k$ de orden m.*
2. *$C = AF_1F_2 \cdots F_s$ para algunas matrices elementales $F_1, F_2, \dots, F_s$ de orden n.*

4.2. Matriz inversa. Matrices regulares

Dadas $A, B \in \mathfrak{M}_n(\mathbb{K})$ se dice que B es **matriz inversa** de A si $AB = BA = I_n$.
Está claro que no toda matriz cuadrada tiene inversa, como muestra el siguiente ejemplo:

Ejemplo 23. *La matriz*

$$A = \begin{pmatrix} 1 & 0 \\ 0 & 0 \end{pmatrix}$$

no puede tener inversa, puesto que al multiplicar A por cualquier otra matriz cuadrada de orden 2 se tiene:

$$\begin{pmatrix} 1 & 0 \\ 0 & 0 \end{pmatrix} \begin{pmatrix} a & b \\ c & d \end{pmatrix} = \begin{pmatrix} a & b \\ 0 & 0 \end{pmatrix}$$

que en ningún caso puede ser la identidad.

Diremos que la matriz A es **invertible** si existe una matriz inversa de A.

LEMA

Una matriz invertible $A \in \mathfrak{M}_n(\mathbb{K})$ tiene una única inversa.

DEMOSTRACIÓN. Si A tuviese dos inversas B y C, entonces $AB = BA = I$ y $AC = CA = I$, con lo cual: $B = BI = B(AC) = (BA)C = IC = C$. □

Dada una matriz invertible $A \in \mathfrak{M}_n(\mathbb{K})$, a la inversa de A la denotaremos por A^{-1}.

Ejemplo 24. *La matriz*

$$A = \begin{pmatrix} 1 & 1 \\ 1 & 2 \end{pmatrix}$$

es invertible y su inversa es

$$A^{-1} = \begin{pmatrix} 2 & -1 \\ -1 & 1 \end{pmatrix}$$

ya que:

$$\begin{pmatrix} 1 & 1 \\ 1 & 2 \end{pmatrix}\begin{pmatrix} 2 & -1 \\ -1 & 1 \end{pmatrix} = \begin{pmatrix} 1 & 0 \\ 0 & 1 \end{pmatrix} \quad y \quad \begin{pmatrix} 2 & -1 \\ -1 & 1 \end{pmatrix}\begin{pmatrix} 1 & 1 \\ 1 & 2 \end{pmatrix} = \begin{pmatrix} 1 & 0 \\ 0 & 1 \end{pmatrix}$$

PROPOSICIÓN

Dadas $A, B \in \mathfrak{M}_n(\mathbb{K})$ se verifica:

1. *Si A y B son invertibles, entonces AB es invertible y $(AB)^{-1} = B^{-1}A^{-1}$.*
2. *Si $A_1, \ldots, A_n$ son invertibles, entonces $A_1 \cdots A_n$ es invertible y $(A_1 \cdots A_n)^{-1} = A_n^{-1} \cdots A_1^{-1}$.*
3. *Si A invertible, entonces A^t es invertible y $(A^t)^{-1} = (A^{-1})^t$.*

DEMOSTRACIÓN.
1. Si A y B son invertibles, entonces: $(AB)(B^{-1}A^{-1}) = A(BB^{-1})A^{-1} = AIA^{-1} = AA^{-1} = I$ y $(B^{-1}A^{-1})(AB) = B^{-1}(A^{-1}A)B = B^{-1}IB = B^{-1}B = I$ con lo que AB es invertible y su inversa es $B^{-1}A^{-1}$.
2. Se obtiene fácilmente por inducción a partir de (1).
3. Si A es invertible, entonces: $A^t(A^{-1})^t = (A^{-1}A)^t = I^t = I$ y $(A^{-1})^tA^t = (AA^{-1})^t = I^t = I$ con lo que A^t es invertible y su inversa es $(A^{-1})^t$. □

LEMA

Cada matriz elemental es invertible y su inversa es otra matriz elemental.

DEMOSTRACIÓN. Usando la Proposición de 4.1, es evidente que $E_{ij}E_{ij} = I$, con lo que $E_{ij}^{-1} = E_{ij}$

y de igual forma $(E_i(k))^{-1} = E_i(\frac{1}{k})$ y $(E_{ij}(k))^{-1} = E_{ij}(-k)$. □

TEOREMA

Para una matriz cuadrada $A \in \mathfrak{M}_n(\mathbb{K})$, las siguientes afirmaciones son equivalentes:

(a) A es invertible.

(b) A es regular a derecha (esto es, $BA = 0 \Longrightarrow B = 0$).

(b') A es regular a izquierda (esto es, $AB = 0 \Longrightarrow B = 0$).

(c) $rg(A) = n$.

(d) La forma de Hermite por filas de A es la identidad.

(d') La forma de Hermite por columnas de A es la identidad.

(e) A es un producto de matrices elementales.

DEMOSTRACIÓN.
$(a) \Rightarrow (b)$: Si A es invertible y $BA = 0$, entonces multiplicando por A^{-1} queda $BAA^{-1} = 0A^{-1}$, es decir $B = 0$.
$(b) \Rightarrow (c)$: Supongamos que $rg(A) < n$ y sea H la forma de Hermite por filas de A. Puesto que $rg(A) < n$, H tendrá su última fila compuesta enteramente por ceros, y considerando la matriz:

$$D = \begin{pmatrix} 0 & 0 & \dots & 0 & 0 \\ 0 & 0 & \dots & 0 & 0 \\ \dots & \dots & \dots & \dots & \dots \\ 0 & 0 & \dots & 0 & 0 \\ 0 & 0 & \dots & 0 & 1 \end{pmatrix}$$

compuesta enteramente de ceros, salvo un 1 en la posición d_{nn}, se tiene evidentemente que $DH = 0$. Ahora bien, $H = E_k \cdots E_1 A$ para ciertas matrices elementales $E_1, \dots, E_k$, luego:

$$0 = DH = D(E_k \cdots E_1 A) = (DE_k \cdots E_1)A$$

y tenemos por tanto una matriz $B = DE_k \cdots E_1 \neq 0$ de forma que $BA = 0$ (que $B \neq 0$ es consecuencia de ser $E_k \cdots E_1$ invertible y por tanto regular a derecha).
$(c) \Rightarrow (d)$: Si el rango de A es n, entonces la forma normal de Hermite H de A será una matriz escalonada reducida, de orden $n \times n$ con n pivotes 1 cada uno a la derecha del anterior y por tanto H no puede ser otra que la identidad.
$(d) \Rightarrow (e)$: Si la forma normal de Hermite de A es la identidad, entonces $I = E_k \cdots E_1 A$ para ciertas matrices elementales $E_1, \dots, E_k$ y entonces $A^{-1} = E_k \cdots E_1$, con lo cual $A = E_1^{-1} \cdots E_k^{-1}$ será un producto de matrices elementales, ya que la inversa de una matriz elemental es también una matriz elemental.
$(e) \Rightarrow (a)$: Si A es un producto de matrices elementales, entonces A es invertible por ser un producto de matrices invertibles.
La demostración de las implicaciones $(a) \Rightarrow (b') \Rightarrow (d') \Rightarrow (e)$ es fácil usando que A es invertible si, y sólo si, A^t es invertible. □

En virtud del Teorema anterior, a las matrices invertibles las llamaremos también **matrices regulares**. De una matriz que no sea regular diremos que es **singular**.

Aunque en la definición de matriz inversa se exige $AB = I$ y $BA = I$, como consecuencia del Teorema anterior tenemos que es suficiente con una de estas condiciones:

COROLARIO

Sean $A, B \in \mathfrak{M}_n(\mathbb{K})$ tales que $AB = I$, entonces A es invertible y $B = A^{-1}$.

DEMOSTRACIÓN. Comprobemos la condición (b) del Teorema: que A es regular a derecha. Si $XA = 0$, entonces:

$$X = XI = X(AB) = (XA)B = 0B = 0$$

Así pues A es invertible, y si A^{-1} es su inversa, entonces:

$$AB = I \Rightarrow A^{-1}AB = A^{-1}I \Rightarrow B = A^{-1}$$

□

4.3. Cálculo de la matriz inversa

Otra consecuencia que se obtiene del Teorema de 4.2 es la siguiente:

COROLARIO

Sea $A \in \mathfrak{M}_{m\times n}(\mathbb{K})$ y sea H la forma de Hermite por filas de A. Entonces existe una matriz regular $Q \in \mathfrak{M}_m(\mathbb{K})$ de forma que $H = QA$.

DEMOSTRACIÓN. H se puede expresar como un producto $H = E_k \cdots E_1 A$ y entonces basta hacer $Q = E_k \cdots E_1$ que será una matriz regular por el Teorema 4.2. □

La matriz Q del Corolario anterior es fácil de calcular: $Q = E_k \cdots E_1 = E_k \cdots E_1 I$ con lo que Q se obtendrá aplicando a la matriz identidad las mismas transformaciones que se le aplican a A para obtener H. Así pues, si consideramos la matriz $(A|I)$ resultante de "pegar" A e I, es decir:

$$(A|I) = \left(\begin{array}{cccc|cccc} a_{11} & a_{12} & \dots & a_{1n} & 1 & 0 & \dots & 0 \\ a_{21} & a_{22} & \dots & a_{2n} & 0 & 1 & \dots & 0 \\ \vdots & \vdots & \ddots & \vdots & \vdots & \vdots & \ddots & \vdots \\ a_{m1} & a_{m2} & \dots & a_{mn} & 0 & 0 & \dots & 1 \end{array}\right)$$

Entonces cuando, por medio de transformaciones elementales de filas, obtengamos en la parte izquierda la forma de Hermite por filas H de A, en la parte de la derecha tendremos la matriz Q buscada.

Ejemplo 25. *Consideremos la matriz*

$$A = \begin{pmatrix} 1 & 2 & 0 & 1 \\ 1 & 1 & 2 & 0 \\ 1 & 0 & 2 & 1 \end{pmatrix}$$

Entonces:

$$(A|I) = \left(\begin{array}{cccc|ccc} 1 & 2 & 0 & 1 & 1 & 0 & 0 \\ 1 & 1 & 2 & 0 & 0 & 1 & 0 \\ 1 & 0 & 2 & 1 & 0 & 0 & 1 \end{array}\right) \xrightarrow{E_{21}(-1)} \left(\begin{array}{cccc|ccc} 1 & 2 & 0 & 1 & 1 & 0 & 0 \\ 0 & -1 & 2 & -1 & -1 & 1 & 0 \\ 1 & 0 & 2 & 1 & 0 & 0 & 1 \end{array}\right)$$

$$\xrightarrow{E_{31}(-1)} \left(\begin{array}{cccc|ccc} 1 & 2 & 0 & 1 & 1 & 0 & 0 \\ 0 & -1 & 2 & -1 & -1 & 1 & 0 \\ 0 & -2 & 2 & 0 & -1 & 0 & 1 \end{array}\right) \xrightarrow{E_{2}(-1)} \left(\begin{array}{cccc|ccc} 1 & 2 & 0 & 1 & 1 & 0 & 0 \\ 0 & 1 & -2 & 1 & 1 & -1 & 0 \\ 0 & -2 & 2 & 0 & -1 & 0 & 1 \end{array}\right)$$

$$\xrightarrow{E_{32}(2)} \left(\begin{array}{cccc|ccc} 1 & 2 & 0 & 1 & 1 & 0 & 0 \\ 0 & 1 & -2 & 1 & 1 & -1 & 0 \\ 0 & 0 & -2 & 2 & 1 & -2 & 1 \end{array}\right) \xrightarrow{E_{3}(-\frac{1}{2})} \left(\begin{array}{cccc|ccc} 1 & 2 & 0 & 1 & 1 & 0 & 0 \\ 0 & 1 & -2 & 1 & 1 & -1 & 0 \\ 0 & 0 & 1 & -1 & -\frac{1}{2} & 1 & -\frac{1}{2} \end{array}\right)$$

$$\xrightarrow{E_{23}(2)} \left(\begin{array}{cccc|ccc} 1 & 2 & 0 & 1 & 1 & 0 & 0 \\ 0 & 1 & 0 & -1 & 0 & 1 & -1 \\ 0 & 0 & 1 & -1 & -\frac{1}{2} & 1 & -\frac{1}{2} \end{array}\right) \xrightarrow{E_{12}(-2)} \left(\begin{array}{cccc|ccc} 1 & 0 & 0 & 3 & 1 & -2 & 2 \\ 0 & 1 & 0 & -1 & 0 & 1 & -1 \\ 0 & 0 & 1 & -1 & -\frac{1}{2} & 1 & -\frac{1}{2} \end{array}\right)$$

luego la forma de Hermite por filas de A es:

$$H = \begin{pmatrix} 1 & 0 & 0 & 3 \\ 0 & 1 & 0 & -1 \\ 0 & 0 & 1 & -1 \end{pmatrix}$$

y la matriz

$$Q = \begin{pmatrix} 1 & -2 & 2 \\ 0 & 1 & -1 \\ -\frac{1}{2} & 1 & -\frac{1}{2} \end{pmatrix}$$

verifica:

$$QA = \begin{pmatrix} 1 & -2 & 2 \\ 0 & 1 & -1 \\ -\frac{1}{2} & 1 & -\frac{1}{2} \end{pmatrix} \begin{pmatrix} 1 & 2 & 0 & 1 \\ 1 & 1 & 2 & 0 \\ 1 & 0 & 2 & 1 \end{pmatrix} = \begin{pmatrix} 1 & 0 & 0 & 3 \\ 0 & 1 & 0 & -1 \\ 0 & 0 & 1 & -1 \end{pmatrix} = H$$

En el caso de una matriz regular A, su forma de Hermite es la identidad por el Teorema de la sección 4.2, con lo que en este caso la matriz Q del Corolario verifica $QA = I$ y por consiguiente $Q = A^{-1}$. Es decir: la forma de Hermite por filas de $(A|I)$ es $(I|A^{-1})$. Hemos obtenido pues un método para el cálculo de la matriz inversa.

Ejemplo 26. *Sea A la matriz:*

$$A = \begin{pmatrix} 1 & 2 & 3 \\ 2 & 3 & 4 \\ 3 & 4 & 6 \end{pmatrix}$$

Entonces:

$$(A|I) = \left(\begin{array}{ccc|ccc} 1 & 2 & 3 & 1 & 0 & 0 \\ 2 & 3 & 4 & 0 & 1 & 0 \\ 3 & 4 & 6 & 0 & 0 & 1 \end{array}\right) \xrightarrow{E_{21}(-2)} \left(\begin{array}{ccc|ccc} 1 & 2 & 3 & 1 & 0 & 0 \\ 0 & -1 & -2 & -2 & 1 & 0 \\ 3 & 4 & 6 & 0 & 0 & 1 \end{array}\right)$$

$$\xrightarrow{E_{31}(-3)} \left(\begin{array}{ccc|ccc} 1 & 2 & 3 & 1 & 0 & 0 \\ 0 & -1 & -2 & -2 & 1 & 0 \\ 0 & -2 & -3 & -3 & 0 & 1 \end{array}\right) \xrightarrow{E_{2}(-1)} \left(\begin{array}{ccc|ccc} 1 & 2 & 3 & 1 & 0 & 0 \\ 0 & 1 & 2 & 2 & -1 & 0 \\ 0 & -2 & -3 & -3 & 0 & 1 \end{array}\right)$$

$$\xrightarrow{E_{32}(2)} \left(\begin{array}{ccc|ccc} 1 & 2 & 3 & 1 & 0 & 0 \\ 0 & 1 & 2 & 2 & -1 & 0 \\ 0 & 0 & 1 & 1 & -2 & 1 \end{array}\right) \xrightarrow{E_{12}(-2)} \left(\begin{array}{ccc|ccc} 1 & 0 & -1 & -3 & 2 & 0 \\ 0 & 1 & 2 & 2 & -1 & 0 \\ 0 & 0 & 1 & 1 & -2 & 1 \end{array}\right)$$

$$\xrightarrow{E_{31}(1)} \left(\begin{array}{ccc|ccc} 1 & 0 & 0 & -2 & 0 & 1 \\ 0 & 1 & 2 & 2 & -1 & 0 \\ 0 & 0 & 1 & 1 & -2 & 1 \end{array}\right) \xrightarrow{E_{32}(-2)} \left(\begin{array}{ccc|ccc} 1 & 0 & 0 & -2 & 0 & 1 \\ 0 & 1 & 0 & 0 & 3 & -2 \\ 0 & 0 & 1 & 1 & -2 & 1 \end{array}\right)$$

y por tanto:

$$A^{-1} = \begin{pmatrix} -2 & 0 & 1 \\ 0 & 3 & -2 \\ 1 & -2 & 1 \end{pmatrix}$$

4.4. Matrices equivalentes

Recordemos que dos matrices A y B son equivalentes por filas y se denota por $A \sim_f B$ si se puede pasar de una a otra por transformaciones elementales de filas. De igual forma, se dice que A y B son **equivalentes por columnas** y lo denotaremos por $A \sim_c B$ si B se obtiene de A por transformaciones elementales de columnas.

LEMA

Dadas matrices $A, B \in \mathfrak{M}_{m\times n}(\mathbb{K})$, las siguientes afirmaciones son equivalentes:

(a) A y B son equivalentes por filas.

(b) A y B tienen igual forma de Hermite por filas.

(c) Existe una matriz regular $Q \in \mathfrak{M}_m(\mathbb{K})$ de forma que $B = QA$.

DEMOSTRACIÓN. Llamemos H_1 y H_2 a las formas de Hermite de A y B respectivamente. Entonces $A \sim_f H_1$ y $B \sim_f H_2$.
(a) $\Leftrightarrow$ (b) $A \sim_f B$ si, y sólo si, $H_1 \sim_f H_2$ o equivalentemente si $H_1 = H_2$ ya que dos matrices escalonadas reducidas son equivalentes por filas sólo si son iguales.
(a) $\Leftrightarrow$ (c) $A \sim_f B$ si, y sólo si, B se obtiene de A por transformaciones elementales de filas o equivalentemente si existen matrices elementales $E_1, \ldots, E_k$ de forma que $B = E_1 \cdots E_k A$ y esto es equivalente a que exista una matriz Q regular de forma que $B = QA$ (usando que una matriz es regular si, y sólo si, es un producto de matrices elementales). □

Para columnas se obtiene un resultado similar:

LEMA

Dadas matrices $A, B \in \mathfrak{M}_{m\times n}(\mathbb{K})$, las siguientes afirmaciones son equivalentes:

(a) A y B son equivalentes por columnas.

(b) A y B tienen igual forma de Hermite por columnas.

(c) Existe una matriz regular $P \in \mathfrak{M}_n(\mathbb{K})$ de forma que $B = AP$.

Se dice que dos matrices A y B son **equivalentes** y se denota $A \sim B$, si B se puede obtener de A por transformaciones elementales de filas y columnas. Se tiene así que dos matrices equivalentes por filas son equivalentes, pero el recíproco no es cierto. De igual forma que en los resultados anteriores se obtiene:

PROPOSICIÓN

Dos matrices $A, B \in \mathfrak{M}_{m\times n}(\mathbb{K})$ son equivalentes si, y solamente si, existen matrices regulares $Q \in \mathfrak{M}_m(\mathbb{K})$, $P \in \mathfrak{M}_n(\mathbb{K})$ de forma que $B = QAP$.

DEMOSTRACIÓN. Si $A \sim B$ entonces B se obtiene de A por transformaciones elementales de filas y columnas, y por tanto $B = E_k \cdots E_1 A E'_1 \cdots E'_t$ para ciertas matrices elementales $E_1, \dots, E_k$, $E'_1, \dots, E'_t$ y considerando las matrices regulares $Q = E_k \cdots E_1$ y $P = E'_1 \cdots E'_t$ se tiene $B = QAP$. Recíprocamente, si $B = QAP$ para ciertas matrices regulares P y Q, entonces puesto que cada matriz regular es un producto de matrices elementales, podremos escribir $Q = E_k \cdots E_1$, $P = E'_1 \cdots E'_t$, para ciertas matrices elementales $E_1, \dots, E_k$, $E'_1, \dots, E'_t$. Así: $B = E_k \cdots E_1 A E'_1 \cdots E'_t$, y por tanto B se obtiene de A aplicando transformaciones elementales a sus filas y columnas. □

PROPOSICIÓN

Dada una matriz $A \in \mathfrak{M}_{m\times n}(\mathbb{K})$, el rango de A es r si, y solamente si, A es equivalente a la matriz:

$$\left(\begin{array}{c|c} I_r & 0 \\ \hline 0 & 0 \end{array}\right)$$

DEMOSTRACIÓN. Llamemos J a la matriz del enunciado y sea H la forma de Hermite por filas de A. Si $rg(A) = r$, entonces H tiene r filas no nulas y aplicándole transformaciones elementales por columnas obtendremos J ya que el pivote 1 de cada fila nos permitirá anular cada elemento en su fila. Recíprocamente, supongamos que A es equivalente a J, entonces A puede obtenerse de J aplicando transformaciones elementales de columnas primero y de filas después. El rango de J es evidentemente r y cualquier matriz que se obtenga de J por transformaciones elementales de columnas tendrá rango r; finalmente, puesto que las transformaciones elementales por filas no afectan al rango, tendremos $rg(A) = r$. □

TEOREMA

Dos matrices de igual orden son equivalentes si, y sólo si, tienen igual rango.

DEMOSTRACIÓN. Llamemos $r = rg(A)$, $s = rg(B)$, entonces:

$$A \sim \begin{pmatrix} I_r & 0 \\ 0 & 0 \end{pmatrix}; \quad B \sim \begin{pmatrix} I_s & 0 \\ 0 & 0 \end{pmatrix}$$

y por tanto:

$$A \sim B \Leftrightarrow \begin{pmatrix} I_r & 0 \\ 0 & 0 \end{pmatrix} \sim \begin{pmatrix} I_s & 0 \\ 0 & 0 \end{pmatrix}$$

y evidentemente estas matrices son equivalentes si, y solamente si, $r = s$. □

COROLARIO

Para cada matriz $A \in \mathfrak{M}_{m\times n}(\mathbb{K})$ se verifica:

$$rg(A) = rg(A^t)$$

DEMOSTRACIÓN. Llamemos $r = rg(A)$, entonces A es equivalente a la matriz de orden $m \times n$:

$$J = \begin{pmatrix} I_r & 0 \\ 0 & 0 \end{pmatrix}$$

y por tanto existen matrices regulares de forma que $J = QAP$, de donde se obtiene: $J^t = P^tA^tQ^t$ y puesto que J^t es la matriz de orden $n \times m$:

$$J^t = \begin{pmatrix} I_r & 0 \\ 0 & 0 \end{pmatrix}$$

se tiene que $rg(A^t) = r = rg(A)$. □

Notemos que, como consecuencia de este Corolario, se obtiene que el rango de una matriz es igual también al número de columnas no nulas de su forma de Hermite por columnas.

PROPOSICIÓN

Dadas matrices $A \in \mathfrak{M}_{m\times p}(\mathbb{K})$ y $B \in M_{p\times n}(\mathbb{K})$, se verifica:

$$rg(AB) \leq \min\{rg(A), rg(B)\}$$

DEMOSTRACIÓN. Notemos $r = rg(A)$, $s = rg(B)$, y sea H la forma de Hermite por filas de A y C la forma de Hermite por columnas de B. Entonces existen matrices regulares $Q \in \mathfrak{M}_m(\mathbb{K})$ y $P \in \mathfrak{M}_n(\mathbb{K})$ de forma que $H = QA$ y $C = BP$. Entonces $HC = QABP$ es una matriz equivalente a AB y por tanto $rg(HC) = rg(AB)$. Pero HC tiene sólo r filas no nulas y s columnas no nulas y por tanto su rango es menor o igual a $\min\{r, s\}$. Así pues, $rg(AB) = rg(HC) \leq \text{mín}\{rg(A), rg(B)\}$. □

5. Determinantes

5.1. Determinante de una matriz cuadrada

El concepto de determinante de una matriz cuadrada puede ser definido inductivamente de la siguiente forma:
Para una matriz cuadrada de orden 1, $A = (a_{11})$ se define $det(A) = a_{11}$.
Supuesto conocido el valor del determinante de cada matriz de orden $n-1$, para una matriz de orden n:

$$A = \begin{pmatrix} a_{11} & a_{12} & \cdots & a_{1n} \\ a_{21} & a_{22} & \cdots & a_{2n} \\ \vdots & \vdots & \ddots & \vdots \\ a_{n1} & a_{n2} & \cdots & a_{nn} \end{pmatrix}$$

se llama ij-ésimo menor adjunto de A a $\alpha_{ij} = (-1)^{i+j} det(A_{ij})$, donde A_{ij} es la matriz que se obtiene de A eliminando la fila i-ésima y la columna j-ésima y se define el **determinante** de A por:

$$det(A) = a_{11}\alpha_{11} + \cdots + a_{n1}\alpha_{n1} \tag{5.1}$$

Esto es: la suma de los elementos de la primera columna de A multiplicado cada uno por su adjunto correspondiente. La fórmula 5.1 se conoce como **desarrollo de Laplace** del determinante de A por su primera columna.

Ejemplo 27. *El determinante de la matriz identidad es 1. En efecto, para la identidad de orden 1 es evidente; si suponemos que es cierto para la identidad de orden $n-1$, entonces calculamos*

$$det(I_n) = \delta_{11}\alpha_{11} + \cdots + \delta_{n1}\alpha_{n1} = 1\alpha_{11}$$

y como $\alpha_{11} = (-1)^{1+1} det(I_{n-1}) = 1$ entonces $det(I_n) = 1$.

Es también usual denotar al determinante de la matriz A por

$$det(A) = \begin{vmatrix} a_{11} & a_{12} & \cdots & a_{1n} \\ a_{21} & a_{22} & \cdots & a_{2n} \\ \vdots & \vdots & \ddots & \vdots \\ a_{n1} & a_{n2} & \cdots & a_{nn} \end{vmatrix}$$

Así, para una matriz cuadrada de orden 2

$$\begin{vmatrix} a_{11} & a_{12} \\ a_{21} & a_{22} \end{vmatrix} = a_{11}\alpha_{11} + a_{21}\alpha_{21} = a_{11}a_{22} - a_{21}a_{12}$$

Mientras que para una matriz de orden 3 se tiene

$$\begin{vmatrix} a_{11} & a_{12} & a_{13} \\ a_{21} & a_{22} & a_{23} \\ a_{31} & a_{32} & a_{33} \end{vmatrix} = a_{11}\alpha_{11} + a_{21}\alpha_{21} + a_{31}\alpha_{31} =$$

$$= a_{11}\begin{vmatrix} a_{22} & a_{23} \\ a_{32} & a_{33} \end{vmatrix} - a_{21}\begin{vmatrix} a_{12} & a_{13} \\ a_{32} & a_{33} \end{vmatrix} + a_{31}\begin{vmatrix} a_{12} & a_{13} \\ a_{22} & a_{23} \end{vmatrix} =$$

$$= a_{11}(a_{22}a_{33} - a_{32}a_{23}) + a_{21}(a_{32}a_{13} - a_{12}a_{33}) + a_{31}(a_{12}a_{23} - a_{22}a_{13}) =$$

$$= a_{11}a_{22}a_{33} + a_{13}a_{21}a_{32} + a_{12}a_{23}a_{31} - a_{11}a_{23}a_{32} - a_{12}a_{21}a_{33} - a_{13}a_{22}a_{31}$$

Se obtiene así la conocida **regla de Sarrus**, que describe de forma gráfica los sumandos positivos y negativos:

Ejemplo 28. *Las matrices*

$$A = \begin{pmatrix} 1 & 2 \\ 2 & 5 \end{pmatrix} \quad y \quad B = \begin{pmatrix} 1 & 2 & 3 \\ 0 & 1 & 2 \\ 2 & 1 & 0 \end{pmatrix}$$

tienen determinante

$$det(A) = \begin{vmatrix} 1 & 2 \\ 2 & 5 \end{vmatrix} = 1; \quad det(B) = \begin{vmatrix} 1 & 2 & 3 \\ 0 & 1 & 2 \\ 2 & 1 & 0 \end{vmatrix} = 0$$

5.2. Propiedades de los determinantes

Nuestro objetivo en este epígrafe será probar que los determinantes verifican las siguientes propiedades:

Propiedad 1 Si tres matrices cuadradas A, A' y A'' son idénticas salvo en que la i-ésima fila (o columna) de A es la suma de las filas (o columnas) correspondientes de A' y A'' entonces: $det(A) = det(A') + det(A'')$. Esto es:

$$\begin{vmatrix} a_{11} & a_{12} & \cdots & a_{1n} \\ \vdots & \vdots & \ddots & \vdots \\ x_1 + y_1 & x_2 + y_2 & \cdots & x_n + y_n \\ \vdots & \vdots & \ddots & \vdots \\ a_{n1} & a_{n2} & \cdots & a_{nn} \end{vmatrix} = \begin{vmatrix} a_{11} & a_{12} & \cdots & a_{1n} \\ \vdots & \vdots & \ddots & \vdots \\ x_1 & x_2 & \cdots & x_n \\ \vdots & \vdots & \ddots & \vdots \\ a_{n1} & a_{n2} & \cdots & a_{nn} \end{vmatrix} + \begin{vmatrix} a_{11} & a_{12} & \cdots & a_{1n} \\ \vdots & \vdots & \ddots & \vdots \\ y_1 & y_2 & \cdots & y_n \\ \vdots & \vdots & \ddots & \vdots \\ a_{n1} & a_{n2} & \cdots & a_{nn} \end{vmatrix}$$

Propiedad 2 Si una matriz cuadrada A tiene dos filas o columnas iguales, entonces su determinante es cero:

$$\begin{vmatrix} a_{11} & a_{12} & \cdots & a_{1n} \\ \vdots & \vdots & \ddots & \vdots \\ x_1 & x_2 & \cdots & x_n \\ \vdots & \vdots & \ddots & \vdots \\ x_1 & x_2 & \cdots & x_n \\ \vdots & \vdots & \ddots & \vdots \\ a_{n1} & a_{n2} & \cdots & a_{nn} \end{vmatrix} = 0$$

Propiedad 3 Si se intercambian dos filas o columnas de la matriz A, entonces su determinante cambia de signo:

$$\begin{vmatrix} a_{11} & a_{12} & \cdots & a_{1n} \\ \vdots & \vdots & \ddots & \vdots \\ x_1 & x_2 & \cdots & x_n \\ \vdots & \vdots & \ddots & \vdots \\ y_1 & y_2 & \cdots & y_n \\ \vdots & \vdots & \ddots & \vdots \\ a_{n1} & a_{n2} & \cdots & a_{nn} \end{vmatrix} = - \begin{vmatrix} a_{11} & a_{12} & \cdots & a_{1n} \\ \vdots & \vdots & \ddots & \vdots \\ y_1 & y_2 & \cdots & y_n \\ \vdots & \vdots & \ddots & \vdots \\ x_1 & x_2 & \cdots & x_n \\ \vdots & \vdots & \ddots & \vdots \\ a_{n1} & a_{n2} & \cdots & a_{nn} \end{vmatrix}$$

Propiedad 4 Si se multiplican los elementos de una fila o columna de la matriz A por un escalar k, entonces su determinante queda multiplicado por k:

$$\begin{vmatrix} a_{11} & a_{12} & \cdots & a_{1n} \\ \vdots & \vdots & \ddots & \vdots \\ kx_1 & kx_2 & \cdots & kx_n \\ \vdots & \vdots & \ddots & \vdots \\ a_{n1} & a_{n2} & \cdots & a_{nn} \end{vmatrix} = k \begin{vmatrix} a_{11} & a_{12} & \cdots & a_{1n} \\ \vdots & \vdots & \ddots & \vdots \\ x_1 & x_2 & \cdots & x_n \\ \vdots & \vdots & \ddots & \vdots \\ a_{n1} & a_{n2} & \cdots & a_{nn} \end{vmatrix}$$

En particular si A tiene una fila de ceros entonces $det(A) = 0$.

Propiedad 5 Si a una fila o columna de una matriz cuadrada A se le suma otra multiplicada por un escalar k, entonces su determinante no varía:

$$\begin{vmatrix} a_{11} & a_{12} & \cdots & a_{1n} \\ \vdots & \vdots & \ddots & \vdots \\ x_1 + ky_1 & x_2 + ky_2 & \cdots & x_n + ky_n \\ \vdots & \vdots & \ddots & \vdots \\ y_1 & y_2 & \cdots & y_n \\ \vdots & \vdots & \ddots & \vdots \\ a_{n1} & a_{n2} & \cdots & a_{nn} \end{vmatrix} = \begin{vmatrix} a_{11} & a_{12} & \cdots & a_{1n} \\ \vdots & \vdots & \ddots & \vdots \\ x_1 & x_2 & \cdots & x_n \\ \vdots & \vdots & \ddots & \vdots \\ y_1 & y_2 & \cdots & y_n \\ \vdots & \vdots & \ddots & \vdots \\ a_{n1} & a_{n2} & \cdots & a_{nn} \end{vmatrix}$$

Propiedad 6 Una matriz cuadrada A es regular si, y solamente si, $det(A) \neq 0$.

Propiedad 7 El determinante de un producto de matrices cuadradas es igual al producto de sus determinantes: $det(AB) = det(A)det(B)$.

Propiedad 8 El determinante de una matriz es igual al de su traspuesta: $det(A) = det(A^t)$.

Propiedad 9 El determinante de una matriz puede obtenerse desarrollando por cualquiera de sus filas o columnas:

$$\begin{aligned} det(A) = a_{i1}\alpha_{i1} + \cdots + a_{in}\alpha_{in} = \\ a_{1j}\alpha_{1j} + \cdots + a_{nj}\alpha_{nj}. \end{aligned}$$

DEMOSTRACIÓN.
Comenzaremos probando las propiedades referidas a filas:
Propiedad 1.
Hacemos inducción sobre el orden n de la matriz. Para $n = 1$ la propiedad es evidente. Supongámosla cierta para $n-1$ y probémosla para n. Para ello, denotemos por α_{ij}, α'_{ij} y α''_{ij} respectivamente, los adjuntos en cada una de las matrices. Entonces:

$$det(A) = a_{11}\alpha_{11} + \cdots + (x_1 + y_1)\alpha_{i1} + \cdots + a_{n1}\alpha_{n1}$$

Ahora bien: $\alpha_{i1} = \alpha'_{i1} = \alpha''_{i1}$ puesto que se elimina la fila i que es la única que las matrices tienen distinta, mientras que para $t \neq i$ se tiene por hipótesis de inducción que $\alpha_{t1} = \alpha'_{t1} + \alpha''_{t1}$. Así pues

$$det(A) = a_{11}(\alpha'_{11} + \alpha''_{11}) + \cdots + (x_1 + y_1)\alpha_{i1} + \cdots + a_{n1}(\alpha'_{n1} + \alpha''_{n1}) =$$

$$= (a_{11}\alpha'_{11} + \cdots + x_1\alpha'_{i1} + \cdots + a_{n1}\alpha'_{n1}) + (a_{11}\alpha''_{11} + \cdots + y_1\alpha''_{i1} + \cdots + a_{n1}\alpha''_{n1}) =$$
$$det(A') + det(A'')$$

Propiedades 2 y 3.
Empezaremos probando ambas propiedades para el caso particular de dos filas consecutivas. Veamos pues que se verifica la propiedad 2': si una matriz tiene dos filas consecutivas iguales su determinante es cero.
Lo haremos de nuevo por inducción sobre n. Para $n = 2$ es evidente, supongámoslo cierto para $n-1$ y probémoslo para n. Si las filas iguales consecutivas son la i-ésima y la $i+1$-ésima, entonces:

$$det(A) = a_{11}\alpha_{11} + \cdots + x_1\alpha_{i1} + x_1\alpha_{i+11} + \cdots + a_{n1}\alpha_{n1}$$

Ahora bien, para $t \neq i, i+1$ se tiene por hipótesis de inducción que $\alpha_{t1} = (-1)^{t+1}det(A_{t1}) = 0$, puesto que la matriz A_{t1} tiene dos filas consecutivas iguales y es de orden $n-1$. Por otra parte $A_{i1} = A_{i+1,1}$ y entonces, puesto que $\alpha_{i1} = (-1)^{i+1}det(A_{i1})$ y $\alpha_{i+1,1} = (-1)^{i+2}det(A_{i+1,1})$, se tiene que $\alpha_{i+1,1} = -\alpha_{i1}$ y sustituyendo:

$$det(A) = a_{11}0 + \cdots + x_1\alpha_{i1} + x_1\alpha_{i+1,1} + \cdots + a_{n1}0 = x_1\alpha_{i1} - x_1\alpha_{i1} = 0.$$

Probemos ahora $3'$: si se intercambian dos filas consecutivas el determinante cambia de signo. Esto es consecuencia de la propiedad 1 y lo anterior:

$$0 = \begin{vmatrix} a_{11} & \cdots & a_{1n} \\ \vdots & \ddots & \vdots \\ x_1+y_1 & \cdots & x_n+y_n \\ x_1+y_1 & \cdots & x_n+y_n \\ \vdots & \ddots & \vdots \\ a_{n1} & \cdots & a_{nn} \end{vmatrix} = \begin{vmatrix} a_{11} & \cdots & a_{1n} \\ \vdots & \ddots & \vdots \\ x_1 & \cdots & x_n \\ x_1 & \cdots & x_n \\ \vdots & \ddots & \vdots \\ a_{n1} & \cdots & a_{nn} \end{vmatrix} + \begin{vmatrix} a_{11} & \cdots & a_{1n} \\ \vdots & \ddots & \vdots \\ y_1 & \cdots & y_n \\ y_1 & \cdots & y_n \\ \vdots & \ddots & \vdots \\ a_{n1} & \cdots & a_{nn} \end{vmatrix} + \begin{vmatrix} a_{11} & \cdots & a_{1n} \\ \vdots & \ddots & \vdots \\ x_1 & \cdots & x_n \\ y_1 & \cdots & y_n \\ \vdots & \ddots & \vdots \\ a_{n1} & \cdots & a_{nn} \end{vmatrix} + \begin{vmatrix} a_{11} & \cdots & a_{1n} \\ \vdots & \ddots & \vdots \\ y_1 & \cdots & y_n \\ x_1 & \cdots & x_n \\ \vdots & \ddots & \vdots \\ a_{n1} & \cdots & a_{nn} \end{vmatrix}$$

Luego:

$$\begin{vmatrix} a_{11} & a_{12} & \cdots & a_{1n} \\ \vdots & \vdots & \ddots & \vdots \\ x_1 & x_2 & \cdots & x_n \\ y_1 & y_2 & \cdots & y_n \\ \vdots & \vdots & \ddots & \vdots \\ a_{n1} & a_{n2} & \cdots & a_{nn} \end{vmatrix} = - \begin{vmatrix} a_{11} & a_{12} & \cdots & a_{1n} \\ \vdots & \vdots & \ddots & \vdots \\ y_1 & y_2 & \cdots & y_n \\ x_1 & x_2 & \cdots & x_n \\ \vdots & \vdots & \ddots & \vdots \\ a_{n1} & a_{n2} & \cdots & a_{nn} \end{vmatrix}$$

Veamos ahora el caso general:
La propiedad 2 la podemos deducir de los pasos anteriores: si A tiene dos filas iguales no necesariamente consecutivas, podemos aplicar $3'$ y haciendo $j-1$ cambios de signo ponerlas consecutivas, con lo cual el determinante es cero por $2'$.
En cuanto a la propiedad 3 se deduce de 2 de igual forma a como se dedujo $3'$ de $2'$.
Propiedad 4: De nuevo, por inducción, para el caso $n = 1$ es evidente. Para el caso n denotemos por A y A' respectivamente a las matrices que aparecen en el enunciado y por α_{ij} y α'_{ij} respectivamente, a los menores en ellas. Entonces:

$$det(A) = a_{11}\alpha_{11} + \cdots + kx_1\alpha_{i1} + \cdots + a_{n1}\alpha_{n1}$$

Ahora bien $\alpha_{i1} = \alpha'_{i1}$ mientras que para $t \neq i$ se tiene por hipótesis de inducción que $\alpha_{t1} = k\alpha'_{t1}$. Por tanto:

$$det(A) = a_{11}k\alpha'_{11} + \cdots + kx_1\alpha'_{i1} + \cdots + a_{n1}k\alpha'_{n1} =$$
$$k(a_{11}\alpha'_{11} + \cdots + x_1\alpha'_{i1} + \cdots + a_{n1}\alpha'_{n1}) = kdet(A')$$

Propiedad 5: Esta propiedad se deduce fácilmente de las propiedades 1 y 4 anteriores:

$$\begin{vmatrix} a_{11} & a_{12} & \cdots & a_{1n} \\ \vdots & \vdots & \ddots & \vdots \\ x_1+ky_1 & x_2+ky_2 & \cdots & x_n+ky_n \\ \vdots & \vdots & \ddots & \vdots \\ y_1 & y_2 & \cdots & y_n \\ \vdots & \vdots & \ddots & \vdots \\ a_{n1} & a_{n2} & \cdots & a_{nn} \end{vmatrix} = \begin{vmatrix} a_{11} & a_{12} & \cdots & a_{1n} \\ \vdots & \vdots & \ddots & \vdots \\ x_1 & x_2 & \cdots & x_n \\ \vdots & \vdots & \ddots & \vdots \\ y_1 & y_2 & \cdots & y_n \\ \vdots & \vdots & \ddots & \vdots \\ a_{n1} & a_{n2} & \cdots & a_{nn} \end{vmatrix} + k \begin{vmatrix} a_{11} & a_{12} & \cdots & a_{1n} \\ \vdots & \vdots & \ddots & \vdots \\ y_1 & y_2 & \cdots & y_n \\ \vdots & \vdots & \ddots & \vdots \\ y_1 & y_2 & \cdots & y_n \\ \vdots & \vdots & \ddots & \vdots \\ a_{n1} & a_{n2} & \cdots & a_{nn} \end{vmatrix} =$$

$$= \begin{vmatrix} a_{11} & a_{12} & \cdots & a_{1n} \\ \vdots & \vdots & \ddots & \vdots \\ x_1 & x_2 & \cdots & x_n \\ \vdots & \vdots & \ddots & \vdots \\ y_1 & y_2 & \cdots & y_n \\ \vdots & \vdots & \ddots & \vdots \\ a_{n1} & a_{n2} & \cdots & a_{nn} \end{vmatrix}$$

Propiedad 6: Notemos primero que de las propiedades 3, 4 y 5 anteriores (aplicadas a la matriz identidad) se deduce que los determinantes de las distintas matrices elementales valen: $det(E_{ij}) = -1$, $det(E_i(k)) = k$ y $det(E_{ij}(k)) = 1$. Las propiedades 3, 4 y 5 pueden entonces resumirse en la siguiente: si E es una matriz elemental entonces $det(EA) = det(E)det(A)$. De aquí se deduce fácilmente que, si $E_1, \ldots, E_k$ son matrices elementales, entonces $det(E_1 \cdots E_k A) = det(E_1) \cdots det(E_k)det(A)$.

Probemos ahora la propiedad 6. Si A es regular entonces A es un producto de matrices elementales $A = E_1 \cdots E_k$ y tenemos $det(A) = det(E_1 \cdots E_k) = det(E_1) \cdots det(E_k) \neq 0$ por el comentario anterior. Recíprocamente, si A no es regular, entonces $rg(A) < n$ y en consecuencia la forma de Hermite por filas H de A tiene al menos una fila de ceros, con lo cual $det(H) = 0$ por la propiedad 4. Ahora bien $H = E_k \cdots E_1 A$ para ciertas matrices elementales $E_1, \ldots, E_k$, luego $0 = det(H) = det(E_1) \cdots det(E_k)\, det(A)$ y puesto que $det(E_1) \cdots det(E_k) \neq 0$ ha de ser $det(A) = 0$.

Propiedad 7: Estudiaremos 2 casos:

Caso 1: Si $det(A) = 0$ ó $det(B) = 0$ entonces A ó B es singular, con lo cual AB es singular y por tanto $det(AB) = 0$.

Caso 2: Si $det(A) \neq 0$ y $det(B) \neq 0$, entonces A y B son regulares y se expresan por tanto como producto de matrices elementales $A = E_1 \cdots E_k$, $B = E_1' \cdots E_l'$, con lo cual

$$\begin{aligned} det(AB) &= det(E_1 \cdots E_k E_1' \cdots E_l') \\ &= det(E_1) \cdots det(E_k)\ det(E_1') \cdots det(E_l') \\ &= det(E_1 \cdots E_k)\ det(E_1' \cdots E_l') \\ &= det(A)\ det(B). \end{aligned}$$

Propiedad 8: Distinguimos de nuevo dos casos:

Caso 1: Si $det(A) = 0$, entonces A es singular, con lo cual A^t es también singular y en consecuencia $det(A^t) = 0$.

Caso 2: Si $det(A) \neq 0$, entonces A es regular y por tanto es igual a un producto de matrices elementales, $A = E_1 \cdots E_k$, con lo cual $A^t = E_k^t \ldots E_1^t$ y puesto que para cada matriz elemental E se tiene $det(E^t) = det(E)$, obtenemos $det(A^t) = det(E_k^t) \cdots det(E_1^t) = det(E_k) \cdots det(E_1) = det(A)$.

Notemos en este momento que usando 8 se deducen las propiedades 1, 2, 3, 4 y 5 también para columnas.

Propiedad 9: Es consecuencia de las propiedades 3 y 8. □

Veamos un ejemplo de cómo estas propiedades facilitan el cálculo de determinantes:

Ejemplo 29. *Consideremos la matriz:*

$$A = \begin{pmatrix} 1 & 2 & 3 & 4 \\ 0 & 1 & 2 & 4 \\ 2 & 3 & 4 & 5 \\ 2 & 0 & 1 & 2 \end{pmatrix}$$

Entonces:

$$det(A) = \begin{vmatrix} 1 & 2 & 3 & 4 \\ 0 & 1 & 2 & 4 \\ 2 & 3 & 4 & 5 \\ 2 & 0 & 1 & 2 \end{vmatrix} = \begin{vmatrix} 1 & 2 & 3 & 4 \\ 0 & 1 & 2 & 4 \\ 0 & -1 & -2 & -3 \\ 2 & 0 & 1 & 2 \end{vmatrix} = \begin{vmatrix} 1 & 2 & 3 & 4 \\ 0 & 1 & 2 & 4 \\ 0 & -1 & -2 & -3 \\ 0 & -4 & -5 & -6 \end{vmatrix} =$$

$$= 1 \cdot \begin{vmatrix} 1 & 2 & 4 \\ -1 & -2 & -3 \\ -4 & -5 & -6 \end{vmatrix} = \begin{vmatrix} 1 & 2 & 4 \\ 0 & 0 & 1 \\ -4 & -5 & -6 \end{vmatrix} = - \begin{vmatrix} 1 & 2 \\ -4 & -5 \end{vmatrix} = \begin{vmatrix} 1 & 2 \\ 4 & 5 \end{vmatrix} = -3$$

5.3. Matriz inversa y determinantes

Veamos cómo pueden servir los determinantes al cálculo de la matriz inversa. Dada una matriz cuadrada $A \in \mathfrak{M}_n(\mathbb{K})$ llamaremos **matriz adjunta** de A a la matriz $A^* = (\alpha_{ij})_{i,j}$, esto es, la matriz que en cada posición tiene el correspondiente menor adjunto de A.

Ejemplo 30.

$$Si\ A = \begin{pmatrix} 1 & 2 & 3 \\ 2 & 3 & 4 \\ 3 & 4 & 6 \end{pmatrix} \ entonces\ A^* = \begin{pmatrix} 2 & 0 & -1 \\ 0 & -3 & 2 \\ -1 & 2 & -1 \end{pmatrix}$$

PROPOSICIÓN

Sea A una matriz cuadrada de orden n con coeficientes en $\mathbb{K}$, y sea A^* la matriz adjunta de A, entonces:

$$AA^{*^t} = det(A)I_n$$

DEMOSTRACIÓN. Denotemos por $C = (c_{ij})_{i,j}$ a la matriz producto AA^{*^t}, entonces cada elemento c_{ij} se obtiene de la fila i de A y la columna j-ésima de A^{*^t}:

$$c_{ij} = a_{i1}\alpha_{j1} + \cdots + a_{in}\alpha_{jn}$$

Para el caso $i = j$ se obtiene:

$$c_{ii} = a_{i1}\alpha_{i1} + \cdots + a_{in}\alpha_{in} = det(A)$$

puesto que es el desarrollo del determinante de A por la fila i-ésima.
Para $i \neq j$:

$$c_{ij} = a_{i1}\alpha_{j1} + \cdots + a_{in}\alpha_{jn} = \begin{vmatrix} a_{11} & a_{12} & \cdots & a_{1n} \\ \vdots & \vdots & \ddots & \vdots \\ a_{i1} & a_{i2} & \cdots & a_{in} \\ \vdots & \vdots & \ddots & \vdots \\ a_{i1} & a_{i2} & \cdots & a_{in} \\ \vdots & \vdots & \ddots & \vdots \\ a_{n1} & a_{n2} & \cdots & a_{nn} \end{vmatrix} = 0$$

(el determinante vale cero al haber dos filas iguales)
Así pues

$$AA^{*^t} = \begin{pmatrix} det(A) & 0 & \cdots & 0 \\ 0 & det(A) & \cdots & 0 \\ \vdots & \vdots & \ddots & \vdots \\ 0 & 0 & \cdots & det(A) \end{pmatrix} = det(A)I_n$$

□

Como consecuencia se obtiene ahora:

TEOREMA

Si la matriz $A \in \mathfrak{M}_n(\mathbb{K})$ es regular, entonces:

$$A^{-1} = \frac{1}{det(A)} A^{*^t}$$

DEMOSTRACIÓN. Puesto que A es regular, se tiene por la propiedad 6 que $det(A) \neq 0$ y entonces por el resultado anterior $A(\frac{1}{det(A)}A^{*^t}) = I$, y por tanto $\frac{1}{det(A)}A^{*^t} = A^{-1}$. □

Ejemplo 31. *La matriz del ejemplo 30*

$$A = \begin{pmatrix} 1 & 2 & 3 \\ 2 & 3 & 4 \\ 3 & 4 & 6 \end{pmatrix}$$

tiene determinante -1 *y por tanto es regular, así pues*

$$A^{-1} = \frac{1}{det(A)}A^{*^t} = \frac{1}{-1}\begin{pmatrix} 2 & 0 & -1 \\ 0 & -3 & 2 \\ -1 & 2 & -1 \end{pmatrix} = \begin{pmatrix} -2 & 0 & 1 \\ 0 & 3 & -2 \\ 1 & -2 & 1 \end{pmatrix}$$

5.4. Rango y determinantes

Veamos ahora cómo los determinantes nos proporcionan un nuevo método para calcular el rango de una matriz.

TEOREMA

Sea $A \in \mathfrak{M}_{m\times n}(\mathbb{K})$, entonces el rango de A coincide con el mayor orden de una submatriz cuadrada regular de A.

DEMOSTRACIÓN. Sea $r = rg(A)$ y sea H la forma de Hermite por filas de A, entonces H contiene una submatriz regular de orden r (la que contiene a los r pivotes) y puesto que H tiene exactamente r filas no nulas, toda submatriz de H de orden $r+1$ es singular. No es difícil comprobar que esta propiedad se mantiene por transformaciones elementales de filas, con lo cual también A contiene una submatriz regular de orden r y toda submatriz de orden $r+1$ es singular. □

El Teorema anterior proporciona un nuevo método para el cálculo del rango de una matriz. Si A es de orden $m \times n$ y llamamos $k = min\{m, n\}$, entonces $rg(A) \leq k$. Se consideran todas las submatrices cuadradas de A de orden k, si alguna de ellas tiene determinante no nulo, entonces $rg(A) = k$. En caso contrario $rg(A) \leq k-1$ y se repite el proceso para submatrices de orden $k-1$ y así sucesivamente. Veámoslo en un ejemplo:

Ejemplo 32. *Consideremos la matriz:*

$$A = \begin{pmatrix} 3 & 6 & 5 & 9 \\ 1 & 1 & 2 & 4 \\ 1 & -2 & 3 & 7 \end{pmatrix}$$

Evidentemente $rg(A) \leq 3$, *las distintas submatrices cuadradas de A de orden* 3 *tienen todas determinante cero:*

$$\begin{vmatrix} 3 & 6 & 5 \\ 1 & 1 & 2 \\ 1 & -2 & 3 \end{vmatrix} = 0; \quad \begin{vmatrix} 3 & 6 & 9 \\ 1 & 1 & 4 \\ 1 & -2 & 7 \end{vmatrix} = 0; \quad \begin{vmatrix} 3 & 5 & 9 \\ 1 & 2 & 4 \\ 1 & 3 & 7 \end{vmatrix} = 0; \quad \begin{vmatrix} 6 & 5 & 9 \\ 1 & 2 & 4 \\ -2 & 3 & 7 \end{vmatrix} = 0$$

Así pues $rg(A) \leq 2$. *Considerando ahora submatrices cuadradas de orden 2 obtenemos una submatriz con determinante no nulo:*

$$\begin{vmatrix} 3 & 6 \\ 1 & 1 \end{vmatrix} \neq 0$$

Luego $rg(A) = 2$.

El cálculo del rango por este método es útil, sobre todo cuando se trata de calcular el rango de un matriz dependiendo de algún parámetro en ella y se aplica a la discusión de sistemas de ecuaciones dependientes de parámetros.

5.5. Sistemas de ecuaciones y determinantes. Regla de Cramer

Dado un sistema de ecuaciones:

$$\left\{\begin{array}{lcl} a_{11}x_1 + \cdots + a_{1n}x_n & = & b_1 \\ a_{21}x_1 + \cdots + a_{2n}x_n & = & b_2 \\ \multicolumn{3}{c}{\dotfill} \\ a_{m1}x_1 + \cdots + a_{mn}x_n & = & b_m \end{array}\right.$$

Si denotamos por A a la matriz de coeficientes y por X y B a las matrices:

$$X = \begin{pmatrix} x_1 \\ \vdots \\ x_n \end{pmatrix} \text{ Matriz incógnita}$$

$$B = \begin{pmatrix} b_1 \\ \vdots \\ b_n \end{pmatrix} \text{ Matriz de términos independientes}$$

el sistema podrá expresarse matricialmente por

$$A \cdot X = B$$

Diremos que se trata de un **sistema de Cramer** si A es una matriz cuadrada (igual número de ecuaciones que de incógnitas) y regular. Todo sistema de Cramer es compatible determinado como aplicación directa del Teorema de Rouché-Frobenius. Veamos un método para resolver los sistemas de Cramer:

Regla de Cramer

Dado un sistema de Cramer:

$$\left\{\begin{array}{lcl} a_{11}x_1 + \cdots + a_{1n}x_n & = & b_1 \\ a_{21}x_1 + \cdots + a_{2n}x_n & = & b_2 \\ \multicolumn{3}{c}{\dotfill} \\ a_{n1}x_1 + \cdots + a_{nn}x_n & = & b_n \end{array}\right.$$

la solución (única) del sistema viene dada por:

$$x_1 = \frac{1}{det(A)} \begin{vmatrix} b_1 & a_{12} & \cdots & a_{1n} \\ \vdots & \vdots & \ddots & \vdots \\ b_n & a_{n2} & \cdots & a_{nn} \end{vmatrix}; \ldots ; x_n = \frac{1}{det(A)} \begin{vmatrix} a_{11} & a_{12} & \cdots & b_1 \\ \vdots & \vdots & \ddots & \vdots \\ a_{n1} & a_{n2} & \cdots & b_n \end{vmatrix}$$

DEMOSTRACIÓN. Expresando el sistema matricialmente en la forma $A \cdot X = B$, puesto que A es regular, podemos multiplicar ambos términos de la igualdad por A^{-1}, con lo que se obtiene $X = A^{-1} \cdot B$. Ahora, usando el cálculo de la inversa por determinantes:

$$\begin{pmatrix} x_1 \\ \vdots \\ x_i \\ \vdots \\ x_n \end{pmatrix} = \frac{1}{det(A)} \begin{pmatrix} \alpha_{11} & \alpha_{21} & \dots & \alpha_{n1} \\ \vdots & \vdots & \ddots & \vdots \\ \alpha_{1i} & \alpha_{2i} & \dots & \alpha_{ni} \\ \vdots & \vdots & \ddots & \vdots \\ \alpha_{1n} & \alpha_{2n} & \dots & \alpha_{nn} \end{pmatrix} \cdot \begin{pmatrix} b_1 \\ \vdots \\ b_i \\ \vdots \\ b_n \end{pmatrix}$$

Así, para cada i se tiene:

$$x_i = \frac{1}{det(A)}(b_1\alpha_{1i} + \dots + b_n\alpha_{ni}) = \frac{1}{det(A)} \begin{vmatrix} a_{11} & \dots & b_1 & \dots & a_{1n} \\ a_{21} & \dots & b_2 & \dots & a_{2n} \\ \vdots & \ddots & \vdots & \ddots & \vdots \\ a_{n1} & \dots & b_n & \dots & a_{nn} \end{vmatrix}$$

usándose en la última igualdad el desarrollo del determinante por la columna i-ésima. □

Veamos un ejemplo:

Ejemplo 33. *Consideremos el sistema:*

$$\left\{ \begin{array}{rrrcl} 2x & +y & +z & = & 1 \\ x & +2y & +z & = & 2 \\ x & +y & +2z & = & 3 \end{array} \right.$$

La matriz de coeficientes es:

$$A = \begin{pmatrix} 2 & 1 & 1 \\ 1 & 2 & 1 \\ 1 & 1 & 2 \end{pmatrix}$$

cuyo determinante es $det(A) = 4 \neq 0$. Por tanto A es regular y se trata de un sistema de Cramer. La solución única se calcula por:

$$x = \frac{1}{4} \begin{vmatrix} 1 & 1 & 1 \\ 2 & 2 & 1 \\ 3 & 1 & 2 \end{vmatrix} = \frac{1}{4} \cdot (-2) = -\frac{1}{2}$$

$$y = \frac{1}{4} \begin{vmatrix} 2 & 1 & 1 \\ 1 & 2 & 1 \\ 1 & 3 & 2 \end{vmatrix} = \frac{1}{4} \cdot 2 = \frac{1}{2}$$

$$z = \frac{1}{4} \begin{vmatrix} 2 & 1 & 1 \\ 1 & 2 & 2 \\ 1 & 1 & 3 \end{vmatrix} = \frac{1}{4} \cdot 6 = \frac{3}{2}$$

Ejercicios resueltos

Para el siguiente sistema de ecuaciones lineales se pide: transformar el sistema en un sistema escalonado, discutirlo y resolver el sistema si tiene solución.

$$\left\{\begin{array}{rrrcr} & x_2 & -3x_3 & = & -5 \\ 2x_1 & +3x_2 & -x_3 & = & 7 \\ 4x_1 & +5x_2 & -2x_3 & = & 10 \end{array}\right.$$

Resolución.

El sistema tiene matriz ampliada:

$$(A|B) = \begin{pmatrix} 0 & 1 & -3 & -5 \\ 2 & 3 & -1 & 7 \\ 4 & 5 & -2 & 10 \end{pmatrix}$$

Haciendo transformaciones elementales de filas:

$$\begin{pmatrix} 0 & 1 & -3 & -5 \\ 2 & 3 & -1 & 7 \\ 4 & 5 & -2 & 10 \end{pmatrix} \sim_f \begin{pmatrix} 0 & 1 & -3 & -5 \\ 2 & 3 & -1 & 7 \\ 0 & -1 & 0 & -4 \end{pmatrix} \sim_f \begin{pmatrix} 2 & 3 & -1 & 7 \\ 0 & 1 & -3 & -5 \\ 0 & -1 & 0 & -4 \end{pmatrix} \sim_f$$

$$\begin{pmatrix} 1 & \frac{3}{2} & -\frac{1}{2} & \frac{7}{2} \\ 0 & 1 & -3 & -5 \\ 0 & -1 & 0 & -4 \end{pmatrix} \sim_f \begin{pmatrix} 1 & \frac{3}{2} & -\frac{1}{2} & \frac{7}{2} \\ 0 & 1 & 0 & 4 \\ 0 & 1 & -3 & -5 \end{pmatrix} \sim_f \begin{pmatrix} 1 & \frac{3}{2} & -\frac{1}{2} & \frac{7}{2} \\ 0 & 1 & 0 & 4 \\ 0 & 0 & -3 & -9 \end{pmatrix} \sim_f$$

$$\begin{pmatrix} 1 & \frac{3}{2} & -\frac{1}{2} & \frac{7}{2} \\ 0 & 1 & 0 & 4 \\ 0 & 0 & 1 & 3 \end{pmatrix} \sim_f \begin{pmatrix} 1 & 0 & -\frac{1}{2} & -\frac{5}{2} \\ 0 & 1 & 0 & 4 \\ 0 & 0 & 1 & 3 \end{pmatrix} \sim_f \begin{pmatrix} 1 & 0 & 0 & -1 \\ 0 & 1 & 0 & 4 \\ 0 & 0 & 1 & 3 \end{pmatrix}$$

Así pues, el sistema de partida es equivalente al sistema:

$$\left\{\begin{array}{rrrcr} x_1 & & & = & -1 \\ & x_2 & & = & 4 \\ & & x_3 & = & 3 \end{array}\right.$$

que es compatible determinado con solución: $x_1 = -1$, $x_2 = 4$, $x_3 = 3$. *Para terminar, comprobemos el resultado, viendo si realmente estos valores de* x_1, x_2 *y* x_3 *satisfacen las ecuaciones:*

$$\left\{\begin{array}{rrrcr} & 4 & -3\cdot 3 & = & -5 \\ 2\cdot(-1) & +3\cdot 4 & -3 & = & 7 \\ 4\cdot(-1) & +5\cdot 4 & -2\cdot 3 & = & 10 \end{array}\right.$$

Para el siguiente sistema de ecuaciones lineales se pide: transformar el sistema en un sistema escalonado, discutirlo y resolver el sistema si tiene solución.

$$\left\{\begin{array}{rrrcr} x & +y & +2z & = & 2 \\ & y & +z & = & 1 \\ 2x & & +2z & = & 2 \end{array}\right.$$

Resolución.

El sistema tiene matriz ampliada:

$$(A|B) = \begin{pmatrix} 1 & 1 & 2 & 2 \\ 0 & 1 & 1 & 1 \\ 2 & 0 & 2 & 2 \end{pmatrix}$$

Calculemos la forma de Hermite de $(A|B)$:

$$\begin{pmatrix} 1 & 1 & 2 & 2 \\ 0 & 1 & 1 & 1 \\ 2 & 0 & 2 & 2 \end{pmatrix} \sim_f \begin{pmatrix} 1 & 1 & 2 & 2 \\ 0 & 1 & 1 & 1 \\ 0 & -2 & -2 & -2 \end{pmatrix} \sim_f \begin{pmatrix} 1 & 1 & 2 & 2 \\ 0 & 1 & 1 & 1 \\ 0 & 0 & 0 & 0 \end{pmatrix} \sim_f \begin{pmatrix} 1 & 0 & 1 & 1 \\ 0 & 1 & 1 & 1 \\ 0 & 0 & 0 & 0 \end{pmatrix} = H$$

Así, el sistema de partida es equivalente al sistema escalonado reducido:

$$\begin{cases} x + z = 1 \\ y + z = 1 \end{cases}$$

Este sistema es compatible indeterminado, puesto que hay una incógnita libre z que puede tomar cualquier valor. Las incógnitas principales son x e y, y la solución general del sistema viene dada por:

$$x = 1 - \lambda,\ y = 1 - \lambda,\ z = \lambda$$

3. Dadas las matrices A, B y C, comprobar que $AB = AC$.

$$A = \begin{pmatrix} 1 & -3 & 2 \\ 2 & 1 & -3 \\ 4 & -3 & -1 \end{pmatrix} \quad B = \begin{pmatrix} 1 & 4 & 1 & 0 \\ 2 & 1 & 1 & 1 \\ 1 & -2 & 1 & 2 \end{pmatrix} \quad C = \begin{pmatrix} 2 & 1 & -1 & -2 \\ 3 & -2 & -1 & -1 \\ 2 & -5 & -1 & 0 \end{pmatrix}$$

Concluir que la igualdad $AB = AC$ no implica necesariamente $B = C$.

Resolución.

$$A \cdot B = \begin{pmatrix} 1 & -3 & 2 \\ 2 & 1 & -3 \\ 4 & -3 & -1 \end{pmatrix} \begin{pmatrix} 1 & 4 & 1 & 0 \\ 2 & 1 & 1 & 1 \\ 1 & -2 & 1 & 2 \end{pmatrix} = \begin{pmatrix} -3 & -3 & 0 & 1 \\ 1 & 15 & 0 & -5 \\ -3 & 15 & 0 & -5 \end{pmatrix}$$

$$A \cdot C = \begin{pmatrix} 1 & -3 & 2 \\ 2 & 1 & -3 \\ 4 & -3 & -1 \end{pmatrix} \begin{pmatrix} 2 & 1 & -1 & -2 \\ 3 & -2 & -1 & -1 \\ 2 & -5 & -1 & 0 \end{pmatrix} = \begin{pmatrix} -3 & -3 & 0 & 1 \\ 1 & 15 & 0 & -5 \\ -3 & 15 & 0 & -5 \end{pmatrix}$$

luego $AB = AC$ a pesar de que $B \neq C$. Razonemos el motivo: para números reales de la igualdad $ab = ac$ con $a \neq 0$ se deduce que $b = c$ multiplicando ambos términos de la igualdad por $\frac{1}{a}$. La diferencia en el caso de matrices estriba en que no toda matriz no nula tiene inversa. Si A fuese regular, entonces de $AB = AC$ se podría deducir $B = C$ multiplicando por A^{-1}. Lo que ocurre en el caso que se nos presenta es, evidentemente, que A no es regular.

4. Demostrar las siguientes propiedades para una matriz regular $A \in \mathfrak{M}_n(\mathbb{R})$:

1. $(A^{-1})^{-1} = A$.
2. $(rA)^{-1} = \frac{1}{r}A^{-1}$ para cada $0 \neq r \in \mathbb{R}$.
3. $(A^p)^{-1} = (A^{-1})^p$, siendo p un número entero y positivo.

Resolución.

1. $AA^{-1} = A^{-1}A = I$ *luego* A *es inversa de* A^{-1}*, es decir,* $A = (A^{-1})^{-1}$.
2. $(rA)(\frac{1}{r}A^{-1}) = r\frac{1}{r}AA^{-1} = AA^{-1} = I$ *y* $(\frac{1}{r}A^{-1})(rA) = \frac{1}{r}rA^{-1}A = A^{-1}A = I$*, luego* $\frac{1}{r}A^{-1}$ *es inversa de* rA*, es decir* $\frac{1}{r}A^{-1} = (rA)^{-1}$.
3. $A^p(A^{-1})^p = A \cdots^{p)} \cdots AA^{-1} \cdots^{p)} \cdots A^{-1} = I$*, ya que en cada momento queda en el centro el producto* $AA^{-1} = I$.

Probar que si A es una matriz regular, entonces:

1. A simétrica $\Longleftrightarrow A^{-1}$ simétrica.
2. A antisimétrica $\Longleftrightarrow A^{-1}$ antisimétrica.

Resolución.

Si A *es simétrica, entonces* $(A^{-1})^t = (A^t)^{-1} = A^{-1}$ *y por consiguiente, también* A^{-1} *es simétrica.*
Si A *es antisimétrica,* $(A^{-1})^t = (A^t)^{-1} = (-A)^{-1} = -A^{-1}$ *y por tanto* A^{-1} *es antisimétrica.*
En ambos casos, el recíproco se obtiene usando que $A = (A^{-1})^{-1}$.

Probar que el producto de matrices triangulares superiores (resp. inferiores) es una matriz triangular superior (resp. inferior). Deducir una fórmula para las potencias de una matriz diagonal.

Resolución.

Consideremos dos matrices triangulares superiores:

$$A = (a_{ik})_{i,k} \in \mathfrak{M}_n(\mathbb{K}), \quad B = (b_{kj})_{k,j} \in \mathfrak{M}_n(\mathbb{K})$$

entonces

$$AB = (c_{ij})_{i,j} \in \mathfrak{M}_n(\mathbb{K})$$

donde

$$c_{ij} = a_{i1}b_{1j} + a_{i2}b_{2j} + \cdots + a_{ij}b_{jj} + \cdots + a_{ii}b_{ij} + \cdots + a_{in}b_{nj}$$

Si $i > j$, c_{ij} *se obtiene de la fila* i*-ésima de* A *en la cual los primeros* $i-1$ *elementos son cero y de la columna* j*-ésima de* B *en la cual son cero los últimos* $n-j$ *elementos por ser* A *y* B *triangulares superiores. Así pues:*

$$c_{ij} = 0 \cdot b_{1j} + 0 \cdot b_{2j} + \cdots + 0 \cdot b_{jj} + \cdots + a_{ii} \cdot 0 + \cdots + a_{in} \cdot 0 = 0$$

con lo cual, también C *es triangular superior. Para matrices triangulares inferiores se razona de forma enteramente similar. Como consecuencia de ambas afirmaciones se obtiene que el producto de dos matrices diagonales es una matriz diagonal, ya que una matriz es diagonal si es simultáneamente triangular superior y triangular inferior.*
Es fácil comprobar que si A *es una matriz diagonal:*

$$A = \begin{pmatrix} d_1 & 0 & \dots & 0 \\ 0 & d_2 & \dots & 0 \\ \vdots & \vdots & \ddots & \vdots \\ 0 & 0 & \dots & d_n \end{pmatrix}$$

entonces las potencias de A *se obtienen por:*

$$A^k = \begin{pmatrix} d_1^k & 0 & \dots & 0 \\ 0 & d_2^k & \dots & 0 \\ \vdots & \vdots & \ddots & \vdots \\ 0 & 0 & \dots & d_n^k \end{pmatrix}$$

7. * Dadas las matrices

$$A = \begin{pmatrix} 1 & 2 & 1 & 0 \\ 0 & 1 & 1 & -1 \\ 1 & 2 & -1 & 2 \\ 1 & 1 & 0 & 1 \end{pmatrix}$$

$$H = \begin{pmatrix} 1 & 0 & 0 & 1 \\ 0 & 1 & 0 & 0 \\ 0 & 0 & 1 & -1 \\ 0 & 0 & 0 & 0 \end{pmatrix}; \quad C = \begin{pmatrix} 1 & 0 & 0 & 0 \\ 0 & 1 & 0 & 0 \\ 0 & 0 & 1 & 0 \\ 1 & -1 & 0 & 0 \end{pmatrix}$$

se pide:

1. Calcular una matriz regular Q tal que $QA = H$.
2. Calcular una matriz regular P tal que $AP = C$.
3. ¿Son H y C equivalentes? ¿Por qué?

Resolución.

1. Si existe Q regular de forma que $QA = H$, entonces A es equivalente por filas a H y puesto que H es escalonada reducida por filas, ha de ser H la forma normal de Hermite de A. Así pues, reduciendo la matriz $(A|I)$ obtendremos $(H|Q)$:

$$\left(\begin{array}{cccc|cccc} 1 & 2 & 1 & 0 & 1 & 0 & 0 & 0 \\ 0 & 1 & 1 & -1 & 0 & 1 & 0 & 0 \\ 1 & 2 & -1 & 2 & 0 & 0 & 1 & 0 \\ 1 & 1 & 0 & 1 & 0 & 0 & 0 & 1 \end{array}\right) \sim_f \left(\begin{array}{cccc|cccc} 1 & 2 & 1 & 0 & 1 & 0 & 0 & 0 \\ 0 & 1 & 1 & -1 & 0 & 1 & 0 & 0 \\ 0 & 0 & -2 & 2 & -1 & 0 & 1 & 0 \\ 0 & -1 & -1 & 1 & -1 & 0 & 0 & 1 \end{array}\right) \sim_f$$

$$\left(\begin{array}{cccc|cccc} 1 & 2 & 1 & 0 & 1 & 0 & 0 & 0 \\ 0 & 1 & 1 & -1 & 0 & 1 & 0 & 0 \\ 0 & 0 & -2 & 2 & -1 & 0 & 1 & 0 \\ 0 & 0 & 0 & 0 & -1 & 1 & 0 & 1 \end{array}\right) \sim_f \left(\begin{array}{cccc|cccc} 1 & 2 & 1 & 0 & 1 & 0 & 0 & 0 \\ 0 & 1 & 1 & -1 & 0 & 1 & 0 & 0 \\ 0 & 0 & 1 & -1 & \frac{1}{2} & 0 & -\frac{1}{2} & 0 \\ 0 & 0 & 0 & 0 & -1 & 1 & 0 & 1 \end{array}\right) \sim_f$$

$$\left(\begin{array}{cccc|cccc} 1 & 2 & 1 & 0 & 1 & 0 & 0 & 0 \\ 0 & 1 & 0 & 0 & -\frac{1}{2} & 1 & \frac{1}{2} & 0 \\ 0 & 0 & 1 & -1 & \frac{1}{2} & 0 & -\frac{1}{2} & 0 \\ 0 & 0 & 0 & 0 & -1 & 1 & 0 & 1 \end{array}\right) \sim_f \left(\begin{array}{cccc|cccc} 1 & 2 & 0 & 1 & \frac{1}{2} & 0 & \frac{1}{2} & 0 \\ 0 & 1 & 0 & 0 & -\frac{1}{2} & 1 & \frac{1}{2} & 0 \\ 0 & 0 & 1 & -1 & \frac{1}{2} & 0 & -\frac{1}{2} & 0 \\ 0 & 0 & 0 & 0 & -1 & 1 & 0 & 1 \end{array}\right) \sim_f$$

$$\left(\begin{array}{cccc|cccc} 1 & 0 & 0 & 1 & \frac{3}{2} & -2 & -\frac{1}{2} & 0 \\ 0 & 1 & 0 & 0 & -\frac{1}{2} & 1 & \frac{1}{2} & 0 \\ 0 & 0 & 1 & -1 & \frac{1}{2} & 0 & -\frac{1}{2} & 0 \\ 0 & 0 & 0 & 0 & -1 & 1 & 0 & 1 \end{array}\right)$$

luego la matriz:

$$Q = \begin{pmatrix} \frac{3}{2} & -2 & -\frac{1}{2} & 0 \\ -\frac{1}{2} & 1 & \frac{1}{2} & 0 \\ \frac{1}{2} & 0 & -\frac{1}{2} & 0 \\ -1 & 1 & 0 & 1 \end{pmatrix}$$

verifica que $QA = H$. Comprobémoslo:

$$QA = \begin{pmatrix} \frac{3}{2} & -2 & -\frac{1}{2} & 0 \\ -\frac{1}{2} & 1 & \frac{1}{2} & 0 \\ \frac{1}{2} & 0 & -\frac{1}{2} & 0 \\ -1 & 1 & 0 & 1 \end{pmatrix} \begin{pmatrix} 1 & 2 & 1 & 0 \\ 0 & 1 & 1 & -1 \\ 1 & 2 & -1 & 2 \\ 1 & 1 & 0 & 1 \end{pmatrix} = \begin{pmatrix} 1 & 0 & 0 & 1 \\ 0 & 1 & 0 & 0 \\ 0 & 0 & 1 & -1 \\ 0 & 0 & 0 & 0 \end{pmatrix} = H$$

2. Ahora hemos de hacer lo mismo pero por columnas; si la forma de Hermite por columnas de A es C, entonces transformamos $\left(\frac{A}{I}\right)$ *en* $\left(\frac{C}{P}\right)$*:*

$$\left(\begin{array}{cccc} 1 & 2 & 1 & 0 \\ 0 & 1 & 1 & -1 \\ 1 & 2 & -1 & 2 \\ 1 & 1 & 0 & 1 \\ \hline 1 & 0 & 0 & 0 \\ 0 & 1 & 0 & 0 \\ 0 & 0 & 1 & 0 \\ 0 & 0 & 0 & 1 \end{array}\right) \sim_c \left(\begin{array}{cccc} 1 & 0 & 0 & 0 \\ 0 & 1 & 1 & -1 \\ 1 & 0 & -2 & 2 \\ 1 & -1 & -1 & 1 \\ \hline 1 & -2 & -1 & 0 \\ 0 & 1 & 0 & 0 \\ 0 & 0 & 1 & 0 \\ 0 & 0 & 0 & 1 \end{array}\right) \sim_c \left(\begin{array}{cccc} 1 & 0 & 0 & 0 \\ 0 & 1 & 0 & 0 \\ 1 & 0 & -2 & 2 \\ 1 & -1 & 0 & 0 \\ \hline 1 & -2 & 1 & -2 \\ 0 & 1 & -1 & 1 \\ 0 & 0 & 1 & 0 \\ 0 & 0 & 0 & 1 \end{array}\right) \sim_c$$

$$\left(\begin{array}{cccc} 1 & 0 & 0 & 0 \\ 0 & 1 & 0 & 0 \\ 1 & 0 & 1 & 0 \\ 1 & -1 & 0 & 0 \\ \hline 1 & -2 & -\frac{1}{2} & -1 \\ 0 & 1 & \frac{1}{2} & 0 \\ 0 & 0 & -\frac{1}{2} & 1 \\ 0 & 0 & 0 & 1 \end{array}\right) \sim_c \left(\begin{array}{cccc} 1 & 0 & 0 & 0 \\ 0 & 1 & 0 & 0 \\ 0 & 0 & 1 & 0 \\ 1 & -1 & 0 & 0 \\ \hline \frac{3}{2} & -2 & -\frac{1}{2} & -1 \\ -\frac{1}{2} & 1 & \frac{1}{2} & 0 \\ \frac{1}{2} & 0 & -\frac{1}{2} & 1 \\ 0 & 0 & 0 & 1 \end{array}\right)$$

luego la matriz:

$$P = \begin{pmatrix} \frac{3}{2} & -2 & -\frac{1}{2} & -1 \\ -\frac{1}{2} & 1 & \frac{1}{2} & 0 \\ \frac{1}{2} & 0 & -\frac{1}{2} & 1 \\ 0 & 0 & 0 & 1 \end{pmatrix}$$

verifica $AP = C$*. Comprobémoslo:*

$$AP = \begin{pmatrix} 1 & 2 & 1 & 0 \\ 0 & 1 & 1 & 1 \\ 1 & 2 & -1 & 2 \\ 1 & 1 & 0 & 1 \end{pmatrix} \begin{pmatrix} \frac{3}{2} & -2 & -\frac{1}{2} & -1 \\ -\frac{1}{2} & 1 & \frac{1}{2} & 0 \\ \frac{1}{2} & 0 & -\frac{1}{2} & 1 \\ 0 & 0 & 0 & 1 \end{pmatrix} = \begin{pmatrix} 1 & 0 & 0 & 0 \\ 0 & 1 & 0 & 0 \\ 0 & 0 & 1 & 0 \\ 1 & -1 & 0 & 0 \end{pmatrix} = C$$

3. Las matrices H y C son equivalentes puesto que ambas tienen rango 3. También puede verse que son equivalentes por el siguiente razonamiento: de H a A se puede pasar por transformaciones de filas y de A a C por transformaciones de columnas, luego C puede obtenerse de H por transformaciones de filas y columnas y por tanto son equivalentes.

Calcular los determinantes de Vandermonde:

$$V_3 = \begin{vmatrix} 1 & 1 & 1 \\ a & b & c \\ a^2 & b^2 & c^2 \end{vmatrix}$$

$$V_n = \begin{vmatrix} 1 & 1 & 1 & \dots & 1 \\ a_1 & a_2 & a_3 & \dots & a_n \\ a_1^2 & a_2^2 & a_3^2 & \dots & a_n^2 \\ \vdots & \vdots & \vdots & \ddots & \vdots \\ a_1^{n-1} & a_2^{n-1} & a_3^{n-1} & \dots & a_n^{n-1} \end{vmatrix}$$

Resolución.

$$V_3 = \begin{vmatrix} 1 & 1 & 1 \\ a & b & c \\ a^2 & b^2 & c^2 \end{vmatrix} = \begin{vmatrix} 1 & 1 & 1 \\ 0 & b-a & c-a \\ 0 & b^2-a^2 & c^2-a^2 \end{vmatrix} = \begin{vmatrix} b-a & c-a \\ b^2-a^2 & c^2-a^2 \end{vmatrix} =$$

$$= (b-a)(c^2-a^2)-(c-a)(b^2-a^2) = (b-a)(c-a)(c+a)-(c-a)(b-a)(b+a)$$
$$= (b-a)(c-a)[(c+a)-(b+a)] = (b-a)(c-a)(c-b).$$

Para el caso general, no es difícil probar por inducción que:

$$V_n = \prod_{i>j}(a_i - a_j)$$

9. * Una matriz cuadrada $A \in \mathfrak{M}_n(\mathbb{K})$ es idempotente si verifica $A^2 = A$. Razonar que una matriz idempotente distinta de la identidad no puede ser regular.

Resolución.

Sea A idempotente, entonces $A^2 = A$, si A fuese regular existiría A^{-1} y multiplicando la igualdad $A^2 = A$ por A^{-1} se obtendría $A^{-1}A^2 = A^{-1}A$, es decir $A = I$. Así pues si $A \neq I$ es idempotente, entonces A no puede ser regular.

10. Discutir el siguiente sistema de ecuaciones en función del parámetro que aparece:

$$\begin{cases} ax & +y & +z & = & 1 \\ x & +ay & +z & = & a \\ x & +y & +az & = & a^2 \end{cases}$$

Resolución.

La matriz de coeficientes y la matriz ampliada del sistema son respectivamente:

$$A = \begin{pmatrix} a & 1 & 1 \\ 1 & a & 1 \\ 1 & 1 & a \end{pmatrix}, \quad (A|B) \begin{pmatrix} a & 1 & 1 & 1 \\ 1 & a & 1 & a \\ 1 & 1 & a & a^2 \end{pmatrix}$$

Empecemos calculando el rango de A; el determinante de A vale:

$$A = \begin{vmatrix} a & 1 & 1 \\ 1 & a & 1 \\ 1 & 1 & a \end{vmatrix} = a^3 - 3a + 2$$

Descomponiendo en factores lineales por el método de Ruffini:

$$det(A) = a^3 - 3a + 2 = (a-1)^2(a+2)$$

se tiene que el determinante de A vale cero si, y sólo si, $a = 1$ o $a = -2$. Tenemos tres casos:
En el caso en que $a \neq 1, -2$ se tiene $rg(A) = 3$.
En el caso $a = 1$ la matriz queda:

$$A = \begin{pmatrix} 1 & 1 & 1 \\ 1 & 1 & 1 \\ 1 & 1 & 1 \end{pmatrix}$$

que evidentemente tiene rango 1.
Por último, en el caso $a = -2$ se tiene:

$$A = \begin{pmatrix} -2 & 1 & 1 \\ 1 & -2 & 1 \\ 1 & 1 & -2 \end{pmatrix}$$

que tiene rango 2.

En resumen:

Caso 1	$a \neq 1, -2$	$rg(A) = 3$
Caso 2	$a = 1$	$rg(A) = 1$
Caso 3	$a = -2$	$rg(A) = 2$

Veamos cuánto vale el rango de $(A|B)$ en cada uno de estos casos:
Caso 1: En este caso, evidentemente $rg(A|B) = 3$.
Caso 2: En este caso la matriz ampliada es:

$$(A|B) = \begin{pmatrix} 1 & 1 & 1 & 1 \\ 1 & 1 & 1 & 1 \\ 1 & 1 & 1 & 1 \end{pmatrix}$$

que tiene rango 1.
Caso 3: En este caso la matriz ampliada queda:

$$(A|B) = \begin{pmatrix} -2 & 1 & 1 & 1 \\ 1 & -2 & 1 & -2 \\ 1 & 1 & -2 & 4 \end{pmatrix}$$

cuyo rango es 3 puesto que tiene una submatriz de orden 3 con determinante no nulo:

$$\begin{vmatrix} 1 & 1 & 1 \\ -2 & 1 & -2 \\ 1 & -2 & 4 \end{vmatrix} = 9 \neq 0$$

Podemos ahora completar nuestro cuadro usando el Teorema de Rouché-Frobenius:

Caso 1	$a \neq 1, -2$	$rg(A) = 3$	$rg(A|B) = 3$	*Sistema compatible determinado*
Caso 2	$a = 1$	$rg(A) = 1$	$rg(A|B) = 1$	*Sistema compatible indeterminado*
Caso 3	$a = -2$	$rg(A) = 2$	$rg(A|B) = 3$	*Sistema incompatible*

Ejercicios propuestos

Para los siguientes sistemas de ecuaciones lineales se pide: transformar el sistema en un sistema escalonado, discutirlo y resolver el sistema si tiene solución.

$$\left\{\begin{array}{rrrcr} x_1 & -2x_2 & +x_3 & = & 7 \\ 2x_1 & -5x_2 & +2x_3 & = & 6 \\ 3x_1 & +2x_2 & -x_3 & = & 1 \end{array}\right.$$

$$\left\{\begin{array}{rrrrcr} 2x & -3y & +z & +t & = & 0 \\ x & -y & +z & +t & = & 0 \\ 3x & -2y & +z & +t & = & 0 \\ 6x & -6y & +3z & +3t & = & 0 \end{array}\right.$$

$$\left\{\begin{array}{rrrrrcr} x & -y & +z & -u & +v & = & 0 \\ x & +y & +2z & +2u & -v & = & 0 \\ -x & +5y & +z & +7u & -5v & = & 0 \end{array}\right.$$

$$\left\{\begin{array}{rrrcr} 3x & +2y & +z & = & 0 \\ 2x & +3y & +z & = & 0 \\ 2x & +y & +3z & = & 0 \end{array}\right.$$

$$\left\{\begin{array}{rrrcr} 2x & -y & +3z & = & 9 \\ 3x & -5y & +z & = & -4 \\ 4x & -7y & +z & = & 5 \end{array}\right.$$

$$\left\{\begin{array}{rrrcr} 5x & +2y & -3z & = & -2 \\ 2x & -2y & +5z & = & 0 \\ 3x & +4y & +2z & = & -10 \end{array}\right.$$

$$\left\{\begin{array}{rrrrcr} x & +y & +z & +t & = & 6 \\ x & -y & +z & -t & = & -2 \\ 3x & -y & +3z & -t & = & 2 \\ 7x & -5y & +7z & -5t & = & -6 \end{array}\right.$$

$$\left\{\begin{array}{rrrrcr} x & +y & +z & +t & = & 0 \\ x & & +z & & = & 0 \\ x & +3y & +z & +3t & = & 0 \\ x & -y & +z & +t & = & 0 \end{array}\right.$$

$$\left\{\begin{array}{rrrrcr} x & -y & & +t & = & 0 \\ -x & +2y & +z & & = & 0 \\ & y & -3z & +2t & = & 0 \end{array}\right.$$

$$\left\{\begin{array}{rrrrcr} x & +2y & -3z & +4t & = & 2 \\ 2x & +5y & -2z & +t & = & 1 \\ 5x & +12y & -7z & +6t & = & 7 \end{array}\right.$$

11.

$$\left\{\begin{array}{rrrrcr} x & -3y & -2z & +4t & = & 5 \\ 3x & -8y & -3z & +8t & = & 18 \\ 2x & -3y & +5z & -4t & = & 19 \end{array}\right.$$

12. Identificar las transformaciones elementales representadas por las siguientes matrices elementales:

$$\begin{pmatrix} 1 & 0 & 0 \\ 0 & 1 & 0 \\ -2 & 0 & 1 \end{pmatrix};\begin{pmatrix} 0 & 0 & 1 \\ 0 & 1 & 0 \\ 1 & 0 & 0 \end{pmatrix};\begin{pmatrix} 1 & 0 & 0 \\ 0 & 2 & 0 \\ 0 & 0 & 1 \end{pmatrix}$$

13. Para las siguientes matrices se pide: calcular su forma normal de Hermite por filas y su rango.

$$A=\begin{pmatrix} 1 & 2 & 3 \\ 4 & 5 & 6 \\ 7 & 8 & 9 \end{pmatrix};\quad B=\begin{pmatrix} 0 & 1 & 2 \\ -1 & 0 & 3 \\ -2 & -3 & 0 \end{pmatrix};\quad C=\begin{pmatrix} 0 & 1 & 2 \\ 1 & 0 & 3 \\ 2 & 3 & 0 \end{pmatrix}$$

$$D=\begin{pmatrix} 2 & 1 & 3 & -2 \\ 2 & -1 & 5 & 2 \\ 1 & 1 & 1 & 1 \end{pmatrix};\quad E=\begin{pmatrix} 1 & 2 & 3 & 3 & 10 & 6 \\ 2 & 1 & 0 & 0 & 2 & 3 \\ 2 & 2 & 2 & 1 & 5 & 5 \\ -1 & 1 & 3 & 2 & 5 & 2 \end{pmatrix};\quad F=\begin{pmatrix} 1 & 0 & 0 & 1 \\ 0 & 1 & 1 & 0 \\ 1 & 0 & 1 & 0 \\ 0 & 1 & 0 & 1 \end{pmatrix}$$

$$J=\begin{pmatrix} 1 & 2 & 3 & 4 \\ 5 & 6 & 7 & 8 \\ -1 & -2 & -3 & -4 \\ -5 & -6 & -7 & -8 \end{pmatrix};\quad K=\begin{pmatrix} 1 & 4 & 1 & 0 \\ 2 & 1 & 1 & 1 \\ 1 & -2 & 1 & 2 \end{pmatrix};\quad L=\begin{pmatrix} 2 & -2 & -4 \\ -1 & 3 & 4 \\ 1 & -2 & -3 \end{pmatrix}$$

14. Calcular:

$$\begin{pmatrix} 1 & 2 & 3 \\ 4 & 5 & 6 \end{pmatrix}+\begin{pmatrix} 3 & 2 & 1 \\ 2 & 3 & 4 \end{pmatrix}$$

$$\begin{pmatrix} -1 & 3 & 2 \\ 4 & 0 & 1 \\ -2 & 1 & 5 \end{pmatrix}+\begin{pmatrix} 4 & 1 & 1 \\ 3 & 2 & -2 \\ 1 & 2 & -3 \end{pmatrix}$$

15. Dada la matriz A, calcular $(-6)A$, $(3/5)A$, $2A$, 3^3A.

$$A=\begin{pmatrix} 1 & 3 & 5 & 7 \\ 2 & 6 & 10 & 14 \\ 1 & -3 & 6 & -7 \end{pmatrix}$$

16. Calcular los siguientes productos:

$$\begin{pmatrix} 3 & 9 & -4 \\ -9 & 7 & 11 \end{pmatrix}\begin{pmatrix} 2 \\ 3 \\ -1 \end{pmatrix};\qquad \begin{pmatrix} 1 & 2 & 3 \\ 2 & 3 & 4 \\ 4 & 5 & 6 \end{pmatrix}\begin{pmatrix} 1 & -1 \\ 3 & -2 \\ -1 & 1 \end{pmatrix}$$

$$\begin{pmatrix} 1 & 2 \\ 3 & 4 \end{pmatrix}\begin{pmatrix} 1 & 0 & -1 \\ 0 & 1 & -1 \end{pmatrix};\qquad \begin{pmatrix} 1 & 0 & 1 \\ 0 & 1 & 1 \\ 1 & 1 & 0 \end{pmatrix}\begin{pmatrix} 0 & 0 & 1 \\ 0 & 1 & 0 \\ 1 & 0 & 0 \end{pmatrix}$$

$$\begin{pmatrix} 1 & 0 & 1 & 1 \\ 0 & 2 & -1 & 3 \end{pmatrix}\begin{pmatrix} 0 & 0 \\ 1 & 2 \\ -1 & 1 \\ 3 & -2 \end{pmatrix}$$

17. Calcular AB y BA:

$$A=\begin{pmatrix} 1 & 0 & 0 & 1 \\ 0 & 1 & 1 & 0 \\ 1 & 0 & 1 & 0 \\ 0 & 1 & 0 & 1 \end{pmatrix}\quad B=\begin{pmatrix} 1 & 2 & 3 & 4 \\ 5 & 6 & 7 & 8 \\ -1 & -2 & -3 & -4 \\ -5 & -6 & -7 & -8 \end{pmatrix}$$

8. Demostrar que la inversa de A es B.

$$A = \begin{pmatrix} 1 & 2 & 3 \\ 2 & 3 & 4 \\ 3 & 4 & 6 \end{pmatrix} \quad B = \begin{pmatrix} -2 & 0 & 1 \\ 0 & 3 & -2 \\ 1 & -2 & 1 \end{pmatrix}$$

9. Calcular el cuadrado de

$$A = \frac{1}{3}\begin{pmatrix} 1 & 2 & 2 \\ 2 & -2 & 1 \\ 2 & 1 & -2 \end{pmatrix}$$

¿Cuál es la inversa de A?

0. Explicar por qué, en general, $(A+B)^2 \neq A^2 + 2AB + B^2$ y $(A-B)(A+B) \neq A^2 - B^2$.

1. Una matriz se llama idempotente si $A^2 = A$. Demostrar que la siguiente matriz es idempotente.

$$A = \begin{pmatrix} 2 & -2 & -4 \\ -1 & 3 & 4 \\ 1 & -2 & -3 \end{pmatrix}$$

2. Probar que si A es una matriz idempotente, entonces también lo es $B = I - A$ y que $AB = BA = 0$.

3. Demostrar que la matriz

$$A = \begin{pmatrix} 2 & 1 \\ 1 & 2 \end{pmatrix}$$

verifica una ecuación del tipo: $A^2 + \alpha A + \beta I = 0$, determinando α y β. Utilizar este resultado para calcular la inversa de A.

4. Calcular A^2, A^3, A^4 siendo

$$A = \begin{pmatrix} 1 & 1 & 1 \\ 0 & 1 & 1 \\ 0 & 0 & 1 \end{pmatrix}$$

Lo mismo para

$$B = \begin{pmatrix} 1 & 0 & 0 \\ 1 & 1 & 0 \\ 1 & 1 & 1 \end{pmatrix}$$

5. Probar que la suma de matrices simétricas es simétrica. Demostrar que el producto no lo es en general.

6. Dada una matriz cuadrada A, demostrar que $A + A^t$ es una matriz simétrica. Probar que toda matriz cuadrada se puede descomponer como suma de una matriz simétrica y otra antisimétrica.

7. Determinar cuáles de las siguientes matrices son regulares y calcular la inversa de las que lo sean:

$$\begin{pmatrix} 1 & 0 & 0 & 1 \\ 0 & 1 & 1 & 0 \\ 0 & 0 & 1 & 0 \\ 0 & 1 & 0 & 1 \end{pmatrix}; \begin{pmatrix} 1 & 2 & 3 & 4 \\ 5 & 6 & 7 & 8 \\ -1 & -2 & -3 & -4 \\ -5 & -6 & -7 & -8 \end{pmatrix}; \begin{pmatrix} 2 & -2 & -4 \\ -1 & 3 & 4 \\ 1 & -2 & -3 \end{pmatrix}$$

8. * Sean las matrices

$$A = \begin{pmatrix} -1 & 0 & 1 \\ 0 & 2 & 0 \\ -3 & 0 & 3 \end{pmatrix} \text{ y } B = \begin{pmatrix} -1 & 0 & -1 \\ 0 & 2 & 0 \\ -3 & 0 & 3 \end{pmatrix}$$

1. Calcular la forma normal de Hermite por columnas de B.
2. Encontrar una matriz regular Q verificando:

$$QA = \begin{pmatrix} 1 & 0 & -1 \\ 0 & 1 & 0 \\ 0 & 0 & 0 \end{pmatrix}$$

3. ¿Son las matrices A y B equivalentes? Razonar la respuesta.

29. * Dada la matriz

$$A = \begin{pmatrix} 1 & 2 & 0 & 1 \\ 1 & 1 & 2 & 0 \\ 1 & 0 & 2 & 1 \end{pmatrix}$$

calcular una matriz regular P tal que

$$AP = \begin{pmatrix} 1 & 0 & 0 & 0 \\ 0 & 1 & 0 & 0 \\ 0 & 0 & 1 & 0 \end{pmatrix}$$

30. * Dada la matriz

$$A = \begin{pmatrix} 1 & 2 & 0 & 1 \\ 1 & 1 & 2 & 0 \\ 1 & 0 & 2 & -1 \end{pmatrix}$$

calcular una matriz regular Q de orden 3, de forma que

$$QA = \begin{pmatrix} 1 & 0 & 0 & -1 \\ 0 & 1 & 0 & 1 \\ 0 & 0 & 1 & 0 \end{pmatrix}$$

¿Cómo podría utilizarse este resultado para resolver el siguiente sistema de ecuaciones ?

$$\begin{array}{rrrrcr} x & +2y & & +t & = & 2 \\ x & +y & +2z & & = & 1 \\ x & & +2z & -t & = & -2 \end{array}$$

31. * Estudiar si las matrices

$$A = \begin{pmatrix} 1 & 1 & 0 & 3 \\ 1 & 2 & 2 & 1 \\ 3 & 5 & 4 & 5 \end{pmatrix} \quad \text{y} \quad B \begin{pmatrix} 2 & 1 & 0 & 2 \\ 1 & 1 & 3 & 6 \\ 3 & 1 & 1 & 4 \end{pmatrix}$$

son equivalentes.

32. * Dada la matriz

$$A = \begin{pmatrix} 1 & 2 & 3 & 4 \\ 1 & 3 & 4 & 5 \\ 1 & 4 & 5 & 6 \end{pmatrix}$$

calcular una matriz regular $Q \in \mathfrak{M}_3(\mathbb{R})$ de forma que:

$$QA = \begin{pmatrix} 0 & 0 & 0 & 0 \\ 0 & 1 & 1 & 1 \\ 1 & 2 & 3 & 4 \end{pmatrix}$$

33. Calcular los siguientes determinantes:

1.

$$\begin{vmatrix} 4 & -2 & 5 & 1 \\ -4 & 1 & 0 & -1 \\ 2 & 1 & -1 & 1 \\ 1 & 0 & 1 & -2 \end{vmatrix}$$

2.

$$\begin{vmatrix} -4 & 1 & 1 & 1 & 1 \\ 1 & -4 & 1 & 1 & 1 \\ 1 & 1 & -4 & 1 & 1 \\ 1 & 1 & 1 & -4 & 1 \\ 1 & 1 & 1 & 1 & -4 \end{vmatrix}$$

3.

$$\begin{vmatrix} 1 & 12 & 123 & 1234 \\ 2 & 23 & 234 & 2341 \\ 3 & 34 & 341 & 3412 \\ 4 & 41 & 412 & 4123 \end{vmatrix}$$

. Calcular el determinante

$$\begin{vmatrix} x & a & b & c & d \\ a & x & b & c & d \\ a & b & x & c & d \\ a & b & c & x & d \\ a & b & c & d & x \end{vmatrix}$$

5. * Calcular el determinante

$$\begin{vmatrix} 1 & 2 & 3 & 4 & 5 \\ 2 & 2 & 3 & 4 & 5 \\ 3 & 3 & 3 & 4 & 5 \\ 4 & 4 & 4 & 4 & 5 \\ 5 & 5 & 5 & 5 & 5 \end{vmatrix}$$

6. Utilizando determinantes, calcular el rango de las siguientes matrices:

$$\begin{pmatrix} 1 & 2 & 1 & 0 \\ 2 & 4 & -2 & 8 \\ -1 & 0 & 1 & -2 \end{pmatrix}; \begin{pmatrix} 1 & -1 & 1 \\ 2 & 1 & 7 \\ 0 & 1 & 2 \\ 1 & 0 & 3 \end{pmatrix}$$

7. Utilizando determinantes hallar, cuando exista, la inversa de cada una de las matrices dadas:

$$\begin{pmatrix} 1 & 2 & 3 & 4 \\ 2 & 3 & 5 & -2 \\ 3 & 5 & 1 & 1 \\ 1 & 1 & -5 & -7 \end{pmatrix}; \begin{pmatrix} 1 & 2 & 3 & 1 \\ 1 & 3 & 3 & 2 \\ 2 & 4 & 3 & 3 \\ 1 & 1 & 1 & 1 \end{pmatrix}$$

8. Discutir los siguientes sistemas de ecuaciones en función de los parámetros que aparecen:

$$\left\{ \begin{array}{rrrcl} 3x & -y & & = & ax \\ 5x & +y & +2z & = & ay \\ & 4y & +3z & = & az \end{array} \right.$$

9.

$$\left\{ \begin{array}{rrrcl} 2x & -ay & +bz & = & 4 \\ x & & +z & = & 2 \\ x & +y & +z & = & 2 \end{array} \right.$$

0.

$$\left\{ \begin{array}{rrrcl} ax & & +2z & = & 2 \\ 5x & +2y & & = & 1 \\ x & -2y & +bz & = & 3 \end{array} \right.$$

1.

$$\left\{ \begin{array}{rrrcl} ax & +by & +z & = & 1 \\ x & +aby & +z & = & b \\ x & +by & +bz & = & 1 \end{array} \right.$$

2.

$$\left\{ \begin{array}{rrrcl} 2x & +ay & +z & = & a-2 \\ ax & -2ay & +3z & = & 0 \\ 2x & +8y & -z & = & 2a-4 \end{array} \right.$$

43.

$$\left\{\begin{array}{rrrcl} 3ax & +3(b-1)y & +(b+6)z & = & 2b-1 \\ & +(b-2)y & +z & = & 0 \\ 2ax & +2(b-1)y & +(b+4)z & = & 2b-2 \end{array}\right.$$

44. * Discutir el siguiente sistema de ecuaciones según los valores de a:

$$\left\{\begin{array}{rrrcl} x & +3y & -az & = & 4 \\ -ax & +y & +az & = & 0 \\ -x & +2ay & & = & a+2 \\ 2x & -y & -2z & = & 0 \end{array}\right.$$

II

Espacios vectoriales

1. Espacios vectoriales. Bases

1.1. Definición y ejemplos

Sea $\mathbb{K}$ un cuerpo y V un conjunto no vacío; diremos que V es un **espacio vectorial** sobre $\mathbb{K}$ (o $\mathbb{K}$-espacio vectorial) si:

I. En V hay definida una operación interna, que denotaremos por $+$, de forma que $(V,+)$ es un **grupo abeliano**, es decir, verifica las propiedades:

(a) Asociativa: $(u+v)+w = u+(v+w)$; $\forall u, v, w \in V$.

(b) Conmutativa: $u+v = v+u$; $\forall u, v \in V$.

(c) Existencia de elemento neutro: $\exists 0 \in V$ tal que $0+v = v+0 = v$; $\forall v \in V$.

(d) Existencia de elemento opuesto: $\forall v \in V$, $\exists -v$ tal que $v+(-v) = (-v)+v = 0$.

II. En V hay definida una operación externa de $\mathbb{K}$ en V, que denotaremos por yuxtaposición, verificando:

(a) $a(u+v) = au+av$; $\forall a \in \mathbb{K}$, $\forall u, v \in V$.

(b) $(a+b)u = au+bu$; $\forall a, b \in \mathbb{K}$, $\forall u \in V$.

(c) $a(bu) = (ab)u$; $\forall a, b \in \mathbb{K}$, $\forall u \in V$.

(d) $1u = u$; $\forall u \in V$ donde 1 es la unidad para el producto en $\mathbb{K}$.

Los elementos del espacio vectorial suelen denominarse **vectores**, mientras que a los del cuerpo $\mathbb{K}$, como es usual, los llamaremos escalares. La operación externa recibe el nombre de **producto por escalares**.

Ejemplo 1. *$\mathfrak{M}_{m\times n}(\mathbb{K})$ es un espacio vectorial sobre $\mathbb{K}$ con las operaciones suma de matrices y producto por escalares definidos en el capítulo anterior.*

Ejemplo 2. *El cuerpo $\mathbb{K}$ puede considerarse un espacio vectorial sobre sí mismo, utilizando como producto por escalares el producto usual en el cuerpo. Más generalmente, si consideramos el producto cartesiano de $\mathbb{K}$ consigo mismo n veces:*

$$\mathbb{K}^n = \{(x_1, x_2, \ldots, x_n) |\ x_i \in \mathbb{K},\ \forall i = 1, \ldots, n\}$$

podemos dotarlo de estructura de espacio vectorial sobre $\mathbb{K}$ con las operaciones suma y producto por escalares definidas por:

$$\begin{aligned}(x_1, x_2, \ldots, x_n) + (y_1, y_2, \ldots, y_n) &= (x_1+y_1, x_2+y_2, \ldots, x_n+y_n)\\ k(x_1, x_2, \ldots, x_n) &= (kx_1, kx_2, \ldots, kx_n)\end{aligned}$$

Ejemplo 3. *El conjunto de los polinomios en una indeterminada con coeficientes en el cuerpo $\mathbb{K}$, que denotaremos $\mathcal{P}(\mathbb{K})$, constituye un espacio vectorial con la suma usual de polinomios y el producto de un polinomio por una constante. También, para cada n, el conjunto de los polinomios de grado menor o igual que n sobre $\mathbb{K}$, que denotaremos $\mathcal{P}_n(\mathbb{K})$, es un espacio vectorial con las mismas operaciones.*

Ejemplo 4. *El conjunto de todas las funciones reales definidas en un cierto intervalo de la recta real es también un espacio vectorial real, donde la suma de dos funciones f y g está definida en la forma usual, es decir:*

$$(f+g)(x) = f(x) + g(x)$$

y el producto por escalares es el producto usual de un número real por una función:

$$(af)(x) = a(f(x))$$

Ejemplo 5. *Existe un espacio vectorial con un único vector, que ha de ser el neutro para la suma y por tanto lo llamamos 0. La suma y producto por escalares vienen definidos por:*

$$0 + 0 = 0$$

$$k\,0 = 0, \quad \forall k \in K$$

Este espacio vectorial recibe el nombre de **espacio vectorial cero** *o* **espacio trivial** *y es denotado habitualmente por* $\{0\}$ *o simplemente* 0.

Algunos conjuntos pueden admitir diferentes estructuras de espacio vectorial; por ejemplo, el cuerpo de los números complejos $\mathbb{C}$ tiene una estructura de espacio vectorial sobre sí mismo, pero además también es un espacio vectorial sobre el cuerpo $\mathbb{R}$ puesto que es posible multiplicar un número complejo por uno real y el resultado es, en general, un número complejo. Son dos espacios vectoriales distintos aunque el conjunto de vectores sea el mismo (el ejemplo 10 nos mostrará esta diferencia con claridad). Cuando un conjunto pueda dotarse de diferentes estructuras será conveniente declarar expresamente con cuál de ellas vamos a trabajar.

Otras propiedades que se verifican en un espacio vectorial V son:

Propiedades de la suma y el producto por escalares

Sea V un $\mathbb{K}$-espacio vectorial. Para cualesquiera $a, b \in \mathbb{K}$ y $u, v \in V$ se verifica:

1. $0\,u = 0$.
2. $a\,\bar{0} = \bar{0}$.
3. Si $au = 0$ entonces $a = 0$ ó $u = 0$.
4. $-(au) = (-a)u = a(-u)$.
5. $a(u - v) = au - av$.
6. $(a - b)u = au - bu$.
7. Si $au = bu$ y $u \neq 0$ entonces $a = b$.
8. Si $au = av$ y $a \neq 0$ entonces $u = v$.

DEMOSTRACIÓN.
1. En primer lugar observemos que en la expresión $0u = 0$ los dos símbolos 0 representan objetos distintos: el primero es el neutro para la suma en el cuerpo $\mathbb{K}$ (de hecho va seguido de un vector y no tiene sentido escribir dos vectores yuxtapuestos) y el segundo es el resultado de multiplicar un escalar por un vector, por tanto es un vector, con lo que se trata del elemento neutro para la suma de vectores. Probemos ahora la propiedad; usando que 0 es neutro en $\mathbb{K}$ y la propiedad distributiva respecto de la suma de escalares, obtenemos

$$0u = (0+0)u = 0u + 0u$$

Restando en ambos miembros $0u$ queda $0 = 0u$, como queríamos demostrar.
2. Análogamente, $a0 = a(0+0) = a0 + a0$ y por tanto $0 = a0$.
3. Si $au = 0$ y $a \neq 0$ entonces multiplicando por a^{-1} tenemos $a^{-1}au = a^{-1}0 = 0$, es decir, $u = 0$.
4. Puesto que $au + (-a)u = (a + (-a))u = 0u = 0$ entonces $(-a)u = -(au)$. Análogamente $au + a(-u) = a(u + (-u)) = a0 = 0$ y por tanto $a(-u) = -(au)$.
5. $a(u - v) = a(u + (-v)) = au + a(-v) = au - av$.
6. $(a - b)u = (a + (-b))u = au + (-b)u = au - bu$.
7. Si $au = bu$ entonces $(a - b)u = au - bu = 0$ y si $u \neq 0$ entonces $a - b = 0$, es decir, $a = b$.
8. Si $au = av$ y $a \neq 0$, multiplicando por a^{-1} queda $u = v$. □

1.2. Dependencia e independencia lineal

Dado un conjunto de vectores $v_1, \dots, v_n$ en un $\mathbb{K}$-espacio vectorial V, llamaremos **combinación lineal** de estos vectores a cualquier vector de la forma $a_1v_1 + \cdots + a_nv_n$, con a_i escalares en el cuerpo $\mathbb{K}$ para cada $i = 1, \dots, n$.

Ejemplo 6. *Si en $\mathbb{R}^4$ se consideran los vectores $u = (1,2,0,0)$ y $v = (0,0,1,0)$, entonces el vector $(2,4,3,0)$ es combinación lineal de u y v, puesto que $(2,4,3,0) = 2u + 3v$. Sin embargo es fácil comprobar que el vector $(0,0,0,1)$ no es combinación lineal de u y v.*

Se dice que $\{v_1, \dots, v_n\}$ es un **conjunto linealmente dependiente**, o que los vectores $v_1, \dots, v_n$ son linealmente dependientes , si el vector 0 se puede escribir como combinación lineal de ellos con no todos los escalares nulos; es decir, si existen escalares $a_1, \dots, a_n$ no todos nulos tales que

$$a_1v_1 + \cdots + a_nv_n = 0$$

Se dice que $\{v_1, \dots, v_n\}$ es un **conjunto linealmente independiente** o bien que los vectores $v_1, \dots, v_n$ son linealmente independientes si no son linealmente dependientes, esto es: si de cada combinación lineal

$$a_1v_1 + \cdots + a_nv_n = 0$$

se deduce que $a_1 = a_2 = \cdots = a_n = 0$.

Ejemplo 7. *Estudiemos si el siguiente conjunto de vectores de $\mathbb{R}^3$ es linealmente dependiente o independiente:*

$$\{(1,0,1),(1,1,0),(1,1,1),(1,2,1)\}$$

Para ello planteamos el sistema

$$(0,0,0) = a(1,0,1) + b(1,1,0) + c(1,1,1) + d(1,2,1)$$

que tiene por matriz de coeficientes

$$\begin{pmatrix} 1 & 1 & 1 & 1 \\ 0 & 1 & 1 & 2 \\ 1 & 0 & 1 & 1 \end{pmatrix}$$

en la que las columnas son los vectores del conjunto. Puesto que el sistema es homogéneo, la solución trivial es la única solución (es decir, los vectores son linealmente independientes) cuando el rango de la matriz de coeficientes es igual al número de incógnitas, que es exactamente el número de vectores. Los vectores son linealmente dependientes si el rango es menor que el número de vectores. En este caso, el rango es 3 y el número de vectores es 4, así que los vectores son linealmente dependientes.

Ahora como el rango de la matriz de coeficientes es 3, existe al menos una submatriz cuadrada de orden 3 que es regular, por ejemplo

$$\begin{pmatrix} 1 & 1 & 1 \\ 0 & 1 & 1 \\ 1 & 0 & 1 \end{pmatrix}$$

formada por los tres primeros vectores escritos por columnas. Un sistema con esta matriz de coeficientes es compatible determinado (sólo tiene la solución trivial), y por tanto el conjunto que forman estos tres vectores es linealmente independiente.

Ejemplo 8. *Consideremos en el espacio vectorial* $\mathcal{P}_2(\mathbb{R})$ *los vectores (polinomios)* $p(x) = x^2 + x + 1$, $q(x) = 2x + 1$ *y* $r(x) = x^2 + 1$ *y consideremos una combinación lineal de ellos igualada a cero:*

$$a\,p(x) + b\,q(x) + c\,r(x) = 0$$

Entonces:

$$0 = a(x^2 + x + 1) + b(2x + 1) + c(x^2 + 1) = ax^2 + ax + a + 2bx + b + cx^2 + c =$$

$$= (a + c)x^2 + (a + 2b)x + (a + b + c)$$

de donde se obtiene:

$$\left\{ \begin{array}{rcl} a + c & = & 0 \\ a + 2b & = & 0 \\ a + b + c & = & 0 \end{array} \right.$$

Este sistema es compatible determinado con solución única $a = 0$, $b = 0$, $c = 0$ *y en consecuencia los vectores son linealmente independientes.*

En ambos ejemplos el estudio de la dependencia lineal se ha podido reducir a la discusión de un sistema homogéneo, o equivalentemente, al cálculo del rango de una matriz.

A continuación demostramos algunas propiedades de utilidad en relación con la dependencia e independencia lineal:

PROPOSICIÓN

Sea V espacio vectorial sobre $\mathbb{K}$, entonces:

1. *Si $0 \in \{v_1, \dots, v_n\}$, entonces $\{v_1, \dots, v_n\}$ es linealmente dependiente.*
2. *$\{v_1\}$ es linealmente independiente si, y sólo si, $v_1 \neq 0$.*
3. *Si $\{v_1, \dots, v_n\}$ es linealmente dependiente, entonces $\{v_1, \dots, v_n, v_{n+1}, \dots, v_{n+r}\}$ es linealmente dependiente.*
4. *Si $\{v_1, \dots, v_n, v_{n+1}, \dots, v_{n+r}\}$ es linealmente independiente, entonces $\{v_1, \dots, v_n\}$ es linealmente independiente.*

DEMOSTRACIÓN.
1. Si escribimos una combinación lineal con 1 como el escalar que multiplica al vector cero y cero para los otros vectores, obtenemos el vector cero y por tanto los vectores son linealmente dependientes.
2. Por el apartado anterior, el conjunto $\{0\}$ es linealmente dependiente, con lo que tenemos la implicación hacia la derecha. Para la otra implicación, si $v_1 \neq 0$, entonces de la expresión $av_1 = 0$ se deduce que el escalar a es cero, y el conjunto $\{v_1\}$ es linealmente independiente.
3. Sea

$$a_1 v_1 + \cdots + a_n v_n = 0$$

una combinación lineal en la que no todos los escalares son cero, por ejemplo $a_1 \neq 0$. Entonces escribimos la siguiente combinación lineal

$$a_1 v_1 + \cdots + a_n v_n + 0v_{n+1} + \cdots + 0v_{n+m} = 0$$

en la que $a_1 \neq 0$, y por tanto el conjunto de vectores $\{v_1, \dots, v_n, v_{n+1}, \dots, v_{n+r}\}$ es linealmente dependiente.
4. De una combinación lineal

$$a_1 v_1 + \cdots + a_n v_n = 0$$

se obtiene una combinación lineal de todos los vectores añadiendo coeficientes cero donde convenga:

$$a_1 v_1 + \cdots + a_n v_n + 0v_{n+1} + \cdots + 0v_{n+r} = 0$$

Aplicando que este conjunto es de vectores linealmente independientes se obtiene que cada a_i es 0. □

PROPOSICIÓN

Un conjunto de vectores $\{v_1, \dots, v_n\}$ es linealmente dependiente si, y sólo si, uno de los vectores es combinación lineal de los restantes.

DEMOSTRACIÓN. Si $\{v_1, \dots, v_n\}$ es linealmente dependiente es porque existe una combinación lineal $a_1 v_1 + \cdots + a_n v_n = 0$ en la que no todos los escalares son cero. Podemos suponer sin pérdida de generalidad que $a_1 \neq 0$ y en ese caso podemos despejar v_1 en función de los demás, puesto que se puede dividir por a_1, entonces:

$$v_1 = \frac{-a_2}{a_1} v_2 + \cdots + \frac{-a_n}{a_1} v_n$$

Recíprocamente, si por ejemplo

$$v_1 = b_2 v_2 + \cdots + b_n v_n$$

entonces, pasando todo al segundo miembro nos queda

$$0 = (-1)v_1 + b_2v_2 + \cdots + b_nv_n$$

que es una combinación lineal con al menos un escalar no nulo. □

Notemos que lo que se afirma en el resultado anterior es que si los vectores son linealmente dependientes existe uno que es combinación lineal de los restantes, no que cualquiera de ellos se pueda expresar combinación lineal de los restantes. Veamos un ejemplo:

Ejemplo 9. *En $\mathbb{R}^2$ los vectores $\{(1,1),(1,0),(2,2)\}$ son linealmente dependientes:*

$$2(1,1) + 0(1,0) + (-1)(2,2) = (0,0)$$

Sin embargo el vector (1,0) no puede expresarse como combinación lineal de los otros dos.

En la definición de combinación lineal y, por tanto, en la de vectores linealmente dependientes intervienen no sólo los vectores sino también los escalares. Así cuando en un mismo conjunto se consideran estructuras de espacio vectorial sobre distintos cuerpos, la dependencia o independencia lineal de un mismo conjunto de vectores varía según el cuerpo de escalares que se considere. Veamos un ejemplo:

Ejemplo 10. *Los vectores $u = (1+i, 2i)$ y $v = (1, 1+i)$ de $\mathbb{C}^2$ son linealmente dependientes en el $\mathbb{C}$-espacio vectorial $\mathbb{C}^2$, pero los mismos vectores considerados en el $\mathbb{R}$-espacio vectorial $\mathbb{C}^2$ son linealmente independientes.*

En efecto, consideremos una combinación lineal de ellos que sea cero:

$$z_1(1+i, 2i) + z_2(1, 1+i) = (0,0)$$

que nos da el sistema de ecuaciones

$$\begin{cases} (1+i)z_1 + & z_2 = 0 \\ (2i)z_1 + & (1+i)z_2 = 0 \end{cases}$$

Si z_1 y z_2 deben ser números reales, la primera ecuación no tiene solución distinta de la trivial, puesto que queda

$$z_2 = -(1+i)z_1$$

Sin embargo, considerando z_1 y z_2 como complejos, esta ecuación tiene solución. Además la segunda ecuación es igual a la primera multiplicada por $(1+i)$, por lo que el sistema tiene infinitas soluciones entre las cuales podemos considerar $z_1 = 1$ y $z_2 = -(1+i)$.

Las definiciones de conjunto linealmente dependiente y linealmente independiente pueden extenderse a conjuntos infinitos. Si S es un conjunto arbitrario de vectores de V, decimos que S es linealmente dependiente si existe un subconjunto finito de S que es linealmente dependiente. Cuando todo subconjunto finito de S es linealmente independiente, decimos que S es linealmente independiente.

1.3. Sistemas de generadores de un espacio vectorial

Un conjunto de vectores S se dice que es un **sistema de generadores** del espacio vectorial V si todo vector de V es combinación lineal de los vectores de S (para el caso en que S es infinito se consideran combinaciones lineales de un número finito de vectores de S).

Ejemplo 11. $\{(1,1),(1,0),(1,-1)\}$ *es un sistema de generadores para* $\mathbb{R}^2$. *Para comprobarlo planteamos el siguiente problema: dado un vector* $(x, y) \in \mathbb{R}^2$ *encontrar escalares* a, b *y* c *tales que*

$$a(1,1) + b(1,0) + c(1,-1) = (x, y)$$

Esto se convierte en estudiar si el sistema

$$\begin{cases} 1a & +1b+ & 1c & = & x \\ 1a & & -1c & = & y \end{cases}$$

con incógnitas a, b, c *tiene solución para cualquier columna de términos independientes. Efectivamente, como el rango de la matriz de coeficientes es 2 y el rango de la matriz ampliada no puede ser mayor (ya que es de orden 2x4), entonces el sistema es compatible.*

LEMA

Si $\{u_1, u_2, \ldots, u_n\}$ *es un sistema de generadores del espacio vectorial* V *y* u_i *es combinación de los restantes vectores, entonces el conjunto de vectores que se obtiene eliminando* u_i, $\{u_1, \ldots, u_{i-1}, u_{i+1}, \ldots, u_n\}$ *es también un sistema de generadores de* V.

DEMOSTRACIÓN. Si $u_i = \Sigma_{j\neq i} b_j u_j$, entonces como cada vector de V se escribe

$$v = a_1 u_1 + \cdots + a_i u_i + \cdots + a_n u_n$$

sustituyendo u_i por su valor queda

$$v = \Sigma_{j\neq i}(a_j + a_i b_j) u_j$$

con lo que el conjunto $\{u_1, \ldots, u_{i-1}, u_{i+1}, \ldots, u_n\}$ es también un sistema de generadores de V. □

Ejemplo 12. *En el ejemplo 11 vimos que el conjunto* $\{(1,1),(1,0),(1,-1)\}$ *es un sistema de generadores para* $\mathbb{R}^2$. *El primer vector* $(1,1)$ *es combinación lineal de los otros dos:*

$$(1,1) = 2(1,0) + (-1)(1,-1)$$

luego podemos quitarlo y obtenemos que también $\{(1,0),(1,-1)\}$ *es un sistema de generadores de* $\mathbb{R}^2$.

PROPOSICIÓN

Si $\{v_1, v_2, \ldots, v_m\}$ *es linealmente independiente y* $\{u_1, u_2, \ldots, u_s\}$ *es un sistema de generadores de* V, *entonces* $m \leq s$.

DEMOSTRACIÓN. El proceso que seguimos consiste en sustituir los vectores de uno de los conjuntos por vectores del otro hasta que agotemos alguno de los dos. Comenzamos observando que, puesto que $S = \{u_1, u_2, \ldots, u_s\}$ es sistema de generadores de V, también será sistema de generadores el conjunto $\{v_1, u_1, u_2, \ldots, u_s\}$ que se obtiene añadiendo el vector v_1. Por otra parte, el vector v_1 se escribe como combinación lineal de los vectores de S, digamos $v_1 = a_1 u_1 + a_2 u_2 + \cdots + a_s u_s$ y como $v_1 \neq 0$, entonces algún escalar es no nulo. Podemos suponer por comodidad que se trata del correspondiente a u_1 y entonces u_1 es combinación lineal de $\{v_1, u_2, \ldots, u_s\}$, luego puede eliminarse y por tanto

$$S_1 = \{v_1, u_2, \ldots, u_s\}$$

es otro sistema de generadores de V.
Repitamos ahora el proceso tomando el vector v_2 y el sistema de generadores S_1:

$$v_2 = b_1 v_1 + b_2 u_2 + \cdots + b_n u_n$$

Podemos asegurar que no todos los escalares desde b_2 a b_s son nulos puesto que $\{v_1, v_2\}$ son linealmente independientes, y suponer por comodidad que $b_2 \neq 0$. Sustituyendo ahora el vector v_2 por u_2 en el conjunto S_1 obtenemos un nuevo conjunto, digamos S_2, que (por un razonamiento idéntico al precedente) sigue siendo sistema de generadores de V. La sustitución se continúa hasta agotar alguno de los conjuntos, pero si en el conjunto linealmente independiente hubiese más de s vectores, entonces el vector v_{s+1} se podría escribir como combinación lineal de $v_1, v_2, \ldots, v_s$ lo cual es imposible. □

1.4. Bases de un espacio vectorial

Dado un espacio vectorial V, un subconjunto $B \subset V$ es una **base** de V si

1. B es linealmente independiente.
2. B es sistema de generadores de V.

TEOREMA (Teorema de la base)

Si un espacio vectorial V tiene una base formada por un número finito de vectores, entonces todas las bases de V son finitas y tienen igual número de vectores.

DEMOSTRACIÓN. Sea $B = \{v_1, v_2, \ldots, v_n\}$ base de V y sea B' otra base de V. Por ser B' linealmente independiente ha de tener como máximo n vectores. Ahora, puesto que B' es sistema de generadores y en B hay n vectores linealmente independientes, B' ha de tener al menos n vectores. Uniendo ambos razonamientos obtenemos que B' tiene exactamente n vectores. □

De un espacio vectorial V que posee una base finita diremos que es un **espacio vectorial de dimensión finita** y llamaremos **dimensión** de V al número de vectores en cualquiera de sus bases, y lo denotaremos $dim_{\mathbb{K}}(V)$ o simplemente $dim(V)$ cuando no exista ambigüedad con respecto al cuerpo de escalares. Notemos que $dim(V)$ es el mayor número posible de vectores independientes en V y también el menor número posible de vectores en un sistema de generadores de V. Veamos algunos ejemplos:

Ejemplo 13. *En el espacio vectorial $\mathbb{K}^n$ el conjunto formado por los n vectores*

$$(1,0,0,\ldots,0),(0,1,0,\ldots,0),\ldots,(0,0,0,\ldots,1)$$

es una base que recibe el nombre de **base canónica** *de $\mathbb{K}^n$. Veamos primero que es un sistema de generadores de $\mathbb{K}^n$, es decir, que para cualquier columna de términos independientes, el sistema cuya matriz de coeficientes es*

$$\begin{pmatrix} 1 & 0 & 0 & \ldots & 0 \\ 0 & 1 & 0 & \ldots & 0 \\ 0 & 0 & 1 & \ldots & 0 \\ \vdots & \vdots & \vdots & \ddots & \vdots \\ 0 & 0 & 0 & \ldots & 1 \end{pmatrix}$$

tiene solución. Pero como el rango de esta matriz es n y la ampliada no puede tener un rango mayor (es de orden $n \times (n+1)$), entonces es un sistema compatible.
Probemos ahora que es linealmente independiente. Para ello, una combinación lineal

$$a_1(1,0,0,\ldots,0)+a_2(0,1,0,\ldots,0)+\cdots+a_n(0,0,0,\ldots,1)=(0,0,0,\ldots,0)$$

nos lleva al sistema de ecuaciones

$$\begin{cases} a_1 & = & 0 \\ a_2 & = & 0 \\ & \ldots & \\ a_n & = & 0 \end{cases}$$

con matriz de coeficientes

$$\begin{pmatrix} 1 & 0 & 0 & \ldots & 0 \\ 0 & 1 & 0 & \ldots & 0 \\ 0 & 0 & 1 & \ldots & 0 \\ \vdots & \vdots & \vdots & \ddots & \vdots \\ 0 & 0 & 0 & \ldots & 1 \end{pmatrix}$$

cuyo rango es n y por tanto tiene como única solución la solución trivial.

Por supuesto el último sistema estaba resuelto y no necesitábamos razonar sobre el rango de la matriz, pero queremos poner de manifiesto que en las dos partes se usa exactamente el mismo hecho: que el rango de la matriz es n.

En conclusión:

$$dim_{\mathbb{K}}(\mathbb{K}^n)=n$$

Ejemplo 14. *En el espacio vectorial $\mathcal{P}_n(\mathbb{K})$ de los polinomios de grado menor o igual que n, el conjunto*

$$\{1,x,x^2,\ldots,x^n\}$$

es una base que recibe el nombre de **base estándar** *de $\mathcal{P}_n(\mathbb{K})$. En efecto, cada polinomio de grado menor o igual que n es de la forma*

$$p(x)=a_0+a_1x+a_2x^2+\cdots+a_nx^n$$

o sea, una combinación lineal de los vectores $\{1,x,x^2,\ldots,x^n\}$. Por otra parte, un polinomio $a_0+a_1x+a_2x^2+\cdots+a_nx^n$ es cero sólo si todos los coeficientes son cero, con lo que nuestro conjunto es linealmente independiente.

La dimensión de este espacio es:

$$dim_{\mathbb{K}}(\mathcal{P}_n(\mathbb{K}))=n+1$$

Ejemplo 15. *El espacio vectorial $\mathcal{P}(\mathbb{K})$ de todos los polinomios en una indeterminada con coeficientes en $\mathbb{K}$ no es de dimensión finita. En efecto, supongamos por reducción al absurdo que su dimensión es m, entonces cada conjunto con más de m vectores habría de ser linealmente dependiente. En particular el conjunto $\{1, x, \ldots, x^m\}$ que tiene $m+1$ vectores sería linealmente dependiente en contradicción con lo visto en el ejemplo anterior.*

Ejemplo 16. *Si en el espacio $\mathfrak{M}_{m\times n}(\mathbb{K})$ de las matrices de orden $m \times n$ con coeficientes en $\mathbb{K}$, se considera para cada $i = 1, \ldots, m; j = 1, \ldots, n$ la matriz A_{ij} que tiene un 1 en la posición ij y 0 en las restantes posiciones, entonces*

$$\{A_{ij} | i = 1, \ldots, m; j = 1, \ldots, n\}$$

es una base que recibe el nombre de **base estándar** *de $\mathfrak{M}_{m\times n}(\mathbb{K})$. Así:*

$$dim_{\mathbb{K}}(\mathfrak{M}_{m\times n}(\mathbb{K})) = mn$$

Ejemplo 17. *El espacio vectorial trivial tiene dimensión 0 puesto que, aunque tiene un sistema de generadores formado por un número finito de vectores: $\{0\}$, este conjunto no es linealmente independiente.*

Aunque existen numerosos e importantes ejemplos de espacios vectoriales que no son de dimensión finita, éstos no son parte esencial de este texto, que se centra fundamentalmente en espacios vectoriales de dimensión finita.

TEOREMA

En un espacio vectorial no nulo, de cada sistema de generadores finito se puede extraer una base.

DEMOSTRACIÓN. En primer lugar recordemos que un conjunto con un único vector distinto de cero es siempre linealmente independiente. Dado un sistema de generadores finito de V, digamos S, si es linealmente independiente ya es una base. En caso contrario uno de los vectores se puede escribir como combinación lineal del resto y por tanto el conjunto que resulta de eliminar este vector es de nuevo un sistema de generadores para V (usando el Lema del epígrafe 1.3). Volvemos a preguntarnos sobre la independencia lineal y a repetir el proceso tantas veces como sea necesario. En el peor de los casos llegaremos a un sistema de generadores formado por un solo vector, que no puede ser cero porque V no se reduce al vector cero, y que es por tanto linealmente independiente. □

El Teorema anterior nos ofrece un primer método para obtener una base de un espacio vectorial: partir de un sistema de generadores y eliminar uno a uno los vectores que sean combinación lineal del resto. Un método alternativo viene dado por el próximo Teorema:

TEOREMA (Teorema de ampliación de la base)

Sea V un espacio vectorial sobre $\mathbb{K}$ de dimensión n y sea $\{v_1, v_2, \ldots, v_s\}$ un conjunto de vectores linealmente independientes. Entonces existen vectores $\{v_{s+1}, \ldots, v_n\}$ tales que

$$\{v_1, v_2, \ldots, v_s, v_{s+1}, \ldots, v_n\}$$

es una base de V.

DEMOSTRACIÓN. Si el conjunto de partida es sistema de generadores, entonces es base y se puede considerar que se añaden 0 vectores. En caso contrario, se puede elegir un vector de V, llamémoslo v_{s+1} que no es combinación lineal de $\{v_1, v_2, \ldots, v_s\}$. Entonces el conjunto $\{v_1, v_2, \ldots, v_s, v_{s+1}\}$ es linealmente independiente. En efecto si

$$0 = a_1 v_1 + a_2 v_2 + \cdots + a_s v_s + a_{s+1} v_{s+1}$$

entonces $a_{s+1} = 0$ puesto que en otro caso v_{s+1} se podría escribir como combinación lineal del resto, lo cual hemos supuesto que no ocurre. Entonces queda

$$0 = a_1 v_1 + a_2 v_2 + \cdots + a_s v_s$$

y como los vectores $\{v_1, v_2, \ldots, v_s\}$ son linealmente independientes también son cero los escalares $a_1, a_2, \ldots, a_s$. Este razonamiento se puede continuar hasta obtener un conjunto de exactamente n vectores linealmente independientes puesto que no puede existir una base con menos de n vectores. Ahora utilizamos la Proposición de 1.3 para razonar que no pueden obtenerse $n+1$ vectores linealmente independientes y por tanto el conjunto $\{v_1, v_2, \ldots, v_s, v_{s+1}, \ldots, v_n\}$ debe ser además un sistema de generadores de V ya que no existe ningún vector que no sea combinación lineal de éstos. Tenemos así una base. □

Ahora tenemos un segundo método para calcular una base: partir de un conjunto de vectores linealmente independientes y añadir nuevos vectores de manera que se siga manteniendo la independencia.

COROLARIO

Sea V un espacio vectorial de dimensión n, entonces dado un conjunto de exactamente n vectores $S = \{v_1, v_2, \ldots, v_n\}$ son equivalentes:

(a) S es linealmente independiente.

(b) S es sistema de generadores de V.

(c) S es una base de V.

DEMOSTRACIÓN. Las implicaciones $(c \Rightarrow a)$ y $(c \Rightarrow b)$, son evidentes a partir de la definición.
$(a \Rightarrow b)$: Si el conjunto es linealmente independiente, entonces por el Teorema de ampliación de la base, puede obtenerse una base de V añadiendo vectores, pero puesto que en S hay n vectores, se obtendrá una base añadiendo 0 vectores, esto es, era ya base.
$(b \Rightarrow c)$: Si S es un conjunto de generadores, se puede extraer de él una base de V, pero puesto que en S hay n vectores, se obtendrá una base eliminando 0 vectores, esto es: era ya base. □

1.5. Coordenadas de un vector respecto de una base

A continuación desarrollamos la herramienta que nos permitirá trabajar en cualquier espacio vectorial de dimensión finita, digamos n, como en el correspondiente espacio $\mathbb{K}^n$.

PROPOSICIÓN

Sea V un espacio vectorial sobre $\mathbb{K}$. Si $B = \{u_1, u_2, \ldots, u_n\}$ es una base de V, entonces todo vector $x \in V$ se escribe **de forma única** *como combinación lineal de los vectores de B.*

DEMOSTRACIÓN. Puesto que B es un sistema de generadores, todo vector de V se escribe como combinación lineal de los vectores $u_1, u_2, \ldots, u_n$ y sólo queda probar la unicidad. Supongamos que para un cierto vector x tenemos:

$$x = x_1 u_1 + x_2 u_2 + \cdots + x_n u_n$$
$$x = x_1' u_1 + x_2' u_2 + \cdots + x_n' u_n$$

Entonces podemos escribir

$$x_1 u_1 + x_2 u_2 + \cdots + x_n u_n = x_1' u_1 + x_2' u_2 + \cdots + x_n' u_n$$

y operando queda

$$(x_1 - x_1')u_1 + (x_2 - x_2')u_2 + \cdots + (x_n - x_n')u_n = 0$$

Como B es linealmente independiente, todos los coeficientes son cero y por tanto

$$x_i = x_i'; \quad \forall i = 1, \ldots, n$$

es decir, las dos expresiones eran idénticas. □

Después de este resultado tenemos que dado un vector y una base, el vector puede representarse por los escalares que aparecen en la anterior combinación lineal. Sea $B = \{u_1, u_2, \ldots, u_n\}$ una base de V, si $x = x_1 u_1 + x_2 u_2 + \cdots + x_n u_n$ es la expresión única del vector $x \in V$ como combinación lineal de los vectores de la base B, diremos que $(x_1, x_2, \ldots, x_n)$ son las **coordenadas** de x respecto de la base B, y lo representaremos por:

$$x = (x_1, x_2, \ldots, x_n)_B$$

Ejemplo 18. *Consideremos en $\mathbb{R}^3$ la base canónica $B = \{(1,0,0), (0,1,0), (0,0,1)\}$. El vector $x = (2,3,1)$ tiene coordenadas respecto de la base canónica $x = (2,3,1)_B$, mientras que para la base $B' = \{(1,1,1), (0,1,1), (0,0,1)\}$, sus coordenadas son $x = (2,1,-2)_{B'}$ ya que:*

$$(2,3,1) = 2\,(1,1,1) + 1\,(0,1,1) + (-2)\,(0,0,1)$$

Ejemplo 19. *Consideremos la base estándar $B = \{1, x, x^2\}$ del espacio vectorial $\mathcal{P}_2(\mathbb{K})$ de los polinomios de grado menor o igual que 2. Las coordenadas de un polinomio $p(x) = ax^2 + bx + c$ respecto de esta base serán $p(x) = (c, b, a)_B$.*

Dados vectores $x, y \in V$ de coordenadas respecto de B:

$$x = (x_1, x_2, \ldots, x_n)_B$$

$$y = (y_1, y_2, \ldots, y_n)_B$$

Veamos cuáles son las coordenadas del vector $x + y$:

$$\begin{array}{rcccccccc} x & = & x_1 u_1 & + & x_2 u_2 & + & \ldots & + & x_n u_n \\ y & = & y_1 u_1 & + & y_2 u_2 & + & \ldots & + & y_n u_n \\ \hline x+y & = & (x_1+y_1)u_1 & + & (x_2+y_2)u_2 & + & \ldots & + & (x_n+y_n)u_n \end{array}$$

Luego:

$$x + y = (x_1 + y_1, x_2 + y_2, \ldots, x_n + y_n)_B$$

De forma análoga obtenemos que

$$kx = (kx_1, kx_2, \dots, kx_n)_B$$

En resumen:

Coordenadas y operaciones con vectores

Sea V un espacio vectorial de dimensión n, B una base de V y x e y vectores en V de coordenadas: $x = (x_1, x_2, \dots, x_n)_B$ e $y = (y_1, y_2, \dots, y_n)_B$, entonces:
1. $x + y = (x_1 + y_1, x_2 + y_2, \dots, x_n + y_n)_B$.
2. $kx = (kx_1, kx_2, \dots, kx_n)_B$ para cada $k \in \mathbb{K}$.

1.6. Coordenadas y dependencia lineal

Las coordenadas respecto de una base son también muy útiles cuando se trata de determinar la dependencia o independencia lineal de un conjunto de vectores. Podemos seguir el mismo método que usamos en el ejemplo 7, es decir:

Coordenadas y dependencia lineal

Sea V un espacio vectorial y sea B una base de V. Un conjunto de r vectores $\{u_1, \dots, u_r\}$ en V es linealmente independiente si, y sólo si, la matriz cuyas columnas (respectivamente filas) son sus coordenadas respecto de B tiene rango r.

DEMOSTRACIÓN. Una combinación lineal igualada a cero de los vectores $u_1, \dots, u_r$:

$$x_1 u_1 + \cdots + x_r u_r = 0$$

da lugar, usando coordenadas respecto de B y teniendo en cuenta lo visto en el epígrafe anterior, a un sistema homogéneo de ecuaciones en las incógnitas $x_1, \dots, x_r$ cuya matriz de coeficientes es precisamente la matriz cuyas columnas son las coordenadas de $u_1, \dots, u_r$. Los vectores serán linealmente dependientes si, y sólo si, este sistema admite alguna solución distinta de la trivial (esto es: si es indeterminado) lo que es equivalente, por el Teorema de Rouché-Frobenius, a que sea $rg(A) < r$. Se puede considerar de igual forma la matriz cuyas filas son las coordenadas de los vectores, puesto que $rg(A^t) = rg(A)$. □

Ejemplo 20. *Consideremos en $\mathbb{R}^4$ los vectores $u_1 = (1,1,2,2)$, $u_2 = (0,1,1,1)$ y $u_3 = (2,0,2,2)$. Tomando la base canónica, la matriz cuyas filas son las coordenadas de estos vectores es*

$$\begin{pmatrix} 1 & 1 & 2 & 2 \\ 0 & 1 & 1 & 1 \\ 2 & 0 & 2 & 2 \end{pmatrix}$$

que tiene forma de Hermite por filas

$$\begin{pmatrix} 1 & 0 & 1 & 1 \\ 0 & 1 & 1 & 1 \\ 0 & 0 & 0 & 0 \end{pmatrix}$$

y que por tanto es de rango 2. Así pues los vectores u_1, u_2, u_3 son linealmente dependientes.

Ejemplo 21. *Consideremos en $\mathcal{P}_2(\mathbb{R})$ los polinomios $p(x) = 3x^2+2x+1$, $q(x) = 4x^2+3x+2$ y $r(x) = 6x^2+4x+3$. Las coordenadas de estos polinomios respecto de la base estándar $B = \{1, x, x^2\}$ de $\mathcal{P}_2(\mathbb{R})$ son $p(x) = (1,2,3)_B$, $q(x) = (2,3,4)_B$ y $r(x) = (3,4,6)_B$. La matriz cuyas filas son estas coordenadas:*

$$\begin{pmatrix} 1 & 2 & 3 \\ 2 & 3 & 4 \\ 3 & 4 & 6 \end{pmatrix}$$

tiene forma de Hermite por filas:

$$\begin{pmatrix} 1 & 0 & 0 \\ 0 & 1 & 0 \\ 0 & 0 & 1 \end{pmatrix}$$

luego tiene rango 3 *y por tanto los tres vectores son linealmente independientes.*

1.7. Cambio de base

Supongamos ahora que en un espacio vectorial de dimensión n tenemos dos bases diferentes

$$B = \{e_1, e_2, \ldots, e_n\} \text{ y } \quad B' = \{e'_1, e'_2, \ldots, e'_n\}$$

y queremos establecer la relación entre las coordenadas de un **mismo** vector en las dos bases. Llamemos $(x_1, x_2, \ldots, x_n)$ a las coordenadas de $x \in V$ respecto de la base B y $(x'_1, x'_2, \ldots, x'_n)$ a las coordenadas de x respecto de B'. La relación que exista entre estas coordenadas dependerá de la que exista entre ambas bases, por tanto debemos tener ciertos datos que las relacionen. Por ejemplo, supongamos conocidas las coordenadas de los vectores de B' en la base B.

$$\begin{array}{rcl} e'_1 & = & a_{11}e_1 + a_{21}e_2 + \cdots + a_{n1}e_n \\ e'_2 & = & a_{12}e_1 + a_{22}e_2 + \cdots + a_{n2}e_n \\ \cdots & & \\ e'_n & = & a_{1n}e_1 + a_{2n}e_2 + \cdots + a_{nn}e_n \end{array} \tag{1.1}$$

Ahora tenemos dos expresiones para el vector x:

$$x_1e_1 + x_2e_2 + \cdots + x_ne_n = x = x'_1e'_1 + x'_2e'_2 + \cdots + x'_ne'_n$$

y sustituyendo (1.1)

$$\begin{array}{rcl} x_1e_1 + x_2e_2 + \cdots + x_ne_n = & & x'_1(a_{11}e_1 + a_{21}e_2 + \cdots + a_{n1}e_n) + \\ & + & x'_2(a_{12}e_1 + a_{22}e_2 + \cdots + a_{n2}e_n) + \\ & & \cdots \\ & + & x'_n(a_{1n}e_1 + a_{2n}e_2 + \cdots + a_{nn}e_n) \end{array}$$

reordenando

$$\begin{array}{rcl} x_1e_1 + x_2e_2 + \cdots + x_ne_n = & & (a_{11}x'_1 + a_{12}x'_2 + \cdots + a_{1n}x'_n)e_1 + \\ & + & (a_{21}x'_1 + a_{22}x'_2 + \cdots + a_{2n}x'_n)e_2 + \\ & & \cdots \\ & + & (a_{n1}x'_1 + a_{n2}x'_2 + \cdots + a_{nn}x'_n)e_n \end{array}$$

Como son dos expresiones de x en la misma base, los escalares en ambas combinaciones lineales deben ser iguales, con lo que quedan las **ecuaciones del cambio de base** de B' a B:

$$\begin{cases} x_1 = a_{11}x'_1 + a_{12}x'_2 + \cdots + a_{1n}x'_n \\ x_2 = a_{21}x'_1 + a_{22}x'_2 + \cdots + a_{2n}x'_n \\ \quad \cdots \\ x_n = a_{n1}x'_1 + a_{n2}x'_2 + \cdots + a_{2n}x'_n \end{cases}$$

o bien en forma matricial:

$$\boxed{X = PX'}$$

donde X y X' son las matrices columna formadas por las coordenadas del vector x en las bases B y B' respectivamente, y P es la matriz que tiene por columnas las coordenadas de los vectores de B' en función de B.

$$P = \left(\boxed{\begin{matrix} a_{11} \\ a_{21} \\ \vdots \\ a_{n1} \end{matrix}} \quad \boxed{\begin{matrix} a_{12} \\ a_{22} \\ \vdots \\ a_{n2} \end{matrix}} \quad \cdots \quad \boxed{\begin{matrix} a_{1n} \\ a_{2n} \\ \vdots \\ a_{nn} \end{matrix}} \right)$$

La matriz P se llama la **matriz de cambio de base** de B' a B y es una matriz regular, puesto que sus columnas son las coordenadas de n vectores linealmente independientes y por tanto el rango es n. Esto significa que P tiene inversa y entonces en la fórmula del cambio de base obtenida más arriba podemos despejar X':

$$X' = P^{-1}X$$

que nos da las coordenadas de un vector en la base B' a partir de sus coordenadas en la base B. En resumen, tenemos:

Cambio de base

Sea V un espacio vectorial y sean B y B' bases de V. La ecuación matricial del cambio de base de B' a B es la expresión:

$$\boxed{X = PX'}$$

que permite calcular las coordenadas de un vector respecto de B conociendo las coordenadas respecto de B'. P es la matriz del cambio de B' a B, esto es: la matriz regular cuyas columnas son las coordenadas de los vectores de B' respecto de B. El cambio de base en el sentido contrario, de B a B', viene dado por:

$$X' = P^{-1}X$$

Hemos razonado antes que una matriz de cambio de base es siempre regular, pero también podemos probar el recíproco:

PROPOSICIÓN

Toda matriz regular es una matriz de cambio de base.

DEMOSTRACIÓN. Consideremos una matriz regular Q de orden n sobre el cuerpo $\mathbb{K}$. Entonces sus columnas pueden ser consideradas como n vectores del espacio vectorial $\mathbb{K}^n$, y puesto que el rango de la matriz es n tenemos que estos vectores son linealmente independientes. Ahora, como la dimensión de $\mathbb{K}^n$ es n, se trata de una base a la que llamamos B'. Al escribir por columnas las coordenadas de estos vectores en función de la base canónica de $\mathbb{K}^n$ reencontramos la matriz de partida Q, y así es la matriz de cambio de base de B' a la base canónica. □

Ejemplo 22. *En el espacio vectorial $\mathcal{P}_2(\mathbb{R})$, los polinomios $\{(x-1)^2, 2(x-1), 2\}$ forman una base a la que llamaremos B'. Podemos escribirlos en función de la base estándar $B = \{1, x, x^2\}$ y obtenemos*

$$\begin{aligned} (x-1)^2 = x^2 - 2x + 1 &= (1,-2,1)_B \\ 2(x-1) = 2x - 2 &= (-2,2,0)_B \\ 2 &= (2,0,0)_B \end{aligned}$$

con lo que la matriz

$$P = \begin{pmatrix} 1 & -2 & 2 \\ -2 & 2 & 0 \\ 1 & 0 & 0 \end{pmatrix}$$

nos da el cambio de base de B' a B. El cambio de base de B a B' vendrá dado por la matriz P^{-1}:

$$P^{-1} = \begin{pmatrix} 0 & 0 & 1 \\ 0 & \frac{1}{2} & 1 \\ \frac{1}{2} & \frac{1}{2} & \frac{1}{2} \end{pmatrix}$$

Por ejemplo, calculemos las coordenadas respecto de B' del polinomio $p(x) = 1 + 2x - 2x^2 = (1, 2, -2)_B$

$$\begin{pmatrix} 0 & 0 & 1 \\ 0 & \frac{1}{2} & 1 \\ \frac{1}{2} & \frac{1}{2} & \frac{1}{2} \end{pmatrix} \begin{pmatrix} 1 \\ 2 \\ -2 \end{pmatrix} = \begin{pmatrix} -2 \\ -1 \\ \frac{1}{2} \end{pmatrix}$$

y por tanto $p(x) = (-2, -1, \frac{1}{2})_{B'}$.

2. Subespacios vectoriales

2.1. Definición y ejemplos

Sea V un espacio vectorial sobre $\mathbb{K}$ y sea U un subconjunto no vacío de V. Decimos que U es un **subespacio vectorial** de V y lo denotamos por $U \leq V$ si se verifican las siguientes condiciones:

1. U es **cerrado para la suma**: $\forall u, v \in U,\ u + v \in U$.

2. U es **cerrado para el producto por escalares**: $\forall u \in U, \forall a \in \mathbb{K},\ au \in U$.

Si U es un subespacio vectorial de V es fácil razonar que entonces U es realmente un espacio vectorial sobre $\mathbb{K}$, puesto que si las propiedades de espacio vectorial se verifican para todos los vectores de V, en particular son ciertas para los de U.

Ejemplo 23. *Todo espacio vectorial distinto de cero tiene, al menos, dos subespacios vectoriales: el mismo V y el formado sólo por el vector cero $\{0\}$, al que nombraremos simplemente por* 0. *Estos subespacios se llaman* **subespacios impropios**.

Ejemplo 24. *En el espacio vectorial $\mathfrak{M}_n(\mathbb{K})$ podemos describir diversos subespacios:*

(a) *Las matrices triangulares superiores.* En efecto, es cerrado para la suma puesto que la suma de dos matrices triangulares superiores vuelve a ser triangular superior, y al multiplicar una matriz triangular superior por un número el resultado es una matriz triangular superior, luego también es cerrado para el producto por escalares.

(b) *Las matrices triangulares inferiores* (se razona como antes).

(c) *Las matrices diagonales* (son a la vez triangulares superiores e inferiores).

(d) *Las matrices simétricas.* Para ver que es cerrado para la suma, tomemos A, B matrices simétricas, entonces $A = A^t$ y $B = B^t$ y por tanto $(A + B)^t = A^t + B^t = A + B$, con lo que $A + B$ también es simétrica. Si $A = A^t$, entonces $(kA)^t = kA^t = kA$ y por tanto kA es también simétrica.

(e) *Las matrices antisimétricas* (similar al anterior).

Ejemplo 25. *Los polinomios de grado menor o igual que n forman un subespacio del espacio vectorial de los polinomios en una indeterminada sobre el cuerpo* $\mathbb{K}$. En efecto, al sumar dos polinomios el grado es, como mucho, el mayor de los grados de los polinomios considerados, y al multiplicar un polinomio por un escalar el grado no varía excepto cuando el escalar es cero, en cuyo caso el polinomio resultante es 0.

Las dos propiedades que exigimos para que un subconjunto sea subespacio pueden resumirse en una sola, que podríamos llamar "ser cerrado para combinaciones lineales".

PROPOSICIÓN (Definición equivalente de subespacio)

Dado $\emptyset \neq U \subseteq V$ son equivalentes:

(a) *U es subespacio vectorial de V.*

(b) *U verifica: $\forall u, v \in U, \forall a, b \in \mathbb{K},\ au + bv \in U$.*

DEMOSTRACIÓN. Supongamos que U es un subespacio y sean $u, v \in U,\ a, b \in \mathbb{K}$, arbitrarios, puesto que U es cerrado para el producto por escalares, se tiene que $au, bv \in U$; ahora usando que es cerrado para la suma $au+bv \in U$ y por tanto se verifica (b). En el otro sentido: si $u, v \in U$, tomando $a = b = 1$ y aplicando la condición del enunciado obtenemos que U es cerrado para la suma. Dado $u \in U$ y $a \in \mathbb{K}$, consideramos $v = u, b = 0$ y aplicando de nuevo (b), tenemos que $au \in U$, es decir, U es cerrado para el producto por escalares. □

2.2. Subespacio generado por un conjunto de vectores

A partir de un conjunto cualquiera de vectores de V, digamos S, podemos considerar un nuevo conjunto formado por todas las posibles combinaciones lineales de vectores de S:

$$L(S) = \{a_1 s_1 + \cdots + a_n s_n;\quad n \in \mathbb{N}, a_i \in \mathbb{K}, s_i \in S, i = 1, \ldots, n\}$$

Ejemplo 26. *Consideremos los vectores de $\mathbb{R}^3$ $u = (1, 1, 0)$ y $v = (0, 0, 1)$, entonces:*

$$L(u, v) = \{au + bv \mid a, b \in \mathbb{R}\} = \{(a, a, b) \mid a, b \in \mathbb{R}\}$$

PROPOSICIÓN

$L(S)$ es el menor subespacio vectorial de V que contiene al conjunto S.

DEMOSTRACIÓN. En primer lugar probaremos que es subespacio vectorial:
Dados $a, b \in \mathbb{K}$ y $a_1 s_1 + \cdots + a_n s_n, b_1 t_1 + \cdots + b_m t_m \in L(S)$, el vector

$$a(a_1 s_1 + \cdots + a_n s_n) + b(b_1 t_1 + \cdots + b_m t_m) = aa_1 s_1 + \cdots + aa_n s_n + bb_1 t_1 + \cdots + bb_m t_m$$

es una combinación lineal de vectores en el conjunto S, y por tanto está en $L(S)$.
Evidentemente, para cada vector en S, él mismo es una combinación lineal de vectores de S y por tanto $S \subseteq L(S)$.
Por último, si $S \subseteq W$ para algún subespacio vectorial W, puesto que éste es cerrado para el producto por escalares y para la suma de vectores, tenemos que cada combinación lineal de vectores de S está en W. Esto prueba que de todos los subespacios que contienen a S, $L(S)$ es el más pequeño. □

Al subespacio $L(S)$ se le llama **subespacio generado** por S, ya que, de hecho, S es un sistema de generadores del espacio vectorial $L(S)$. También podemos hablar de base de un subespacio, es decir, un sistema de generadores del subespacio que es linealmente independiente, y por tanto tenemos el concepto de dimensión de un subespacio. Si $U \leq V$, entonces, aplicando el

Teorema de ampliación de la base, el conjunto de vectores linealmente independientes que es cualquier base de U se puede ampliar a una base de V, con lo que $dim\ U \leq dim\ V$; la igualdad entre las dimensiones ocurre sólo cuando $U = V$.
Dado un sistema de generadores de un subespacio U, podemos obtener una base de U eliminando vectores que sean combinación lineal de los demás.

Ejemplo 27. *Consideremos el subespacio de* $\mathbb{R}^4$*:*

$$U = L((1,3,4,1),(2,6,8,2),(2,5,7,2))$$

Los tres vectores dados son sistema de generadores de U pero no son base porque no son linealmente independientes, ya que el rango de la matriz

$$\begin{pmatrix} 1 & 3 & 4 & 1 \\ 2 & 6 & 8 & 2 \\ 2 & 5 & 7 & 2 \end{pmatrix}$$

es 2 y por tanto hay sólo 2 vectores linealmente independientes. Puesto que el segundo vector es igual a dos veces el primero, podemos elegir $\{(1,3,4,1),(2,5,7,2)\}$ *como base.*

También podemos pasar de un sistema de generadores a otro diferente utilizando un método similar al de las operaciones elementales:

LEMA

Si $\{u_1, u_2, \ldots, u_n\}$ *es un sistema de generadores del subespacio vectorial U, entonces también son sistemas de generadores de U los siguientes conjuntos:*

1. *El conjunto que se obtiene de S intercambiando la posición de dos vectores:* $\{u_1, \ldots, u_j, \ldots, u_i, \ldots, u_n\}$.
2. *El conjunto que se obtiene de S multiplicando uno de los vectores por un escalar k no nulo:* $\{u_1, \ldots, k\,u_i, \ldots, u_n\}$.
3. *El conjunto que se obtiene de S sumando a uno de sus vectores otro multiplicado por un escalar:* $\{u_1, \ldots, u_i + ku_j, \ldots, u_j, \ldots, u_n\}$.

DEMOSTRACIÓN. (1) es evidente, para (2) consideremos un vector arbitrario $x \in V$, entonces x ha de ser combinación lineal de los vectores de S:

$$x = x_1 u_1 + \cdots + x_i u_i + \cdots + x_n u_n$$

Así x se expresa también como combinación lineal de los vectores del nuevo conjunto:

$$x = x_1 u_1 + \cdots + \frac{x_i}{k}(k\,u_i) + \cdots + x_n u_n$$

De forma similar, para probar (3) es suficiente hacer notar que x puede expresarse en la siguiente forma:

$$x = x_1 u_1 + \cdots + x_i(u_i + k\,u_j) + \cdots + (x_j - k\,x_i)u_j + \cdots + x_n u_n$$

□

2.3. Espacio de filas y espacio de columnas de una matriz

Dada una matriz de orden $m \times n$, $A \in \mathfrak{M}_{m\times n}(\mathbb{K})$, las filas de A pueden ser vistas como un conjunto de m vectores de $\mathbb{K}^n$ (o las coordenadas respecto de cierta base de m vectores de un espacio V de dimensión n). Llamaremos **espacio de filas** de A al subespacio de $\mathbb{K}^n$ generado por las filas de A y lo denotaremos por $\mathcal{F}(A)$. De forma similar, el **espacio de columnas** de A es el subespacio $\mathcal{C}(A)$ de $\mathbb{K}^m$ generado por las columnas de A. Usando el Lema del epígrafe anterior, es evidente que si dos matrices A y B son equivalentes por filas (resp. columnas), entonces $\mathcal{F}(A) = \mathcal{F}(B)$ (resp. $\mathcal{C}(A) = \mathcal{C}(B)$). A partir de este hecho se obtiene:

COROLARIO

Sea V un espacio vectorial de dimensión n y sea B una base de V. Sea $U = L(u_1, \ldots, u_k)$ un subespacio de V y consideremos la matriz A de orden $k \times n$ cuyas filas son las coordenadas, respecto de B, de los vectores $u_1, \ldots, u_k$. Entonces:

1. *$dim(U) = rg(A)$.*
2. *Las filas no nulas de la forma de Hermite por filas de A son las coordenadas de los vectores de una base de U.*

El mismo resultado es válido cambiando filas por columnas.

DEMOSTRACIÓN. Utilizando coordenadas respecto de la base B tenemos que $U = \mathcal{F}(A)$ y, por tanto, $dim\ U = rg(A)$. Denotemos por H a la forma de Hermite por filas de A, entonces las filas no nulas de H forman un sistema de generadores de U usando el Lema del epígrafe anterior. Puesto que tenemos un sistema de generadores de U formado por tantos vectores como indica $dim(U)$, ha de ser base. □

Ejemplo 28. *Consideremos el subespacio del ejemplo 27:*

$$U = L((1,3,4,1),(2,6,8,2),(2,5,7,2))$$

Escribamos la matriz cuyas filas son las coordenadas, respecto de la base canónica, de los vectores del sistema de generadores y calculemos su forma de Hermite por filas:

$$\begin{pmatrix} 1 & 3 & 4 & 1 \\ 2 & 6 & 8 & 2 \\ 2 & 5 & 7 & 2 \end{pmatrix} \sim_f \begin{pmatrix} 1 & 3 & 4 & 1 \\ 0 & 0 & 0 & 0 \\ 0 & -1 & -1 & 0 \end{pmatrix} \sim_f \begin{pmatrix} 1 & 3 & 4 & 1 \\ 0 & 1 & 1 & 0 \\ 0 & 0 & 0 & 0 \end{pmatrix} \sim_f \begin{pmatrix} 1 & 0 & 1 & 1 \\ 0 & 1 & 1 & 0 \\ 0 & 0 & 0 & 0 \end{pmatrix}$$

Luego una base de U es $\{(1,0,1,1),(0,1,1,0)\}$.

La ventaja de este segundo método reside en que obtenemos una base lo más simple posible, lo que facilita cálculos posteriores.

2.4. Ecuaciones cartesianas y paramétricas de un subespacio

En el siguiente ejemplo vemos cómo un sistema de ecuaciones lineales determina un subespacio vectorial de un cierto $\mathbb{K}^n$.

Ejemplo 29. *Supongamos que tenemos un sistema homogéneo de m ecuaciones con n incógnitas $AX = 0$. Cada solución del sistema es un elemento del conjunto $\mathbb{K}^n$. El conjunto formado por* **todas** *las soluciones del sistema es un subespacio vectorial de $\mathbb{K}^n$.* En efecto, si $(s_1, \ldots, s_n)$ y $(t_1, \ldots, t_n)$ son soluciones del sistema, entonces, llamando S y T a las matrices columna que tienen por elementos los de cada una de las soluciones, tenemos que $AS = 0$ y $AT = 0$; así $A(S+T) = AS + AT = 0 + 0 = 0$ y por tanto $(s_1 + t_1, \ldots, s_n + t_n)$ es solución del sistema. Cuando tomamos un número $k \in \mathbb{K}$, y S solución del sistema, entonces $A(kS) = kAS = 0$ y por tanto $(ks_1, \ldots, ks_n)$ es también solución del sistema.

A continuación estableceremos que cada subespacio vectorial de un espacio vectorial V de dimensión finita puede ser interpretado como el conjunto de soluciones de un sistema de ecuaciones. Para ello debemos considerar una base de V, digamos $B = \{e_1, e_2, \ldots, e_n\}$ respecto de la cual consideraremos las coordenadas de cada vector.
Si U es un subespacio vectorial de dimensión $r \leq n$, entonces podemos tomar una base de U formada por r vectores: $B_U = \{u_1, u_2, \ldots, u_r\}$. Supongamos que conocemos los vectores u_i en función de la base B:

$$u_i = (a_{1i}, a_{2i}, \ldots, a_{ni})_B \qquad i = 1, \ldots, r$$

Cualquier vector $x \in U$ se expresa como combinación lineal de los u_i, digamos $x = \lambda_1 u_1 + \cdots + \lambda_r u_r$. Si $x = (x_1, x_2, \ldots, x_n)_B$ entonces tenemos:

$$\begin{aligned}(x_1, x_2, \ldots, x_n) = \; & \lambda_1(a_{11}, a_{21}, \ldots, a_{n1}) + \\ & \lambda_2(a_{12}, a_{22}, \ldots, a_{n2}) + \\ & \ldots\ldots\ldots\ldots\ldots\ldots \\ & \lambda_r(a_{1r}, a_{2r}, \ldots, a_{nr})\end{aligned}$$

e igualando coordenadas obtenemos unas **ecuaciones paramétricas** de U respecto de la base B

$$\left\{\begin{array}{ll|c|l|c|lcc|c|l} x_1 = & a_{11} & \lambda_1 + & a_{12} & \lambda_2 + & \cdots & + & a_{1r} & \lambda_r \\ x_2 = & a_{21} & \lambda_1 + & a_{22} & \lambda_2 + & \cdots & + & a_{2r} & \lambda_r \\ \vdots & \vdots & \vdots & \vdots & \vdots & \ddots & & \vdots & \vdots \\ x_n = & a_{n1} & \lambda_1 + & a_{n2} & \lambda_2 + & \cdots & + & a_{nr} & \lambda_r \end{array}\right.$$

en las que aparecen, acompañando a cada parámetro y por columnas, las coordenadas de los vectores de la base de U. Hay una estrecha relación entre base de un subespacio y ecuaciones paramétricas que nos permite pasar de un concepto al otro de forma automática. Por otra parte estas igualdades se pueden interpretar como el conjunto de soluciones de un cierto sistema de ecuaciones con n incógnitas. Es fácil notar que, puesto que $0 \in U$, la solución trivial es una de las que aparece en este conjunto, por lo que el sistema es necesariamente homogéneo. De las ecuaciones de un sistema homogéneo cuyo conjunto de soluciones sea el anterior diremos que son unas **ecuaciones cartesianas** (o implícitas) de U respecto de la base B. Estas ecuaciones nos dan las condiciones que tienen que cumplir las coordenadas de un vector para que pertenezca al subespacio en cuestión.

Ejemplo 30. *Consideremos el subespacio vectorial de $\mathbb{R}^3$ formado por las soluciones del sistema homogéneo*

$$x_1 + x_2 + x_3 = 0$$

Despejando una de las incógnitas en función de las demás tenemos:

$$x_1 = -x_2 - x_3$$

Tomando x_2 y x_3 como parámetros, digamos λ y μ, podemos escribir:

$$\left\{\begin{array}{l} x_1 = \boxed{-1}\ \lambda + \boxed{-1}\ \mu \\ x_2 = \boxed{1}\ \lambda + \boxed{0}\ \mu \\ x_3 = \boxed{0}\ \lambda + \boxed{1}\ \mu \end{array}\right.$$

O sea, todo vector del subespacio es combinación lineal de los vectores formados por los coeficientes de cada uno de los parámetros. Tenemos así que $\{(-1,1,0),(-1,0,1)\}$ es una base del subespacio.

Existen varios métodos para calcular unas ecuaciones cartesianas de un subespacio, entre ellos el de eliminación de parámetros (que veremos en el ejemplo 33) y también el siguiente:
Si $x = (x_1, x_2, \ldots, x_n)_B$ es un vector de U, entonces x es combinación lineal de $u_1, \ldots, u_r$ y, por tanto, todos los menores de orden $r+1$ de la matriz

$$\left(\begin{array}{cccc|c} a_{11} & a_{12} & \ldots & a_{1r} & x_1 \\ a_{21} & a_{22} & \ldots & a_{2r} & x_2 \\ \vdots & \vdots & \ddots & \vdots & \vdots \\ a_{n1} & a_{n2} & \ldots & a_{nr} & x_n \end{array}\right)$$

deben ser 0. Esto nos proporciona un sistema de ecuaciones homogéneo en las incógnitas $x_1, x_2, \ldots, x_n$ que es verificado por las coordenadas de cualquier vector de U.
Por último, para pasar de las ecuaciones cartesianas de un subespacio a las paramétricas basta resolver el sistema. Resumimos en un pequeño diagrama estas relaciones:

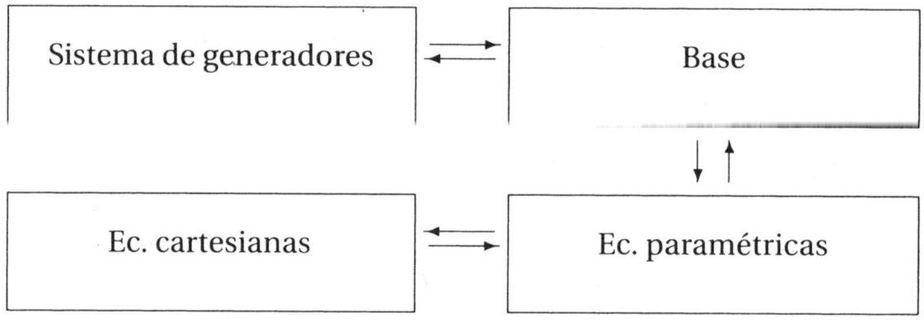

Ejemplo 31. *En el espacio vectorial de los polinomios de grado menor o igual que 3, $\mathcal{P}_3(\mathbb{R})$, consideramos el subespacio*

$$P = \{p(x) \in \mathcal{P}_3(\mathbb{R}) |\ p(x) = p(-x)\}$$

Para calcular unas ecuaciones paramétricas o cartesianas de P necesitamos en primer lugar una base del espacio $\mathcal{P}_3(\mathbb{R})$, por ejemplo $B = \{1, x, x^2, x^3\}$. Así, dado un polinomio $p(x) = a_0 + a_1x + a_2x^2 + a_3x^3$ sus coordenadas en función de la base B son (a_0, a_1, a_2, a_3). Para que el polinomio $p(x) = a_0 + a_1x + a_2x^2 + a_3x^3$ pertenezca a P debe ocurrir

$$p(x) = a_0 + a_1x + a_2x^2 + a_3x^3 = a_0 - a_1x + a_2x^2 - a_3x^3 = p(-x)$$

con lo que

$$2a_1x + 2a_3x^3 = 0$$

es decir,

$$\left\{\begin{array}{l} a_1 = 0 \\ a_3 = 0 \end{array}\right.$$

que son unas ecuaciones cartesianas de U.
Resolviendo este sistema obtenemos las ecuaciones paramétricas

$$\left\{\begin{array}{l} a_0 = \lambda \\ a_1 = 0 \\ a_2 = \mu \\ a_3 = 0 \end{array}\right.$$

y de aquí obtenemos la base $\{(1,0,0,0)_B, (0,0,1,0)_B\}$, *es decir, una base de P es* $\{1, x^2\}$.

2.5. Ecuaciones cartesianas y dimensión de un subespacio

Si llamamos $n = dim\ V$ y $r = dim\ U$, entonces en unas ecuaciones paramétricas de U aparecen r parámetros. Dado un sistema homogéneo con n incógnitas, para que la solución dependa de r parámetros es necesario que la matriz de coeficientes tenga rango $n - r$, con lo que debe tener, al menos, $n - r$ ecuaciones. Por otra parte, si tiene más de $n - r$ ecuaciones, las que exceden pueden hacerse cero mediante transformaciones elementales en el sistema. Así, solemos escribir la fórmula

número de ec. cartesianas = $dim\ V - dim\ U$

entendiendo que se trata de un sistema en el que no pueden eliminarse ecuaciones por transformaciones elementales (o bien, el número de ecuaciones se cuenta en el sistema escalonado reducido equivalente).
Esta relación entre la dimensión y el número de ecuaciones cartesianas puede ser útil también cuando tratamos de calcular las ecuaciones cartesianas de un subespacio, como prueban los siguientes ejemplos.

Ejemplo 32. *Consideremos en* $\mathbb{R}^3$ *el subespacio U generado por los vectores* $(1,-1,0)$ *y* $(1,1,0)$, *entonces unas ecuaciones paramétricas de U son:*

$$U \equiv \left\{\begin{array}{l} x_1 = \lambda + \mu \\ x_2 = -\lambda + \mu \\ x_3 = 0 \end{array}\right.$$

Como U tiene dimensión 2 en un espacio de dimensión 3 sólo necesitamos 1 ecuación cartesiana para describir U, y evidentemente $x_3 = 0$ *es una tal ecuación.*

Ejemplo 33. *Sea U el subespacio de los ejemplos 27 y 28. Una base de U es:*

$$\{(1,0,1,1), (0,1,1,0)\}$$

A partir de ella, obtenemos las ecuaciones paramétricas:

$$\left\{\begin{array}{lcl} x_1 & = & \lambda \\ x_2 & = & \mu \\ x_3 & = & \lambda + \mu \\ x_4 & = & \lambda \end{array}\right.$$

Obtendremos ahora unas ecuaciones cartesianas de U *por eliminación de parámetros. Puesto que* U *es un subespacio de* $\mathbb{R}^4$ *de dimensión 2, ha de tener dos ecuaciones cartesianas. Tomamos una de las ecuaciones paramétricas (en este caso la primera), y la usamos para eliminar uno de los parámetros en las restantes:*

$$\left\{\begin{array}{rcl} x_2 & = & \mu \\ x_3 - x_1 & = & \mu \\ x_4 - x_1 & = & 0 \end{array}\right.$$

De esta forma nos quedan un parámetro menos y una ecuación menos (ya no ponemos la que hemos usado). Repitiendo el proceso con la segunda ecuación se obtiene

$$\left\{\begin{array}{rcl} x_3 - x_1 - x_2 & = & 0 \\ x_4 - x_1 & = & 0 \end{array}\right.$$

En este momento tenemos dos ecuaciones y ningún parámetro, es decir, tenemos ya unas ecuaciones cartesianas de U. *Reordenando queda*

$$U \equiv \left\{\begin{array}{rcl} x_1 + x_2 - x_3 & = & 0 \\ x_1 - x_4 & = & 0 \end{array}\right.$$

2.6. Intersección de subespacios

Dados dos subespacios U y W de un espacio vectorial V podemos considerar su intersección $U \cap W \subseteq V$. Dados $x, y \in U \cap W$ y $a, b \in \mathbb{K}$ el vector $ax + by$ está en U por ser subespacio y también está en W por la misma razón; así tenemos que $ax + by \in U \cap W$, luego $U \cap W$ es también subespacio vectorial de V.

En general, dada una familia cualquiera $\{U_i; i \in I\}$ de subespacios vectoriales de V, su intersección $\bigcap_{i \in I} U_i$ es de nuevo un subespacio de V (el mayor subespacio de V contenido en todos ellos).

En la práctica encontraremos a menudo un par de subespacios U, W de un espacio vectorial de dimensión finita y necesitaremos calcular su intersección; para ello nos serán de utilidad las ecuaciones cartesianas de ambos subespacios. Las ecuaciones cartesianas de U (resp. W) son las condiciones que tienen que cumplir las coordenadas de un vector para estar en U (resp. W), así bastará **reunir todas las ecuaciones cartesianas** y obtendremos las de $U \cap W$. Hay que hacer notar que posiblemente en el sistema obtenido por este método puedan eliminarse ecuaciones mediante transformaciones elementales (es decir, algunas ecuaciones son combinación lineal del resto), lo que se tendrá en cuenta para el cálculo de la dimensión.

Ejemplo 34. *Consideremos en* $\mathbb{R}^3$ *los subespacios*

$$U = \{(x_1, x_2, x_3) \mid x_1 + x_2 + x_3 = 0\}$$

y

$$W = L((1,1,1),(1,1,0),(-1,-1,1))$$

Para calcular su intersección necesitamos las ecuaciones cartesianas de W. *En primer lugar, a partir del sistema de generadores obtenemos una base:*

$$\begin{pmatrix} 1 & 1 & 1 \\ 1 & 1 & 0 \\ -1 & -1 & 1 \end{pmatrix} \sim_f \begin{pmatrix} 1 & 1 & 1 \\ 0 & 0 & -1 \\ 0 & 0 & 2 \end{pmatrix} \sim_f \begin{pmatrix} 1 & 1 & 0 \\ 0 & 0 & 1 \\ 0 & 0 & 0 \end{pmatrix}$$

Luego una base de W es $\{(1,1,0),(0,0,1)\}$. Puesto que cada vector de W será combinación lineal de éstos, sus coordenadas han de verificar $(x_1,x_2,x_3)=\lambda(1,1,0)+\mu(0,0,1)=(\lambda,\lambda,\mu)$ para ciertos parámetros λ y μ y por tanto, unas ecuaciones paramétricas de W son:

$$W \equiv \begin{cases} x_1 = \lambda \\ x_2 = \lambda \\ x_3 = \mu \end{cases}$$

Eliminando parámetros obtenemos la cartesiana: $x_1 - x_2 = 0$.

Así pues, unas ecuaciones cartesianas de $U \cap W$ son

$$U \cap W \equiv \begin{cases} x_1 + x_2 + x_3 & = 0 \\ x_1 - x_2 & = 0 \end{cases}$$

y como ninguna ecuación puede eliminarse mediante transformaciones elementales tenemos que la dimensión de $U \cap W$ es $3-2=1$.

2.7. Suma de subespacios

La unión de dos subespacios vectoriales U, W de un espacio vectorial V no es, en general, un subespacio vectorial como muestra el siguiente ejemplo:

Ejemplo 35. *En $\mathbb{R}^2$ consideramos los subespacios $U=\{(x,0) \mid x \in \mathbb{R}\}$ (que representa a todos los vectores en el eje horizontal) y $W=\{(0,y) \mid y \in \mathbb{R}\}$ (que es el eje vertical). Entonces, los vectores $(1,0)$ y $(0,1)$ están en $U \cup W$, pero su suma $(1,1)$ no está ni sobre el eje horizontal ni sobre el vertical, es decir, no pertenece a $U \cup W$ y por tanto éste no es un subespacio vectorial.*

Al menor subespacio que contiene a $U \cup W$ lo llamamos **suma de los subespacios** U y W y lo denotamos $U+W$, es decir, $U+W=L(U\cup W)$. Este nombre de suma puede justificarse comprobando que

$$U+W=\{u+w \mid u \in U, w \in W\}$$

En efecto, el conjunto $\{u+w \mid u \in U, w \in W\}$ está contenido en $L(U \cup W)$ puesto que éste es subespacio y por tanto cerrado para la suma. Pero no es difícil comprobar que este conjunto es un subespacio vectorial y puesto que contiene a U y a W está contenido en el subespacio que generan.

Para el cálculo de la suma de dos subespacios **reunimos las bases de ambos**: si $\{u_1,u_2,\ldots,u_r\}$ es una base de U y $\{w_1,w_2,\ldots,w_s\}$ es una base de W, entonces el conjunto $\{u_1,u_2,\ldots,u_r,w_1,w_2,\ldots,w_s\}$ es un sistema de generadores de $U+W$.

En efecto, si $v=u+w \in U+W$ entonces u se puede escribir como combinación lineal de una base de U, digamos

$$u=a_1u_1+\cdots+a_ru_r$$

y de forma análoga

$$w=b_1w_1+\cdots+b_sw_s$$

Así:

$$v=u+w=a_1u_1+\cdots+a_ru_r+b_1w_1+\cdots+b_sw_s$$

y por tanto todo vector de $U+W$ se puede escribir como combinación lineal de

$$\{u_1,u_2,\ldots,u_r,w_1,w_2,\ldots,w_s\}$$

Ahora, a partir de este sistema de generadores de $U + W$ puede calcularse una base o unas ecuaciones paramétricas y desde ellas las cartesianas.
La definición de suma de subespacios puede generalizarse para una familia cualquiera de subespacios $\{U_i \ ; i \in I\}$ escribiendo:

$$\Sigma_{i\in I} U_i = L(\bigcup_{i\in I} U_i)$$

Ejemplo 36. *Consideremos los subespacios del ejemplo 34:*

$$U = \{(x_1, x_2, x_3) \mid x_1 + x_2 + x_3 = 0\}$$

y

$$W = L((1, 1, 1), (0, 0, 1))$$

Para calcular $U + W$ *necesitamos una base de* U*, por lo que resolvemos el sistema de ecuaciones cartesianas y obtenemos:*

$$\begin{cases} x_1 = & \lambda \\ x_2 = & & \mu \\ x_3 = & -\lambda & -\mu \end{cases}$$

Así $\{(1, 0, -1), (0, 1, -1)\}$ *es una base de* U*. Un sistema de generadores para* $U + W$ *viene dado por*

$$\{(1, 1, 1), (0, 0, 1), (1, 0, -1), (0, 1, -1)\}$$

Finalmente, obtenemos una base de $U + W$ *a partir de este sistema de generadores:*

$$\begin{pmatrix} 1 & 1 & 1 \\ 0 & 0 & 1 \\ 1 & 0 & -1 \\ 0 & 1 & -1 \end{pmatrix} \sim_f \begin{pmatrix} 1 & 1 & 1 \\ 0 & 0 & 1 \\ 0 & -1 & -2 \\ 0 & 1 & -1 \end{pmatrix} \sim_f \begin{pmatrix} 1 & 0 & 2 \\ 0 & 1 & -1 \\ 0 & 0 & 1 \\ 0 & 0 & -3 \end{pmatrix} \sim_f \begin{pmatrix} 1 & 0 & 0 \\ 0 & 1 & 0 \\ 0 & 0 & 1 \\ 0 & 0 & 0 \end{pmatrix}$$

Así pues, una base de $U + W$ *es* $\{(1, 0, 0), (0, 1, 0), (0, 0, 1)\}$*, y en consecuencia* $U + W = \mathbb{R}^3$.

Cálculo de $U + W$ y $U \cap W$

Dados subespacios U *y* W *de un espacios vectorial* V*:*

1. *Reuniendo las ecuaciones cartesianas de* U *y* W *se obtienen unas ecuaciones cartesianas de* $U \cap W$ *(y posiblemente algunas puedan ser eliminadas por transformaciones elementales).*

2. *Reuniendo las bases de* U *y* W *se obtiene un sistema de generadores de* $U + W$ *(y posiblemente algunos vectores deban ser eliminados para obtener una base).*

2.8. Suma directa de subespacios

Bajo ciertas circunstancias, a la suma de subespacios se le llama suma directa y se utiliza el símbolo $\oplus$ en lugar de $+$. En general, cualquier vector de una suma de subespacios se puede expresar como suma de vectores, uno en cada subespacio; cuando para cada vector esta forma de expresarlo es única decimos que se trata de una **suma directa de subespacios**.
Dada una familia finita de subespacios $U_1, U_2, \ldots, U_m$ diremos que es **independiente** si

$$U_i \cap (\sum_{j\neq i} U_j) = 0 \qquad \forall i = 1, \ldots, m$$

En el caso particular de dos subespacios, la condición es $U_1 \cap U_2 = 0$.

PROPOSICIÓN

La suma de subespacios $U_1 + U_2 + \cdots + U_m$ es suma directa si, y sólo si, la familia $U_1, U_2, \ldots, U_m$ es una familia independiente.

DEMOSTRACIÓN. Supongamos que cada vector tiene una expresión única como suma de vectores en los U_j, entonces si $v \in U_i \cap (\sum_{j \neq i} U_j)$ podemos escribir $v = v + 0 + \cdots + 0$ donde $v \in U_i$ y $0 \in U_j$ cuando $j \neq i$, pero también $v = 0 + (\sum_{j \neq i} v_j)$ con $v_j \in U_j$ y $0 \in U_i$ con lo que tendríamos dos expresiones distintas de v como suma de vectores en cada uno de los subespacios, salvo que todos los vectores que aparecen sean nulos, es decir, $v = 0$. Ahora supongamos que la familia es independiente y que tenemos dos expresiones de un mismo vector:

$$v = u_1 + u_2 + \cdots + u_m = v_1 + v_2 + \cdots + v_m$$

donde los subíndices indican el subespacio al que pertenecen. Entonces, agrupando convenientemente, tenemos que

$$u_1 - v_1 = (v_2 - u_2) + (v_3 - u_3) + \cdots + (v_m - u_m)$$

es un vector en U_1 y también en $\sum_{j \neq 1} U_j$ y como se trata de una familia independiente debe ser $u_1 - v_1 = 0$, es decir $u_1 = v_1$. El mismo razonamiento puede hacerse para cualquier índice y la demostración está terminada. □

Dado un subespacio vectorial U de V, llamaremos **subespacio complementario** (o suplementario) de U a cualquier subespacio W verificando que $U \oplus W = V$. En el caso de un espacio vectorial de dimensión finita, es fácil calcular un subespacio complementario de uno dado. Para ello basta aplicar el Teorema de ampliación de la base. Supongamos que $\{u_1, u_2, \ldots, u_r\}$ es una base de U, entonces existen vectores $\{v_{r+1}, \ldots, v_n\}$ de manera que $\{u_1, u_2, \ldots, u_r, v_{r+1}, \ldots, v_n\}$ es una base de V. Entonces $W = L(v_{r+1}, \ldots, v_n)$ es un subespacio complementario de U. En efecto, la suma de ambos es V puesto que al unir las bases de ambos obtenemos un sistema de generadores de V, pero por otro lado la intersección es cero por ser un conjunto de vectores linealmente independientes.

Ejemplo 37. *En el espacio de los polinomios de grado menor o igual que 3 consideramos el subespacio del ejemplo 31:*

$$P = \{p(x) \in P_3(\mathbb{R}) \mid p(x) = p(-x)\}$$

Según vimos, una base de P es $\{1, x^2\}$. Para ampliar esta base a una base de todo el espacio tenemos muchas (infinitas) opciones. Una de ellas puede ser elegir los vectores $\{x, x^3\}$ y obtenemos que $I = L(x,\ x^3)$ es un subespacio complementario de P (el subespacio de los polinomios que verifican $p(x) = -p(-x)$); pero cualquier otra opción es válida, por ejemplo $W = L(1 + x,\ x^2 + x^3)$ es otro complementario de P.

2.9. Fórmula de las dimensiones

Si en un espacio vectorial V de dimensión n tenemos subespacios U de dimensión r y W de dimensión s, nos planteamos conocer la relación entre las dimensiones de la suma y la intersección de U y W.

Fórmula de las dimensiones

Si U y W son subespacios de un espacio vectorial de dimensión finita, se verifica:

$$dim\ U + dim\ W = dim\ (U \cap W) + dim\ (U + W)$$

DEMOSTRACIÓN. Llamemos $r = dim\ U$, $s = dim\ W$ y $m = dim(U \cap W)$. Tenemos que probar que $dim(U + W) = r + s - m$. La idea es partir de una base de $U \cap W$, digamos $v_1, v_2, \ldots, v_m$ que es un conjunto de vectores linealmente independientes y ampliarlo a una base de U añadiendo vectores $u_{m+1}, u_{m+2}, \ldots, u_r$; pero también hasta una base de W mediante vectores $w_{m+1}, w_{m+2}, \ldots, w_s$. Consideremos el conjunto de $r + s - m$ vectores:

$$\{v_1, v_2, \ldots, v_m, u_{m+1}, u_{m+2}, \ldots, u_r, w_{m+1}, w_{m+2}, \ldots, w_s\}$$

y probemos que es una base de $U + W$. Que es sistema de generadores es inmediato por ser la unión de las bases de U y W; veamos pues que es linealmente independiente: si tenemos una combinación lineal

$$0 = a_1 v_1 + \cdots + a_m v_m + b_{m+1} u_{m+1} + \cdots + b_r u_r + c_{m+1} w_{m+1} + \cdots + c_s w_s$$

entonces

$$v = a_1 v_1 + \cdots + a_m v_m + b_{m+1} u_{m+1} + \cdots + b_r u_r = -c_{m+1} w_{m+1} - \cdots - c_s w_s$$

es un vector que está en $U \cap W$, con lo que se escribe de forma única en función de la base correspondiente:

$$v = d_1 v_1 + d_2 v_2 + \cdots + d_m v_m = a_1 v_1 + \cdots + a_m v_m + b_{m+1} u_{m+1} + \cdots + b_r u_r$$

Pero en ese caso tenemos la combinación lineal

$$0 = (a_1 - d_1) v_1 + \cdots + (a_m - d_m) v_m + b_{m+1} u_{m+1} + \cdots + b_r u_r$$

en la que por ser $\{v_1, \ldots, v_m, u_{m+1}, \ldots, u_r\}$ vectores linealmente independientes todos los coeficientes deben ser cero. Así tenemos que los escalares b_i son cero. Ahora queda

$$0 = a_1 v_1 + \cdots + a_m v_m + c_{m+1} w_{m+1} + \cdots + c_s w_s$$

y aplicando que $\{v_1, \ldots, v_m, w_{m+1}, \ldots, w_s\}$ son linealmente independientes obtenemos que los coeficientes a_i y c_i son también nulos. □

La fórmula de las dimensiones puede evitarnos en muchos casos el cálculo del subespacio suma o intersección de dos dados, como se muestra a continuación:

Ejemplo 38. *En el ejemplo 34 habíamos calculado $U \cap W$ que tiene dimensión 1. Puesto que $dim\ U = 2 = dim\ W$, entonces $dim\ (U + W) = 2 + 2 - 1 = 3$ con lo que necesariamente $U + W = \mathbb{R}^3$, tal como se obtenía en el ejemplo 36.*

2.10. Espacio vectorial cociente

Sea V un espacio vectorial sobre $\mathbb{K}$ y sea $U \leq V$. Podemos definir la relación binaria en V

$$v \sim w \Leftrightarrow v - w \in U$$

PROPOSICIÓN

La relación anterior es de equivalencia, es decir, verifica las propiedades:

1. **Reflexiva**: $v \sim v$; $\forall v \in V$.
2. **Simétrica**: *si* $v \sim w$ *entonces* $w \sim v$.
3. **Transitiva**: *si* $v \sim w$ *y* $w \sim z$ *entonces* $v \sim z$.

DEMOSTRACIÓN. Para cualquier vector $v \in V$ se tiene $v - v = 0$ y el vector cero pertenece a todo subespacio, en particular a U; así $v \sim v$. Para la simétrica supongamos que $v \sim w$, entonces $v - w \in U$ y su opuesto $w - v$ también pertenece a U con lo que $w \sim v$. Por último, si $v \sim w$ y $w \sim z$, entonces $v - w$ y $w - z$ están en U y por tanto $(v - w) + (w - z) = v - z \in U$ por ser cerrado para la suma; tenemos entonces que $v \sim z$. □

Consideramos ahora, para cada vector $v \in V$, el conjunto de todos los vectores relacionados con v: $\{w \in V \mid v \sim w\}$ al que llamaremos la **clase de equivalencia** de v y diremos que v es un **representante** de su clase de equivalencia. Es inmediato que dos clases de equivalencia son iguales si, y sólo si, sus representantes están relacionados.

PROPOSICIÓN

La clase de equivalencia de un vector v *es:*

$$v + U = \{v + u \mid u \in U\}$$

DEMOSTRACIÓN. Si $v \sim w$, entonces $v - w = u \in U$, por lo que $w = v + (-u)$ y por tanto está en el segundo conjunto. Por otra parte es fácil ver que $v - (v + u) = -u$ es un vector de U, y por tanto v y $v + u$ están relacionados. □

Observemos que en particular la clase del vector 0 está formada por los vectores del subespacio U, es decir, $0 + U = u + U \ \forall u \in U$. Al conjunto de todas las clases de equivalencia de los vectores de V lo llamamos **conjunto cociente** de V sobre U y lo denotamos V/U.

PROPOSICIÓN

El conjunto V/U *tiene estructura de* $\mathbb{K}$*-espacio vectorial con las operaciones:*

Suma: $(v + U) + (w + U) = (v + w) + U$.

Producto por escalares: $\lambda(v + U) = (\lambda v) + U$.

DEMOSTRACIÓN. En cada una de las operaciones hay que probar que el resultado no depende del representante de cada clase que se haya elegido. Para la suma consideremos dos representantes diferentes para cada una de las clases:

$$v + U = v' + U \quad \text{y} \quad w + U = w' + U$$

La suma de los dos primeros representantes proporciona la clase de equivalencia $(v + w) + U$, mientras que usando el segundo par de representantes obtenemos la clase $(v' + w') + U$. Para ver si se trata de la misma clase calculamos $v + w - (v' + w') = (v - v') + (w - w')$, que es la suma de dos vectores de U y por tanto está en U, con lo cual las dos clases son iguales. De forma similar, si $v + U = v' + U$, entonces $v - v' \in U$ y, como U es cerrado para el producto por escalares, obtenemos $av - av' = a(v - v') \in U$, con lo cual $a(v + U) = av + U = av' + U = a(v' + U)$. □

Bases y dimensión de un espacio vectorial cociente

Si V es un espacio vectorial de dimensión finita n y U es un subespacio de dimensión r de V, entonces $\dim (V/U) = n - r$ y una base del espacio vectorial cociente viene dada por las clases

$$\{v_{r+1} + U, v_{r+2} + U, \ldots, v_n + U\}$$

donde $\{v_{r+1}, v_{r+2}, \ldots, v_n\}$ son vectores que amplían una base de U hasta una base de V.

DEMOSTRACIÓN. Supongamos que $\{u_1, u_2, \ldots, u_r\}$ forman una base de U y consideremos vectores $\{v_{r+1}, v_{r+2}, \ldots, v_n\}$ de forma que $\{u_1, u_2, \ldots, u_r, v_{r+1}, v_{r+2}, \ldots, v_n\}$ sea base de V. Entonces, dado cualquier vector $x \in V$ se puede escribir en función de esta base

$$v = x_1 u_1 + \cdots + x_r u_r + x_{r+1} v_{r+1} + \cdots + x_n v_n$$

y tomando clases de equivalencia, puesto que $u_i + U = 0 + U$ para cada $i = 1, \ldots, r$ se tiene que

$$v + U = x_{r+1}(v_{r+1} + U) + \cdots + x_n(v_n + U)$$

y por tanto el conjunto es sistema de generadores para V/U. Para ver que son linealmente independientes escribamos una combinación lineal:

$$0 + U = a_{r+1}(v_{r+1} + U) + \cdots + a_n(v_n + U) = (a_{r+1} v_{r+1} + \cdots + a_n v_n) + U$$

Puesto que las dos clases son iguales tenemos que $a_{r+1} v_{r+1} + \cdots + a_n v_n \in U$, y por tanto se puede escribir en función de la base de U:

$$a_{r+1} v_{r+1} + \cdots + a_n v_n = b_1 u_1 + \cdots + b_r u_r$$

Pasando todo al primer miembro queda:

$$-b_1 u_1 + \cdots - b_r u_r + a_{r+1} v_{r+1} + \cdots + a_n v_n = 0$$

y como los vectores son una base, y por tanto linealmente independientes, se tiene que todos los escalares son nulos, en particular $a_{r+1} = \cdots = a_n = 0$. □

Esta demostración nos da también un método para calcular las coordenadas de una clase de equivalencia respecto de una base de V/U.

Ejemplo 39. *En $\mathbb{R}^3$ consideramos el subespacio U de ecuaciones cartesianas*

$$U \equiv x + y + z = 0.$$

En cada uno de los apartados, estudiamos si las parejas de vectores determinan o no las mismas clases de equivalencia.

1. $v = (1, 4, 5)$; $w = (2, 4, 1)$ *como* $v - w = (-1, 0, 4) \notin U$ *entonces v y w no están relacionados y por tanto no determinan la misma clase de equivalencia.*

2. $v = (1, 4, 5)$; $w = (2, 3, 5)$, *calculamos* $v - w = (-1, 1, 0) \in U$ *y por tanto* $v + U = w + U$.

Vamos a calcular ahora una base de V/U*; para ello tomamos una base de* U*, por ejemplo:*

$$\{(1, -1, 0), (1, 0, -1)\}$$

y ampliamos hasta una base de $\mathbb{R}^3$*, por ejemplo añadiendo el vector* $(0, 0, 1)$*, y entonces la clase de este vector es una base para* V/U*:* $\beta = \{(0, 0, 1) + U\}$*. Si nos piden calcular las coordenadas de un vector del espacio vectorial cociente en esta base, digamos* $(1, 2, 1) + U$*, escribimos en primer lugar* $(1, 2, 1)$ *en función de la base de* V *obtenida, es decir:*

$$(1, 2, 1) = -2(1, -1, 0) + 3(1, 0, -1) + 4(0, 0, 1)$$

y tomando clases de equivalencia queda

$$(1, 2, 1) + U = -2(0 + U) + 3(0 + U) + 4((0, 0, 1) + U) = 4((0, 0, 1) + U)$$

con lo que $(1, 2, 1) + U = (4)_\beta$.

3. Espacios vectoriales euclídeos

3.1. Productos escalares

Sea V un $\mathbb{R}$-espacio vectorial, un **producto escalar** en V es una aplicación

$$< \ , \ >: V \times V \longrightarrow \mathbb{R}$$

verificando las siguientes propiedades:

1. $< u, v >=< v, u >; \quad \forall u, v \in V.$
2. $< u + v, w >=< u, w > + < v, w >; \quad \forall u, v, w \in V.$
3. $< au, v >= a < u, v >; \quad \forall a \in \mathbb{R}, \quad \forall u, v \in V.$
4. $\forall u \in V, \quad < u, u > \geq 0$ y $< u, u >= 0 \Leftrightarrow u = 0.$

A partir de la definición es fácil comprobar que se verifican además las siguientes propiedades:

5. $\forall u \in V, \quad < 0, u >=< u, 0 >= 0.$
6. $< \sum_i a_i u_i, \sum_j b_j v_j >= \sum_{i,j} a_i b_j < u_i, v_j >$ para cualesquiera $a_1, \ldots, a_r, b_1, \ldots, b_s \in \mathbb{R}$, $u_1, \ldots, u_r, v_1, \ldots, v_s \in V.$

Un **espacio vectorial euclídeo** es un par $(V, < \ , \ >)$ formado por un espacio vectorial real V y un producto escalar definido en él. Notemos que si en un mismo espacio vectorial se consideran distintos productos escalares se obtienen distintos espacios vectoriales euclídeos.

Ejemplo 40. *Para cada n, en el espacio vectorial* $\mathbb{R}^n$ *la regla*

$$< (x_1, \ldots, x_n), (y_1, \ldots, y_n) >= x_1 y_1 + \cdots + x_n y_n$$

define un producto escalar que recibe el nombre de **producto escalar usual** *de* $\mathbb{R}^n$.

Veamos que se verifican los axiomas de producto escalar:

$$\begin{aligned} < (y_1, \ldots, y_n), (x_1, \ldots, x_n) > &= y_1 x_1 + \cdots + y_n x_n \\ &= x_1 y_1 + \cdots + x_n y_n \\ &= < (x_1, \ldots, x_n), (y_1, \ldots, y_n) > \end{aligned}$$

$$\begin{aligned}
<(x_1,\dots,x_n)+(y_1,\dots,y_n),(z_1,\dots,z_n)> &= <(x_1+y_1,\dots,x_n+y_n),(z_1,\dots,z_n)>\\
&= (x_1+y_1)z_1+\dots(x_n+y_n)z_n\\
&= (x_1z_1+\cdots+x_nz_n)+(y_1z_1+\cdots+y_nz_n)\\
&= <(x_1,\dots,x_n),(z_1,\dots,z_n)>+\\
&\quad +<(y_1,\dots,y_n),(z_1,\dots,z_n)>
\end{aligned}$$

$$\begin{aligned}
<a(x_1,\dots,x_n),(y_1,\dots,y_n)> &= <(ax_1,\dots,ax_n),(y_1,\dots,y_n)>\\
&= ax_1y_1+\cdots+ax_ny_n\\
&= a(x_1y_1+\cdots+x_ny_n)\\
&= a<(x_1,\dots,x_n),(y_1,\dots,y_n)>
\end{aligned}$$

$$<(x_1,\dots,x_n),(x_1,\dots,x_n)> = x_1^2+\cdots+x_n^2\geq 0$$

$$\begin{aligned}
<(x_1,\dots,x_n),(x_1,\dots,x_n)>=0 &\Leftrightarrow x_1^2+\cdots+x_n^2=0\\
&\Leftrightarrow x_1=x_2=\cdots=x_n=0\\
&\Leftrightarrow (x_1,\dots,x_n)=(0,0,\dots,0)
\end{aligned}$$

Ejemplo 41. *En el espacio vectorial $\mathcal{P}_n(\mathbb{R})$, de los polinomios de grado menor o igual que n con coeficientes en $\mathbb{R}$, se tiene el producto escalar dado por:*

$$<p(x),q(x)>=\int_0^1 p(x)q(x)dx$$

Por ejemplo, si en $\mathcal{P}_2(\mathbb{R})$ se consideran los polinomios $p(x)=x^2+1$ y $q(x)=2x+3$ su producto escalar es:

$$<p(x),q(x)>=\int_0^1 p(x)q(x)dx=\int_0^1(2x^3+3x^2+2x+3)dx=\frac{1}{2}x^4+x^3+x^2+3x\Big]_0^1=\frac{11}{2}$$

Ejemplo 42. *En el espacio vectorial $\mathfrak{M}_n(\mathbb{R})$ de las matrices cuadradas de orden n se define un producto escalar por:*

$$<A,B>=tr(AB^t)=\sum_{i,j=1}^{n}a_{ij}b_{ij}$$

Así por ejemplo, en $\mathfrak{M}_2(\mathbb{R})$ el producto escalar de las matrices

$$A=\begin{pmatrix}1&2\\3&4\end{pmatrix}\ y\ B=\begin{pmatrix}2&1\\0&5\end{pmatrix}$$

es:

$$<A,B>=tr(AB^t)=tr\begin{pmatrix}4&10\\10&20\end{pmatrix}=24$$

3.2. Matriz de Gram. Expresión matricial del producto escalar

Sea $(V, <\ ,\ >)$ un espacio vectorial euclídeo de dimensión finita y sea $B = \{u_1, \ldots, u_n\}$ una base de V; denotemos para cada i y cada j: $a_{ij} =< u_i, u_j >$. Se llama **matriz de Gram** (o matriz métrica) respecto de la base B a la matriz:

$$A = \begin{pmatrix} a_{11} & \ldots & a_{1n} \\ \vdots & \ddots & \vdots \\ a_{n1} & \ldots & a_{nn} \end{pmatrix}$$

Nótese que por el axioma 1 de la definición de producto escalar se tiene para cualesquiera i, j que:

$$a_{ij} =< u_i, u_j >=< u_j, u_i >= a_{ji}$$

Así pues una matriz de Gram es siempre simétrica.
Veamos algunos ejemplos:

Ejemplo 43. *Consideremos el espacio vectorial euclídeo $\mathbb{R}^n$ con el producto escalar usual. Si denotamos por $B = \{e_1, \ldots, e_n\}$ a la base canónica de $\mathbb{R}^n$ entonces $< e_i, e_j >= \delta_{ij}$ (el símbolo de Kronecker) y en consecuencia la matriz de Gram respecto de la base canónica es la matriz identidad de orden n.*

Ejemplo 44. *Consideremos en $\mathbb{R}^3$ con el producto escalar usual, la base $B' = \{(1,0,0), (1,1,0), (1,1,1)\}$, entonces:*

$$\begin{matrix} < u_1, u_1 >= 1 & < u_1, u_2 >= 1 & < u_1, u_3 >= 1 \\ < u_2, u_2 >= 2 & < u_2, u_3 >= 2 & < u_3, u_3 >= 3 \end{matrix}$$

Luego la matriz de Gram respecto de esta base es:

$$\begin{pmatrix} 1 & 1 & 1 \\ 1 & 2 & 2 \\ 1 & 2 & 3 \end{pmatrix}$$

Ejemplo 45. *Consideremos en el espacio vectorial $\mathcal{P}_2(\mathbb{R})$ el producto escalar del ejemplo 41. Para la base estándar $B = \{1, x, x^2\}$ se tiene:*

$$\begin{matrix} < 1, 1 >= \int_0^1 dx = x]_0^1 = 1 & < x, x >= \int_0^1 x^2 dx = \frac{x^3}{3}\Big]_0^1 = \frac{1}{3} \\ < 1, x >= \int_0^1 x dx = \frac{x^2}{2}\Big]_0^1 = \frac{1}{2} & < x, x^2 >= \int_0^1 x^3 dx = \frac{x^4}{4}\Big]_0^1 = \frac{1}{4} \\ < 1, x^2 >= \int_0^1 x^2 dx = \frac{x^3}{3}\Big]_0^1 = \frac{1}{3} & < x^2, x^2 >= \int_0^1 x^4 dx = \frac{x^5}{5}\Big]_0^1 = \frac{1}{5} \end{matrix}$$

Luego la matriz de Gram respecto de esta base es:

$$\begin{pmatrix} 1 & 1/2 & 1/3 \\ 1/2 & 1/3 & 1/4 \\ 1/3 & 1/4 & 1/5 \end{pmatrix}$$

Veamos ahora cómo la matriz de Gram facilita el cálculo del producto escalar de dos vectores en función de sus coordenadas. Dados vectores $x, y \in V$ de coordenadas $x = (x_1, \ldots, x_n)_B$, $y = (y_1, \ldots, y_n)_B$ se tiene:

$$\begin{aligned} < x, y > &= < x_1 u_1 + \cdots + x_n u_n, \; y_1 u_1 + \cdots + y_n u_n > \\ &= \sum_{i,j=1}^{n} x_i y_j < u_i, u_j > \\ &= \sum_{i,j=1}^{n} a_{ij} x_i y_j \end{aligned}$$

o matricialmente:

$$< x, y >= \begin{pmatrix} x_1 & \ldots & x_n \end{pmatrix} \begin{pmatrix} a_{11} & \ldots & a_{1n} \\ \vdots & \ddots & \vdots \\ a_{n1} & \ldots & a_{nn} \end{pmatrix} \begin{pmatrix} y_1 \\ \vdots \\ y_n \end{pmatrix}$$

Así pues, denotando

$$X = \begin{pmatrix} x_1 \\ \vdots \\ x_n \end{pmatrix} ; \quad Y = \begin{pmatrix} y_1 \\ \vdots \\ y_n \end{pmatrix}$$

se obtiene:

$$< x, y >= X^t A Y$$

Esta fórmula recibe el nombre de **expresión matricial del producto escalar** respecto de la base B. Nótese que esta expresión matricial permite, conociendo la matriz de Gram (esto es: el producto escalar de los vectores de la base), calcular el producto escalar de cualesquiera dos vectores. Veamos un ejemplo:

Ejemplo 46. *Consideremos en $\mathbb{R}^2$ la base canónica $B = \{e_1, e_2\}$. Si de un producto escalar se conoce que*

$$< e_1, e_1 >= 1 \quad < e_1, e_2 >= 1 \quad < e_2, e_2 >= 2$$

entonces la matriz de Gram es:

$$\begin{pmatrix} 1 & 1 \\ 1 & 2 \end{pmatrix}$$

Así pues, para los vectores $u = (2, 3)$ y $v = (1, 2)$ se tiene:

$$< u, v >=< (2, 3), (1, 2) >= \begin{pmatrix} 2 & 3 \end{pmatrix} \begin{pmatrix} 1 & 1 \\ 1 & 2 \end{pmatrix} \begin{pmatrix} 1 \\ 2 \end{pmatrix} = \begin{pmatrix} 5 & 8 \end{pmatrix} \begin{pmatrix} 1 \\ 2 \end{pmatrix} = 21$$

3.3. Matriz de Gram y cambio de base

Parece lógico pensar que las matrices de Gram del mismo espacio vectorial euclídeo respecto de distintas bases estén relacionadas de alguna forma. Veamos exactamente cómo: sean B y B' bases de V y sea P la matriz del cambio de base de B' a B, entonces la ecuación de cambio de base viene dada por $X = PX'$. Si llamamos A y C a las matrices de Gram respecto de B y B' respectivamente, entonces:

$$< x, y >= X^t AY; \quad < x, y >= X'^t CY'$$

Con lo cual

$$< x, y >= (PX')^t A(PY') = X'^t (P^t AP) Y'$$

y en consecuencia:

$$C = P^t AP$$

De dos matrices A y C tales que existe una matriz regular P de forma que $C = P^t AP$ se dice que son **matrices congruentes**. Así pues hemos obtenido:

PROPOSICIÓN

Las matrices de Gram de un espacio vectorial euclídeo respecto de distintas bases son congruentes.

Ejemplo 47. *Consideremos el espacio vectorial euclídeo $\mathbb{R}^3$ con el producto escalar usual. Denotemos por B a la base canónica de $\mathbb{R}^3$ y por B' a la base $\{(1,0,0),(1,1,0),(1,1,1)\}$. La matriz del cambio de base de B' a B es:*

$$P = \begin{pmatrix} 1 & 1 & 1 \\ 0 & 1 & 1 \\ 0 & 0 & 1 \end{pmatrix}$$

y la matriz de Gram respecto de B es la matriz identidad. Por tanto la matriz de Gram respecto de B' ha de ser:

$$P^t IP = \begin{pmatrix} 1 & 0 & 0 \\ 1 & 1 & 0 \\ 1 & 1 & 1 \end{pmatrix} \begin{pmatrix} 1 & 1 & 1 \\ 0 & 1 & 1 \\ 0 & 0 & 1 \end{pmatrix} = \begin{pmatrix} 1 & 1 & 1 \\ 1 & 2 & 2 \\ 1 & 2 & 3 \end{pmatrix}$$

como ya habíamos visto en el ejemplo 44.

3.4. Norma de un vector

Sea $(V, < \ , \ >)$ un espacio vectorial euclídeo, se define la **norma** (o módulo) de un vector $u \in V$ por:

$$\|u\| = \sqrt{< u, u >}$$

(considerando la determinación positiva de la raíz cuadrada). Nótese que puede tomarse tal raíz puesto que por la definición de producto escalar $< u, u > \geq 0; \ \forall u \in V$.
Es importante tener presente que la norma depende del producto escalar que se esté usando y si se cambia el producto escalar varía la norma de los vectores.

Ejemplo 48. *En $\mathbb{R}^n$ con el producto escalar usual se tiene:*

$$\|(x_1, \ldots, x_n)\| = \sqrt{x_1^2 + \cdots + x_n^2}$$

Ejemplo 49. *En $\mathcal{P}_n(\mathbb{R})$ con el producto escalar del ejemplo 41 la norma de un polinomio $p(x)$ vendrá dada por:*

$$\|p(x)\| = \sqrt{\int_0^1 p(x)^2 dx}$$

Así, por ejemplo, el polinomio $p(x) = x + 1$ tiene norma:

$$\|p(x)\| = \sqrt{\int_0^1 (x+1)^2 dx} = \sqrt{\int_0^1 (x^2+2x+1) dx} = \sqrt{\frac{x^3}{3} + x^2 + x\Big]_0^1} = \sqrt{\frac{7}{3}}$$

De la definición de producto escalar se obtienen de forma inmediata las siguientes propiedades para la norma:

Propiedades de la norma

Sea $(V, < \ , \ >)$ un espacio vectorial euclídeo y sean $u \in V$, $a \in \mathbb{R}$, entonces:
(1) $\|u\| \geq 0$.
(2) $\|u\| = 0 \Leftrightarrow u = 0$.
(3) $\|au\| = |a| \, \|u\|$.

De un vector u se dice que es un **vector unitario** si tiene norma 1. A partir de un vector cualquiera $v \in V$ podemos obtener uno unitario dividiendo por su norma, ya que por la propiedad 3 anterior se tiene:

$$\| \frac{v}{\|v\|} \| = \frac{1}{\|v\|} \|v\| = 1$$

Una propiedad menos inmediata y bastante importante es la que sigue:

TEOREMA (Desigualdad de Schwartz)

Sea $(V, < \ , \ >)$ un espacio vectorial euclídeo. Para cada $x, y \in V$ se verifica:

$$| < x, y > | \leq \|x\| \, \|y\|$$

DEMOSTRACIÓN. Si $y = 0$ el resultado es claro, supongamos pues que $y \neq 0$. De la definición de producto escalar se obtiene que, para todo $\lambda \in \mathbb{R}$, se tiene:

$$< x - \lambda y, x - \lambda y > \ \geq 0$$

En consecuencia:

$$< x, x > -2\lambda < x, y > +\lambda^2 < y, y > \ \geq 0$$

Ahora, tomando $\lambda = \frac{<x,y>}{<y,y>}$ se tiene:

$$< x, x > -2 \frac{< x, y >^2}{< y, y >} + \frac{< x, y >^2}{< y, y >} \ \geq 0$$

Es decir:

$$\|x\|^2 - \frac{< x, y >^2}{\|y\|^2} \geq 0$$

Multiplicando por $\|y\|^2$:

$$\|x\|^2\|y\|^2 - < x, y >^2 \geq 0$$

de donde:

$$< x, y >^2 \leq \|x\|^2\|y\|^2$$

y finalmente:

$$| < x, y > | \leq \|x\| \, \|y\|$$

□

Como consecuencia se obtiene:

Desigualdad triangular (o de Minkowski)

Sea $(V, < \ , \ >)$ *un espacio vectorial euclídeo. Para cada* $x, y \in V$ *se verifica:*

$$\|x + y\| \leq \|x\| + \|y\|$$

DEMOSTRACIÓN. Usando la desigualdad de Schwartz:

$$\|x + y\|^2 = < x + y, x + y > = < x, x > +2 < x, y > + < y, y > =$$

$$= \|x\|^2 + 2 < x, y > + \|y\|^2 \leq \|x\|^2 + 2\|x\| \, \|y\| + \|y\|^2 = (\|x\| + \|y\|)^2$$

Así pues:

$$\|x + y\|^2 \leq (\|x\| + \|y\|)^2$$

y siendo ambos términos de la desigualdad positivos, se obtiene:

$$\|x + y\| \leq \|x\| + \|y\|$$

□

Ejemplo 50. *Aplicadas al caso del espacio euclídeo* $\mathbb{R}^n$ *con el producto escalar usual, las desigualdades de Schwartz y Minkowski afirman que, para cualesquiera números reales* $x_1, \ldots, x_n$, $y_1, \ldots, y_n$, *se verifica:*

$$|x_1y_1 + \cdots + x_ny_n| \leq \sqrt{(x_1^2 + \cdots + x_n^2)}\sqrt{(y_1^2 + \cdots + y_n^2)}$$

$$\sqrt{\sum_{i=1}^{n}(x_i + y_i)^2} \leq \sqrt{\sum_{i=1}^{n} x_i^2} + \sqrt{\sum_{i=1}^{n} y_i^2}$$

3.5. Ángulo entre dos vectores. Vectores ortogonales

En virtud de la desigualdad de Schwartz, para cada dos vectores x e y en un espacio vectorial euclídeo se verifica:

$$\frac{|<x,y>|}{\|x\|\ \|y\|} \leq 1$$

Y por tanto:

$$-1 \leq \frac{<x,y>}{\|x\|\ \|y\|} \leq 1$$

Llamaremos **ángulo** entre los vectores x e y al único número real α, $0 \leq \alpha \leq \pi$ de forma que:

$$cos(\alpha) = \frac{<x,y>}{\|x\|\ \|y\|}$$

Esta definición algo artificial tiene su origen en la definición clásica del producto escalar en $\mathbb{R}^2$ y $\mathbb{R}^3$:

$$<x,y> = \|x\|\ \|y\|\ \ cos(\alpha)$$

Notemos que, al igual que en el caso de la norma, la definición de ángulo depende del producto escalar que se considere. Veamos algunos ejemplos:

Ejemplo 51. *En $\mathbb{R}^2$ con el producto escalar usual, si $x = (x_1, x_2)$ e $y = (y_1, y_2)$, entonces el ángulo entre x e y es:*

$$\alpha = arccos\left(\frac{x_1y_1 + x_2y_2}{\sqrt{x_1^2 + x_2^2}\sqrt{y_1^2 + y_2^2}}\right)$$

Así por ejemplo, el ángulo entre los vectores $x = (1,1)$ e $y = (1,0)$ es:

$$arccos(\frac{1}{\sqrt{2}}) = \frac{\pi}{4}$$

Ejemplo 52. *Consideremos ahora en $\mathbb{R}^3$ el producto escalar dado por:*

$$<(x_1,x_2),(y_1,y_2)> = 3x_1y_1 + x_2y_2$$

Entonces el ángulo en este espacio euclídeo entre los vectores $x = (1,1)$ e $y = (1,0)$ es:

$$arccos(\frac{3}{2\sqrt{3}}) = arccos(\frac{\sqrt{3}}{2}) = \frac{\pi}{3}$$

Sea $(V, < \ , \ >)$ un espacio vectorial euclídeo. Se dice que los vectores $x, y \in V$ son **ortogonales**, y se denota por $x \perp y$, si $<x,y> = 0$ (o equivalentemente si el ángulo que forman es $\frac{\pi}{2}$).

Ejemplo 53. *Consideremos $\mathcal{P}_2(\mathbb{R})$ con el producto escalar del ejemplo 41. Los polinomios $p(x) = x - 1$ y $q(x) = 3x - 1$ son ortogonales, puesto que:*

$$<p(x),q(x)> = \int_0^1 p(x)q(x)dx = \int_0^1 (x-1)(3x-1)dx =$$

$$= \int_0^1 (3x^2 - 4x + 1)dx = x^3 - 2x^2 + x\Big]_0^1 = 1 - 2 + 1 = 0$$

3.6. Bases ortogonales y ortonormales

En lo que sigue se considerarán únicamente espacios vectoriales de dimensión finita. Dado un espacio vectorial euclídeo $(V, < \ , \ >)$, una base $B = \{e_1, \ldots, e_n\}$ de V se dice que es una **base ortogonal** si los vectores que la forman son ortogonales dos a dos, esto es: $< e_i, e_j >= 0, \ \ \forall i \neq j$. Se dice que B es una **base ortonormal** si es ortogonal y además todos los vectores que la forman tienen norma 1, esto es: $\|e_i\| = 1, \ \ \forall i = 1, \ldots, n$.
El siguiente resultado es consecuencia evidente de las definiciones anteriores:

LEMA

Sea $(V, < \ , \ >)$ un espacio vectorial euclídeo y sea $B = \{e_1, \ldots, e_n\}$ una base de V. Denotemos por A a la matriz de Gram respecto de la base B. Entonces:

1. *La base B es ortogonal si, y solamente si, A es una matriz diagonal.*
2. *La base B es ortonormal si, y solamente si, A es la matriz identidad.*

Las bases ortonormales son particularmente cómodas a la hora de efectuar cálculos, puesto que, al ser la matriz de Gram respecto de una base ortonormal la identidad, se obtiene la expresión matricial del producto escalar

$$< x, y >= X^t Y = x_1 y_1 + \cdots + x_n y_n$$

para $x = (x_1, \ldots, x_n)_B$ e $y = (y_1, \ldots, y_n)_B$. Esto es: tomando coordenadas respecto de una base ortonormal el producto escalar se calcula como el producto escalar usual de $\mathbb{R}^n$.
Veamos ahora algunos ejemplos:

Ejemplo 54. *En $\mathbb{R}^n$ con el producto escalar usual, la base canónica es ortonormal.*

Ejemplo 55. *En $\mathbb{R}^2$ con el producto escalar usual, es fácil comprobar que la base $\{(1,1), (1,-1)\}$ es ortogonal, pero no ortonormal, mientras que la base $\{(\frac{1}{\sqrt{2}}, \frac{1}{\sqrt{2}}), (\frac{1}{\sqrt{2}}, -\frac{1}{\sqrt{2}})\}$ es ortonormal.*

PROPOSICIÓN

La matriz de cambio de base entre dos bases ortonormales es una **matriz ortogonal**. *Esto es, verifica:*

$$P^t = P^{-1}$$

DEMOSTRACIÓN. Sean B y B' dos bases ortonormales de un espacio vectorial euclídeo V y llamemos P a la matriz del cambio de base de B' a B. Recordemos de la sección 3.3 que la relación entre las matrices de Gram respecto de ambas bases es $C = P^t AP$. Ahora bien, puesto que ambas bases son ortonormales se tiene $A = C = I$, luego se obtiene $I = P^t IP$ y de aquí $P^t = P^{-1}$ como queríamos demostrar. □

El siguiente resultado muestra cómo calcular fácilmente las coordenadas de un vector respecto de una base ortogonal u ortonormal.

PROPOSICIÓN

Sea $(V, <\ ,\ >)$ un espacio vectorial euclídeo y sea $B = \{u_1, \ldots, u_n\}$ una base ortogonal de V. Entonces, dado un vector $x \in V$ se verifica:

$$x = \frac{< x, u_1 >}{\|u_1\|^2} u_1 + \cdots + \frac{< x, u_n >}{\|u_n\|^2} u_n$$

Esto es: $x = (x_1, \ldots, x_n)_B$ para $x_i = \frac{<x,u_i>}{\|u_i\|^2}$, $i = 1, \ldots, n$.

DEMOSTRACIÓN. Denotemos $x = (x_1, \ldots, x_n)_B$, esto es: $x = x_1 u_1 + \cdots + x_n u_n$. Entonces, para cada i se tiene:

$$\begin{aligned} < x, u_i > &= < x_1 u_1 + \cdots + x_n u_n, u_i > \\ &= x_1 < u_1, u_i > + \cdots + x_i < u_i, u_i > + \cdots + x_n < u_n, u_i > \\ &= x_i < u_i, u_i > \\ &= x_i \|u_i\|^2 \end{aligned}$$

(por ser la base ortogonal), y en consecuencia $x_i = \frac{<x,u_i>}{\|u_i\|^2}$. □

Los coeficientes que aparecen en la anterior Proposición, $x_i = \frac{<x,u_i>}{\|u_i\|^2}$, reciben el nombre de **coeficientes de Fourier** de x respecto de la base $B = \{u_1, \ldots, u_n\}$.

Ejemplo 56. *Si en $\mathbb{R}^3$ consideramos la base ortogonal $B' = \{(1,1,1), (1,-1,0), (\frac{1}{2}, \frac{1}{2}, -1)\}$ y el vector $x = (1,2,1)$ entonces sus coordenadas en la base B' serán:*

$$\begin{aligned} x_1 &= \frac{< (1,2,1), (1,1,1) >}{||(1,1,1)||^2} = \frac{4}{3} \\ x_2 &= \frac{< (1,2,1), (1,-1,0) >}{||(1,-1,0)||^2} = \frac{-1}{2} \\ x_3 &= \frac{< (1,2,1), (\frac{1}{2}, \frac{1}{2}, -1) >}{||(\frac{1}{2}, \frac{1}{2}, -1)||^2} = \frac{\frac{1}{2}}{\frac{3}{2}} = \frac{1}{3} \end{aligned}$$

Es decir, $x = (\frac{4}{3}, \frac{-1}{2}, \frac{1}{3})_{B'}$.

3.7. Construcción de bases ortonormales. Método de Gram-Schmidt

LEMA

En un espacio vectorial euclídeo $(V, <\ ,\ >)$ un conjunto de vectores no nulos $\{u_1, \ldots, u_r\}$ ortogonales dos a dos es linealmente independiente.

DEMOSTRACIÓN. Supongamos que $a_1 u_1 + \cdots + a_r u_r = 0$, entonces para cada $i = 1, \ldots, r$ se tiene:

$$0 = < 0, u_i > = < a_1 u_1 + \cdots + a_r u_r, u_i > = a_1 < u_1, u_i > + \cdots + a_r < u_r, u_i > = a_i < u_i, u_i >$$

Puesto que para cada i: $< u_i, u_i >= \|u_i\|^2 \neq 0$ ha de ser $a_i = 0$ para todo $i = 1, \ldots, r$. □

A partir de una base ortogonal es fácil obtener una ortonormal:

LEMA

Sea $(V, < \ , \ >)$ un espacio vectorial euclídeo. Si $B = \{u_1, \ldots, u_n\}$ es una base ortogonal de V, entonces $B' = \{\frac{u_1}{\|u_1\|}, \ldots, \frac{u_n}{\|u_n\|}\}$ es una base ortonormal de V.

DEMOSTRACIÓN. Veamos primero que los vectores son ortogonales dos a dos, para $i \neq j$:

$$< \frac{u_i}{\|u_i\|}, \frac{u_j}{\|u_j\|} >= \frac{1}{\|u_i\| \, \|u_j\|} < u_i, u_j >= 0$$

Por tanto, según el Lema anterior, tenemos una base ortogonal, y puesto que cada vector tiene norma 1 es ortonormal. □

El método de Gram-Schmidt es un proceso para obtener una base ortonormal a partir de una base cualquiera $B = \{u_1, \ldots, u_n\}$.

TEOREMA (Teorema de Gram-Schmidt)

Sea $(V, < \ , \ >)$ un espacio vectorial euclídeo y sea $B = \{u_1, \ldots, u_n\}$ una base de V, entonces existe una base ortogonal (resp. ortonormal) $\{e_1, \ldots, e_n\}$ de V de forma que para cada k se verifica $L(u_1, \ldots, u_k) = L(e_1, \ldots, e_k)$.

DEMOSTRACIÓN.

Método de Gram-Schmidt

Se calcula:

$$\begin{aligned} e_1 &= u_1 \\ e_2 &= u_2 - \frac{< u_2, e_1 >}{\|e_1\|^2} e_1 \\ e_n &= u_n - \frac{< u_n, e_1 >}{\|e_1\|^2} e_1 - \cdots - \frac{< u_n, e_{n-1} >}{\|e_{n-1}\|^2} e_{n-1} \end{aligned}$$

Esto es, para $i = 1, \ldots, n$:

$$e_i = u_i - \lambda_{i,1} e_1 - \cdots - \lambda_{i,i-1} e_{i-1}; \quad \text{con } \lambda_{i,j} = \frac{< u_i, e_j >}{\|e_j\|^2}$$

Probemos por inducción sobre k que $\{e_1, \ldots, e_k\}$ es un conjunto de vectores ortogonales dos a dos y tal que $L(u_1, \ldots, u_k) = L(e_1, \ldots, e_k)$. Para $k = 1$ es evidente. Veamos que si es cierto para $k - 1$ también lo es para k. Supongamos pues que los vectores $e_1, \ldots, e_{k-1}$ son ortogonales dos a dos y $L(u_1, \ldots, u_{k-1}) = L(e_1, \ldots, e_{k-1})$. Entonces por la construcción de e_k, $e_k \in L(e_1, \ldots, e_{k-1}, u_k) = L(u_1, \ldots, u_{k-1}, u_k)$ por hipótesis de inducción y en consecuencia $L(u_1, \ldots, u_k) = L(e_1, \ldots, e_k)$. Por otra parte, para cada $j = 1, \ldots, k-1$ se tiene:

$$\begin{aligned} < e_k, e_j > &= < u_k - \lambda_{k,1} e_1 - \cdots - \lambda_{k,k-1} e_{k-1}, e_j > \\ &= < u_k, e_j > - \lambda_{k,1} < e_1, e_j > - \cdots - \lambda_{k,k-1} < e_{k-1}, e_j > \\ &= < u_k, e_j > - \lambda_{k,j} < e_j, e_j > \\ &= < u_k, e_j > - \frac{< u_k, e_j >}{< e_j, e_j >} < e_j, e_j >= 0 \end{aligned}$$

Así pues $\{e_1, \ldots, e_n\}$ es una base ortogonal de V. Si se desea obtener una base ortonormal bastará dividir cada vector por su norma. □

Ejemplo 57. *Consideremos el espacio vectorial euclídeo $\mathbb{R}^3$ con el producto escalar usual y en él la base $B = \{(1,1,1), (1,-1,0), (1,0,-1)\}$. Para obtener una base ortogonal aplicamos el método de Gram-Schmidt:*

$$\begin{aligned} e_1 &= (1,1,1) \\ e_2 &= (1,-1,0) - \frac{< u_2, e_1 >}{\|e_1\|^2} e_1 \\ e_3 &= (1,0,-1) - \frac{< u_3, e_1 >}{\|e_1\|^2} e_1 - \frac{< u_3, e_2 >}{\|e_2\|^2} e_2 \end{aligned}$$

Como $< u_2, e_1 >=< (1,-1,0), (1,1,1) >= 0$ *queda*

$$e_2 = u_2 = (1,-1,0)$$

puesto que este vector ya era ortogonal con el anterior. Ahora calculamos

$$\begin{aligned} \frac{< u_3, e_1 >}{\|e_1\|^2} &= \frac{< (1,0,-1), (1,1,1) >}{3} = 0 \\ \frac{< u_3, e_2 >}{\|e_2\|^2} &= \frac{< (1,0,-1), (1,-1,0) >}{2} = \frac{1}{2} \end{aligned}$$

y nos queda

$$e_3 = (1,0,-1) - 0(1,1,1) - \frac{1}{2}(1,-1,0) = (\frac{1}{2}, \frac{1}{2}, -1)$$

La base ortogonal obtenida es

$$B' = \{(1,1,1), (1,-1,0), (\frac{1}{2}, \frac{1}{2}, -1)\}$$

y una base ortonormal puede calcularse a partir de ésta dividiendo cada vector por su norma:

$$\begin{aligned} v_1 &= \frac{1}{\sqrt{3}}(1,1,1) \\ v_2 &= \frac{1}{\sqrt{2}}(1,-1,0) \\ v_3 &= \sqrt{\frac{2}{3}}(\frac{1}{2}, \frac{1}{2}, -1) \end{aligned}$$

O sea,

$$B'' = \{(\frac{1}{\sqrt{3}}, \frac{1}{\sqrt{3}}, \frac{1}{\sqrt{3}}), (\frac{1}{\sqrt{2}}, -\frac{1}{\sqrt{2}}, 0), (\frac{1}{\sqrt{6}}, \frac{1}{\sqrt{6}}, -\frac{2}{\sqrt{6}})\}$$

COROLARIO

En un espacio vectorial euclídeo de dimensión finita, todo conjunto de vectores no nulos $\{u_1, \ldots, u_r\}$ ortogonales dos a dos puede ampliarse a una base ortogonal de V.

DEMOSTRACIÓN. Puesto que los vectores son ortogonales dos a dos, son linealmente independientes, así pues por el Teorema de ampliación de la base existen vectores $v_{r+1}, \ldots, v_n$ de forma que $\{u_1, \ldots, u_r, v_{r+1}, \ldots, v_n\}$ es una base de V. Aplicando ahora el método de Gram-Schmidt, obtendremos una base ortogonal de V $\{e_1, \ldots, e_r, e_{r+1}, \ldots, e_n\}$ pero, puesto que los primeros r vectores eran ya ortogonales dos a dos el proceso de Gram-Schmidt no los cambia y en consecuencia se obtiene una base ortogonal $\{u_1, \ldots, u_r, e_{r+1}, \ldots, e_n\}$ de V que contiene a los vectores de partida. □

3.8. Complemento ortogonal

Dados ahora un vector $x \in V$ y un subespacio U de V se dice que x es ortogonal al subespacio U y se denota $x \perp U$ si es ortogonal a todos los vectores de U, esto es:

$$x \perp U \Leftrightarrow x \perp y; \quad \forall y \in U$$

El siguiente resultado prueba que para esto es suficiente que x sea ortogonal a un sistema de generadores de U.

LEMA

Sea $(V, < \ , \ >)$ un espacio vectorial euclídeo y sea $U = L(u_1, \ldots, u_r)$ un subespacio de V. Dado $x \in V$ se verifica:

$$x \perp U \Leftrightarrow \begin{cases} x \perp u_1 \\ \ldots \\ x \perp u_r \end{cases}$$

DEMOSTRACIÓN. La implicación a derecha es evidente. Para la otra implicación hemos de probar que, si x es ortogonal a los vectores del sistema de generadores, entonces es ortogonal a todo vector de U. Dado $y \in U$ arbitrario, podrá escribirse como una combinación lineal: $y = y_1 u_1 + \cdots + y_r u_r$ para ciertos $y_1, \ldots, y_r \in \mathbb{R}$, y entonces

$$< x, y >=< x, y_1 u_1 + \cdots + y_r u_r >= y_1 < x, u_1 > + \cdots + y_r < x, u_r >= 0$$

con lo cual $x \perp y$. □

Además, el conjunto de todos los vectores ortogonales al subespacio U es un subespacio de V:

PROPOSICIÓN

Sea $(V, < \ , \ >)$ un espacio vectorial euclídeo de dimensión finita y sea U un subespacio de V. Entonces el conjunto:

$$U^{\perp} = \{x \in V | \ x \perp U\}$$

es un subespacio vectorial de V. Además:

$$V = U \oplus U^{\perp}$$

En particular: $dim(U^{\perp}) = dim(V) - dim(U)$.

DEMOSTRACIÓN. Para ver que $U^{\perp}$ es subespacio vectorial de V, es suficiente probar que si $x \perp U$ e $y \perp U$ entonces $(ax + by) \perp U$ para cualesquiera $a, b \in \mathbb{R}$. Ahora bien, dado $u \in U$

arbitrario se tiene: $< ax + by, u >= a < x, u > +b < y, u >= a0 + b0 = 0$, con lo cual $(ax + by) \perp u$.
Consideremos ahora una base ortogonal $\{u_1, \dots, u_r\}$ de U y ampliemos a una base ortogonal de V: $B = \{u_1, \dots, u_r, u_{r+1}, \dots, u_n\}$. Entonces será suficiente probar que $\{u_{r+1}, \dots, u_n\}$ es base de $U^\perp$. Es claro que los vectores $u_{r+1}, \dots, u_n$ son linealmente independientes y que están en $U^\perp$ (son ortogonales a los vectores $u_1, \dots, u_r$ que forman base de U). Veamos que forman un sistema de generadores de $U^\perp$. Para ello sea $x \in U^\perp$ arbitrario y denotemos a sus coordenadas respecto de B por $x = (x_1, \dots, x_n)_B$, entonces $x = x_1 u_1 + \cdots + x_n u_n$ y cada x_i vale $x_i = \frac{<x, u_i>}{\|u_i\|^2}$ (los coeficientes de Fourier respecto de B). Puesto que $x \in U^\perp$ se tiene que $x_1 = \cdots = x_r = 0$, y en consecuencia $x = x_{r+1}u_{r+1} + \cdots + x_n u_n$ se escribe como combinación lineal de los vectores $u_{r+1}, \dots, u_n$. □

El subespacio que se obtiene en el resultado anterior

$$U^\perp = \{x \in V | \; x \perp U\}$$

recibe el nombre de **complemento ortogonal** de U.

Existen diversos métodos para calcular el complemento ortogonal de un subespacio, uno de ellos viene dado por la demostración de la Proposición anterior. Otro más cómodo en la práctica sería el siguiente:
Si $dim(U) = r$ y tenemos una base $\{u_1, \dots, u_r\}$ de U, entonces:

$$x \in U^\perp \Leftrightarrow \left\{ \begin{array}{c} x \perp u_1 \\ \dots \\ x \perp u_r \end{array} \right. \Leftrightarrow \left\{ \begin{array}{c} < x, u_1 >= 0 \\ \dots \\ < x, u_r >= 0 \end{array} \right.$$

con lo que se obtienen unas ecuaciones cartesianas de $U^\perp$ y, puesto que $dim(U^\perp) = n - r$, estas cartesianas han de ser independientes. En el caso de $\mathbb{R}^n$ con el producto escalar usual (o equivalentemente, cualquier espacio vectorial euclídeo con respecto de una base ortonormal), si las filas de una matriz A son base del subespacio U, entonces $AX = 0$ son unas ecuaciones cartesianas de $U^\perp$ y recíprocamente, los coeficientes de unas cartesianas de U componen los vectores de una base de $U^\perp$ (ver el ejercicio resuelto 28).
Veamos un ejemplo:

Ejemplo 58. *En $\mathbb{R}^3$ con el producto escalar usual, consideremos el subespacio vectorial $U = L((1, 0, 1))$. Entonces:*

$$(x, y, z) \in U^\perp \Leftrightarrow < (x, y, z), (1, 0, 1) >= 0 \Leftrightarrow x + z = 0$$

Luego $U^\perp$ tiene ecuación cartesiana $x + z = 0$.

Ejemplo 59. *En $\mathbb{R}^3$ se considera el producto escalar cuya matriz de Gram respecto de base canónica es:*

$$\begin{pmatrix} 1 & 1 & 1 \\ 1 & 2 & 2 \\ 1 & 2 & 3 \end{pmatrix}$$

Consideremos de nuevo el subespacio $U = L((1, 0, 1))$, entonces:

$$(x, y, z) \in U^\perp \Leftrightarrow < (x, y, z), (1, 0, 1) >= 0 \Leftrightarrow$$

$$\Leftrightarrow (x\ y\ z)\begin{pmatrix}1&1&1\\1&2&2\\1&2&3\end{pmatrix}\begin{pmatrix}1\\0\\1\end{pmatrix}=0 \Leftrightarrow (x\ y\ z)\begin{pmatrix}2\\3\\4\end{pmatrix}=0 \Leftrightarrow 2x+3y+4z=0$$

Luego $U^{\perp}$ tiene ecuaciones cartesianas $2x+3y+4z=0$.

3.9. Proyección ortogonal

Sea $(V, <\ ,\ >)$ un espacio vectorial euclídeo y sea U un subespacio de V. Todo vector $x \in V$ podrá escribirse de forma única como $x = u + v$ con $u \in U$, $v \in U^{\perp}$. En esta situación diremos que u es la **proyección ortogonal** de x sobre U y lo denotaremos por $u = p_U(x)$. Puesto que $(U^{\perp})^{\perp} = U$, el vector v será la proyección de x sobre $U^{\perp}$.

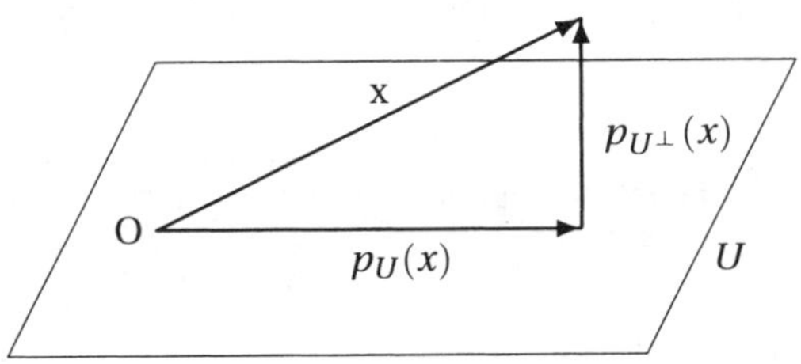

Notemos que, por la definición, la proyección de x sobre U es el único vector u verificando simultáneamente que $u \in U$ y que $(x-u) \perp U$.

Ejemplo 60. *Consideremos en $\mathbb{R}^3$ con el producto escalar usual el subespacio $U = L((1,0,1))$ y sea x el vector $x = (1,2,3)$. U y $U^{\perp}$ tienen respectivamente ecuaciones cartesianas:*

$$U \equiv \begin{cases} x - z = 0 \\ y = 0 \end{cases} ; \quad U^{\perp} \equiv \{x + z = 0$$

Llamemos $p_U(x) = (a,b,c)$, entonces:

$$(1,2,3) = (a,b,c) + (1-a, 2-b, 3-c)$$

con $(a,b,c) \in U$, $(1-a,2-b,3-c) \in U^{\perp}$. Así pues:

$$\begin{cases} a - c = 0 \\ b = 0 \\ (1-a) + (3-c) = 0 \end{cases}$$

Por tanto ha de ser $a = 2$, $b = 0$, $c = 2$, y en consecuencia $p_U(x) = (2,0,2)$.

Otro método para el cálculo de proyección ortogonal de un vector sobre un subespacio viene dado por el siguiente resultado:

PROPOSICIÓN

Sean $(V, <\ ,\ >)$ un espacio vectorial euclídeo, U un subespacio de V y $\{u_1, \ldots, u_r\}$ una base ortogonal de U. Entonces, dado un vector $v \in V$ se verifica:

$$p_U(x) = \frac{<x, u_1>}{\|u_1\|^2}u_1 + \cdots + \frac{<x, u_r>}{\|u_r\|^2}u_r$$

DEMOSTRACIÓN. Consideremos la base dada $\{u_1, \ldots, u_r\}$ del subespacio U y ampliemos a una base ortogonal $\{u_1, \ldots, u_r, \ldots u_n\}$ de V. Entonces $\{u_{r+1}, \ldots u_n\}$ es una base de $U^{\perp}$. Por la Proposición de la sección 3.6 se tiene:

$$x = x_1 u_1 + \cdots + x_r u_r + \cdots + x_n u_n$$

con $x_i = \frac{<x, u_i>}{\|u_i\|^2}$ (los coeficientes de Fourier). Así pues x se descompone como:

$$x = (x_1 u_1 + \cdots + x_r u_r) + (x_{r+1} u_{r+1} + \cdots + x_n u_n)$$

con $(x_1 u_1 + \cdots + x_r u_r) \in U$, $(x_{r+1} u_{r+1} + \cdots + x_n u_n) \in U^{\perp}$, y en consecuencia:

$$p_U(x) = x_1 u_1 + \cdots + x_r u_r$$

□

PROPOSICIÓN (Teorema de Pitágoras)

Sea $(V, < \ , \ >)$ un espacio vectorial euclídeo y sean $x, y \in V$, entonces:

$$x \perp y \Longrightarrow \|x + y\|^2 = \|x\|^2 + \|y\|^2$$

DEMOSTRACIÓN. $\|x + y\|^2 =< x + y, x + y >=< x, x > +2 < x, y > + < y, y >= \|x\|^2 + \|y\|^2$, puesto que $< x, y >= 0$. □

TEOREMA (Teorema de la mejor aproximación)

Sea $(V, < \ , \ >)$ un espacio vectorial euclídeo y sea U un subespacio de V. Dado $x \in V$, $p_U(x)$ es el único vector $u \in U$ que hace mínima la expresión $\|x - u\|$. Esto es:

$$p_U(x) = u \Leftrightarrow \forall v \in U, v \neq u \text{ se verifica } \|x - u\| < \|x - v\|.$$

DEMOSTRACIÓN. Denotemos $u = p_U(x)$, dado $v \in U$ se tiene que $u - v \in U$ y $x - u \in U^{\perp}$, luego $(x - u) \perp (u - v)$. Aplicando la Proposición anterior obtenemos:

$$\|x - v\|^2 = \|x - u + u - v\|^2 = \|x - u\|^2 + \|u - v\|^2 \geq \|x - u\|^2$$

puesto que $\|u - v\|^2 \geq 0$. Además, se da la igualdad si, y sólo si, $\|u - v\| = 0$, o equivalentemente si, y sólo si, $u = v$. □

Este Teorema admite una interpretación geométrica de la que toma su nombre. En efecto, si llamamos distancia entre dos vectores x e y a $d(x, y) = \|x - y\|$, entonces el Teorema afirma que el vector de U cuya distancia a x es menor (la mejor aproximación) es precisamente $p_U(x)$.

3.10. Producto vectorial en $\mathbb{R}^3$

Consideremos el espacio vectorial euclídeo $\mathbb{R}^3$ con el producto escalar usual. Dados dos vectores $x = (x_1, x_2, x_3)$ e $y = (y_1, y_2, y_3)$ en $\mathbb{R}^3$, se define su **producto vectorial** como el vector:

$$x \wedge y = (x_2 y_3 - x_3 y_2, x_3 y_1 - x_1 y_3, x_1 y_2 - x_2 y_1) = \left(\begin{vmatrix} x_2 & x_3 \\ y_2 & y_3 \end{vmatrix}, \begin{vmatrix} x_3 & x_1 \\ y_3 & y_1 \end{vmatrix}, \begin{vmatrix} x_1 & x_2 \\ y_1 & y_2 \end{vmatrix} \right)$$

Ejemplo 61.

$$(1,2,0) \wedge (1,1,2) = \left(\begin{vmatrix} 2 & 0 \\ 1 & 2 \end{vmatrix}, \begin{vmatrix} 0 & 1 \\ 2 & 1 \end{vmatrix}, \begin{vmatrix} 1 & 2 \\ 1 & 1 \end{vmatrix} \right) = (4, -2, -1)$$

Una regla muy extendida para recordar la fórmula del producto vectorial consiste en escribirlo como un determinante en la que la primera fila está formada por los vectores de la base canónica e_1, e_2 y e_3 (o como se nombran en Física i, j y k). En este ejemplo quedaría:

$$\begin{aligned} (1,2,0) \wedge (1,1,2) = \begin{vmatrix} e_1 & e_2 & e_3 \\ 1 & 2 & 0 \\ 1 & 1 & 2 \end{vmatrix} &= 4e_1 + e_3 - 2e_3 - 2e_2 \\ &= 4e_1 - 2e_2 - e_3 \\ &= (4, -2, -1)_B \end{aligned}$$

El componente un tanto arbitrario de esta definición queda justificado por el siguiente resultado:

TEOREMA (Definición alternativa del producto vectorial)

Dados $x, y \in \mathbb{R}^3$, su producto vectorial $x \wedge y$ es el único vector de $\mathbb{R}^3$ verificando las siguientes propiedades:

1. $(x \wedge y) \perp x$, $(x \wedge y) \perp y$.
2. $\|x \wedge y\| = \|x\|\|y\| sen(\alpha)$, *donde α es el ángulo que forman x e y.*
3. *Si x e y son linealmente independientes, la base $\{x, y, x \wedge y\}$ tiene orientación positiva, esto es: la matriz de cambio de base a la canónica tiene determinante positivo.*

DEMOSTRACIÓN.

1.

$$< x, x \wedge y >= x_1 \begin{vmatrix} x_2 & x_3 \\ y_2 & y_3 \end{vmatrix} + x_2 \begin{vmatrix} x_3 & x_1 \\ y_3 & y_1 \end{vmatrix} + x_3 \begin{vmatrix} x_1 & x_2 \\ y_1 & y_2 \end{vmatrix} = \begin{vmatrix} x_1 & x_2 & x_3 \\ x_1 & x_2 & x_3 \\ y_1 & y_2 & y_3 \end{vmatrix} = 0$$

$$< y, x \wedge y >= y_1 \begin{vmatrix} x_2 & x_3 \\ y_2 & y_3 \end{vmatrix} + y_2 \begin{vmatrix} x_3 & x_1 \\ y_3 & y_1 \end{vmatrix} + y_3 \begin{vmatrix} x_1 & x_2 \\ y_1 & y_2 \end{vmatrix} = \begin{vmatrix} y_1 & y_2 & y_3 \\ x_1 & x_2 & x_3 \\ y_1 & y_2 & y_3 \end{vmatrix} = 0$$

2.

$$\begin{aligned} (\|x\|\|y\| sen(\alpha))^2 &= \|x\|^2\|y\|^2(1 - cos^2(\alpha)) \\ &= \|x\|^2\|y\|^2 - < x, y >^2 \\ &= (x_1^2 + x_2^2 + x_3^2)(y_1^2 + y_2^2 + y_3^2) - (x_1y_1 + x_2y_2 + x_3y_3)^2 \\ &= (x_2y_3 - x_3y_2)^2 + (x_3y_1 - x_1y_3)^2 + (x_1y_2 - x_2y_1)^2 \\ &= \|x \wedge y\|^2 \end{aligned}$$

3. La matriz de cambio de base de $\{x, y, x \wedge y\}$ a la canónica es:

$$\begin{pmatrix} x_1 & y_1 & \begin{vmatrix} x_2 & x_3 \\ y_2 & y_3 \end{vmatrix} \\ x_2 & y_2 & \begin{vmatrix} x_3 & x_1 \\ y_3 & y_1 \end{vmatrix} \\ x_3 & y_3 & \begin{vmatrix} x_1 & x_2 \\ y_1 & y_2 \end{vmatrix} \end{pmatrix}$$

cuyo determinante, desarrollando por la tercera columna es:

$$\begin{vmatrix} x_1 & y_1 & \begin{vmatrix} x_2 & x_3 \\ y_2 & y_3 \end{vmatrix} \\ x_2 & y_2 & \begin{vmatrix} x_3 & x_1 \\ y_3 & y_1 \end{vmatrix} \\ x_3 & y_3 & \begin{vmatrix} x_1 & x_2 \\ y_1 & y_2 \end{vmatrix} \end{vmatrix} = \begin{vmatrix} x_2 & x_3 \\ y_2 & y_3 \end{vmatrix}^2 + \begin{vmatrix} x_3 & x_1 \\ y_3 & y_1 \end{vmatrix}^2 + \begin{vmatrix} x_1 & x_2 \\ y_1 & y_2 \end{vmatrix}^2 > 0$$

Para terminar, veamos que estas propiedades caracterizan al producto vectorial de x e y. Si x e y son linealmente dependientes, entonces evidentemente $x \wedge y = 0$, lo que se obtiene también de (2), ya que el ángulo que forman es 0 cuyo seno es 0. En caso contrario, el complemento ortogonal de $L(x, y)$ tiene dimensión 1 y por tanto la propiedad (1) determina la dirección de $x \wedge y$, la propiedad (2) determina su módulo y (3) su sentido. En consecuencia estas tres propiedades determinan unívocamente el vector $x \wedge y$. □

Otras propiedades del producto vectorial

Para cualesquiera $x, y, z \in \mathbb{R}^3$ se verifica:

1. $x \wedge y = 0 \Leftrightarrow x$ *e* y *son linealmente dependientes.*
2. $(ax) \wedge y = x \wedge (ay) = a(x \wedge y)$ *para cada* $a \in \mathbb{R}$.
3. $y \wedge x = -(x \wedge y)$.
4. $(x + y) \wedge z = (x \wedge z) + (y \wedge z)$.

DEMOSTRACIÓN.

1.

$$x \wedge y = 0 \Leftrightarrow \begin{vmatrix} x_2 & x_3 \\ y_2 & y_3 \end{vmatrix} = \begin{vmatrix} x_3 & x_1 \\ y_3 & y_1 \end{vmatrix} = \begin{vmatrix} x_1 & x_2 \\ y_1 & y_2 \end{vmatrix} = 0 \Leftrightarrow$$

$$\Leftrightarrow rg \begin{pmatrix} x_1 & x_2 & x_3 \\ y_1 & y_2 & y_3 \end{pmatrix} = 1 \Leftrightarrow x \text{ e } y \text{ son linealmente dependientes.}$$

2.

$$(ax) \wedge y = \left(\begin{vmatrix} ax_2 & ax_3 \\ y_2 & y_3 \end{vmatrix}, \begin{vmatrix} ax_3 & ax_1 \\ y_3 & y_1 \end{vmatrix}, \begin{vmatrix} ax_1 & ax_2 \\ y_1 & y_2 \end{vmatrix} \right) = \left(a\begin{vmatrix} x_2 & x_3 \\ y_2 & y_3 \end{vmatrix}, a\begin{vmatrix} x_3 & x_1 \\ y_3 & y_1 \end{vmatrix}, a\begin{vmatrix} x_1 & x_2 \\ y_1 & y_2 \end{vmatrix} \right) =$$

$$= a\left(\begin{vmatrix} x_2 & x_3 \\ y_2 & y_3 \end{vmatrix}, \begin{vmatrix} x_3 & x_1 \\ y_3 & y_1 \end{vmatrix}, \begin{vmatrix} x_1 & x_2 \\ y_1 & y_2 \end{vmatrix} \right) = a(x \wedge y)$$

y de igual forma $x \wedge (ay) = a(x \wedge y)$.

3.

$$y \wedge x = \left(\begin{vmatrix} y_2 & y_3 \\ x_2 & x_3 \end{vmatrix}, \begin{vmatrix} y_3 & y_1 \\ x_3 & x_1 \end{vmatrix}, \begin{vmatrix} y_1 & y_2 \\ x_1 & x_2 \end{vmatrix} \right) = \left(- \begin{vmatrix} x_2 & x_3 \\ y_2 & y_3 \end{vmatrix}, - \begin{vmatrix} x_3 & x_1 \\ y_3 & y_1 \end{vmatrix}, - \begin{vmatrix} x_1 & x_2 \\ y_1 & y_2 \end{vmatrix} \right) = -(x \wedge y)$$

4.

$$(x + y) \wedge z = \left(\begin{vmatrix} x_2 + y_2 & x_3 + y_3 \\ z_2 & z_3 \end{vmatrix}, \begin{vmatrix} x_3 + y_3 & x_1 + y_1 \\ z_3 & z_1 \end{vmatrix}, \begin{vmatrix} x_1 + y_1 & x_2 + y_2 \\ z_1 & z_2 \end{vmatrix} \right) =$$

$$= \left(\begin{vmatrix} x_2 & x_3 \\ z_2 & z_3 \end{vmatrix} + \begin{vmatrix} y_2 & y_3 \\ z_2 & z_3 \end{vmatrix}, \begin{vmatrix} x_3 & x_1 \\ z_3 & z_1 \end{vmatrix} + \begin{vmatrix} y_3 & y_1 \\ z_3 & z_1 \end{vmatrix}, \begin{vmatrix} x_1 & x_2 \\ z_1 & z_2 \end{vmatrix} + \begin{vmatrix} y_1 & y_2 \\ z_1 & z_2 \end{vmatrix} \right) =$$

$$= \left(\begin{vmatrix} x_2 & x_3 \\ z_2 & z_3 \end{vmatrix}, \begin{vmatrix} x_3 & x_1 \\ z_3 & z_1 \end{vmatrix}, \begin{vmatrix} x_1 & x_2 \\ z_1 & z_2 \end{vmatrix} \right) + \left(\begin{vmatrix} y_2 & y_3 \\ z_2 & z_3 \end{vmatrix}, \begin{vmatrix} y_3 & y_1 \\ z_3 & z_1 \end{vmatrix}, \begin{vmatrix} y_1 & y_2 \\ z_1 & z_2 \end{vmatrix} \right) = (x \wedge z) + (y \wedge z)$$

□

Ejercicios resueltos

Estudiar si los siguientes conjuntos forman o no espacio vectorial sobre el conjunto de los números racionales.

1. $\mathbb{Z}[\sqrt{5}] = \{a + b\sqrt{5} \mid a, b \in \mathbb{Z}\}$
2. $\mathbb{Q}[\sqrt{5}] = \{a + b\sqrt{5} \mid a, b \in \mathbb{Q}\}$

Resolución.

1. *No, puesto que el producto de un número racional por un número entero no es necesariamente un número entero; así que no hay definida una ley de composición externa de $\mathbb{Q}$ en $\mathbb{Z}[\sqrt{5}]$. Sin embargo este conjunto con la suma tiene estructura de grupo abeliano, sin más que utilizar las correspondientes propiedades de la suma de números reales (los elementos del conjunto lo son).*
2. *En este caso el producto de un número racional por un elemento de $\mathbb{Q}[\sqrt{5}]$ sí es una operación externa: si $q \in \mathbb{Q}$ y $a + b\sqrt{5} \in \mathbb{Q}[\sqrt{5}]$ entonces*
$$q(a + b\sqrt{5}) = (qa) + (qb)\sqrt{5} \in \mathbb{Q}[\sqrt{5}]$$
El resto es aplicar las propiedades que se verifican para el producto de números reales.

Estudiar si los siguientes conjuntos de vectores son linealmente independientes o linealmente dependientes:

En $\mathfrak{M}_2(\mathbb{R})$:

1. $\begin{pmatrix} 2 & -1 \\ 4 & 0 \end{pmatrix} \begin{pmatrix} 0 & -3 \\ 1 & 5 \end{pmatrix} \begin{pmatrix} 4 & 1 \\ 7 & -5 \end{pmatrix}$
2. $\begin{pmatrix} 1 & -1 \\ 0 & 6 \end{pmatrix} \begin{pmatrix} -1 & 0 \\ 3 & 1 \end{pmatrix} \begin{pmatrix} 1 & 1 \\ -1 & 2 \end{pmatrix} \begin{pmatrix} 0 & 1 \\ 1 & 0 \end{pmatrix}$

En $\mathbb{R}^3$:

3. $(2, -1, 4), (4, -2, 8)$

4. $(2, -1, 4), (4, 1, 8), (1, 0, 3)$

5. $(1, 0, 1), (1, 1, 0), (1, 1, 1), (1, 2, 1)$

Resolución.

1. *Escribiendo los vectores por sus coordenadas en la base*
$$B = \left\{ \begin{pmatrix} 1 & 0 \\ 0 & 0 \end{pmatrix}, \begin{pmatrix} 0 & 1 \\ 0 & 0 \end{pmatrix}, \begin{pmatrix} 0 & 0 \\ 1 & 0 \end{pmatrix}, \begin{pmatrix} 0 & 0 \\ 0 & 1 \end{pmatrix} \right\}$$
quedarían:
$$\{(2, -1, 4, 0), (0, -3, 1, 5), (4, 1, 7, -5)\}$$
Ahora calculamos el rango de la matriz que forman:
$$\begin{pmatrix} 2 & 0 & 4 \\ -1 & -3 & 1 \\ 4 & 1 & 7 \\ 0 & 5 & -5 \end{pmatrix} \sim_f \begin{pmatrix} 2 & 0 & 4 \\ 1 & 3 & -1 \\ 0 & -11 & 11 \\ 0 & 5 & -5 \end{pmatrix} \sim_f \begin{pmatrix} 1 & 3 & -1 \\ 0 & -6 & 6 \\ 0 & -11 & 11 \\ 0 & 5 & -5 \end{pmatrix} \sim_f \begin{pmatrix} 1 & 3 & -1 \\ 0 & 1 & -1 \\ 0 & 0 & 0 \\ 0 & 0 & 0 \end{pmatrix}$$
Como obtenemos que el rango es menor que el número de vectores, son linealmente dependientes.

2. *Con el mismo procedimiento, se trata de estudiar el rango de la matriz*

$$\begin{pmatrix} 1 & -1 & 1 & 0 \\ -1 & 0 & 1 & 1 \\ 0 & 3 & -1 & 1 \\ 6 & 1 & 2 & 0 \end{pmatrix} \sim_f \begin{pmatrix} 1 & -1 & 1 & 0 \\ 0 & -1 & 2 & 1 \\ 0 & 3 & -1 & 1 \\ 0 & 7 & -4 & 0 \end{pmatrix} \sim_f$$

$$\sim_f \begin{pmatrix} 1 & -1 & 1 & 0 \\ 0 & 1 & -2 & -1 \\ 0 & 0 & 5 & 4 \\ 0 & 0 & 10 & 7 \end{pmatrix} \sim_f \begin{pmatrix} 1 & -1 & 1 & 0 \\ 0 & 1 & -2 & -1 \\ 0 & 0 & 5 & 4 \\ 0 & 0 & 0 & -1 \end{pmatrix}$$

que tiene rango 4 y por tanto los vectores son linealmente independientes.

3. *Como*

$$rg \begin{pmatrix} 2 & 4 \\ -1 & -2 \\ 4 & 8 \end{pmatrix} = 1$$

los vectores son linealmente dependientes.

4.

$$rg \begin{pmatrix} 2 & 4 & 1 \\ -1 & 1 & 0 \\ 4 & 8 & 3 \end{pmatrix} = 3$$

puesto que

$$\begin{vmatrix} 2 & 4 & 1 \\ -1 & 1 & 0 \\ 4 & 8 & 3 \end{vmatrix} = 6 + (-8) + 0 - 4 - 0 - (-12) = 6 \neq 0$$

y por tanto son linealmente independientes.

5. $(1,0,1), (1,1,0), (1,1,1), (1,2,1)$ *son linealmente dependientes puesto que el número máximo de vectores linealmente independientes que pueden darse en un espacio vectorial de dimensión 3 es 3.*

13. En $\mathbb{R}^3$ se consideran los vectores $u = (1,2,1)$, $v = (1,3,2)$, $x = (1,1,0)$, $y = (3,8,5)$. Probar que $L(u,v) = L(x,y)$.

Resolución.

Para demostrar que $L(u,v) \subseteq L(x,y)$ *basta probar que* $u, v \in L(x,y)$ *puesto que en ese caso estarán también todas las combinaciones lineales de ellos. Si escribimos* $u = \lambda x + \mu y$ *queda un sistema con matriz ampliada*

$$\left(\begin{array}{cc|c} 1 & 3 & 1 \\ 1 & 8 & 2 \\ 0 & 5 & 1 \end{array}\right)$$

Estudiando el rango de la matriz de coeficientes y el de la ampliada

$$\left(\begin{array}{cc|c} 1 & 3 & 1 \\ 1 & 8 & 2 \\ 0 & 5 & 1 \end{array}\right) \sim_f \left(\begin{array}{cc|c} 1 & 3 & 1 \\ 0 & 5 & 1 \\ 0 & 5 & 1 \end{array}\right)$$

observamos que ambas tienen el mismo rango y por tanto el sistema es compatible, es decir, $u \in L(x,y)$. *Del mismo modo, estudiando el rango de*

$$\left(\begin{array}{cc|c} 1 & 3 & 1 \\ 1 & 8 & 3 \\ 0 & 5 & 2 \end{array}\right) \sim_f \left(\begin{array}{cc|c} 1 & 3 & 1 \\ 0 & 5 & 2 \\ 0 & 5 & 2 \end{array}\right)$$

obtenemos que $v \in L(x,y)$ *La otra inclusión es similar.*

Los vectores e_1, e_2, e_3 y x vienen dados por sus coordenadas en cierta base. Comprobar que $\{e_1, e_2, e_3\}$ es una base y hallar las coordenadas del vector x en dicha base.

$$\left.\begin{array}{l} e_1 = (1,1,1) \\ e_2 = (1,1,2) \\ e_3 = (1,2,3) \end{array}\right\} x = (6,9,14)$$

Dar también las matrices de cambio de base.

Resolución.

La matriz cuyas columnas son las coordenadas de los vectores dados en función de esa cierta base es

$$P = \begin{pmatrix} 1 & 1 & 1 \\ 1 & 1 & 2 \\ 1 & 2 & 3 \end{pmatrix}$$

que tiene determinante $det(P) = 3+2+2-1-4-3 = -1 \neq 0$ *con lo que el rango es 3 y los vectores son linealmente independientes en un espacio vectorial de dimensión 3 y por tanto base. Las ecuaciones*

$$\begin{pmatrix} x_1 \\ x_2 \\ x_3 \end{pmatrix} = \begin{pmatrix} 1 & 1 & 1 \\ 1 & 1 & 2 \\ 1 & 2 & 3 \end{pmatrix} \begin{pmatrix} x'_1 \\ x'_2 \\ x'_3 \end{pmatrix}$$

nos proporcionan el cambio de base de la base $\{e_1, e_2, e_3\}$ *a la cierta base que se considera. Las matrices del cambio de base son P y su inversa que calculamos:*

$$\left(\begin{array}{ccc|ccc} 1 & 1 & 1 & 1 & 0 & 0 \\ 1 & 1 & 2 & 0 & 1 & 0 \\ 1 & 2 & 3 & 0 & 0 & 1 \end{array}\right) \sim \left(\begin{array}{ccc|ccc} 1 & 1 & 1 & 1 & 0 & 0 \\ 0 & 0 & 1 & -1 & 1 & 0 \\ 0 & 1 & 2 & -1 & 0 & 1 \end{array}\right) \sim$$

$$\left(\begin{array}{ccc|ccc} 1 & 1 & 1 & 1 & 0 & 0 \\ 0 & 1 & 0 & 1 & -2 & 1 \\ 0 & 0 & 1 & -1 & 1 & 0 \end{array}\right) \sim \left(\begin{array}{ccc|ccc} 1 & 0 & 0 & 1 & 1 & -1 \\ 0 & 1 & 0 & 1 & -2 & 1 \\ 0 & 0 & 1 & -1 & 1 & 0 \end{array}\right)$$

Así, las ecuaciones del cambio de base inverso son:

$$\begin{pmatrix} x'_1 \\ x'_2 \\ x'_3 \end{pmatrix} = \begin{pmatrix} 1 & 1 & -1 \\ 1 & -2 & 1 \\ -1 & 1 & 0 \end{pmatrix} \begin{pmatrix} x_1 \\ x_2 \\ x_3 \end{pmatrix}$$

y sustituyendo las coordenadas del vector $(6,9,14)$ *queda:*

$$\begin{pmatrix} 1 & 1 & -1 \\ 1 & -2 & 1 \\ -1 & 1 & 0 \end{pmatrix} \begin{pmatrix} 6 \\ 9 \\ 14 \end{pmatrix} = \begin{pmatrix} 1 \\ 2 \\ 3 \end{pmatrix}$$

y por tanto $(1,2,3)$ *son las coordenadas del vector x en la nueva base.*

.* En $\mathbb{R}^3$ se consideran las bases

$$B_1 = \{(1,0,1), (-1,1,1), (1,-1,0)\}$$

y

$$B_2 = \{(2,1,1), (1,1,1), (1,-1,1)\}$$

Calcular la matriz de cambio de base de B_2 a B_1. Calcular las coordenadas en la base B_1 del vector cuyas coordenadas en la base B_2 son $(3,-2,2)$.

Resolución.

En lugar de expresar cada vector de B_2 como combinación lineal de B_1, observemos que tenemos las matrices de cambio de base de B_1 a la base canónica

$$P = \begin{pmatrix} 1 & -1 & 1 \\ 0 & 1 & -1 \\ 1 & 1 & 0 \end{pmatrix}$$

y también de B_2 a la canónica

$$Q = \begin{pmatrix} 2 & 1 & 1 \\ 1 & 1 & -1 \\ 1 & 1 & 1 \end{pmatrix}$$

Entonces llamando X_1, X_2 y X a las coordenadas de un vector en las bases B_1, B_2 y canónica, tenemos las ecuaciones

$$PX_1 = X \quad QX_2 = X$$

entonces $QX_2 = PX_1$ y multiplicando por P^{-1} queda

$$P^{-1}QX_2 = X_1$$

que son las ecuaciones del cambio que nos piden. Calculamos entonces P^{-1}:

$$\left(\begin{array}{ccc|ccc} 1 & -1 & 1 & 1 & 0 & 0 \\ 0 & 1 & -1 & 0 & 1 & 0 \\ 1 & 1 & 0 & 0 & 0 & 1 \end{array}\right) \sim_f \left(\begin{array}{ccc|ccc} 1 & -1 & 1 & 1 & 0 & 0 \\ 0 & 1 & -1 & 0 & 1 & 0 \\ 0 & 2 & -1 & -1 & 0 & 1 \end{array}\right) \sim_f$$

$$\left(\begin{array}{ccc|ccc} 1 & -1 & 1 & 1 & 0 & 0 \\ 0 & 1 & -1 & 0 & 1 & 0 \\ 0 & 1 & 0 & -1 & -1 & 1 \end{array}\right) \sim_f \left(\begin{array}{ccc|ccc} 1 & -1 & 1 & 1 & 0 & 0 \\ 0 & 1 & 0 & -1 & -1 & 1 \\ 0 & 1 & -1 & 0 & 1 & 0 \end{array}\right) \sim_f$$

$$\left(\begin{array}{ccc|ccc} 1 & 0 & 1 & 0 & -1 & 1 \\ 0 & 1 & 0 & -1 & -1 & 1 \\ 0 & 0 & 1 & -1 & -2 & 1 \end{array}\right) \sim_f \left(\begin{array}{ccc|ccc} 1 & 0 & 0 & 1 & 1 & 0 \\ 0 & 1 & 0 & -1 & 1 & 1 \\ 0 & 0 & 1 & -1 & -2 & 1 \end{array}\right)$$

Ahora calculamos

$$P^{-1}Q = \begin{pmatrix} 1 & 1 & 0 \\ -1 & -1 & 1 \\ -1 & -2 & 1 \end{pmatrix} \begin{pmatrix} 2 & 1 & 1 \\ 1 & 1 & -1 \\ 1 & 1 & 1 \end{pmatrix} = \begin{pmatrix} 3 & 2 & 0 \\ -2 & -1 & 1 \\ -3 & -2 & 2 \end{pmatrix}$$

Por último usamos esta matriz para calcular las coordenadas del vector $x = (3, -2, 2)_{B_2}$

$$\begin{pmatrix} 3 & 2 & 0 \\ -2 & -1 & 1 \\ -3 & -2 & 2 \end{pmatrix} \begin{pmatrix} 3 \\ -2 \\ 2 \end{pmatrix} = \begin{pmatrix} 5 \\ -2 \\ -1 \end{pmatrix}$$

16. Determinar si los siguientes conjuntos de $\mathfrak{M}_2(\mathbb{R})$ son subespacios vectoriales:

1. $H_1 = \left\{ \begin{pmatrix} a & b \\ -b & c \end{pmatrix} \in \mathfrak{M}_2(\mathbb{R}) \mid a, b, c \in \mathbb{R} \right\}$
2. $H_2 = \left\{ \begin{pmatrix} a & 1+a \\ 0 & 0 \end{pmatrix} \in \mathfrak{M}_2(\mathbb{R}) \mid a \in \mathbb{R} \right\}$
3. $H_3 = \left\{ \begin{pmatrix} a & b \\ -b & a \end{pmatrix} \in \mathfrak{M}_2(\mathbb{R}) \mid a, b \in \mathbb{R} \right\}$

4. $H_4 = \left\{ \begin{pmatrix} 0 & b \\ a & 0 \end{pmatrix} \in \mathfrak{M}_2(\mathbb{R}) \mid a, b \in \mathbb{R} \right\}$

Resolución.

1. *Consideramos* $\lambda, \mu \in \mathbb{R}$ *y dos matrices en el conjunto,*

$$\begin{pmatrix} a_1 & b_1 \\ -b_1 & c_1 \end{pmatrix}; \begin{pmatrix} a_2 & b_2 \\ -b_2 & c_2 \end{pmatrix}$$

entonces

$$\lambda \begin{pmatrix} a_1 & b_1 \\ -b_1 & c_1 \end{pmatrix} + \mu \begin{pmatrix} a_2 & b_2 \\ -b_2 & c_2 \end{pmatrix} = \begin{pmatrix} \lambda a_1 + \mu a_2 & \lambda b_1 + \mu b_2 \\ -\lambda b_1 - \mu b_2 & \lambda c_1 + \mu c_2 \end{pmatrix}$$

que es una matriz en el conjunto y por tanto es subespacio vectorial.

2. *No es subespacio vectorial puesto que la matriz 0 no pertenece al conjunto.*
3. *Consideramos* $\lambda, \mu \in \mathbb{R}$ *y dos matrices en el conjunto,*

$$\begin{pmatrix} a_1 & b_1 \\ -b_1 & a_1 \end{pmatrix}; \begin{pmatrix} a_2 & b_2 \\ -b_2 & a_2 \end{pmatrix}$$

entonces

$$\lambda \begin{pmatrix} a_1 & b_1 \\ -b_1 & a_1 \end{pmatrix} + \mu \begin{pmatrix} a_2 & b_2 \\ -b_2 & a_2 \end{pmatrix} = \begin{pmatrix} \lambda a_1 + \mu a_2 & \lambda b_1 + \mu b_2 \\ -\lambda b_1 - \mu b_2 & \lambda a_1 + \mu a_2 \end{pmatrix}$$

que es una matriz en el conjunto y por tanto es subespacio vectorial.

4. *Sí, es un subespacio que respecto de la base estándar de* $\mathfrak{M}_2(\mathbb{R})$ *tiene por ecuaciones cartesianas*

$$\left\{ \begin{array}{l} x_1 = 0 \\ x_4 = 0 \end{array} \right.$$

Se consideran los siguientes subespacios vectoriales de $\mathbb{R}^4$:

$$V_1 = \{(x, y, z, t) \mid x + y + z = 0\}$$

$$V_2 = L((1, 1, 1, 1), (1, 2, 3, 4))$$

$$V_3 = \{(\lambda + \mu, \lambda + \gamma, \gamma + \delta, \lambda + \delta) \mid \lambda, \mu, \gamma, \delta \in \mathbb{R}\}$$

¿Pertenece el vector $(1, 0, 1, -2)$ a dichos subespacios? En caso afirmativo calcular las coordenadas de este vector con respecto a alguna base de dichos subespacios (la elección de la base es arbitraria).

Resolución.

De V_1 *nos proporcionan unas ecuaciones cartesianas, por tanto sólo tenemos que comprobar si el vector dado verifica o no dichas ecuaciones:*

$$1 + 0 + 1 = 2 \neq 0$$

por lo que no pertenece a V_1. *De* V_2 *proporcionan un sistema de generadores, con lo que podemos determinar si el vector es o no combinación lineal de estos vectores sin más que calcular el rango de*

$$\begin{pmatrix} 1 & 1 & 1 \\ 1 & 2 & 0 \\ 1 & 3 & 1 \\ 1 & 4 & -2 \end{pmatrix} \sim_c \begin{pmatrix} 1 & 0 & 0 \\ 1 & 1 & -1 \\ 1 & 2 & 0 \\ 1 & 3 & -3 \end{pmatrix} \sim_c \begin{pmatrix} 1 & 0 & 0 \\ 1 & 1 & 0 \\ 1 & 2 & 2 \\ 1 & 3 & 0 \end{pmatrix}$$

que es 3, así que el tercer vector no depende de los otros dos y por tanto no está en V_2. La descripción que nos proporcionan de V_3 es a través de unas ecuaciones paramétricas que son:

$$\left\{\begin{array}{rllll} x= & \lambda & +\mu & & \\ y= & \lambda & & +\gamma & \\ z= & & & \gamma & +\delta \\ t= & \lambda & & & +\delta \end{array}\right.$$

El hecho de que aparezcan cuatro parámetros debería indicar que hay cuatro vectores en la base de V_3, pero ¿es V_3 todo $\mathbb{R}^4$? Si observamos la matriz formada por los coeficientes que acompañan a los parámetros

$$\begin{vmatrix} 1 & 1 & 0 & 0 \\ 1 & 0 & 1 & 0 \\ 0 & 0 & 1 & 1 \\ 1 & 0 & 0 & 1 \end{vmatrix} = \begin{vmatrix} 0 & 1 & 0 & 0 \\ 1 & 0 & 1 & 0 \\ 0 & 0 & 1 & 1 \\ 1 & 0 & 0 & 1 \end{vmatrix} = -\begin{vmatrix} 1 & 1 & 0 \\ 0 & 1 & 1 \\ 1 & 0 & 1 \end{vmatrix} = -2$$

tiene rango cuatro, y por tanto $V_3 = \mathbb{R}^4$. Así, evidentemente el vector dado pertenece al subespacio. Como la elección de la base es arbitraria puede tomarse la canónica en cuyo caso las coordenadas del vector son $(1, 0, 1, -2)$.

18. En el espacio vectorial real de los polinomios de grado menor o igual que 3 se consideran los subespacios

$$F_0 = \{p(x) \mid p(0) = 0\}$$
$$F_1 = \{p(x) \mid p(1) = 0\}$$
$$F_{-1} = \{p(x) \mid p(-1) = 0\}$$

Determinar unas ecuaciones cartesianas y una base de cada uno de ellos.

Resolución.

Para calcular unas ecuaciones cartesianas consideramos la base $B = \{1, x, x^2, x^3\}$ con lo que dado un polinomio $p(x) = a_0 + a_1x + a_2x^2 + a_3x^3$ sus coordenadas en la base B son (a_0, a_1, a_2, a_3).

Un polinomio está en F_0 si $p(0) = 0$, es decir, $a_0 = 0$ que será la ecuación cartesiana del subespacio. Como la dimensión de F_0 es entonces 3, una base viene dada por tres vectores linealmente independientes verificando la ecuación cartesiana, por ejemplo $\{(0, 1, 0, 0), (0, 0, 1, 0), (0, 0, 0, 1)\}$ en coordenadas en la base B o bien, escribiéndolos como polinomios $\{x, x^2, x^3\}$. Para F_1 una ecuación cartesiana es

$$a_0 + a_1 + a_2 + a_3 = 0$$

y una base puede ser $\{(1, -1, 0, 0), (1, 0, -1, 0), (1, 0, 0, -1)\}$. La condición para que un polinomio esté en F_{-1} se traduce en

$$a_0 - a_1 + a_2 - a_3 = 0$$

que es la ecuación cartesiana pedida y una base puede ser $\{(1, 1, 0, 0), (1, 0, -1, 0), (1, 0, 0, 1)\}$.

19. En $\mathfrak{M}_2(\mathbb{R})$ consideramos los conjuntos

$$V_1 = \left\{ \begin{pmatrix} a & b \\ a-b & a+b \end{pmatrix} \mid a, b \in \mathbb{R} \right\}$$

y

$$V_2 = \left\{ \begin{pmatrix} a & b \\ c & d \end{pmatrix} \mid a+b+c+d=0\,,\ \ 2a-c-d=0 \right\}$$

Demostrar que ambos son subespacios vectoriales y calcular bases de $V_1 \cap V_2$ y $V_1 + V_2$.

Resolución.

Para probar que V_1 es subespacio vectorial tomamos dos matrices en este conjunto, digamos

$$\begin{pmatrix} a_1 & b_1 \\ a_1-b_1 & a_1+b_1 \end{pmatrix}, \begin{pmatrix} a_2 & b_2 \\ a_2-b_2 & a_2+b_2 \end{pmatrix}$$

y dos escalares λ y μ, entonces

$$\lambda\begin{pmatrix} a_1 & b_1 \\ a_1-b_1 & a_1+b_1 \end{pmatrix} + \mu\begin{pmatrix} a_2 & b_2 \\ a_2-b_2 & a_2+b_2 \end{pmatrix} =$$

$$= \begin{pmatrix} \lambda a_1+\mu a_2 & \lambda b_1+\mu b_2 \\ (\lambda a_1+\mu a_2)-(\lambda b_1+\mu b_2) & (\lambda a_1+\mu a_2)+(\lambda b_1+\mu b_2) \end{pmatrix}$$

que también pertenece a V_1 puesto que el elemento en la posición 21 es la diferencia entre el 11 y el 12, y el elemento en 22 es la suma de ambos. En cuanto a V_2 observamos que una matriz está en este conjunto si sus coordenadas en la base

$$B = \left\{\begin{pmatrix} 1 & 0 \\ 0 & 0 \end{pmatrix}, \begin{pmatrix} 0 & 1 \\ 0 & 0 \end{pmatrix}, \begin{pmatrix} 0 & 0 \\ 1 & 0 \end{pmatrix}, \begin{pmatrix} 0 & 0 \\ 0 & 1 \end{pmatrix}\right\}$$

verifican las ecuaciones

$$\begin{cases} a+b+c+d=0 \\ 2a-c-d=0 \end{cases}$$

que es un sistema homogéneo. Por tanto el conjunto es subespacio vectorial (por ser el conjunto de todas las soluciones de un sistema homogéneo) y éstas son sus ecuaciones cartesianas respecto de la base B. Como debemos calcular la suma y la intersección de los dos subespacios, calcularemos bases y ecuaciones cartesianas de ambos. Para V_1, como hemos observado antes, una matriz está en V_1 si sus coordenadas respecto de la base B verifican:

$$\begin{cases} c=a-b \\ d=a+b \end{cases}$$

y por tanto

$$\begin{cases} a-b-c=0 \\ a+b-d=0 \end{cases}$$

son unas ecuaciones cartesianas de V_1. Una base es $\{(1,0,1,1)_B, (0,1,-1,1)_B\}$.

A partir de las cartesianas de V_2 obtenemos una base resolviendo el sistema. Tomamos, por ejemplo, c y d como parámetros y despejamos a y b:

$$\begin{cases} a+b=-c-d \\ a=\frac{1}{2}(c+d) \end{cases}$$

Por tanto

$$\begin{cases} a=\frac{1}{2}(c+d) \\ b=-\frac{3}{2}(c+d) \end{cases}$$

dando valores $c=2, d=0$ obtenemos el vector $(1,-3,2,0)$ y con los valores $c=0, d=2$ tenemos $(1,-3,0,2)$ con lo que $\{(1,-3,2,0),(1,-3,0,2)\}$ es una base de V_2. Para calcular $V_1\cap V_2$ reunimos las ecuaciones cartesianas de ambos:

$$\left\{\begin{array}{rrrrcl} a & -b & -c & & = & 0 \\ a & +b & & -d & = & 0 \\ a & +b & +c & +d & = & 0 \\ 2a & & -c & -d & = & 0 \end{array}\right. \sim \left\{\begin{array}{rrrrcl} a & -b & -c & & = & 0 \\ & 2b & +c & -d & = & 0 \\ & 2b & +2c & +d & = & 0 \\ & 2b & +c & -d & = & 0 \end{array}\right. \sim \left\{\begin{array}{rrrrcl} a & -b & -c & & = & 0 \\ & 2b & +c & -d & = & 0 \\ & & c & +2d & = & 0 \end{array}\right.$$

y resolviendo

$$\left\{\begin{array}{rcl} a & = & b+c \\ 2b & = & -c+d \\ c & = & -2d \end{array}\right. \sim \left\{\begin{array}{rcl} a & = & b+c \\ 2b & = & 3d \\ c & = & -2d \end{array}\right. \sim \left\{\begin{array}{rcl} a & = & -1/2\,d \\ b & = & 3/2\,d \\ c & = & -2\,d \\ d & = & d \end{array}\right.$$

Así, obtenemos la base $\{(-1/2, 3/2, -2, 1)\}$.

Para calcular una base de $V_1 + V_2$ *partimos del sistema de generadores que se obtiene al reunir ambas bases,*

$$\{(1,0,1,1),(0,1,-1,1),(1,-3,2,0),(1,-3,0,2)\}$$

y calculamos la forma normal de Hermite por columnas de la matriz que forman

$$\begin{pmatrix} 1 & 0 & 1 & 1 \\ 0 & 1 & -3 & -3 \\ 1 & -1 & 2 & 0 \\ 1 & 1 & 0 & 2 \end{pmatrix} \sim_c \begin{pmatrix} 1 & 0 & 0 & 0 \\ 0 & 1 & -3 & -3 \\ 1 & -1 & 1 & -1 \\ 1 & 1 & -1 & 1 \end{pmatrix} \sim_c \begin{pmatrix} 1 & 0 & 0 & 0 \\ 0 & 1 & 0 & 0 \\ 1 & -1 & -2 & -4 \\ 1 & 1 & 2 & 4 \end{pmatrix} \sim_c \begin{pmatrix} 1 & 0 & 0 & 0 \\ 0 & 1 & 0 & 0 \\ 0 & 0 & 1 & 0 \\ 2 & 0 & -1 & 0 \end{pmatrix}$$

y por tanto $\{(1,0,0,2),(0,1,0,0),(0,0,1,-1)\}$ *es una base de la suma.*

20. Sea $\mathcal{P}_3(\mathbb{R})$ el espacio vectorial de los polinomios de grado menor o igual que 3 con coeficientes reales y consideremos la base $B = \{x^3, x^2, x^1, 1\}$. Dados los subespacios

$$U = L(x^2 + 2x, -x^2 + x, x^2 + x)$$

$$W \equiv \begin{cases} x_2 + x_3 &= 0 \\ 2x_2 - x_3 &= 0 \end{cases}$$

y

$$V \equiv \begin{cases} x_1 = & 0 \\ x_2 = & -\beta \\ x_3 = & 0 \\ x_4 = & \alpha + \beta \end{cases}$$

Calcular:

1. $U \cap W$.
2. $U + W$.
3. ¿Son U y W suplementarios?
4. Una base de $W \cap V$.
5. Unas ecuaciones cartesianas de $U + V$.

Resolución.

1. *Comenzamos calculando una base a partir del sistema de generadores que nos dan. Escribiendo los polinomios en coordenadas respecto de la base B tenemos*

$$U = L((0,1,2,0)_B, (0,-1,1,0)_B, (0,1,1,0)_B)$$

entonces

$$\begin{pmatrix} 0 & 0 & 0 \\ 1 & -1 & 1 \\ 2 & 1 & 1 \\ 0 & 0 & 0 \end{pmatrix} \sim_c \begin{pmatrix} 0 & 0 & 0 \\ 1 & 0 & 0 \\ 2 & 3 & -1 \\ 0 & 0 & 0 \end{pmatrix} \sim_c \begin{pmatrix} 0 & 0 & 0 \\ 1 & 0 & 0 \\ 0 & 1 & 0 \\ 0 & 0 & 0 \end{pmatrix}$$

con lo que $\{(0,1,0,0),(0,0,1,0)\}$ *es una base y unas paramétricas vienen dadas por*

$$U \equiv \begin{cases} x_1 = 0 \\ x_2 = \lambda \\ x_3 = \mu \\ x_4 = 0 \end{cases}$$

Unas cartesianas se obtienen de forma automática:

$$U \equiv \begin{cases} x_1 = 0 \\ x_4 = 0 \end{cases}$$

Ahora las cartesianas de $U \cap W$ son

$$\begin{cases} x_1 = 0 \\ x_4 = 0 \\ x_2 + x_3 = 0 \\ 2x_2 - x_3 = 0 \end{cases} \sim \begin{cases} x_1 = 0 \\ x_4 = 0 \\ x_2 + x_3 = 0 \\ -3x_3 = 0 \end{cases} \sim \begin{cases} x_1 = 0 \\ x_4 = 0 \\ x_2 = 0 \\ x_3 = 0 \end{cases}$$

con lo que $U \cap W = 0$.

2. *Puesto que dim $U = 2$, dim $W = 2$ y dim $U \cap W = 0$, por la fórmula de las dimensiones tenemos que dim $U + W = 4$ con lo que $U + W = \mathcal{P}_3(\mathbb{R})$.*
3. *Si, puesto que $\mathcal{P}_3(\mathbb{R}) = U \oplus W$.*
4. *Puesto que dim $V = 2$, unas ecuaciones cartesianas de V pueden ser*

$$V \equiv \begin{cases} x_1 = 0 \\ x_3 = 0 \end{cases}$$

y por tanto las de $W \cap V$ quedan

$$\begin{cases} x_1 = 0 \\ x_3 = 0 \\ x_2 + x_3 = 0 \\ 2x_2 - x_3 = 0 \end{cases} \sim \begin{cases} x_1 = 0 \\ x_2 = 0 \\ x_3 = 0 \end{cases}$$

y una base es el vector $\{(0, 0, 0, 1)\}$.

5. *Una base de V es $\{(0, 0, 0, 1), (0, -1, 0, 1)\}$ entonces de un sistema de generadores de $U + W$*

$$\begin{pmatrix} 0 & 0 & 0 & 0 \\ 1 & 0 & 0 & -1 \\ 0 & 1 & 0 & 0 \\ 0 & 0 & 1 & 1 \end{pmatrix} \sim_c \begin{pmatrix} 0 & 0 & 0 & 0 \\ 1 & 0 & 0 & 0 \\ 0 & 1 & 0 & 0 \\ 0 & 0 & 1 & 0 \end{pmatrix}$$

se obtiene una base de $U+V$ que es $\{(0, 1, 0, 0), (0, 0, 1, 0), (0, 0, 0, 1)\}$ y unas ecuaciones paramétricas vienen dadas por:

$$\begin{cases} x_1 = 0 \\ x_2 = \lambda \\ x_3 = \mu \\ x_4 = \gamma \end{cases}$$

Así la ecuación cartesiana de $U + V$ puede ser $x_1 = 0$.

. Demostrar que el subespacio vectorial de las funciones pares y el de las funciones impares son subespacios suplementarios del espacio vectorial de las funciones reales de variable real (i.e.: $f\colon \mathbb{R} \longrightarrow \mathbb{R}$).

Resolución.

Una función es par si $f(x) = f(-x)$ y es impar si $f(x) = -f(-x)$. Dada una función cualquiera g, la función $p(x) = \frac{1}{2}(g(x) + g(-x))$ es par:

$$p(-x) = \frac{1}{2}(g(-x) + g(-(-x))) = \frac{1}{2}(g(x) + g(-x)) = p(x)$$

En cambio, la función $i(x) = \frac{1}{2}(g(x) - g(-x))$ *es impar:*

$$i(-x) = \frac{1}{2}(g(-x) - g(-(-x))) = \frac{1}{2}(g(-x) - g(x)) = -\frac{1}{2}((g(x) - g(-x))) = -i(x)$$

y se verifica

$$g(x) = p(x) + i(x)$$

con lo que la suma de ambos subespacios es el espacio total. Por otra parte, si una función f *es a la vez par e impar, se tiene:*

$$f(x) = f(-x) = -f(-x)$$

Es decir $f(x) = 0$ *y la intersección de ambos subespacios se reduce a la función cero.*

22.* Sea $\mathcal{P}_3(\mathbb{R})$ el espacio vectorial de los polinomios de grado menor o igual que 3. Se pide:

1. Demostrar que el polinomio x^3 y sus 3 primeras derivadas forman una base de $\mathcal{P}_3(\mathbb{R})$.
2. Estudiar si los vectores $p_1(x) = 1 + 3x + 5x^2, p_2(x) = -1 + 2x^2, p_3(x) = 3 + 3x + x^2$ son linealmente dependientes o independientes.
3. Sean $q_1(x) = 1 + x^2, q_2(x) = 1 - x^2$ y U el subespacio generado por ellos. ¿Pertenecen los polinomios $r(x) = 1 + x$ y $p(x) = 1 + 5x^2$ a U?
4. Sea $W = L(p_1(x), p_2(x), p_3(x))$. Calcular $W + U$ y $W \cap U$.

Resolución.

1. *Para los polinomios* $x^3, 3x^2, 6x$ *y* 6 *escribimos sus coordenadas en la base* $B = \{1, x, x^2, x^3\}$ *por columnas y calculamos el determinante:*

$$\begin{vmatrix} 0 & 0 & 0 & 6 \\ 0 & 0 & 6 & 0 \\ 0 & 3 & 0 & 0 \\ 1 & 0 & 0 & 0 \end{vmatrix} = (-6)\begin{vmatrix} 0 & 0 & 6 \\ 0 & 3 & 0 \\ 1 & 0 & 0 \end{vmatrix} = (-6)(-18) = 108$$

Entonces el rango de la matriz es 4 y son base.

2. *Igualmente los escribimos por sus coordenadas en la base estándar y estudiamos el rango de la matriz*

$$\begin{pmatrix} 1 & -1 & 3 \\ 3 & 0 & 3 \\ 5 & 2 & 1 \\ 0 & 0 & 0 \end{pmatrix} \sim_c \begin{pmatrix} 1 & 0 & 0 \\ 3 & 3 & -6 \\ 5 & 7 & -14 \\ 0 & 0 & 0 \end{pmatrix} \sim_c \begin{pmatrix} 1 & 0 & 0 \\ 0 & 3 & 0 \\ -2 & 7 & 0 \\ 0 & 0 & 0 \end{pmatrix}$$

que es 2, luego son linealmente dependientes.

3. *Calculamos las ecuaciones paramétricas de* U

$$\begin{cases} a_0 = \lambda + \mu \\ a_1 = 0 \\ a_2 = \lambda - \mu \\ a_3 = 0 \end{cases}$$

y obtenemos las cartesianas, que son:

$$U \equiv \begin{cases} a_1 = 0 \\ a_3 = 0 \end{cases}$$

Por tanto $r(x) = (1, 1, 0, 0)_B$ *no pertenece a* U*, mientras que* $p(x) = (1, 0, 5, 0)_B$ *sí pertenece.*

4. *En el segundo apartado habíamos obtenido una base de W que es $\{(1,0,-2,0),(0,3,7,0)\}$, entonces un sistema de generadores de $W+U$ viene dado por las columnas de*

$$\begin{pmatrix} 1 & 0 & 1 & 1 \\ 0 & 3 & 0 & 0 \\ -2 & 7 & 1 & -1 \\ 0 & 0 & 0 & 0 \end{pmatrix} \sim_c \begin{pmatrix} 1 & 0 & 0 & 0 \\ 0 & 3 & 0 & 0 \\ -2 & 7 & -3 & 1 \\ 0 & 0 & 0 & 0 \end{pmatrix} \sim_c \begin{pmatrix} 1 & 0 & 0 & 0 \\ 0 & 1 & 0 & 0 \\ 0 & 0 & 1 & 0 \\ 0 & 0 & 0 & 0 \end{pmatrix}$$

y así $U+W$ tiene ecuación cartesiana $a_3 = 0$.
Para calcular $U \cap W$ calculamos unas cartesianas de W a partir de las paramétricas:

$$\begin{cases} a_0 = \lambda \\ a_1 = 3\mu \\ a_2 = -2\lambda + 7\mu \\ a_3 = 0 \end{cases}$$

Eliminando los parámetros por medio de las dos primeras ecuaciones y sustituyendo en el resto, queda

$$W \equiv \begin{cases} a_2 = -2a_0 + \frac{7}{3}a_1 \\ a_3 = 0 \end{cases} \sim \begin{cases} 6a_0 - 7a_1 + 3a_2 = 0 \\ a_3 = 0 \end{cases}$$

y reuniéndolas con las cartesianas de U

$$\begin{cases} 6a_0 - 7a_1 + 3a_2 = 0 \\ a_3 = 0 \\ a_1 = 0 \\ a_3 = 0 \end{cases} \sim \begin{cases} 2a_0 + a_2 = 0 \\ a_3 = 0 \\ a_1 = 0 \end{cases}$$

obtenemos unas ecuaciones cartesianas de $W \cap U$.

* En $\mathbb{R}^3$ se consideran los subespacios:

$$U = L((2,0,-1),(1,2,0),(0,4,1))$$

y

$$W \equiv \begin{cases} x = 0 \\ y+z = 0 \end{cases}$$

Calcular bases de los espacios $\mathbb{R}^3/U, \mathbb{R}^3/W, \mathbb{R}^3/(U\cap W)$ y $\mathbb{R}^3/(U+W)$. Hallar las coordenadas de $(-1,2,1)+U$ en la base obtenida para $\mathbb{R}^3/U$.

Resolución.

Calculamos en primer lugar bases y cartesianas de U y W. En cuanto a U:

$$\begin{pmatrix} 2 & 1 & 0 \\ 0 & 2 & 4 \\ -1 & 0 & 1 \end{pmatrix} \sim_c \begin{pmatrix} 0 & 1 & 0 \\ -4 & 2 & 4 \\ -1 & 0 & 1 \end{pmatrix} \sim_c \begin{pmatrix} 1 & 0 & 0 \\ 2 & 4 & 0 \\ 0 & 1 & 0 \end{pmatrix}$$

y tenemos que $\{(1,2,0),(0,4,1)\}$ es base de U y unas paramétricas son:

$$\begin{cases} x = \lambda \\ y = 2\lambda + 4\mu \\ z = \mu \end{cases}$$

de donde $U \equiv 2x - y + 4z = 0$. Para W nos proporcionan unas cartesianas y resolviendo obtenemos que $\{(0,1,-1)\}$ es base de W.

A partir de la base de U ampliamos hasta una base de V, por ejemplo con el vector $(0,0,1)$; entonces $\{(0,0,1)+U\}$ es una base de $\mathbb{R}^3/U$. Para calcular las coordenadas de $(-1,2,1)+U$ puede razonarse:

$$(-1,2,1)+U = a((0,0,1)+U) \Leftrightarrow (-1,2,1-a) \in U \Leftrightarrow$$

Sustituyendo en las ecuaciones cartesianas de U:

$$\Leftrightarrow -2-2+4(1-a)=0 \Leftrightarrow a=0$$

Por tanto la coordenada de $(-1,2,1)+U$ respecto de la base $\{(0,0,1)+U\}$ es (0).

De forma similar calculamos la base de $\mathbb{R}^3/W$: $\{(0,1,-1),(1,0,0),(0,1,0)\}$ es una base de $\mathbb{R}^3$ obtenida a partir de una base de W, entonces $\{(1,0,0)+W,(0,1,0)+W\}$ es una base del cociente.

Calculando $U \cap W$ queda:

$$U \cap W \equiv \left\{ \begin{array}{r} x=0 \\ y+z=0 \\ 2x-y+4z=0 \end{array} \right. \sim \left\{ \begin{array}{r} x=0 \\ y+z=0 \\ -y+4z=0 \end{array} \right. \sim \left\{ \begin{array}{r} x=0 \\ y+z=0 \\ 5z=0 \end{array} \right. \sim \left\{ \begin{array}{r} x=0 \\ y=0 \\ z=0 \end{array} \right.$$

con lo que $\mathbb{R}^3/(U \cap W)$ tiene dimensión 3 y cada clase está compuesta por un único vector, así que puede identificarse con $\mathbb{R}^3$.

Usando la fórmula de las dimensiones obtenemos que $U+W=\mathbb{R}^3$ y por tanto el cociente tiene un único vector que es el vector cero y no existe base de este espacio vectorial.

24.* Sea

$$A = \begin{pmatrix} 1 & 2 \\ 3 & m \end{pmatrix}$$

una matriz en el espacio vectorial de las matrices cuadradas de orden 2, $\mathfrak{M}_2(\mathbb{R})$.

1. Demostrar que $\mathcal{F} = \{B \in \mathfrak{M}_2(\mathbb{R}) \,/\, AB = 0\}$ es un subespacio vectorial.
2. Calcular en función de m la dimensión de $\mathcal{F}$ y una base.

Resolución.

1. *Consideremos dos matrices B_1 y $B_2 \in \mathcal{F}$, entonces*

$$A(B_1+B_2) = AB_1 + AB_2 = 0$$

y por tanto $B_1+B_2 \in \mathcal{F}$. Del mismo modo, si $\lambda \in \mathbb{R}$ y $B \in \mathcal{F}$ entonces

$$A(\lambda B) = \lambda(AB) = \lambda 0 = 0$$

y por tanto $\lambda B \in \mathcal{F}$.

2. *Veamos qué condiciones tiene que verificar una matriz B para que $AB=0$:*

$$\begin{pmatrix} 1 & 2 \\ 3 & m \end{pmatrix} \begin{pmatrix} x & y \\ z & t \end{pmatrix} = \begin{pmatrix} x+2z & y+2t \\ 3x+mz & 3y+mt \end{pmatrix} = \begin{pmatrix} 0 & 0 \\ 0 & 0 \end{pmatrix}$$

Nos quedan las ecuaciones:

$$\left\{ \begin{array}{l} x+2z=0 \\ y+2t=0 \\ 3x+mz=0 \\ 3y+mt=0 \end{array} \right.$$

Como la dimensión de $\mathcal{F}$ depende del número de ecuaciones cartesianas linealmente independientes, calculamos el rango de la matriz de coeficientes del sistema:

$$\begin{pmatrix} 1 & 0 & 2 & 0 \\ 0 & 1 & 0 & 2 \\ 3 & 0 & m & 0 \\ 0 & 3 & 0 & m \end{pmatrix} \sim_f \begin{pmatrix} 1 & 0 & 2 & 0 \\ 0 & 1 & 0 & 2 \\ 0 & 0 & m-6 & 0 \\ 0 & 0 & 0 & m-6 \end{pmatrix}$$

Esta matriz tiene rango 2 si $m = 6$ y rango 4 cuando $m \neq 6$. En el primer caso la dimensión de $\mathcal{F}$ es 2 y unas ecuaciones cartesianas son:

$$\begin{cases} x + 2z = 0 \\ y + 2t = 0 \end{cases}$$

y puede tomarse como base $\{(-2, 0, 1, 0), (0, -2, 0, 1)\}$. En el segundo caso la dimensión de $\mathcal{F}$ es cero y no tiene base.

Espacios vectoriales euclídeos

Calcular la matriz de Gram del producto escalar usual de $\mathbb{R}^3$ respecto de la base $B = \{(1, 1, 2), (3, 1, 1), (-2, -1, 2)\}$.

Resolución.

La matriz de Gram respecto de la base $\{u_1, u_2, u_3\}$ es la matriz

$$A = \begin{pmatrix} a_{11} & a_{12} & a_{13} \\ a_{21} & a_{22} & a_{23} \\ a_{31} & a_{32} & a_{33} \end{pmatrix}$$

donde para cada $i, j = 1, 2, 3$, $a_{ij} =< u_i, u_j >$.
Calculemos:

$$\begin{aligned}
a_{11} &= < u_1, u_1 >=< (1,1,2), (1,1,2) >= 6 \\
a_{12} &= a_{21} =< u_1, u_2 >=< (1,1,2), (3,1,1) >= 6 \\
a_{13} &= a_{31} =< u_1, u_3 >=< (1,1,2), (-2,-1,2) >= 1 \\
a_{22} &= < u_2, u_2 >=< (3,1,1), (3,1,1) >= 11 \\
a_{23} &= a_{32} =< u_2, u_3 >=< (3,1,1), (-2,-1,2) >= -5 \\
a_{33} &= < u_3, u_3 >=< (-2,-1,2), (-2,-1,2) >= 9
\end{aligned}$$

Así pues:

$$A = \begin{pmatrix} 6 & 6 & 1 \\ 6 & 11 & -5 \\ 1 & -5 & 9 \end{pmatrix}$$

Otro método:
Puesto que la matriz de Gram respecto de base canónica es la identidad, la matriz de Gram respecto de esta nueva base será $A = P^t I P$, donde P es la matriz del cambio de base de B a la canónica, esto es:

$$P = \begin{pmatrix} 1 & 3 & -2 \\ 1 & 1 & -1 \\ 2 & 1 & 2 \end{pmatrix}$$

Así pues:

$$A = P^t P = \begin{pmatrix} 1 & 1 & 2 \\ 3 & 1 & 1 \\ -2 & -1 & 2 \end{pmatrix} \begin{pmatrix} 1 & 3 & -2 \\ 1 & 1 & -1 \\ 2 & 1 & 2 \end{pmatrix} = \begin{pmatrix} 6 & 6 & 1 \\ 6 & 11 & -5 \\ 1 & -5 & 9 \end{pmatrix}$$

Sean A y B dos matrices cuadradas congruentes. Probar que A es simétrica si, y sólo si, B lo es.

Resolución.

Si A y B son congruentes, existe una matriz regular P de forma que $B = P^t AP$. Entonces, si A es simétrica, $B^t = (P^t AP)^t = P^t A^t P = P^t AP = B$, luego B también lo es. La otra implicación se obtiene de forma similar, intercambiando los papeles de A y B.

27. Probar que si u y v son dos vectores de un espacio vectorial euclídeo tales que $\| u \|=\| v \|$, entonces los vectores $u+v$ y $u-v$ son ortogonales.

Resolución.

Usando las propiedades del producto escalar:

$$\begin{aligned} &< u+v, u-v > = < u,u > - < u,v > + < v,u > - < v,v > = \\ &= < u,u > - < v,v > = \| u \|^2 - \| v \|^2 = 0 \end{aligned}$$

y en consecuencia $(u+v) \perp (u-v)$.

28. En $\mathbb{R}^3$ con el producto escalar usual, se considera el subespacio U de ecuaciones cartesianas

$$U \equiv \left\{ \begin{array}{rcl} 2x+y-z & = & 0 \\ x-y+3z & = & 0 \end{array} \right. .$$

Calcular unas ecuaciones paramétricas de $U^{\perp}$.

Resolución.

A partir de las ecuaciones cartesianas de U, obtenemos una base. Primero transformamos el sistema en uno escalonado reducido:

$$\left(\begin{array}{ccc|c} 2 & 1 & -1 & 0 \\ 1 & -1 & 3 & 0 \end{array} \right) \sim \left(\begin{array}{ccc|c} 1 & -1 & 3 & 0 \\ 0 & 3 & -7 & 0 \end{array} \right) \sim \left(\begin{array}{ccc|c} 1 & -1 & 3 & 0 \\ 0 & 1 & -\frac{7}{3} & 0 \end{array} \right) \sim \left(\begin{array}{ccc|c} 1 & 0 & \frac{2}{3} & 0 \\ 0 & 1 & -\frac{7}{3} & 0 \end{array} \right)$$

Luego el sistema de partida es equivalente a

$$U \equiv \left\{ \begin{array}{rcl} x \quad\quad + \frac{2}{3}z & = & 0 \\ y - \frac{7}{3}z & = & 0 \end{array} \right.$$

y U tiene paramétricas

$$U \equiv \left\{ \begin{array}{rcl} x & = & -2\lambda \\ y & = & 7\lambda \\ z & = & 3\lambda \end{array} \right.$$

por tanto una base de U es $\{(-2,7,3)\}$.
Así pues:

$$(x,y,z) \in U^{\perp} \Leftrightarrow < (x,y,z), (-2,7,3) > = 0 \Leftrightarrow -2x+7y+3z=0$$

Y pasando a paramétricas:

$$U^{\perp} \equiv \left\{ \begin{array}{rcl} x & = & 7\lambda + 3\mu \\ y & = & 2\lambda \\ z & = & 2\mu \end{array} \right.$$

Otro método
Tratándose del producto escalar usual de $\mathbb{R}^3$, de las cartesianas de U

$$U \equiv \left\{ \begin{array}{rcl} 2x+y-z & = & 0 \\ x-y+3z & = & 0 \end{array} \right.$$

obtenemos:

$$(x,y,z) \in U \Leftrightarrow \left\{ \begin{array}{l} < (2,1,-1), (x,y,z) > = 0 \\ < (1,-1,3), (x,y,z) > = 0 \end{array} \right.$$

Así pues, para el subespacio $W = L((2,1,-1),(1,-1,3))$ se verifica $U = W^{\perp}$, y en consecuencia $U^{\perp} = (W^{\perp})^{\perp} = W$. Por tanto una base de $U^{\perp}$ es $\{(2,1,-1),(1,-1,3)\}$ y unas ecuaciones paramétricas

$$U^{\perp} \equiv \left\{ \begin{array}{rcl} x & = & 2\lambda + \mu \\ y & = & \lambda - \mu \\ z & = & -\lambda + 3\mu \end{array} \right.$$

En un espacio vectorial euclídeo de dimensión 3, el producto escalar tiene matriz de Gram

$$\begin{pmatrix} 1 & 1 & 1 \\ 1 & 2 & 2 \\ 1 & 2 & 3 \end{pmatrix}$$

respecto de una determinada base B. Sea U el subespacio de V que respecto de la base B tiene ecuaciones cartesianas:

$$U \equiv \left\{ \begin{array}{rcl} x - y & = & 0 \\ x + z & = & 0 \end{array} \right.$$

Calcular $U^{\perp}$.

Resolución.

Una base de U es $\{(1,1,-1)\}$, por tanto:

$$(x,y,z) \in U^{\perp} \Leftrightarrow < (x,y,z),(1,1,-1) >= 0 \Leftrightarrow \begin{pmatrix} x & y & z \end{pmatrix} \begin{pmatrix} 1 & 1 & 1 \\ 1 & 2 & 2 \\ 1 & 2 & 3 \end{pmatrix} \begin{pmatrix} 1 \\ 1 \\ -1 \end{pmatrix} = 0 \Leftrightarrow$$

$$\Leftrightarrow \begin{pmatrix} x & y & z \end{pmatrix} \begin{pmatrix} 1 \\ 1 \\ 0 \end{pmatrix} = 0 \Leftrightarrow x + y = 0$$

Luego la ecuación cartesiana de $U^{\perp}$ es $x + y = 0$. Una base será $\{(1,-1,0),(0,0,1)\}$.

En $\mathbb{R}^3$ con el producto escalar usual, calcular la proyección del vector $(1,0,0)$ sobre el subespacio $U \equiv x + y = 0$.

Resolución.

Una base de U es $\{(1,-1,0),(0,0,1)\}$. $U^{\perp}$ estará dado por:

$$(x,y,z) \in U^{\perp} \Leftrightarrow \left\{ \begin{array}{l} < (x,y,z),(1,-1,0) >= 0 \\ < (x,y,z),(0,0,1) >= 0 \end{array} \right. \Leftrightarrow \left\{ \begin{array}{r} x - y = 0 \\ z = 0 \end{array} \right.$$

Si descomponemos $(1,0,0)$ como suma de un vector de U y otro de $U^{\perp}$

$$(1,0,0) = (a,b,c) + (1-a,-b,-c); \text{ con } (a,b,c) \in U, (1-a,-b,-c) \in U^{\perp}$$

ha de ser:

$$\left\{ \begin{array}{rcl} a + b & = & 0 \\ (1-a) - (-b) & = & 0 \\ -c & = & 0 \end{array} \right.$$

y resolviendo el sistema: $a = \frac{1}{2}$, $b = -\frac{1}{2}$, $c = 0$. En consecuencia $p_U(1,0,0) = (\frac{1}{2}, -\frac{1}{2}, 0)$.

En $\mathbb{R}^3$ con el producto escalar usual, ortonormalizar la base $B = \{(1,1,1),(1,-1,1),(-1,1,1)\}$.

Resolución.

Seguimos los pasos del método de Gram-Schmidt:

$$\begin{aligned}
e_1 &= u_1 = (1,1,1) \\
& \quad \|e_1\|^2 = 3; \ < u_2, e_1 >= 1 \\
e_2 &= u_2 - \frac{< u_2, e_1 >}{\|e_1\|^2} e_1 = (1,-1,1) - \frac{1}{3}(1,1,1) = (\frac{2}{3}, -\frac{4}{3}, \frac{2}{3}) \\
& \quad \|e_2\|^2 = \frac{8}{3}; \ < u_3, e_1 >= 1; \ < u_3, e_2 >= -\frac{4}{3} \\
e_3 &= u_3 - \frac{< u_3, e_1 >}{\|e_1\|^2} e_1 - \frac{< u_3, e_2 >}{\|e_2\|^2} e_2 = (-1,1,1) - \frac{1}{3}(1,1,1) + \frac{1}{2}(\frac{2}{3}, -\frac{4}{3}, \frac{2}{3}) = \\
&= (-1,0,1)
\end{aligned}$$

Obtenemos de esta forma la base ortogonal:

$$\{(1,1,1), (\frac{2}{3}, -\frac{4}{3}, \frac{2}{3}), (-1,0,1)\}$$

Para convertirla en ortonormal hemos de dividir cada vector por su norma:

$$\begin{aligned}
\|e_1\| &= \sqrt{3} \\
\|e_2\| &= \sqrt{\frac{8}{3}} = \frac{2\sqrt{2}}{\sqrt{3}} = \frac{2\sqrt{6}}{3} \\
\|e_3\| &= \sqrt{2}
\end{aligned}$$

Obtenemos así la base ortonormal:

$$\{(\frac{1}{\sqrt{3}}, \frac{1}{\sqrt{3}}, \frac{1}{\sqrt{3}}), (\frac{1}{\sqrt{6}}, \frac{-2}{\sqrt{6}}, \frac{1}{\sqrt{6}}), (\frac{-1}{\sqrt{2}}, 0, \frac{1}{\sqrt{2}})\}$$

Ejercicios propuestos

5. En el conjunto $\mathbb{R} \times \mathbb{R}$ se define la ley de composición interna

$$(x_1, x_2) + (y_1, y_2) = (x_1 + y_1, x_2 + y_2)$$

y la ley de composición externa de $\mathbb{R}$ en $\mathbb{R} \times \mathbb{R}$

$$\lambda(x_1, x_2) = (\lambda x_1, 0)$$

Estudiar si $\mathbb{R} \times \mathbb{R}$ con estas operaciones tiene estructura de espacio vectorial sobre $\mathbb{R}$.

6. Estudiar si los siguientes conjuntos son o no espacios vectoriales reales.

   1. El conjunto de las matrices de la forma $\begin{pmatrix} 1 & a \\ b & 1 \end{pmatrix}$ con la suma y el producto por escalares usuales.
   2. El conjunto de las matrices de la forma $\begin{pmatrix} 0 & a \\ b & 0 \end{pmatrix}$ con la suma y el producto por escalares usuales.

7. Dados vectores $v_1, v_2, \ldots, v_n$ linealmente independientes, probar que también lo son los vectores

$$\begin{aligned} u_1 &= v_1 \\ u_2 &= v_1 + v_2 \\ &\ldots \\ u_n &= v_1 + v_2 + \cdots + v_n \end{aligned}$$

8. Sea U un subespacio vectorial de V. Sabiendo que el conjunto $\{x_1, x_2, \ldots, x_n\}$ es una base de U y que y no pertenece a U, demostrar que los vectores $\{x_1, x_2, \ldots, x_n, y\}$ son linealmente independientes.

9. Sea V un espacio vectorial real y x, y, z tres elementos de V que verifican $ax + by + cz = 0$, donde $ab \neq 0$. Demostrar que $L(x, z) = L(y, z)$.

10. En el espacio vectorial V sobre el cuerpo de los números reales se consideran los subespacios:
    V_1 generado por $x_1, x_2, \ldots, x_n$;
    V_2 generado por $x_1, x_2, \ldots, x_n, y$;
    V_3 generado por $x_1, x_2, \ldots, x_n, z$.
    Sabiendo que $z \notin V_1$ y $z \in V_2$, probar que $y \in V_3$.

11. Los vectores $e_1, e_2, \ldots, e_n$ y x vienen dados por sus coordenadas en cierta base. Comprobar en cada caso que $\{e_1, e_2, \ldots, e_n\}$ es una base y hallar las coordenadas del vector x en dicha base.

    1.
$$\left.\begin{aligned} e_1 &= (2, 1, -3) \\ e_2 &= (3, 2, -5) \\ e_3 &= (1, -1, 1) \end{aligned}\right\} x = (6, 2, -7)$$

    2.
$$\left.\begin{aligned} e_1 &= (1, 2, -1, -2) \\ e_2 &= (2, 3, 0, -1) \\ e_3 &= (1, 3, -1, 0) \\ e_4 &= (0, 0, 0, 1) \end{aligned}\right\} x = (7, 14, -1, 2)$$

    Dar también las matrices de cambio de base.

12. Contestar verdadero o falso a las siguientes cuestiones:

    1. Todo espacio vectorial de dimensión finita tiene un número finito de bases.
    2. El conjunto $\{(a, a) \mid a \in \mathbb{R}\}$ es un subespacio vectorial de $\mathbb{R}^2$.

3. Si $\{u_1, u_2, \ldots, u_n\}$ son vectores linealmente independientes en un espacio vectorial de dimensión n, entonces constituyen una base.
4. Si U es un subespacio vectorial de un espacio vectorial V de dimensión finita, entonces tiene un suplementario.
5. Si $\{v_1, v_2, v_3, v_4\}$ es un conjunto de vectores linealmente independientes de V, entonces el conjunto $\{v_1, v_1 + v_2, v_1 + v_2 + v_3, v_1 + 2v_2 + 7v_3 + 25v_4\}$ es también linealmente independiente.

53. Sea $V = \mathbb{R}^3$. Estudiar si son o no subespacios los siguientes subconjuntos de $\mathbb{R}^3$:

1. $W = \{(a, b, 0) \mid a, b \in \mathbb{R}\}$
2. $W = \{(a, b, c) \mid a + b + c = 0\}$
3. $W = \{(a, b, c) \mid a^2 + b^2 + c^2 = 1\}$

54. ¿Cuáles de los siguientes conjuntos son subespacios del espacio vectorial de todas las funciones de $\mathbb{R}$ en $\mathbb{R}$?

1. Las funciones tales que $f(0) = 0$.
2. Las funciones tales que $f(0)$ es un entero.
3. Las funciones polinómicas de grado n.
4. Las funciones polinómicas de grado menor o igual que n.

55. Demostrar que la condición necesaria y suficiente para que la unión de dos subespacios vectoriales sea subespacio vectorial es que uno de ellos esté incluido en el otro.

56. Sea V un espacio vectorial sobre $\mathbb{K}$. Demostrar que

1. $L(V) = V$.
2. $L(\emptyset) = \{0\}$.
3. $S \subseteq T \Rightarrow L(S) \subseteq L(T)$.
4. $L(L(S)) = L(S)$.
5. Si W es un subespacio vectorial de V, entonces $L(W) = W$.
6. $L(S \cup T) = L(S) + L(T)$.

57. Dados los subespacios W y W' de $\mathbb{R}^4$

$$W = \{(a, b, c, d) \mid b + c + d = 0\}$$

y

$$W' = \{(a, b, c, d) \mid a + b = 0; c = 2d\}$$

calcular las dimensiones y dar bases de W, W', $W \cap W'$ y $W + W'$.

58. Sean U y W subespacios de $\mathbb{R}^3$. Demostrar en cada caso que $\mathbb{R}^3 = U \oplus W$.

1. $U = \{(a, b, c) \mid a = b = c\}$ y $W = \{(0, b, c) \mid b, c \in \mathbb{R}\}$
2. $U = \{(a, b, c) \mid a + b + c = 0\}$ y $W = \{(t, 2t, 3t) \mid t \in \mathbb{R}\}$

59. Sean U y W dos subespacios vectoriales distintos de dimensión 2 en un espacio vectorial de dimensión 3. Probar que $U \cap W$ tiene dimensión 1.

60. Consideremos los subespacios U y W de $\mathbb{R}^3$ tales que las ecuaciones paramétricas de U son:

$$U \equiv \left\{ \begin{array}{lcl} x & = & \lambda + \gamma \\ y & = & \mu + \gamma \\ z & = & \lambda + \mu + 2\gamma \end{array} \right.$$

y la ecuación implícita de W es $x - y + 2z = 0$. Se pide:

1. Bases de U,W, $U + W$ y $U \cap W$.
2. Ecuaciones implícitas de $U \cap W$.

3. Base de un subespacio suplementario de $U + W$.
4. Coordenadas de $(2, 3, 5)$ respecto de la base de $U + W$ obtenida en el primer apartado.

Se considera el subespacio de $\mathbb{R}^5$ generado por $(0, 2, -1, 1, 0)$, $(0, 3, 0, 0, 1)$ y $(0, 1, 1, -2, 1)$. Obtener un subespacio suplementario.

Extender el conjunto $S = \{(1, 1, -1, 1), (1, 1, 0, 1), (1, 2, 1, 1)\}$ para formar una base de $\mathbb{R}^4$.

* Elegir la respuesta correcta en cada uno de los apartados:

1. No es subespacio de $\mathbb{R}^3$
   a) $E = \{(x_1, x_2, x_3) \in \mathbb{R}^3 \mid x_1 + x_2 + x_3 = 0\}$
   b) $E = \{(x_1, x_2, x_3) \in \mathbb{R}^3 \mid x_1 = 0\}$
   c) $E = \{(x_1, x_2, x_3) \in \mathbb{R}^3 \mid x_1 - x_2 = 0\}$
   d) $E = \{(x_1, x_2, x_3) \in \mathbb{R}^3 \mid x_1^2 + x_2^2 + x_3^2 = 1\}$
2. En $\mathbb{R}^4$ se considera $E = L((4, -2, 1, 7), (1, 0, 2, 4))$. Dado el vector $(-1, 2, 5, x)$, el valor de x que hace que este vector pertenezca a E es:
   a) 1
   b) 3
   c) 5
   d) 0
3. En $\mathbb{R}^4$ se considera el conjunto $E = \{(x_1, x_2, x_3, x_4) \in \mathbb{R}^4 \mid x_1 + x_2 + x_3 + x_4 = 0\}$. Se verifica:
   a) E no es subespacio vectorial.
   b) E no es espacio vectorial porque la dimensión de $\mathbb{R}^4$ no es un número primo.
   c) E es un espacio vectorial de dimensión 1.
   d) E es un espacio vectorial de dimensión 3.
4. En un espacio vectorial de dimensión finita:
   a) Existe un número finito de vectores.
   b) Existe un número finito de bases.
   c) Todo conjunto finito es de vectores linealmente independientes.
   d) Hay un conjunto finito que es sistema de generadores.

* Sea V un espacio vectorial de dimensión 3 sobre $\mathbb{R}$ y sea $B = \{e_1, e_2, e_3\}$ una base de V. Se pide:

1. Calcular una base de V que contenga al vector $x = e_1 - e_2 + e_3$.
2. Dados los vectores $y_1 = e_1 - e_2$ e $y_2 = e_2 + e_3$, hallar un tercer vector y_3 de manera que $\{y_1, y_2, y_3\}$ formen una base de V y x tenga coordenadas $(1, 1, 1)$ en esta base.

* Calcular las dimensiones de los siguientes subespacios de $\mathbb{R}^3$:

$W_1 = \{(x_1, x_2, x_3) \in \mathbb{R}^3 \mid x_1 + x_2 + x_3 = 0\}$;
$W_2 = L((1, 1, 1), (1, 1, 0), (-1, -1, 1))$;
$W_3 = \{(x_1, x_2, x_3) \in \mathbb{R}^3 \mid x_1 + x_2 = 0 \text{ y } 2x_1 + 2x_2 = 0\}$;

6. * Consideremos el espacio vectorial de los polinomios en una indeterminada con coeficientes reales y grado menor o igual que 3 y en él la base $\{1, x, x^2, x^3\}$.

1. Escribir las ecuaciones del cambio de base (en alguna de las dos direcciones) entre la anterior y la formada por los polinomios $1, (x-1), (x-1)^2, (x-1)^3$.
2. Calcular la dimensión y dar una base del subespacio generado por $p(x) = x^2 - 2x$ y sus sucesivas derivadas.

7. * Se considera la matriz

$$A = \begin{pmatrix} 2 & 1 \\ 1 & 1 \end{pmatrix}$$

1. Probar que el conjunto de matrices que conmutan con A es un subespacio vectorial de $\mathfrak{M}_2(\mathbb{R})$.
2. Calcular su dimensión y una base.

68. * Dados los subespacios de $\mathfrak{M}_2(\mathbb{R})$

$$V_1 = \left\{ \begin{pmatrix} a & b \\ -b & a \end{pmatrix} \mid a, b \in \mathbb{R} \right\}$$

y

$$V_2 = \left\{ \begin{pmatrix} c & d \\ e & -c \end{pmatrix} \mid c, d, e \in \mathbb{R} \right\}$$

calcular la dimensión y una base de los subespacios V_1, V_2, $V_1 \cap V_2$ y $V_1 + V_2$.

69. * Probar que el conjunto:

$$U = \{p(x) \in \mathcal{P}_3(\mathbb{R}) \mid \int_0^1 p(x)dx = 0\}$$

es un subespacio vectorial de $\mathcal{P}_3(\mathbb{R})$ y calcular una base de este subespacio.

70. * Sea U el subespacio de $\mathbb{R}^3$ dado por las ecuaciones cartesianas:

$$U \equiv \left\{ \begin{array}{rcl} x + y + z & = & 0 \\ z & = & 0 \end{array} \right.$$

¿Podrías determinar un subespacio V de $\mathbb{R}^3$ de forma que $U \cap V = \{0\}$ y $U + V \equiv x + y + z = 0$? Justificar el resultado y el método seguido.

71. Calcular la dimensión del siguiente subespacio de $\mathbb{R}^4$ en función de los parámetros que aparecen.

$$U = L((1, a, 0, -a), (0, 1, 1, a), (-1, 0, a, 0), (2, a + 1, -a + 1, 0))$$

72. * Determinar los valores de los parámetros λ y μ para que las matrices del espacio vectorial real $\mathfrak{M}_2(\mathbb{R})$

$$\begin{pmatrix} \lambda & \mu \\ 0 & 0 \end{pmatrix}, \begin{pmatrix} 0 & \lambda \\ \mu & 0 \end{pmatrix}, \begin{pmatrix} 0 & 0 \\ \lambda & \mu \end{pmatrix}, \begin{pmatrix} \mu & 0 \\ 0 & \lambda \end{pmatrix}$$

1. generen un subespacio de dimensión 3;
2. sean linealmente independientes;
3. generen un subespacio de dimensión 1;
4. sean base de $\mathfrak{M}_2(\mathbb{R})$.

73. En $\mathbb{R}^4$ con el producto escalar usual, se considera el subespacio $U = L((2, 1, 5, -1), (-1, 1, 2, 0))$. Calcular una base de $U^\perp$.

74. En $\mathbb{R}^4$, con el producto escalar usual, calcular una base ortonormal a partir de los vectores $(1, 1, 1, 1)$, $(1, 1, 0, 0)$, $(1, 1, 1, 0)$, $(1, 0, 0, 0)$.

75. Hallar una base ortogonal del subespacio de $\mathbb{R}^4$ de ecuación cartesiana $2x_1 + 4x_2 - x_3 + 3x_4 = 0$.

76. Sean x e y dos vectores de $\mathbb{R}^3$ cuyas coordenadas respecto de una base ortonormal son $x = (1, 1, -1)_B$ y $(1, 0, 1)_B$. Hallar las coordenadas de la familia de vectores ortogonales a ambos.

77. Descomponer el vector $(1, 3, -1, 4)$ en suma de dos vectores, uno perteneciente al subespacio generado por $\{(2, 1, 0, 1), (0, 3, 1, 1)\}$ y el otro ortogonal a dicho subespacio.

78. * En $\mathbb{R}^4$ con el producto escalar usual se considera el subespacio U generado por los vectores $u_1 = (1, -1, 1, -1)$, $u_2 = (1, 1, 1, 1)$ y $u_3 = (1, -1, -1, -1)$.

1. Calcular el complemento ortogonal $U^\perp$ de U dando una base y unas ecuaciones cartesianas.
2. Hallar una base ortonormal de U.
3. Hallar $p_U(x)$ y $p_{U^\perp}(x)$ siendo $x = (1, 2, 3, 4)$.

* En $\mathbb{R}^4$ se considera el subespacio U dado por

$$U \equiv \left\{ \begin{array}{rl} x - y + z - 2t = & 0 \\ y + z = & 0 \end{array} \right.$$

Calcular $U^\perp$ y obtener las proyecciones sobre U y sobre $U^\perp$ del vector $(1, 1, 1, 1)$.

* Dado el espacio vectorial de los polinomios de grado menor o igual que 1, y el producto escalar

$$< p(x), q(x) >= \int_0^1 p(x)q(x)dx$$

se pide:

1. Matriz del producto escalar en la base $\{1, x\}$.
2. ¿Qué ángulo forman los polinomios $x + 3$ y $2x + 4$?
3. Calcular la proyección ortogonal de $x + 3$ sobre el subespacio U generado por $x + 2$.
4. Calcular una base ortonormal a partir de la base $\{1, x\}$.

* Calcular la matriz de Gram, respecto de la base B, del producto escalar dado por:

$$< x, y >= 2x_1y_1 + 2x_2y_2 + 2x_3y_3 + x_1y_2 + x_1y_3 + x_2y_1 + x_2y_3 + x_3y_1 + x_3y_2$$

donde (x_1, x_2, x_3) y (y_1, y_2, y_3) son las coordenadas en la base B de x e y. ¿Es la base B ortogonal? En caso negativo, calcular una base ortogonal a partir de B.

* En $\mathbb{R}^3$ con el producto escalar usual,

1. Calcular la proyección ortogonal del vector $v = (1, 2, 1)$ sobre el subespacio $U = L((0, 1, 2), (1, 2, 3))$.
2. Si llamamos $d(v, U) = \text{mín}\{||v - u||/u \in U\}$, ¿cuánto vale $d(v, U)$ siendo v y U los del apartado anterior?

* En un espacio vectorial euclídeo V se consideran dos vectores unitarios u y v que forman un ángulo de 60 grados. Calcular $||2u + v||$.

* En $\mathbb{R}^4$ con el producto escalar usual, se considera el subespacio

$$U \equiv x + y + z = 0$$

Calcular la proyección ortogonal del vector $(0, 1, 1, 1)$ sobre U y sobre el ortogonal de U.

* En $\mathbb{R}^3$ con el producto escalar usual $< , >$, se define

$$[(x_1, x_2, x_3), (y_1, y_2, y_3)] =< (x_1 + x_3, x_1 + x_2, x_2 + x_3), (y_1 + y_3, y_1 + y_2, y_2 + y_3) >$$

1. Comprobar que $[,]$ define un producto escalar en $\mathbb{R}^3$.
2. Calcular la matriz de Gram para este producto escalar con respecto de la base canónica.
3. Calcular una base ortogonal de $\mathbb{R}^3$ con respecto de este producto escalar.

* En el espacio vectorial de las matrices cuadradas de orden 2, $\mathfrak{M}_2(\mathbb{R})$, se define el siguiente producto:

$$\begin{array}{ccc} \mathfrak{M}_2(\mathbb{R}) \times \mathfrak{M}_2(\mathbb{R}) & \longrightarrow & \mathbb{R} \\ (A, B) & \mapsto & A \cdot B \overset{def.}{=} tr(AB^t) \end{array}$$

1. Demostrar que $\mathfrak{M}_2(\mathbb{R})$ con el anterior producto es un espacio vectorial euclídeo.
2. ¿Existe alguna base ortonormal para el producto escalar dado? En caso afirmativo, encontrarla.

III

Aplicaciones lineales

1. Aplicaciones lineales. Núcleo e imagen

Las aplicaciones lineales (u homomorfismos de espacios vectoriales) desempeñan en el estudio de los espacios vectoriales el mismo papel que las aplicaciones en el estudio de los conjuntos. Siendo los espacios vectoriales conjuntos dotados de una estructura adicional (las operaciones suma y producto por escalares) nos interesarán las aplicaciones que trasladen esta estructura de uno a otro espacio vectorial. En esta primera sección trataremos aspectos generales de las aplicaciones lineales entre espacios vectoriales de dimensión no necesariamente finita, aunque la mayor parte de los ejemplos se refieren a espacios de dimensión finita.

1.1. Definición y ejemplos

Dados $\mathbb{K}$-espacios vectoriales V y V', de una aplicación $f : V \to V'$ se dice que es una **aplicación lineal** si verifica:

1. $f(u+v) = f(u) + f(v), \forall u, v \in V$.
2. $f(au) = af(u), \forall a \in \mathbb{K}, \ \forall u \in V$.

Esto es: f es lineal si conmuta con las operaciones de espacio vectorial, así por ejemplo la condición (1) impone que se obtenga el mismo resultado sumando primero los vectores y aplicando f a esta suma, que aplicando f a cada uno de ellos y sumando después.
Veamos algunos ejemplos:

Ejemplo 1. *Para cada espacio vectorial V podemos considerar la aplicación identidad:*

$$I : V \longrightarrow V$$

definida por $I(u) = u$. Evidentemente se trata de una aplicación lineal.
Más en general, para cada subespacio U de V podemos considerar la aplicación lineal inclusión $i : U \longrightarrow V$, dada por $i(u) = u$.

Ejemplo 2. *Para cada dos espacios vectoriales V y V' podemos considerar la aplicación lineal cero (o trivial):*

$$0 : V \longrightarrow V'$$

que lleva todo vector de V en el vector 0 de V'.

Ejemplo 3. *La aplicación $f : \mathbb{R}^2 \to \mathbb{R}^2$ dada por $f(x, y) = (y, x)$ es lineal. En efecto consideremos dos vectores cualesquiera de $\mathbb{R}^2$: $u = (x, y)$, $v = (x', y')$. Entonces:*

$$f(u+v) = f((x,y) + (x',y')) = f(x+x', y+y') = (y+y', x+x')$$

mientras que

$$f(u) + f(v) = f(x,y) + f(x',y') = (y,x) + (y',x') = (y+y', x+x')$$

De igual forma, para cada $a \in \mathbb{R}$ se tiene:

$$f(au) = f(a(x,y)) = f(ax, ay) = (ay, ax)$$

$$af(u) = af(x,y) = a(y,x) = (ay, ax)$$

Ejemplo 4. *La aplicación* $g : \mathbb{R}^2 \to \mathbb{R}^2$ *dada por* $g(x, y) = (y, x^2)$ *no es lineal. De hecho, para el escalar* $a = 2$ *y el vector* $u = (1,0)$ *se tiene* $g(au) = g(2(1,0)) = g(2,0) = (0,4)$ *mientras que* $ag(u) = 2g(1,0) = 2(0,1) = (0,2)$.

Ejemplo 5. *Consideremos la aplicación*

$$D : \mathcal{P}(\mathbb{R}) \longrightarrow \mathcal{P}(\mathbb{R})$$

que lleva cada polinomio en su derivada, esto es: $D(p(x)) = p'(x)$. *D es una aplicación lineal, puesto que la derivada de una suma de funciones es igual a la suma de sus derivadas, y la derivada de una constante por una función es igual a la constante por la derivada de la función.*

Ejemplo 6. *La aplicación* $\Phi : \mathfrak{M}_{m\times n}(\mathbb{K}) \longrightarrow \mathfrak{M}_{n\times m}(\mathbb{K})$ *que lleva cada matriz A en su traspuesta* A^t *es también lineal, puesto que según vimos* $(A+B)^t = A^t + B^t$ *y* $(kA)^t = kA^t$.

Las dos propiedades definitorias del concepto de aplicación lineal pueden condensarse en una sola condición:

LEMA

Una aplicación $f : V \to V'$ *entre dos* $\mathbb{K}$*-espacios vectoriales es lineal si, y solamente si,*

$$f(ax + by) = af(x) + bf(y),\ \forall a, b \in \mathbb{K},\ \forall x, y \in V.$$

DEMOSTRACIÓN. Supongamos que f es lineal, entonces: $f(au + bv) = f(au) + f(bv)$ aplicando el axioma (1) y $f(au) + f(bv) = af(u) + bf(v)$ por el axioma (2), luego se verifica la condición del enunciado.
Recíprocamente, supongamos ahora que f verifica la condición del enunciado y veamos que f ha de verificar (1) y (2). Para (1), apliquemos la condición con $a = b = 1$: $f(u+v) = f(1u+1v) = 1f(u) + 1f(v) = f(u) + f(v)$. Para (2) aplicamos la condición con $b = 0$, $v = u$: $f(au) = f(au + 0u) = af(u) + 0f(u) = af(u)$. □

Algunas propiedades que se deducen fácilmente de la definición y el resultado anterior son:

Propiedades de las aplicaciones lineales

Sea $f : V \to V'$ *una aplicación lineal, entonces se verifica:*

1. $f(0) = 0$.
2. $f(-u) = -f(u)$.
3. $f(a_1u_1 + \cdots + a_nu_n) = a_1f(u_1) + \cdots + a_nf(u_n)$, *para cualesquiera* $a_1, \ldots, a_n \in \mathbb{K}$, $u_1, \ldots, u_n \in V$.

DEMOSTRACIÓN.
1. $f(0) + f(0) = f(0+0) = f(0) \Rightarrow f(0) = 0$.
2. $f(-u) = f((-1)u) = (-1)f(u) = -f(u)$.

3. Para el caso $n = 2$ es la condición del Lema anterior, mientras que para $n > 2$ se obtiene por medio de una inducción rutinaria. □

La primera de estas propiedades establece una condición necesaria (aunque no suficiente) para que una aplicación sea lineal, lo que permite comprobar de forma rápida que algunas aplicaciones no son lineales. Veamos algún ejemplo:

Ejemplo 7. *La aplicación* $f : \mathbb{R}^2 \to \mathbb{R}^2$ *dada por* $f(x, y) = (x + 1, y)$ *no es lineal, puesto que* $f(0, 0) = (1, 0) \neq (0, 0)$.
La aplicación $g : \mathbb{R}^2 \to \mathbb{R}^2$ *dada por* $g(x, y) = (y, x^2)$ *verifica* $g(0, 0) = (0, 0)$ *a pesar de que no es lineal como vimos en el ejemplo 4.*

1.2. Núcleo e imagen de una aplicación lineal

Para una aplicación lineal $f : V \to V'$ se definen su **núcleo** e **imagen** respectivamente por:

$$Ker(f) = \{x \in V \mid f(x) = 0\}$$

$$Im(f) = \{f(x) \mid x \in V\}$$

LEMA

Dada una aplicación lineal $f : V \to V'$, *se verifica:*

1. $Ker(f)$ *es un subespacio de* V.
2. $Im(f)$ *es un subespacio de* V'.

DEMOSTRACIÓN.
1. Sean $a, b \in \mathbb{K}$, $u, v \in Ker(f)$ arbitrarios, entonces: $f(au + bv) = af(u) + bf(v) = a0 + b0 = 0$ luego $au + bv \in Ker(f)$.
2. Sean ahora $a, b \in \mathbb{K}$, $u', v' \in Im(f)$ arbitrarios, entonces por la definición de $Im(f)$, existen $u, v \in V$ de forma que $f(u) = u'$ y $f(v) = v'$, pero entonces $f(au + bv) = af(u) + bf(v) = au' + bv'$ luego también $au' + bv' \in Im(f)$. □

LEMA

Dada una aplicación lineal $f : V \to V'$, *si* $\{u_1, \ldots, u_n\}$ *es un sistema de generadores de* V, *entonces* $\{f(u_1), \ldots, f(u_n)\}$ *es un sistema de generadores de* $Im(f)$.

DEMOSTRACIÓN. Dado $u' \in Im(f)$ arbitrario, existe $u \in V$ de forma que $f(u) = u'$ y, puesto que $\{u_1, \ldots, u_n\}$ es un sistema de generadores de V, el vector $u \in V$ se podrá escribir como combinación lineal:

$$u = a_1 u_1 + \cdots + a_n u_n$$

para ciertos $a_1, \ldots, a_n \in \mathbb{K}$, y entonces:

$$u' = f(u) = f(a_1 u_1 + \cdots + a_n u_n) = a_1 f(u_1) + \cdots + a_n f(u_n)$$

Luego u' se escribe como combinación lineal de $\{f(u_1), \ldots, f(u_n)\}$. Puesto que u' era un vector arbitrario de $Im(f)$ obtenemos que $\{f(u_1), \ldots, f(u_n)\}$ es un sistema de generadores de $Im(f)$ como queríamos demostrar. □

Este resultado nos proporciona un primer método para calcular la imagen de una aplicación lineal. El núcleo de una aplicación lineal es fácil de calcular a partir de la definición. Notemos en todo caso que será en la siguiente sección cuando, con ayuda de matrices, estudiemos el método de cálculo más útil en la práctica para el caso de dimensión finita. Veamos un ejemplo:

Ejemplo 8. *Calculemos el núcleo y la imagen de la aplicación lineal $f : \mathbb{R}^3 \to \mathbb{R}^3$ definida por $f(x, y, z) = (x + z, y, x + 2y + z)$.*

$$(x, y, z) \in Ker(f) \Leftrightarrow f(x, y, z) = (0, 0, 0) \Leftrightarrow (x + z, y, x + 2y + z) = (0, 0, 0) \Leftrightarrow \left\{ \begin{array}{rl} x + z & = 0 \\ y & = 0 \\ x + 2y + z & = 0 \end{array} \right.$$

Este sistema de ecuaciones es equivalente al sistema escalonado reducido:

$$\left\{ \begin{array}{rl} x + z & = 0 \\ y & = 0 \end{array} \right.$$

que nos proporciona unas ecuaciones cartesianas de $Ker(f)$. Pasando a ecuaciones paramétricas se obtiene:

$$\left\{ \begin{array}{ll} x & = -\lambda \\ y & = 0 \\ z & = \lambda \end{array} \right.$$

y por tanto el subespacio $Ker(f)$ tiene base $\{(-1, 0, 1)\}$.
Calculemos ahora la imagen de f. Usando el resultado anterior un sistema de generadores vendrá dado por

$$\{f(1, 0, 0),\ f(0, 1, 0),\ f(0, 0, 1)\}$$

o lo que es igual

$$\{(1, 0, 1),\ (0, 1, 2),\ (1, 0, 1)\}$$

A partir de este sistema de generadores se obtiene la base de $Im(f)$:

$$\{(1, 0, 1),\ (0, 1, 2)\}$$

Si lo que nos interesa son unas ecuaciones paramétricas o cartesianas de f, podemos obtenerlas a partir de esta base de la forma usual.

1.3. Aplicaciones lineales inyectivas y sobreyectivas. Isomorfismos

Recordemos que una aplicación $f : A \longrightarrow B$ es inyectiva si a elementos distintos de A hace corresponder imágenes distintas en B, esto es:

$$f \text{ es inyectiva } \Leftrightarrow \forall x, y \in A, \quad \text{si } x \neq y \text{ entonces } f(x) \neq f(y);$$

o equivalentemente:

$$f \text{ es inyectiva } \Leftrightarrow \forall x, y \in A, \quad \text{si } f(x) = f(y) \text{ entonces } x = y.$$

La aplicación f es sobreyectiva si todo elemento del segundo conjunto es imagen de alguno del primero, esto es:

$$f \text{ es sobreyectiva } \Leftrightarrow \forall b \in B, \quad \text{existe } a \in A \text{ de forma que } f(a) = b.$$

La aplicación f es biyectiva si es simultáneamente inyectiva y sobreyectiva.

Para el caso que nos interesa, el de las aplicaciones lineales, el núcleo y la imagen nos proporcionan un cómodo método para determinar si una aplicación lineal es inyectiva, sobreyectiva o biyectiva (o ninguna de estas cosas):

PROPOSICIÓN

Dada una aplicación lineal $f : V \to V'$, se verifica:

1. *f es inyectiva $\Longleftrightarrow Ker(f) = 0$.*
2. *f es sobreyectiva $\Longleftrightarrow Im(f) = V'$.*

DEMOSTRACIÓN.
1. Supongamos que f es inyectiva, entonces dado $u \in Ker(f)$ arbitrario se tiene $f(u) = 0 = f(0)$ y por la inyectividad $u = 0$, por tanto $Ker(f)$ se reduce en este caso al subespacio trivial.
Recíprocamente, supongamos ahora que $Ker(f) = 0$ y sean $u, v \in V$ de forma que $f(u) = f(v)$. Entonces $f(u-v) = f(u)-f(v) = 0$, luego $u-v \in Ker(f)$ y puesto que por hipótesis $Ker(f) = 0$, ha de ser $u - v = 0$, esto es $u = v$.
2. Es evidente. □

Otra caracterización de las aplicaciones lineales inyectivas y sobreyectivas viene dada por su comportamiento frente a conjuntos linealmente independientes de vectores y sistemas de generadores:

LEMA

Dada una aplicación lineal $f : V \to V'$, se verifica:

1. *f es inyectiva $\Longleftrightarrow$ Para cada conjunto linealmente independiente, $\{u_1, \dots, u_r\}$, el conjunto $\{f(u_1), \dots, f(u_r)\}$ es linealmente independiente.*
2. *f es sobreyectiva $\Longleftrightarrow$ Para cada sistema de generadores de V, $\{u_1, \dots, u_s\}$, el conjunto $\{f(u_1), \dots, f(u_s)\}$ es un sistema de generadores de V'.*

DEMOSTRACIÓN.
1. Supongamos que f es inyectiva y que el conjunto $\{u_1, \dots, u_r\}$ es linealmente independiente, y veamos que también el conjunto $\{f(u_1), \dots, f(u_r)\}$ es linealmente independiente. Consideremos una combinación lineal igualada a cero:

$$a_1 f(u_1) + \cdots + a_r f(u_r) = 0$$

Entonces $f(a_1 u_1 + \cdots + a_r u_r) = 0$, luego $a_1 u_1 + \cdots + a_r u_r \in Ker(f) = 0$ y por tanto $a_1 u_1 + \cdots + a_r u_r = 0$, y como los vectores $u_1, \dots, u_r$ son linealmente independientes se tiene $a_1 = \cdots = a_r = 0$.
Para la otra implicación, veamos que $Ker(f) = 0$. Sea pues $x \in Ker(f)$, arbitrario, entonces el

conjunto $\{f(x)\} = \{0\}$ es linealmente dependiente, luego, por la hipótesis del enunciado, también el conjunto $\{x\}$ ha de ser linealmente dependiente y esto fuerza a que sea $x = 0$.
2. Si $\{u_1, \ldots, u_s\}$ es un sistema de generadores de V, entonces el conjunto $\{f(u_1), \ldots, f(u_s)\}$ es un sistema de generadores de $Im(f)$, y en consecuencia $\{f(u_1), \ldots, f(u_s)\}$ es sistema de generadores de V' si, y sólo si, $Im(f) = V'$ o equivalentemente si, y sólo si, f es sobreyectiva. □

Recordemos que las aplicaciones lineales son llamadas también homomorfismos de espacios vectoriales. Las aplicaciones lineales inyectivas reciben también el nombre de **monomorfismos**, las sobreyectivas **epimorfismos** y las biyectivas **isomorfismos**. De dos espacios vectoriales V y V' se dice que son **isomorfos**, y se denota por $V \cong V'$, si existe un isomorfismo entre ellos.

1.4. Operaciones con aplicaciones lineales

Dados $\mathbb{K}$-espacios vectoriales V y V', denotaremos por $Hom_{\mathbb{K}}(V, V')$ al conjunto de todas las aplicaciones lineales de V en V'. En este conjunto podemos definir operaciones suma y producto por escalares en la siguiente forma: dadas $f, g \in Hom_{\mathbb{K}}(V, V')$ y dado $k \in \mathbb{K}$ se definen nuevas aplicaciones por:

$$f + g : V \longrightarrow V';\ (f + g)(u) = f(u) + g(u)$$

$$kf : V \longrightarrow V';\ (kf)(u) = kf(u)$$

Comprobemos que efectivamente $f + g$ y kf son aplicaciones lineales:
Dados $a, b \in \mathbb{K}$, $u, v \in V$ se tiene:

$$\begin{aligned}(f+g)(au+bv) &= f(au+bv) + g(au+bv) = \\ &= af(u) + bf(v) + ag(u) + bg(v) = \\ &= a(f(u) + g(u)) + b(f(v) + g(v)) = \\ &= a(f+g)(u) + b(f+g)(v)\end{aligned}$$

y

$$\begin{aligned}(kf)(au+bv) &= kf(au+bv) = \\ &= k(af(u) + bf(v)) = \\ &= akf(u) + bkf(v) = \\ &= a(kf)(u) + b(kf)(v)\end{aligned}$$

De hecho se tiene la siguiente Proposición cuya demostración es rutinaria:

PROPOSICIÓN

Dados $\mathbb{K}$-espacios vectoriales V y V', el conjunto $Hom_{\mathbb{K}}(V, V')$ de todas las aplicaciones lineales de V en V' tiene estructura de $\mathbb{K}$-espacio vectorial, con las operaciones definidas anteriormente.

Para la composición de aplicaciones lineales se tiene:

PROPOSICIÓN

Dadas aplicaciones lineales $f : V \longrightarrow V'$ y $g : V' \longrightarrow V''$, su composición $g \circ f : V \longrightarrow V''$ es también lineal.

DEMOSTRACIÓN. En efecto, dados $a, b \in \mathbb{K}$, $u, v \in$ se tiene:

$$\begin{aligned}(g \circ f)(au + bv) &= g(f(au + bv)) = \\ &= g(af(u) + bf(v)) = \\ &= ag(f(u)) + bg(f(v)) = \\ &= a(g \circ f)(u) + b(g \circ f)(v).\end{aligned}$$

□

De una aplicación lineal $f : V \longrightarrow V$ de un espacio vectorial en sí mismo se dice que es un **endomorfismo**. En el conjunto $End_{\mathbb{K}}(V) = Hom_{\mathbb{K}}(V, V)$ de todos los endomorfismos de V la composición es una operación interna que además verifica las siguientes propiedades:

Asociativa: $(h \circ g) \circ f = h \circ (g \circ f)$.
Elemento neutro: $f \circ I = I \circ f = f$.
Distributivas respecto de la suma: $f \circ (g + h) = f \circ g + f \circ h$.
$(f + g) \circ h = f \circ h + g \circ h$.
Compatibilidad: $a(g \circ f) = (ag) \circ f = g \circ (af)$.

Esto es, $End_{\mathbb{K}}(V)$ con la suma, el producto por escalares y la composición, tiene estructura de $\mathbb{K}$-álgebra.

Si $f : V \longrightarrow V'$ es un isomorfismo, entonces por ser f una aplicación biyectiva, existe una aplicación inversa $f^{-1} : V' \longrightarrow V$ de forma que $f^{-1} \circ f = I_V$ y $f \circ f^{-1} = I_{V'}$. Veamos que esta inversa es también lineal:

PROPOSICIÓN

Para cada isomorfismo de espacios vectoriales $f : V \longrightarrow V'$, su aplicación inversa $f^{-1} : V' \longrightarrow V$ es también lineal (y por tanto isomorfismo).

DEMOSTRACIÓN. Sean $a, b \in \mathbb{K}$ y $u, v \in V'$ arbitrarios y veamos que $f^{-1}(au + bv) = af^{-1}(u) + bf^{-1}(v)$. Para ello denotemos $f^{-1}(u) = u'$ y $f^{-1}(v) = v'$, entonces $f(u') = u$ y $f(v') = v$ con lo cual $f(au' + bv') = af(u') + bf(v') = au + bv$ y por tanto $f^{-1}(au + bv) = au' + bv'$, esto es, $f^{-1}(au + bv) = af^{-1}(u) + bf^{-1}(v)$. □

Para un espacio vectorial V, un **automorfismo** de V es una aplicación lineal biyectiva de V en sí mismo, es decir, es endomorfismo e isomorfismo simultáneamente. En el conjunto $Aut(V)$ de todos los automorfismos de V la composición es una operación interna (la composición de aplicaciones biyectivas es biyectiva) y en vista de lo anterior $(Aut(V), \circ)$ es un grupo, que recibe el nombre de **grupo lineal** de V.

2. Aplicaciones lineales y matrices

En esta sección nos centraremos en el estudio de aplicaciones lineales entre espacios vectoriales de dimensión finita. Las matrices constituyen una importante herramienta para este objetivo.

2.1. Matriz asociada a una aplicación lineal

Sea $f : V \to V'$ una aplicación lineal y fijemos una base $B = \{e_1, e_2, \ldots, e_n\}$ de V. Entonces f está totalmente determinada por las imágenes de los vectores de B:

$$f(e_1), f(e_2), \ldots, f(e_n)$$

En efecto, para cada vector $x \in V$ de coordenadas $x = (x_1, \ldots, x_n)_B$ se tiene $x = x_1 e_1 + \cdots + x_n e_n$ y entonces:

$$f(x) = f(x_1 e_1 + \cdots + x_n e_n) = x_1 f(e_1) + \cdots + x_n f(e_n)$$

Ejemplo 9. *Sea $f : \mathbb{R}^2 \to \mathbb{R}^3$ de forma que $f(1,0) = (1,2,3)$ y $f(0,1) = (2,1,0)$. Entonces, por ejemplo:*

$$f(2,3) = f(2(1,0) + 3(0,1)) = 2f(1,0) + 3f(0,1) = 2(1,2,3) + 3(2,1,0) = (8,7,6)$$

Más en general, para cada vector $(x, y) \in \mathbb{R}^2$ se tiene:

$$f(x,y) = f(x(1,0) + y(0,1)) = xf(1,0) + yf(0,1) = x(1,2,3) + y(2,1,0) =$$

$$= (x, 2x, 3x) + (2y, y, 0) = (x + 2y, 2x + y, 3x)$$

Sea ahora una base $B' = \{u_1, \ldots, u_m\}$ de V' y consideremos las coordenadas respecto de B' de los vectores $f(e_1), \ldots, f(e_n)$:

$$\left\{\begin{array}{lcl} f(e_1) & = & (a_{11}, \ldots, a_{m1})_{B'} \\ f(e_2) & = & (a_{12}, \ldots, a_{m2})_{B'} \\ \multicolumn{3}{c}{\cdots\cdots\cdots\cdots\cdots\cdots} \\ f(e_n) & = & (a_{1n}, \ldots, a_{mn})_{B'} \end{array}\right.$$

Dado un vector x de V de coordenadas $x = (x_1, \ldots, x_n)_B$, entonces, según hemos visto $f(x) = x_1 f(e_1) + \cdots + x_n f(e_n)$, luego las coordenadas de $f(x)$ respecto de B' serán:

$$f(x) = (a_{11}x_1 + \cdots + a_{1n}x_n, a_{21}x_1 + \cdots + a_{2n}x_n, \ldots, a_{m1}x_1 + \cdots + a_{mn}x_n)_{B'}$$

Ahora bien, si denotamos a las coordenadas de $f(x)$ por $f(x) = (y_1, \ldots, y_m)_{B'}$, entonces se obtiene:

$$\left\{\begin{array}{lcl} y_1 & = & a_{11}x_1 + \cdots + a_{1n}x_n \\ y_2 & = & a_{21}x_1 + \cdots + a_{2n}x_n \\ \multicolumn{3}{c}{\cdots\cdots\cdots\cdots\cdots\cdots} \\ y_m & = & a_{m1}x_1 + \cdots + a_{mn}x_n \end{array}\right.$$

o matricialmente:

$$\begin{pmatrix} y_1 \\ y_2 \\ \vdots \\ y_m \end{pmatrix} = \begin{pmatrix} a_{11} & a_{12} & \ldots & a_{1n} \\ a_{21} & a_{22} & \ldots & a_{2n} \\ \vdots & \vdots & \ddots & \vdots \\ a_{m1} & a_{m2} & \ldots & a_{mn} \end{pmatrix} \begin{pmatrix} x_1 \\ x_2 \\ \vdots \\ x_n \end{pmatrix}$$

Esta expresión recibe el nombre de **ecuación matricial** de la aplicación lineal f respecto de las bases B y B'. La matriz que aparece:

$$A = \begin{pmatrix} a_{11} & a_{12} & \dots & a_{1n} \\ a_{21} & a_{22} & \dots & a_{2n} \\ \vdots & \vdots & \ddots & \vdots \\ a_{m1} & a_{m2} & \dots & a_{mn} \end{pmatrix}$$

recibe el nombre de **matriz asociada** a f respecto de las bases B y B', lo que denotaremos por $A = \mathfrak{M}_{B,B'}(f)$. Señalemos que su número de columnas es igual a la dimensión del primer espacio y su número de filas igual a la dimensión del segundo espacio.
Denotando como en otras ocasiones

$$X = \begin{pmatrix} x_1 \\ x_2 \\ \vdots \\ x_n \end{pmatrix} \; ; \quad Y = \begin{pmatrix} y_1 \\ y_2 \\ \vdots \\ y_m \end{pmatrix}$$

nos queda la ecuación matricial de f en la forma reducida:

$$Y = AX$$

En resumen:

Ecuación matricial de una aplicación lineal

Sean V y V' $\mathbb{K}$-espacios vectoriales de dimensiones n y m respectivamente y sean B y B' bases de V y V' respectivamente. Dada una aplicación lineal $f : V \to V'$, la ecuación matricial de f respecto de las bases B y B' es la expresión:

$$Y = AX$$

que, dadas las coordenadas de un vector x respecto de B, permite calcular las coordenadas de su imagen $y = f(x)$ respecto de B'. A es la matriz asociada a f respecto de B y B', esto es: la matriz de orden $m \times n$ cuyas columnas son las coordenadas respecto de B' de las imágenes por f de los vectores de B.

Un caso particular especialmente interesante es cuando $V = V'$. Recordemos que un endomorfismo es una aplicación lineal $f : V \to V$ de un espacio vectorial en sí mismo. Para la matriz asociada a un endomorfismo es usual (y natural) considerar la misma base, digamos B, en el espacio de partida y en el de llegada, y denotarla $\mathfrak{M}_B(f)$ en lugar de $\mathfrak{M}_{B,B}(f)$.

Ejemplo 10. *Sea $D : \mathcal{P}_3(\mathbb{R}) \longrightarrow \mathcal{P}_3(\mathbb{R})$ la aplicación lineal derivada, que lleva cada polinomio de grado menor o igual que 3 en su derivada. Consideremos la base estándar de $\mathcal{P}_3(\mathbb{R})$: $B = \{1, x, x^2, x^3\}$ y calculemos la matriz asociada a D respecto de la base B. Para ello, hemos de calcular las imágenes por D de los vectores de B, calcular sus coordenadas respecto de B y* *ponerlos por columnas en una matriz:*

$$\begin{aligned} D(1) &= 0 = (0,0,0,0)_B \\ D(x) &= 1 = (1,0,0,0)_B \\ D(x^2) &= 2x = (0,2,0,0)_B \\ D(x^3) &= 3x^2 = (0,0,3,0)_B \end{aligned}$$

Luego la matriz asociada a D es:

$$A = \mathfrak{M}_B(D) = \begin{pmatrix} 0 & 1 & 0 & 0 \\ 0 & 0 & 2 & 0 \\ 0 & 0 & 0 & 3 \\ 0 & 0 & 0 & 0 \end{pmatrix}$$

Toda matriz es la matriz asociada a una aplicación lineal. Más concretamente, dados $\mathbb{K}$-espacios vectoriales V y V' de dimensiones n y m respectivamente y bases B y B' bases de V y V' respectivamente, para cada matriz $A \in \mathfrak{M}_{m\times n}(\mathbb{K})$, existe una única aplicación lineal $f : V \longrightarrow V'$ de forma que $\mathfrak{M}_{B,B'}(f) = A$. Basta definir f como la aplicación que lleva cada vector x de V en el vector y de V' cuyas coordenadas respecto de B' se obtienen por $Y = AX$, donde X es la matriz columna formada por las coordenadas de x respecto de B.

2.2. Matriz asociada y núcleo e imagen

Veamos cómo la matriz asociada a una aplicación lineal facilita también el cálculo de su núcleo e imagen. Para ello, sea $f : V \longrightarrow V'$ una aplicación lineal con $dim(V) = n$ y $dim(V') = m$, y sea A la matriz asociada a f respecto de ciertas bases B y B' de V y V' respectivamente y denotemos $r = rg(A)$.
Entonces, las columnas de A son las coordenadas respecto de B' de un sistema de generadores de $Im(f)$, y en particular $dim(Im(f)) = r$.
Por otra parte un vector $x \in V$ de coordenadas $x = (x_1, \ldots, x_n)_B$ está en el núcleo de f si, y sólo si, $f(x) = 0$ o equivalentemente si, y sólo si, $AX = 0$ y por tanto se obtienen unas cartesianas de $Ker(f)$ a partir del sistema homogéneo cuya matriz de coeficientes es A:

$$\left\{ \begin{aligned} a_{11}x_1 + \cdots + a_{1n}x_n &= 0 \\ a_{21}x_1 + \cdots + a_{2n}x_n &= 0 \\ \cdots\cdots\cdots\cdots & \cdots\cdots \\ a_{m1}x_1 + \cdots + a_{mn}x_n &= 0 \end{aligned} \right.$$

De estas m ecuaciones, el número de ecuaciones independientes es exactamente $r = rg(A)$ y en consecuencia $dim(Ker(f)) = n - r$. Así pues hemos obtenido:

Fórmula de las dimensiones para aplicaciones lineales

Sea $f : V \to V'$ una aplicación lineal, entonces se verifica:

$$dim(Ker(f)) + dim(Im(f)) = dim(V).$$

Dada una aplicación lineal $f : V \to V'$ se llama **rango** de f, ($rg(f)$) a la dimensión de su imagen, y **nulidad** de f, ($n(f)$) a la dimensión de su núcleo. Expresada en estos términos, la formula de las dimensiones afirma que la suma del rango y la nulidad de una aplicación lineal es igual a la dimensión del primer espacio.

Tenemos ya un método para calcular, a partir de la matriz asociada a f, un sistema de generadores de $Im(f)$ y unas ecuaciones cartesianas de $Ker(f)$. Si seguimos avanzando podemos obtener un nuevo método que nos proporciona directamente bases de $Ker(f)$ e $Im(f)$:

Señalemos para empezar que, puesto que las columnas de A forman un sistema de generadores de $Im(f)$, podemos obtener una base de $Im(f)$ considerando las columnas no nulas de la forma de Hermite por columnas C de A. Si al calcular la forma de Hermite por columnas de A realizamos las operaciones elementales sobre $\left(\frac{A}{I}\right)$, obtendremos $\left(\frac{C}{P}\right)$ donde P es una matriz regular de orden n de forma que $C = AP$. Como ya hemos dicho, las columnas no nulas de C forman una base (en coordenadas) de $Im(f)$, pues bien, las columnas de P que están bajo las columnas de ceros de C (si las hay) forman una base de $Ker(f)$.

En efecto, denotemos por C_i a la columna i-ésima de C y por P_i a la de P, entonces como $AP = C$, se tiene que para cada i se verifica $AP_i = C_i$ luego las columnas de P que están bajo una columna de ceros de C verifican $AP_j = 0$ y por tanto estas columnas son las coordenadas de vectores de $Ker(f)$. Además se trata de $n - r$ vectores que son independientes por formar parte sus coordenadas de una matriz regular, y $dim(Ker(f)) = n - r$ según la fórmula de las dimensiones. Por tanto, forman una base de $Ker(f)$.

Veamos un ejemplo:

Ejemplo 11. *Consideremos la aplicación lineal* $f : \mathbb{R}^3 \to \mathbb{R}^3$ *del ejemplo 8,* $f(x, y, z) = (x + z, y, x + 2y + z)$. *La matriz asociada a* f *respecto de la base canónica es*

$$A = \begin{pmatrix} 1 & 0 & 1 \\ 0 & 1 & 0 \\ 1 & 2 & 1 \end{pmatrix}$$

$$\left(\begin{array}{ccc} 1 & 0 & 1 \\ 0 & 1 & 0 \\ 1 & 2 & 1 \\ \hline 1 & 0 & 0 \\ 0 & 1 & 0 \\ 0 & 0 & 1 \end{array}\right) \sim_c \left(\begin{array}{cc|c} 1 & 0 & 0 \\ 0 & 1 & 0 \\ 1 & 2 & 0 \\ \hline 1 & 0 & -1 \\ 0 & 1 & 0 \\ 0 & 0 & 1 \end{array}\right)$$

Luego una base de $Im(f)$ *es* $\{(1,0,1),(0,1,2)\}$, *mientras que una base de* $Ker(f)$ *es* $\{(-1,0,1)\}$.

COROLARIO

Sea $f : V \to V'$ *una aplicación lineal con* $dim(V) = n$ *y* $dim(V') = m$ *y sea* A *la matriz de orden* $m \times n$ *asociada a* f *respecto de ciertas bases* B *y* B'. *Entonces:*

1. f *es inyectiva* $\Longleftrightarrow rg(A) = n$.

2. f *es sobreyectiva* $\Longleftrightarrow rg(A) = m$.

3. f *es un isomorfismo* $\Longleftrightarrow$ *A es cuadrada y regular.*

DEMOSTRACIÓN.

1. f es inyectiva si, y sólo si, $Ker(f) = 0$, usando la fórmula de las dimensiones, esto es equivalente a que sea $dim(Im(f)) = dim(V)$, o lo que es igual, $rg(A) = n$.

2. f es sobreyectiva si, y sólo si, $Im(f) = V'$, o equivalentemente si, y sólo si, $dim(Im(f)) =$

$dim(V')$, es decir $rg(A) = m$.
3. f es un isomorfismo si, y sólo si, f es inyectiva y sobreyectiva, lo que es equivalente según los apartados anteriores a que sea $n = rg(A) = m$, es decir, a que sea $n = m$ (es decir, A cuadrada) y $rg(A) = n$ (A regular). □

TEOREMA

Dos espacios vectoriales de dimensión finita sobre el cuerpo $\mathbb{K}$ son isomorfos si, y solamente si, tienen igual dimensión:

$$V \cong V' \Longleftrightarrow dim_{\mathbb{K}}(V) = dim_{\mathbb{K}}(V')$$

DEMOSTRACIÓN. Comencemos viendo la implicación a derecha. Llamemos $n = dim(V)$, $m = dim(V')$ y sean B y B' bases de V y V' respectivamente. Sea $f : V \to V'$ un isomorfismo y sea A la matriz de orden $m \times n$ asociada a f respecto de B y B'. Por el Corolario anterior A es una matriz cuadrada regular y en particular $n = m$, esto es: $dim(V) = dim(V')$.
Recíprocamente, supongamos que $dim(V) = dim(V') = n$ y sean $B = \{e_1, \ldots, e_n\}$ y $B' = \{u_1, \ldots, u_n\}$ bases de V y V' respectivamente. Consideremos la aplicación lineal $f : V \to V'$ cuya matriz respecto de B y B' es la matriz identidad de orden n, esto es: $f(x_1 e_1 + \cdots + x_n e_n) = x_1 u_1 + \cdots + x_n u_n$. Entonces f es un isomorfismo por el Corolario anterior. □

Ejemplo 12. *Cada $\mathbb{R}$-espacio vectorial V de dimensión n es isomorfo a $\mathbb{R}^n$. De hecho, fijada una base B de V, la aplicación $f_B : V \to \mathbb{R}^n$ que aplica cada vector de V en sus coordenadas respecto de B es un isomorfismo de espacios vectoriales, cuya matriz asociada respecto de B y la base canónica de $\mathbb{R}^n$, es la matriz identidad.*

2.3. Matriz asociada y cambio de base

Veremos ahora cómo están relacionadas las matrices asociadas a la misma aplicación lineal respecto de distintas bases. Sea $f : V \to V'$ una aplicación lineal con $n = dim(V)$, $m = dim(V')$. Si A y C son las matrices asociadas a f respecto de distintas bases, entonces:

$$rg(A) = dim(Im(f)) = rg(C)$$

Luego A y C tienen igual rango y por tanto son matrices equivalentes. Concretemos más esta situación:
Sean B y $\overline{B}$ bases de V con cambio de base de $\overline{B}$ a B dado por $X = P\overline{X}$ y sean B' y $\overline{B}'$ bases de V' con cambio de $\overline{B}'$ a B' dado por $Y = Q\overline{Y}$.
Consideremos la matriz asociada a f respecto de B y B': $A = \mathfrak{M}_{B,B'}(f)$ y la ecuación matricial

$$Y = AX$$

De igual forma, sea C la matriz asociada respecto de $\overline{B}$ y $\overline{B}'$: $C = \mathfrak{M}_{\overline{B},\overline{B}'}(f)$ y consideremos la ecuación matricial de f respecto de estas bases:

$$\overline{Y} = C\overline{X}$$

Gráficamente:

$$\begin{array}{ccc} V & \longrightarrow & V' \\ & & \\ B & \xrightarrow{A} & B' \\ P \Big\uparrow & & \Big\uparrow Q \\ \overline{B} & \xrightarrow{C} & \overline{B}' \end{array}$$

Entonces:

$$\overline{Y} = Q^{-1}Y = Q^{-1}AX = Q^{-1}AP\overline{X}$$

Y en consecuencia:

$$C = Q^{-1}AP$$

Para el caso de un endomorfismo, al considerarse la misma base en el espacio de partida y en el de llegada la situación es:

$$\begin{array}{ccc} V & \longrightarrow & V \\ & & \\ B & \xrightarrow{A} & B \\ P \Big\uparrow & & \Big\uparrow P \\ \overline{B} & \xrightarrow{C} & \overline{B} \end{array}$$

Y la relación entre A y C es:

$$C = P^{-1}AP$$

De dos matrices cuadradas A y C para las que existe un matriz regular P de forma que $C = P^{-1}AP$ se dice que son **semejantes**.

PROPOSICIÓN

1. Dos matrices son equivalentes si, y sólo si, son matrices asociadas a la misma aplicación lineal respecto de distintas bases.
2. Dos matrices son semejantes si, y sólo si, son matrices asociadas al mismo endomorfismo respecto de distintas bases.

DEMOSTRACIÓN. Probaremos la primera afirmación, siendo la segunda enteramente similar. La implicación a izquierda ya la hemos visto. Para el recíproco, supongamos que las matrices A y C son equivalentes, entonces $C = Q^{-1}AP$ para ciertas matrices regulares P y Q. Consideremos la aplicación lineal $f : \mathbb{K}^n \longrightarrow \mathbb{K}^m$ cuya matriz asociada respecto de las bases canónicas B de $\mathbb{K}^n$ y B' de $\mathbb{K}^m$ es A. Tomemos las bases $\overline{B}$ de $\mathbb{K}^n$ y $\overline{B'}$ de $\mathbb{K}^m$ determinadas por ser P la matriz de cambio de base de $\overline{B}$ a B, y Q la matriz de cambio de base de $\overline{B'}$ a B'. Entonces, según hemos visto, la matriz asociada a f respecto de $\overline{B}$ y $\overline{B'}$ es C. □

2.4. Matriz asociada y operaciones con aplicaciones lineales

Veremos en este epígrafe cómo la asignación a una aplicación lineal de su matriz asociada presenta un buen comportamiento con respecto a las operaciones con aplicaciones lineales.

Dadas aplicaciones lineales $f, g : V \longrightarrow V'$ con matrices asociadas A y C respecto de ciertas bases B y B', y ecuaciones matriciales

$$Y = AX; \qquad \overline{Y} = CX$$

denotando por Y a las coordenadas respecto de B' de $f(x)$ e $\overline{Y}$ a las de $g(x)$.
Entonces $(f+g)(x) = f(x)+g(x)$, luego las coordenadas respecto de B' de $(f+g)(x)$ son $Y+\overline{Y}$ y en consecuencia la ecuación matricial de $f+g$ es

$$(Y + \overline{Y}) = AX + CX = (A + C)X$$

Así pues, la matriz asociada a $f + g$ es $A + C$.
De igual forma, puesto que $(kf)(x) = kf(x)$, se obtiene que la matriz asociada a kf es kA.
Veamos ahora qué pasa con la composición; consideremos $h : V' \longrightarrow V''$ con matriz asociada D y ecuación matricial $Z = DY$, y veamos cuál es la ecuación matricial de $h \circ f$.
Si X representa las coordenadas de x, entonces $Y = AX$ hace lo propio con las de $f(x)$ y $Z = DY$ con las de $h(f(x)) = (h \circ f)(x)$, y se tiene $Z = DY = DAX$, luego la ecuación matricial de $h \circ f$ es:

$$Z = (DA)X$$

y por tanto la matriz asociada a $h \circ f$ es DA.
En resumen se tiene:

PROPOSICIÓN

Dadas V, V' y V'' $\mathbb{K}$-espacios vectoriales de dimensión finita, B, B' y B'' bases de V, V' y V'' respectivamente y $f, g : V \longrightarrow V'$ y $h : V' \longrightarrow V''$ aplicaciones lineales se verifica:
1. $\mathfrak{M}_{B,B'}(f+g) = \mathfrak{M}_{B,B'}(f) + \mathfrak{M}_{B,B'}(g)$.
2. $\mathfrak{M}_{B,B'}(kf) = k\mathfrak{M}_{B,B'}(f)$, *para todo* $k \in \mathbb{K}$.
3. $\mathfrak{M}_{B,B''}(h \circ f) = \mathfrak{M}_{B',B''}(h)\mathfrak{M}_{B,B'}(f)$.

Las propiedades 1 y 2 anteriores nos proporcionan:

TEOREMA

Dados $\mathbb{K}$-espacios vectoriales V y V' de dimensiones n y m respectivamente y dadas bases B de V y B' de V' la aplicación:

$$\mathfrak{M}_{B,B'} : Hom_{\mathbb{K}}(V, V') \longrightarrow \mathfrak{M}_{m\times n}(\mathbb{K})$$

que lleva cada aplicación lineal en su matriz asociada respecto de B y B', es un isomorfismo de $\mathbb{K}$-espacios vectoriales. En particular $dim(Hom_{\mathbb{K}}(V, V')) = mn$.

DEMOSTRACIÓN. Por lo anterior, $\mathfrak{M}_{B,B'}$ es una aplicación lineal. Es inyectiva puesto que una aplicación lineal está unívocamente determinada por su matriz asociada. Es sobreyectiva puesto que, para cada matriz de orden $m \times n$, existe una aplicación lineal cuya matriz asociada es A, la de ecuación matricial $Y = AX$. □

3. Espacio dual

Dado un espacio vectorial V sobre el cuerpo $\mathbb{K}$, a las aplicaciones lineales $f : V \longrightarrow \mathbb{K}$ se les llama **formas lineales**. Al conjunto de todas las formas lineales de un espacio vectorial V se le llama el **espacio dual** de V y se le designa por V^*. Usando la notación de la sección anterior tenemos

$$V^* = Hom_{\mathbb{K}}(V, \mathbb{K})$$

y por tanto, si V tiene dimensión n, entonces V^* es también un espacio vectorial de dimensión n, puesto que es isomorfo al conjunto de las matrices de orden $1 \times n$. Este es el caso que nos interesa, es decir, cuando V y por tanto V^* son espacios vectoriales de dimensión finita. Para la matriz asociada a una forma lineal $f : V \longrightarrow \mathbb{K}$, puesto que el espacio de llegada es $V' = \mathbb{K}$, usaremos siempre la base $\{1\}$ de este espacio y escribiremos $\mathfrak{M}_B(f)$ por $\mathfrak{M}_{B,\{1\}}(f)$.

3.1. Bases duales

Dadas $B = \{e_1, e_2, \ldots, e_n\}$ base de V y $B^* = \{f_1, f_2, \ldots, f_n\}$ base de V^* decimos que B^* es la **base dual** de B si para cada $i = 1, \ldots, n$ se verifica:

$$f_i(e_i) = 1 \;\; y \;\; f_i(e_j) = 0; \;\; \forall j \neq i.$$

PROPOSICIÓN (1ª Propiedad de las bases duales)

Si B^* es la base dual de B, entonces para cada forma lineal f los elementos de su matriz asociada en la base B coinciden con sus coordcnadas en la base B^*.

DEMOSTRACIÓN. Llamemos $A = (a_1 \; a_2 \; \ldots \; a_n)$ a la matriz asociada a f en la base B. Entonces $a_i = f(e_i)$ para cada $i = 1, 2, \ldots, n$. Por otra parte, si $f = (b_1, b_2, \ldots, b_n)_{B^*}$ entonces

$$f = b_1 f_1 + b_2 f_2 + \cdots + b_n f_n$$

y si calculamos

$$\begin{aligned} a_i &= f(e_i) = \\ &= (b_1 f_1 + b_2 f_2 + \cdots + b_i f_i + \cdots + b_n f_n)(e_i) = \\ &= b_1 f_1(e_i) + b_2 f_2(e_i) + \cdots + b_i f_i(e_i) + \cdots + b_n f_n(e_1) \end{aligned}$$

Usando la definición de base dual,

$$f_i(e_i) = 1 \;\; y \;\; f_i(e_j) = 0 \;\; \forall j \neq i$$

nos queda

$$a_i = b_i.$$

□

Nos planteamos ahora si es posible siempre calcular la base dual de una base dada B de V. En primer lugar, dada la base $B = \{e_1, e_2, \ldots, e_n\}$ de V, una forma lineal está completamente determinada conociendo las imágenes de los vectores de B, por tanto, para cada $i = 1, \ldots, n$ existe una única f_i verificando

$$f_i(e_i) = 1 \;\; y \;\; f_i(e_j) = 0 \; \forall j \neq i.$$

Luego un conjunto de formas lineales $\{f_1, f_2, \ldots, f_n\}$ verificando las condiciones para ser base dual siempre existe, pero ¿forman realmente una base de V^*? Puesto que conocemos que la dimensión del espacio es n, sólo necesitamos demostrar que son linealmente independientes: Si $\lambda_1 f_1 + \lambda_2 f_2 + \cdots + \lambda_n f_n = 0$, entonces para cada $i = 1, \ldots, n$, se tiene

$$0 = (\lambda_1 f_1 + \lambda_2 f_2 + \cdots + \lambda_n f_n)(e_i) =$$
$$= \lambda_1 f_1(e_i) + \lambda_2 f_2(e_i) + \cdots + \lambda_i f_i(e_i) + \cdots + \lambda_n f_n(e_i) =$$
$$= \lambda_i$$

y por tanto son linealmente independientes.
Luego, hemos obtenido:

PROPOSICIÓN

Para cada base B de un espacio vectorial V existe una base de V^* que es dual de B.

Veamos un ejemplo:

Ejemplo 13. *Consideremos en $\mathbb{R}^3$ la base $B = \{(1,-1,1), (-1,2,-1), (-1,1,0)\}$ y calculemos la base dual de B. Puesto que tenemos que obtener tres formas lineales observamos que es suficiente, por ejemplo, conseguir las matrices asociadas en la base canónica. Para la primera, digamos f_1 llamaremos $(a_{11}\ \ a_{12}\ \ a_{13})$ a su matriz asociada y se tienen que verificar las condiciones:*

$$f_1(1,-1,1) = 1$$

es decir,

$$\begin{pmatrix} a_{11} & a_{12} & a_{13} \end{pmatrix} \begin{pmatrix} 1 \\ -1 \\ 1 \end{pmatrix} = 1$$

Análogamente, para que $f_1(-1,2,-1) = 0$ y $f_1(-1,1,0) = 0$:

$$\begin{pmatrix} a_{11} & a_{12} & a_{13} \end{pmatrix} \begin{pmatrix} -1 \\ 2 \\ -1 \end{pmatrix} = 0$$

y

$$\begin{pmatrix} a_{11} & a_{12} & a_{13} \end{pmatrix} \begin{pmatrix} -1 \\ 1 \\ 0 \end{pmatrix} = 0$$

que se pueden resumir en el sistema de ecuaciones

$$\begin{pmatrix} a_{11} & a_{12} & a_{13} \end{pmatrix} \begin{pmatrix} 1 & -1 & -1 \\ -1 & 2 & 1 \\ 1 & -1 & 0 \end{pmatrix} = \begin{pmatrix} 1 \\ 0 \\ 0 \end{pmatrix}$$

Antes de resolverlo, observemos que para calcular f_2 y f_3 aparecerán dos sistemas de ecuaciones similares, con incógnitas $(a_{21}\ \ a_{22}\ \ a_{23})$ y $(a_{31}\ \ a_{32}\ \ a_{33})$ respectivamente y en el que también varían los términos independientes. Podemos escribirlos reunidos de la siguiente forma:

$$\begin{pmatrix} a_{11} & a_{12} & a_{13} \\ a_{21} & a_{22} & a_{23} \\ a_{31} & a_{32} & a_{33} \end{pmatrix} \begin{pmatrix} 1 & -1 & -1 \\ -1 & 2 & 1 \\ 1 & -1 & 0 \end{pmatrix} = \begin{pmatrix} 1 & 0 & 0 \\ 0 & 1 & 0 \\ 0 & 0 & 1 \end{pmatrix}$$

y ahora es claro que el problema se puede reducir al cálculo de la inversa de la matriz que tiene por columnas las coordenadas de los vectores dados.

Ahora, si efectuamos los cálculos:

$$\left(\begin{array}{ccc|ccc} 1 & -1 & -1 & 1 & 0 & 0 \\ -1 & 2 & 1 & 0 & 1 & 0 \\ 1 & -1 & 0 & 0 & 0 & 1 \end{array}\right) \sim \left(\begin{array}{ccc|ccc} 0 & 0 & -1 & 1 & 0 & -1 \\ 0 & 1 & 1 & 0 & 1 & 1 \\ 1 & -1 & 0 & 0 & 0 & 1 \end{array}\right) \sim$$

$$\left(\begin{array}{ccc|ccc} 0 & 0 & 1 & -1 & 0 & 1 \\ 0 & 1 & 0 & 1 & 1 & 0 \\ 1 & -1 & 0 & 0 & 0 & 1 \end{array}\right) \sim \left(\begin{array}{ccc|ccc} 0 & 0 & 1 & -1 & 0 & 1 \\ 0 & 1 & 0 & 1 & 1 & 0 \\ 1 & 0 & 0 & 1 & 1 & 1 \end{array}\right) \sim$$

$$\left(\begin{array}{ccc|ccc} 1 & 0 & 0 & 1 & 1 & 1 \\ 0 & 1 & 0 & 1 & 1 & 0 \\ 0 & 0 & 1 & -1 & 0 & 1 \end{array}\right)$$

La solución viene dada por las filas de la matriz, es decir: f_1 tiene matriz asociada $(1\ 1\ 1)$, la de f_2 es $(1\ 1\ 0)$ y para f_3 tenemos $(-1\ 0\ 1)$; así $f_1(x,y,z) = x+y+z$, $f_2(x,y,z) = x+y$ y $f_3(x,y,z) = -x+z$.

En el ejemplo anterior hemos observado la relación que existe entre los vectores de una base y las matrices de las formas lineales que constituyen su base dual, y que queda formalizada en el siguiente resultado:

PROPOSICIÓN

Sea V un espacio vectorial de dimensión n y sea β una base de V respecto de la cual todos los vectores y formas lineales vienen dados. Si $B = \{e_1, \dots, e_n\}$ es una base cuyos vectores, escritos por columnas, forman la matriz A, entonces la base dual de B, $B^* = \{f_1, \dots, f_n\}$ viene dada por las filas de A^{-1} y viceversa.

DEMOSTRACIÓN. En primer lugar notemos que, puesto que B es base, la matriz A es regular. Si $(b_{i1} \ \dots \ b_{in})$ es la matriz asociada a f_i en la base β y $e_j = (a_{1j} \ \dots \ a_{nj})_{\beta}$, entonces debe ocurrir:

$$(b_{i1} \ \dots \ b_{in}) \begin{pmatrix} a_{1j} \\ \vdots \\ a_{nj} \end{pmatrix} = \delta_{ij}$$

O sea, las matrices asociadas a f_i $i = 1, \dots, n$ son las filas de A^{-1}, o lo que es lo mismo, sus coordenadas en la base β^*. Además, puesto que A^{-1} es regular, sus filas son linealmente independientes. □

Esta relación nos servirá al mismo tiempo para resolver el problema inverso, es decir, dada una base de V^* calcular la base de V de la cual es dual.

Ejemplo 14. *Las formas lineales $f_1, f_2, f_3 : \mathbb{R}^3 \longrightarrow \mathbb{R}$ dadas por*

$$\begin{aligned} f_1(x,y,z) &= x+y+z \\ f_2(x,y,z) &= x+y \\ f_3(x,y,z) &= x \end{aligned}$$

forman una base del espacio dual de $\mathbb{R}^3$. Para probar esta afirmación bastará probar que son linealmente independientes puesto que la dimensión de $(\mathbb{R}^3)^*$ es 3; por otra parte, la manera más cómoda de comprobar que ciertos vectores (en este caso del espacio dual) son linealmente independientes es disponer de sus coordenadas en alguna base y calcular el rango de la matriz que forman. Pero sí conocemos las coordenadas de f_1, f_2 y f_3 en cierta base: usando la primera propiedad de las bases duales, la matriz asociada a f_i en la base canónica nos proporciona también las coordenadas de f_i en la base dual de la base canónica. Ahora, las matrices asociadas a las tres formas lineales son:

$$f_1 \leftrightarrow \begin{pmatrix} 1 & 1 & 1 \end{pmatrix}$$
$$f_2 \leftrightarrow \begin{pmatrix} 1 & 1 & 0 \end{pmatrix}$$
$$f_3 \leftrightarrow \begin{pmatrix} 1 & 0 & 0 \end{pmatrix}$$

Así, probar que son base del dual se reduce al cálculo del determinante

$$\begin{vmatrix} 1 & 1 & 1 \\ 1 & 1 & 0 \\ 1 & 0 & 0 \end{vmatrix} = -1 \neq 0$$

Para encontrar la base de $\mathbb{R}^3$ de la cual es dual $\{f_1, f_2, f_3\}$ sólo tenemos que calcular la inversa de la matriz cuyo determinante acabamos de calcular (ya hemos comprobado que su inversa existe):

$$\left(\begin{array}{ccc|ccc} 1 & 1 & 1 & 1 & 0 & 0 \\ 1 & 1 & 0 & 0 & 1 & 0 \\ 1 & 0 & 0 & 0 & 0 & 1 \end{array}\right) \sim \left(\begin{array}{ccc|ccc} 0 & 0 & 1 & 1 & 1 & 0 \\ 0 & 1 & 0 & 0 & 1 & -1 \\ 1 & 0 & 0 & 0 & 0 & 1 \end{array}\right) \sim$$

$$\left(\begin{array}{ccc|ccc} 1 & 0 & 0 & 0 & 0 & 1 \\ 0 & 1 & 0 & 0 & 1 & -1 \\ 0 & 0 & 1 & 1 & -1 & 0 \end{array}\right).$$

Las columnas de esta matriz son los vectores de V buscados: $\{(0,0,1),(0,1,-1),(1,-1,0)\}$.

PROPOSICIÓN (2ª Propiedad de las bases duales)

Si $B^* = \{f_1, \ldots, f_n\}$ es la base dual de B, entonces dado un vector x de V, si $x = (x_1, x_2, \ldots, x_n)_B$, se verifica $x_i = f_i(x); \quad \forall i = 1, \ldots, n$.

DEMOSTRACIÓN. Si $x = x_1e_1 + x_2e_2 + \cdots + x_ie_i + \cdots + x_ne_n$, entonces

$$\begin{aligned} f_i(x) &= f_i(x_1e_1 + x_2e_2 + \cdots + x_ie_i + \cdots + x_ne_n) = \\ &= x_1f_i(e_1) + x_2f_i(e_2) + \cdots + x_if_i(e_i) + \cdots + x_nf_i(e_n) = \\ &= x_10 + x_20 + \cdots + x_i1 + \cdots + x_n0 = \\ &= x_i. \end{aligned}$$

□

3.2. Anulador de un subespacio

Consideremos el espacio vectorial V y un subconjunto S de V. Se define el **anulador** de S, como el conjunto

$$an(S) = \{f \in V^* \mid f(v) = 0, \ \ \forall v \in S\}.$$

Propiedades del anulador

Sea V un $\mathbb{K}$-espacio vectorial y sea S un subconjunto de V, entonces se verifica:

1. *$an(S)$ es un subespacio vectorial de V^*.*
2. *$an(S) = an(L(S))$.*

DEMOSTRACIÓN.
1. Dadas dos formas en $an(S)$, digamos f y g queremos probar que $f + g$ también está en $an(S)$; calculamos entonces $(f + g)(v) = f(v) + g(v) = 0 + 0 = 0$ si v es cualquier vector del conjunto S, luego $f + g \in an(S)$. Si $\lambda \in \mathbb{K}$ y $f \in an(S)$, entonces $(\lambda f)(v) = \lambda f(v) = \lambda 0 = 0$ para todo $v \in S$, así $\lambda f \in an(S)$.
2. Como $S \subseteq L(S)$, entonces si f anula a todo vector de $L(S)$ en particular anula a todo vector de S y así se tiene la inclusión $an(L(S)) \subseteq an(S)$. Para la otra inclusión consideremos $f \in an(S)$ y cualquier vector de $L(S)$ que será de la forma: $v = a_1 s_1 + a_2 s_2 + \cdots + a_r s_r$ con $s_i \in S$ para cada $i = 1, \ldots, r$. Entonces

$$f(v) = f(a_1 s_1 + a_2 s_2 + \cdots + a_r s_r) = a_1 f(s_1) + a_2 f(s_2) + \cdots + a_r f(s_r) = 0$$

y por tanto $f \in an(L(S))$. $\square$

Cuando consideramos un subespacio $U \leq V$, su anulador $an(U)$ puede calcularse fácilmente usando la segunda de las propiedades anteriores. Veamos un ejemplo:

Ejemplo 15. *En $\mathbb{R}^4$ consideramos $U = L((1, -1, 0, 1), (1, 1, -1, 0), (2, 0, -1, 1))$ y tratamos de calcular $an(U)$. En primer lugar observamos que el sistema de generadores proporcionado no es una base, puesto que el tercer vector es combinación lineal de los dos primeros; así tenemos que una base de U es $\{u_1 = (1, -1, 0, 1), u_2 = (1, 1, -1, 0)\}$. Puesto que $U = L(u_1, u_2)$, por la propiedad anterior se tiene que $an(U) = an(\{u_1, u_2\})$. Así pues, para que una forma lineal f con matriz asociada respecto de la base canónica $(a_1 \ a_2 \ a_3 \ a_4)$ esté en $an(U)$ es necesario y suficiente que anule a u_1, es decir*

$$(a_1 \quad a_2 \quad a_3 \quad a_4) \begin{pmatrix} 1 \\ -1 \\ 0 \\ 1 \end{pmatrix} = 0$$

con lo que queda la ecuación:

$$1a_1 + (-1)a_2 + 0a_3 + 1a_4 = 0$$

y que anule a u_2, lo que nos da la ecuación:

$$1a_1 + 1a_2 + (-1)a_3 + 0a_4 = 0$$

Dada la base canónica de $\mathbb{R}^4$ *en la que estamos trabajando, podemos considerar su base dual, digamos* $(B_c)^*$*, y por la primera propiedad de las bases duales la matriz asociada a* f *en* B_c*,* $(a_1\ a_2\ a_3\ a_4)$ *nos da las coordenadas de* f *en* $(B_c)^*$ *y por tanto las ecuaciones*

$$\left\{\begin{array}{l} a_1 - a_2 + a_4 = 0 \\ a_1 + a_2 - a_3 = 0 \end{array}\right.$$

son las ecuaciones cartesianas de $an(U)$ *en la base* $(B_c)^*$*. Una base puede ser*

$$\{(1,1,2,0)_{(B_c)^*}, (-1,1,0,2)_{(B_c)^*}\}$$

es decir, las formas lineales $\{f(x,y,z,t) = x + y + 2z, g(x,y,z,t) = -x + y + 2t\}$.

En general, si llamamos $n = dim\ V$ y U es un subespacio de V con una base $\{u_1, u_2, \ldots, u_r\}$, entonces

$$an(U) = an(\{u_1, u_2, \ldots, u_r\})$$

lo que permite escribir las r ecuaciones cartesianas de $an(U)$. Además como $\{u_1, u_2, \ldots, u_r\}$ son linealmente independientes, entonces $dim\ an(U) = n - r$, es decir,

$$dim(an(U)) = dim\ V - dim\ U$$

3.3. Aplicación lineal traspuesta

Dados dos espacios vectoriales V y V' sobre el cuerpo $\mathbb{K}$ es posible considerar los respectivos espacios duales, y si $f : V \longrightarrow V'$ es una aplicación lineal con matriz asociada A respecto de ciertas bases B y B', entonces se puede definir una aplicación lineal entre los duales mediante f. Para ello tomemos $\varphi \in (V')^*$, es decir $\varphi : V' \longrightarrow \mathbb{K}$, entonces podemos considerar el diagrama:

$$\begin{array}{ccc} V & \xrightarrow{\ f\ } & V' \\ & & \Big\downarrow \varphi \\ & & \mathbb{K} \end{array}$$

y la composición $\varphi \circ f : V \longrightarrow \mathbb{K}$ es un elemento de V^*. De esta manera tenemos definida una aplicación a la que llamaremos f^t, **aplicación lineal traspuesta** de f:

$$f^t : (V')^* \longrightarrow V^*$$

dada por

$$f^t(\varphi) = \varphi \circ f$$

PROPOSICIÓN

Sea $f : V \longrightarrow V'$ *una aplicación lineal y sean* B *y* B' *bases de* V *y* V' *respectivamente. Entonces:*

1. f^t *es una aplicación lineal.*
2. *Si la matriz asociada a* f *respecto de las bases* B *y* B' *es* A*, entonces la matriz asociada a* f^t *en las bases* $(B')^*$ *y* B^* *es* A^t.

DEMOSTRACIÓN.
1. Si $\varphi_1, \varphi_2 \in (V')^*$ y $a_1, a_2 \in \mathbb{K}$ entonces $f^t(a_1\varphi_1 + a_2\varphi_2) = (a_1\varphi_1 + a_2\varphi_2) \circ f$.
Dado $v \in V$, tenemos

$$((a_1\varphi_1 + a_2\varphi_2) \circ f)(v) = (a_1\varphi_1 + a_2\varphi_2)(f(v)) = a_1\varphi_1(f(v)) + a_2\varphi_2(f(v)) =$$

$$= a_1(\varphi_1 \circ f)(v) + a_2(\varphi_2 \circ f)(v) = (a_1(\varphi_1 \circ f) + a_2(\varphi_2 \circ f))(v) =$$
$$= (a_1(f^t(\varphi_1) + a_2(f^t(\varphi_2))(v)$$

con lo que

$$f^t(a_1\varphi_1 + a_2\varphi_2) = a_1 f^t(\varphi_1) + a_2 f^t(\varphi_2)$$

2. Calcularemos las imágenes de las formas lineales de $(B')^*$ por f^t: si φ_i es el i-ésimo elemento de $(B')^*$ tiene matriz asociada en la base B': $(0\ 0\ \ldots 1\ \ldots 0)$, donde el 1 está exactamente en la posición i. Entonces $f^t(\varphi_i) = \varphi_i \circ f$ tiene matriz asociada en la base B el producto

$$\begin{pmatrix} 0 & 0 & \ldots & 1 & \ldots & 0 \end{pmatrix} \begin{pmatrix} a_{11} & a_{12} & \ldots & a_{1n} \\ a_{21} & a_{22} & \ldots & a_{2n} \\ \vdots & \vdots & \ddots & \vdots \\ a_{i1} & a_{i2} & \ldots & a_{in} \\ \vdots & \vdots & \ddots & \vdots \\ a_{m1} & a_{m2} & \ldots & a_{mn} \end{pmatrix} = \begin{pmatrix} a_{i1} & a_{i2} & \ldots & a_{in} \end{pmatrix}$$

que es la i-ésima fila de A, nos da las coordenadas de $f^t(\varphi_i)$ en la base B^*; estas coordenadas constituyen la i-ésima columna de la matriz asociada a f^t. □

3.4. Una aplicación de la teoría del espacio dual: interpolación de Lagrange

A continuación desarrollamos una aplicación de la teoría de espacio dual. Para tener una aproximación sencilla nos plantearemos el siguiente
Problema:
Estudiar si existe, y en caso afirmativo calcularlo, un polinomio $q(x)$ de grado menor o igual que 3, verificando:

$$\begin{aligned} q(-1) &= -6 \\ q(0) &= 2 \\ q(1) &= -2 \\ q(2) &= 6 \end{aligned}$$

Desde luego, para resolver este problema tan simple no es necesario hacer uso de ninguna teoría especial, es suficiente plantear un sistema de ecuaciones y resolverlo. Pero se trata de probar que cualquier problema de sus características tiene una única solución y de dar un método rápido para su resolución.
Sea $a \in \mathbb{R}$, llamamos **evaluar un polinomio** $q(x)$ **en** a al proceso de sustituir la indeterminada x por el valor real a en el polinomio $p(x)$; al número real obtenido de esta forma lo denotamos por $p(a)$.

Ejemplo 16. *Consideremos el polinomio $p(x) = x^3 + 2x^2 - x - 2$ y tomemos $a = -1$, entonces el resultado de evaluar $p(x)$ en a es:*

$$p(-1) = (-1)^3 + 2(-1)^2 - (-1) - 2 = -1 + 2 + 1 - 2 = 0$$

PROPOSICIÓN

La aplicación "evaluar en a", que denotaremos por E_a, es una forma lineal de $\mathcal{P}_n(\mathbb{R})$.

DEMOSTRACIÓN. Consideramos dos polinomios $p(x) = a_0 + a_1 x + \cdots + a_n x^n$ y $q(x) = b_0 + b_1 x + \cdots + b_n x^n$ y dos escalares λ_1 y λ_2, entonces

$$\begin{aligned} E_a(\lambda_1 p(x) + \lambda_2 q(x)) &= E_a((\lambda_1 a_0 + \lambda_2 b_0) + (\lambda_1 a_1 + \lambda_2 b_1)x + \cdots + (\lambda_1 a_n + \lambda_2 b_n)x^n) = \\ &= (\lambda_1 a_0 + \lambda_2 b_0) + (\lambda_1 a_1 + \lambda_2 b_1)a + \cdots + (\lambda_1 a_n + \lambda_2 b_n)a^n \end{aligned}$$

mientras que

$$\lambda_1 E_a(p(x)) + \lambda_2 E_a(q(x)) = \lambda_1(a_0 + a_1 a + \cdots + a_n a^n) + \lambda_2(b_0 + b_1 a + \cdots + b_n a^n)$$

y como son idénticas, E_a es aplicación lineal. □

Si calculamos la matriz asociada a E_a en la base $B = \{1, x, x^2, x^3\}$ de $\mathcal{P}_3(\mathbb{R})$, como $E_a(1) = 1$; $E_a(x) = a$; $E_a(x^2) = a^2$; $E_a(x^3) = a^3$, entonces la matriz asociada es

$$(1\ a\ a^2\ a^3)$$

PROPOSICIÓN

Si $a_0, a_1, \dots, a_n$ son números reales todos distintos, entonces $\{E_{a_0}, E_{a_1}, \dots, E_{a_n}\}$ es una base del espacio dual de $\mathcal{P}_n(\mathbb{R})$.

DEMOSTRACIÓN. Llamemos B^* a la base dual de la base $B = \{1, x, \dots, x^n\}$ de $\mathcal{P}_n(\mathbb{R})$. Entonces las coordenadas de $E_{a_0}, E_{a_1}, \dots, E_{a_n}$ en la base B^* son $(1, a_0, a_0^2, \dots, a_0^n)$, $(1, a_1, a_1^2, \dots, a_1^n)$, $\dots$, $(1, a_n, a_n^2, \dots, a_n^n)$ respectivamente. Veamos que el determinante de la matriz que forman es distinto de cero:

$$\begin{vmatrix} 1 & 1 & \dots & 1 \\ a_0 & a_1 & \dots & a_n \\ a_0^2 & a_1^2 & \dots & a_n^2 \\ \vdots & \vdots & \vdots & \vdots \\ a_0^n & a_1^n & \dots & a_n^n \end{vmatrix} = \prod_{i>j}(a_i - a_j)$$

(el cálculo del determinante de Vandermonde se hizo en el ejercicio resuelto 8). Así pues, como todos los a_i son distintos, el determinante anterior es no nulo y la demostración está terminada. □

PROPOSICIÓN

Los polinomios

$$p_j(x) = \prod_{i \neq j} \frac{(x - a_i)}{(a_j - a_i)}; \qquad j = 0, 1, \dots, n$$

forman la base de $\mathcal{P}_n(\mathbb{R})$ de la cual es dual la formada por $E_{a_0}, E_{a_1}, \dots, E_{a_n}$.

DEMOSTRACIÓN. Si evaluamos el polinomio

$$p_j(x) = \Pi_{i \neq j} \frac{(x - a_i)}{(a_j - a_i)}$$

en a_i con $i \neq j$, como en el producto aparece el término $(a_i - a_i) = 0$, obtenemos $p_j(a_i) = 0$. Al evaluar en a_j, el numerador y el denominador de $p_j(a_j)$ son idénticos y se tiene que $p_j(a_j) = 1$. Así, $E_{a_i}(p_j) = \delta_{ij}$. □

Los polinomios descritos en la Proposición anterior reciben el nombre de **polinomios de interpolación de Lagrange**.

Ahora la solución de nuestro problema inicial es muy sencilla:

En el ejercicio planteado tomamos $a_0 = -1, a_1 = 0, a_2 = 1, a_3 = 2$ y calculamos

$$p_0(x) = \frac{(x-0)(x-1)(x-2)}{(-1-0)(-1-1)(-1-2)} = -(1/6)(x^3 - 3x^2 + 2x)$$

$$p_1(x) = \frac{(x+1)(x-1)(x-2)}{(0+1)(0-1)(0-2)} = (1/2)(x^3 - 2x^2 - x + 2)$$

$$p_2(x) = \frac{(x+1)(x-0)(x-2)}{(1+1)(1-0)(1-2)} = -(1/2)(x^3 - x^2 - 2x)$$

$$p_3(x) = \frac{(x+1)(x-0)(x-1)}{(2+1)(2-0)(2-1)} = (1/6)(x^3 - x)$$

Utilizando ahora la segunda propiedad de las bases duales, tenemos que el polinomio que buscamos es el que tiene de coordenadas $(-6, 2, -2, 6)$ en la base $\{p_1(x), p_2(x), p_3(x), p_4(x)\}$.

Así

$$\begin{aligned} q(x) &= -6p_1(x) + 2p_2(x) - 2p_3(x) + 6p_4(x) \\ &= (x^3 - 3x^2 + 2x) + (x^3 - 2x^2 - x + 2) + (x^3 - x^2 - 2x) + (x^3 - x) \\ &= 4x^3 - 6x^2 - 2x + 2 \end{aligned}$$

En general, tenemos:

TEOREMA

Dados $n+1$ números reales distintos $a_0, a_1, \ldots, a_n$, para cualesquiera $b_0, b_1, \ldots, b_n \in \mathbb{R}$, existe un único polinomio $p(x)$ de grado menor o igual que n, de forma que $p(a_i) = b_i$, para cada $i = 0, 1, \ldots, n$. Dicho polinomio viene dado por

$$p(x) = \sum_{j=0}^{n} b_j p_j(x)$$

siendo $p_0(x), \ldots, p_n(x)$, los polinomios de interpolación de Lagrange.

4. Isometrías

4.1. Definición y ejemplos

Si V y V' son espacios vectoriales euclídeos, dada una aplicación lineal $f : V \to V'$ podemos plantearnos el comportamiento que presenta respecto del producto escalar, es decir, qué relación existe entre $< x, y >$ y $< f(x), f(y) >$ para dos vectores cualesquiera $x, y \in V$.

Ejemplo 17. *El endomorfismo $h_a : V \to V$ dado por $h_a(x) = ax$ donde a es un número real no nulo, conserva el ángulo entre dos vectores. En efecto, si llamamos α al ángulo que determinan dos vectores x e y de V, entonces*

$$cos\,\alpha = \frac{< x, y >}{||x||\ ||y||}$$

pero $< h_a(x), h_a(y) >=< ax, ay >= a^2 < x, y >$ y $||ax||\ ||ay|| = |a|^2||x||\ ||y||$ luego el ángulo que forman $h_a(x)$ y $h_a(y)$ es también α. La aplicación h_a se llama la **homotecia de razón a**.

Es claro que en el ejemplo anterior no se conserva la norma de los vectores. La situación más favorable que puede darse es que la igualdad

$$< f(x), f(y) >=< x, y >$$

ocurra para cualquier pareja de vectores; diremos entonces que f es una **isometría**. Tenemos así que una isometría no sólo conserva los ángulos entre dos vectores sino también la norma de todo vector. Esta última condición es además suficiente para que una aplicación lineal sea isometría.

PROPOSICIÓN (Definición equivalente de isometría)

Una aplicación lineal $f : V \to V'$ es isometría si, y sólo si, $||v|| = ||f(v)||$ para todo $v \in V$.

DEMOSTRACIÓN. La condición necesaria es inmediata. Para probar la condición suficiente tomemos dos vectores cualesquiera $x, y \in V$ y llamemos $v = x + y$, entonces

$$||v||^2 =< x + y, x + y >= ||x||^2 + ||y||^2 + 2 < x, y >$$

y

$$\begin{aligned} ||f(v)||^2 &=< f(x + y), f(x + y) >=< f(x) + f(y), f(x) + f(y) >= \\ &= ||f(x)||^2 + ||f(y)||^2 + 2 < f(x), f(y) > \end{aligned}$$

y puesto que f conserva la norma de cualquier vector, igualando las dos expresiones tenemos

$$||x||^2 + ||y||^2 + 2 < x, y >= ||f(x)||^2 + ||f(y)||^2 + 2 < f(x), f(y) >$$

donde podemos simplificar, puesto que $||x|| = ||f(x)||$ y lo mismo ocurre para y. Así, queda:

$$< x, y >=< f(x), f(y) >$$

□

Una consecuencia inmediata de la definición es que toda isometría es una aplicación inyectiva, en efecto, si $f(v) = 0$ entonces $||v|| = ||f(v)|| = 0$ y por tanto $v = 0$, es decir $Ker(f) = \{0\}$.

Por tanto, si V y V' tienen la misma dimensión (en particular si f es un endomorfismo), toda isometría de V a V' es un isomorfismo.

PROPOSICIÓN

Si V es un espacio vectorial euclídeo de dimensión finita y B es una base ortonormal de V, entonces un endomorfismo f de V es una isometría si, y sólo si, su matriz asociada respecto de B es ortogonal.

DEMOSTRACIÓN. Si f es isometría y A es su matriz asociada respecto de B, entonces se verifica:

$$X^t IY = < x, y > = < f(x), f(y) > = (AX)^t I(AY) = X^t(A^t IA)Y$$

donde X e Y representan las coordenadas de los vectores x e y respecto de la base B. Como esto ocurre para cualquier par de vectores, entonces $A^t A = I$ y por tanto A es ortogonal. El recíproco es evidente después de este razonamiento. □

Ejemplo 18. *El endomorfismo de $\mathbb{R}^2$ que respecto de la base canónica viene dado por la matriz*

$$\begin{pmatrix} 0 & 1 \\ -1 & 0 \end{pmatrix}$$

es una isometría. Para comprobarlo sólo tenemos que calcular AA^t:

$$\begin{pmatrix} 0 & 1 \\ -1 & 0 \end{pmatrix} \begin{pmatrix} 0 & -1 \\ 1 & 0 \end{pmatrix} = \begin{pmatrix} 1 & 0 \\ 0 & 1 \end{pmatrix}$$

y puesto que el resultado es la identidad se trata de una isometría

Dada una isometría en un espacio vectorial euclídeo V, podemos considerar el conjunto de todos los **vectores que quedan fijos** por la isometría, es decir:

$$V_f = \{v \in V \mid f(v) = v\}$$

que es evidentemente un subespacio vectorial de V. Si A es la matriz asociada a f, entonces un vector con matriz de coordenadas X está en V_f si, y sólo si, $AX = X$, o equivalentemente $(A - I)X = 0$. Este es un sistema homogéneo con matriz de coeficientes $A - I$, y por tanto $dim\ V_f = n - rango(A - I)$.

Ejemplo 19. *Para la isometría del ejemplo anterior, calculamos los vectores fijos:*

$$\begin{pmatrix} 0 & 1 \\ -1 & 0 \end{pmatrix} \begin{pmatrix} x \\ y \end{pmatrix} = \begin{pmatrix} x \\ y \end{pmatrix}$$

o equivalentemente

$$\begin{pmatrix} -1 & 1 \\ -1 & -1 \end{pmatrix} \begin{pmatrix} x \\ y \end{pmatrix} = \begin{pmatrix} 0 \\ 0 \end{pmatrix}$$

como

$$\begin{vmatrix} -1 & 1 \\ -1 & -1 \end{vmatrix} = -2$$

el único vector fijo es el cero.

Ejemplo 20. *También es una isometría de $\mathbb{R}^2$ la que tiene matriz asociada*

$$\begin{pmatrix} 0 & 1 \\ 1 & 0 \end{pmatrix}$$

y los vectores fijos vienen dados por

$$\begin{pmatrix} -1 & 1 \\ 1 & -1 \end{pmatrix} \begin{pmatrix} x \\ y \end{pmatrix} = \begin{pmatrix} 0 \\ 0 \end{pmatrix}$$

Es decir, se trata de la recta de ecuación cartesiana $x = y$.

A continuación vamos a realizar una clasificación de las isometrías en $\mathbb{R}^2$ y $\mathbb{R}^3$ en función de los subespacios de vectores fijos y del determinante de la matriz asociada, que por ser una matriz ortogonal sólo puede ser 1 ó -1.

4.2. Isometrías en $\mathbb{R}^2$

Sea $B = \{e_1, e_2\}$ una base ortonormal; si deseamos definir una aplicación lineal $f : \mathbb{R}^2 \to \mathbb{R}^2$ que conserva el producto escalar, la única condición que debe cumplir $f(e_1)$ es ser un vector unitario, y por tanto tendrá coordenadas en la base B $(cos\,\alpha, sen\,\alpha)$ para algún $0 \leq \alpha < 2\pi$. Una vez determinado $f(e_1)$, el vector $f(e_2)$ tiene que estar en la dirección perpendicular a $f(e_1)$ y ser unitario. Así sólo hay dos posibilidades para la imagen de e_2.

Rotación de ángulo α

Si tenemos

$$f(e_2) = (-sen\,\alpha, cos\,\alpha)$$

La matriz asociada en este caso es

$$\begin{pmatrix} cos\,\alpha & -sen\,\alpha \\ sen\,\alpha & cos\,\alpha \end{pmatrix}$$

de la que calculamos el subespacio de vectores fijos:

$$\begin{vmatrix} cos\,\alpha - 1 & -sen\,\alpha \\ sen\,\alpha & cos\,\alpha - 1 \end{vmatrix} = cos^2\alpha - 2cos\,\alpha + 1 + sen^2\alpha = -2cos\,\alpha + 2 = 2(1 - cos\,\alpha)$$

que es cero sólo cuando $\alpha = 0$ y por tanto no hay vectores fijos salvo para el caso de la identidad $-I$.

En este caso el determinante de la matriz es +1.

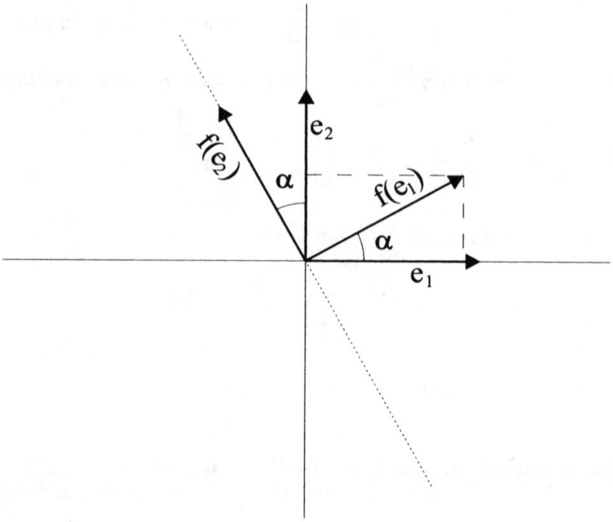

Simetría respecto de una recta

Si tenemos

$$f(e_2) = (sen\,\alpha, -cos\,\alpha)$$

La matriz asociada en este caso es

$$\begin{pmatrix} cos\,\alpha & sen\,\alpha \\ sen\,\alpha & -cos\,\alpha \end{pmatrix}$$

de la que calculamos los vectores fijos:

$$\begin{vmatrix} cos\,\alpha - 1 & sen\,\alpha \\ sen\,\alpha & -cos\,\alpha - 1 \end{vmatrix} = (cos\,\alpha - 1)(-cos\alpha - 1) - sen^2\alpha = 1 - cos^2\alpha - sen^2\alpha = 0$$

Tenemos entonces que $rango(A - I) = 1$ y por tanto existe una recta de vectores fijos de ecuación

$$(cos\,\alpha - 1)x + (sen\,\alpha)y = 0$$

Usando las fórmulas del ángulo doble

$$cos\,\alpha = cos^2(\frac{\alpha}{2}) - sen^2(\frac{\alpha}{2})$$

$$sen\,\alpha = 2sen(\frac{\alpha}{2})\ cos(\frac{\alpha}{2})$$

queda:

$$(-2sen^2(\frac{\alpha}{2}))x + (2sen(\frac{\alpha}{2})\ cos(\frac{\alpha}{2}))y = 0$$

y si $sen(\frac{\alpha}{2}) \neq 0$

$$(sen(\frac{\alpha}{2}))x - (cos(\frac{\alpha}{2}))y = 0$$

que es la recta generada por el vector $(cos(\frac{\alpha}{2}), sen(\frac{\alpha}{2}))$, y por tanto forma un ángulo $\frac{\alpha}{2}$ con el primer vector de la base. Ésta es la **recta de simetría**.

Respecto de una base adecuada la matriz asociada a una simetría puede ser

$$\begin{pmatrix} 1 & 0 \\ 0 & -1 \end{pmatrix}$$

Esta base adecuada $B' = \{v_1, v_2\}$ está formada por un vector que queda fijo por la simetría, es decir sobre el eje de simetría, $v_1 = f(v_1)$, que puede tomarse unitario. El segundo vector, v_2, puede tomarse también unitario y perpendicular a v_1. Ahora, si calculamos $f(v_1) = v_1$ obtenemos que la primera columna debe ser $(1, 0)$. Con respecto a $f(v_2)$, como

$$< v_1, f(v_2) >=< f(v_1), f(v_2) >=< v_1, v_2 >= 0$$

tiene coordenadas $(0, \lambda)$ en B', y como también es unitario pero no es un vector fijo debe ser $\lambda = -1$. En este caso el determinante de la matriz es -1.

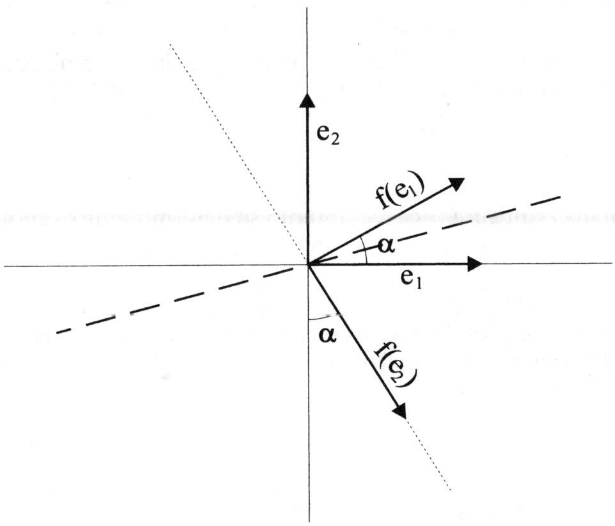

Ejemplo 21. *La isometría*

$$\begin{pmatrix} 0 & 1 \\ -1 & 0 \end{pmatrix}$$

es una rotación de ángulo $3\pi/2$. *La isometría*

$$\begin{pmatrix} 0 & 1 \\ 1 & 0 \end{pmatrix}$$

es una simetría respecto de la recta de vectores fijos $x = y$.

Ejercicio: Estudiar el resultado de componer dos rotaciones, dos simetrías y una rotación con una simetría. Calcular los correspondientes ángulos de rotación o rectas de simetría (sólo hay que utilizar las fórmulas trigonométricas de suma y diferencia de dos ángulos).

4.3. Isometrías en $\mathbb{R}^3$

Asociado a una isometría podemos definir un nuevo subespacio, similar al de los vectores fijos de f, se trata del conjunto

$$V_{-f} = \{v \in V \mid f(v) = -v\}$$

que podemos calcular utilizando la matriz asociada a f, A, resolviendo el sistema:

$$AX = -X$$

o bien

$$(A+I)X = 0$$

Probaremos en primer lugar que en $\mathbb{R}^3$ siempre se tiene que al menos uno de los subespacios V_f ó V_{-f} es no nulo.

PROPOSICIÓN

Para una matriz ortogonal real de orden impar A, se verifica $det(A-I) = 0$ ó $det(A+I) = 0$.

DEMOSTRACIÓN. En primer lugar, si C es una matriz antisimétrica de orden impar, entonces $det(C) = 0$; en efecto, como $-C = C^t$ y $det(C) = det(C^t) = (-1)^n det(C)$ y n es impar, entonces $det(C) = -det(C)$ y por tanto $det(C) = 0$.
Ahora calculemos

$$(A-I)(A+I) = A^2 - I = A(A - A^t)$$

pero $A - A^t$ es una matriz antisimétrica, y por tanto su determinante es cero (por ser una matriz de orden impar). Así $det((A-I)(A+I)) = 0$ con lo que, o bien $det(A-I) = 0$, o bien $det(A+I) = 0$. □

Sea $f : \mathbb{R}^3 \to \mathbb{R}^3$ una aplicación lineal conservando el producto escalar, $B = \{e_1, e_2, e_3\}$ una base ortonormal y llamemos A a la matriz asociada a f en la base B. Podemos distinguir los siguientes casos:

Si $det(A-I) = 0$

En este caso existen vectores fijos no nulos. Clasificamos entonces según la dimensión del subespacio de vectores fijos.

1. Si $dimV_f = 1$ se llama **giro de eje la recta $\mathbf{V_f}$ y ángulo α**.

   Utilizando una base ortonormal $B' = \{v_1, v_2, v_3\}$ en la que v_1 sea un vector fijo, la matriz de la isometría tendrá por primera columna $(1,0,0)$. Además, si calculamos la primera coordenada de $f(v_2)$ será: $< f(v_2), v_1 >=< f(v_2), f(v_1) >=< v_2, v_1 >= 0$ y lo mismo ocurre para la primera coordenada de $f(v_3)$. Por otra parte, si consideramos el plano U generado por v_2 y v_3 entonces cualquier vector de U se aplica por la isometría en otro vector de U puesto que la primera coordenada en la base B' de $f(av_2 + bv_3)$ es cero por serlo las de $f(v_2)$ y $f(v_3)$. Esto significa que f es una isometría cuando nos restringimos al plano U y por tanto debe ser de alguno de los tipos obtenidos en la sección anterior, pero no puede ser una simetría porque en el plano U no hay ningún vector fijo. Luego la matriz asociada en la base B' es de la forma

$$\left(\begin{array}{c|cc} 1 & 0 & 0 \\ \hline 0 & cos\,\alpha & -sen\,\alpha \\ 0 & sen\,\alpha & cos\,\alpha \end{array}\right)$$

   Y por tanto el determinante de la matriz es +1.

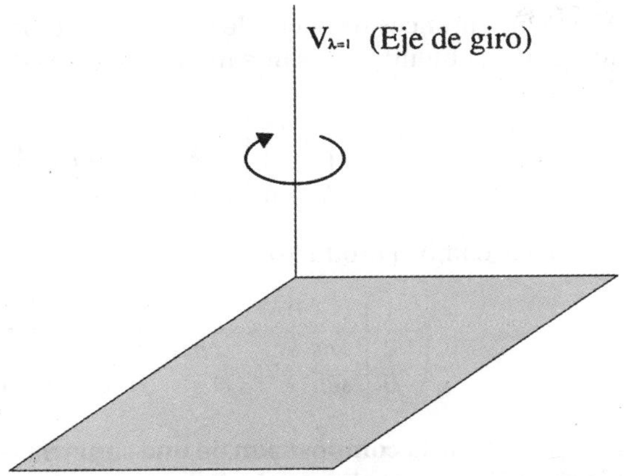

2. Si $dimV_f = 2$ se llama **simetría respecto del plano V_f**.

   Utilizando una base ortonormal $B' = \{v_1, v_2, v_3\}$ en la que los dos primeros vectores formen una base de V_f, entonces

   $$< f(v_3), v_1 >=< f(v_3), f(v_1) >=< v_3, v_1 >= 0$$

   y también $< f(v_3), v_2 >= 0$, es decir, $f(v_3)$ tiene sus dos primeras coordenadas en la base B' cero pero no es un vector fijo: $f(v_3) = cv_3$ con $c \neq 1$. Como el determinante de la matriz asociada en cualquier base debe ser 1 ó -1, entonces la matriz quedará:

   $$\begin{pmatrix} 1 & 0 & 0 \\ 0 & 1 & 0 \\ 0 & 0 & -1 \end{pmatrix}$$

   El determinante de la matriz es -1.

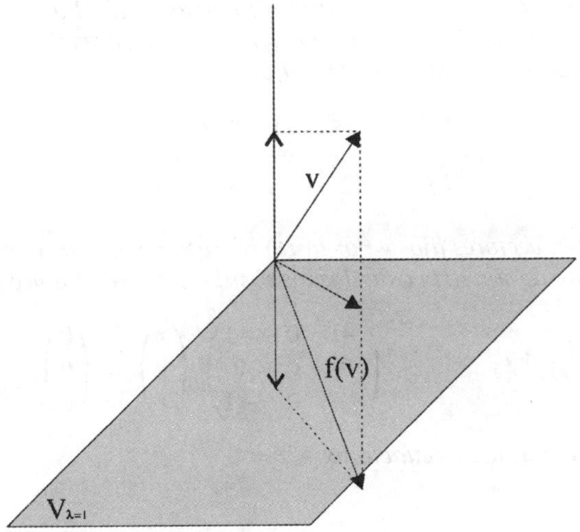

(Plano de simetría)

3. Si $dimV_f = 3$ es la identidad.

Si $det(A - I) \neq 0$.

Según hemos visto, en este caso $det(A + I) = 0$ y por tanto el subespacio V_{-f} es no nulo.

1. Si $dimV_{-f} = 1$, entonces respecto de una base ortonormal cuyo primer vector sea un vector en V_{-f}, obtendríamos una matriz asociada del tipo

$$\left(\begin{array}{c|cc} -1 & 0 & 0 \\ \hline 0 & cos\,\alpha & -sen\,\alpha \\ 0 & sen\,\alpha & cos\,\alpha \end{array}\right)$$

que puede verse como el producto

$$\left(\begin{array}{c|cc} 1 & 0 & 0 \\ \hline 0 & cos\,\alpha & -sen\,\alpha \\ 0 & sen\,\alpha & cos\,\alpha \end{array}\right)\left(\begin{array}{c|cc} -1 & 0 & 0 \\ \hline 0 & 1 & 0 \\ 0 & 0 & 1 \end{array}\right)$$

y por tanto se trata de la **composición de una simetría respecto del plano perpendicular a la recta $\mathbf{V_{-f}}$ con el giro de eje dicha recta y ángulo α.**

El determinante de la matriz es -1.

2. Si $dimV_{-f} = 2$, entonces podemos tomar una base ortonormal $B' = \{v_1, v_2, v_3\}$ en la que $v_1, v_2 \in V_{-f}$ y por tanto $f(v_3)$ es perpendicular a ambos, es decir, $f(v_3) = cv_3$ y razonando como antes debe ser $c = 1$ (puesto que $v_3 \notin V_{-f}$) con lo que estaríamos en un caso en el que $det(A - I) = 0$.

3. Si $dimV_{-f} = 3$ la aplicación es $-I$.

Ejemplo 22. *La matriz*

$$\begin{pmatrix} 0 & 0 & -1 \\ 0 & 1 & 0 \\ -1 & 0 & 0 \end{pmatrix}$$

es ortogonal y por tanto representa una isometría en $\mathbb{R}^3$. Puesto que el determinante es -1 se trata de una simetría o bien de la composición de una simetría con una rotación. Si calculamos $det(A - I)$ sabremos si existen vectores fijos:

$$\begin{vmatrix} -1 & 0 & -1 \\ 0 & 0 & 0 \\ -1 & 0 & -1 \end{vmatrix} = 0$$

En efecto, existen vectores fijos y por tanto se trata de una simetría respecto de un plano. Para calcular el plano de simetría calculamos el subespacio de los vectores fijos:

$$\begin{pmatrix} -1 & 0 & -1 \\ 0 & 0 & 0 \\ -1 & 0 & -1 \end{pmatrix}\begin{pmatrix} x \\ y \\ z \end{pmatrix} = \begin{pmatrix} 0 \\ 0 \\ 0 \end{pmatrix}$$

Así, nos queda el plano de ecuación $x + z = 0$.

Ejercicios resueltos

Dada una aplicación lineal $f : V \longrightarrow V'$, probar que para cada subespacio vectorial U de V, el conjunto

$$f(U) = \{f(u) \mid u \in U\}$$

es un subespacio de V'. De igual forma, probar que para cada subespacio W de V', el conjunto

$$f^{-1}(W) = \{u \in U \mid f(u) \in W\}$$

es un subespacio de V.

Resolución.

Sean $x, y \in f(U)$ y $a, b \in \mathbb{K}$ arbitrarios. Entonces, existen $u, v \in U$ de forma que $x = f(u)$, $y = f(v)$, con lo cual:

$$ax + by = af(u) + bf(v) = f(au + bv)$$

y puesto que $au + bv \in U$, tenemos que $ax + by \in f(U)$.
Para la segunda afirmación, sean $a, b \in \mathbb{K}$ y supongamos que $u, v \in f^{-1}(W)$. Entonces $f(u), f(v) \in W$ y por tanto $f(au + bv) = af(u) + bf(v) \in W$, con lo cual $au + bv \in f^{-1}(W)$.

Estudiar cuáles de entre las siguientes aplicaciones son lineales:

(a) $f : \mathbb{R}^3 \longrightarrow \mathbb{R}^3, f(u) = u + u_0$, con u_0 un vector fijo de $\mathbb{R}^3$.

(b) $g : \mathbb{R}^3 \longrightarrow \mathbb{R}^3, g(x) = u_0$, con u_0 un vector fijo de $\mathbb{R}^3$.

(c) $h : \mathbb{R}^3 \longrightarrow \mathbb{R}^3, h(x_1, x_2, x_3) = (x_1^2, 0, x_2 + x_3)$.

(d) $F : \mathcal{P}_3(\mathbb{R}) \longrightarrow \mathcal{P}_3(\mathbb{R}), F(p(x)) = xp'(x)$, donde $p'(x)$ es la derivada de $p(x)$.

Resolución.

(a) Para que f sea lineal es necesario que $f(0) = 0$ pero por su definición $f(0) = u_0$. Por tanto f sólo es lineal si $u_0 = 0$, en cuyo caso f es la aplicación lineal identidad.
(b) Razonando de igual forma, se obtiene también que g es lineal si, y sólo si, $u_0 = 0$ en cuyo caso g es la aplicación lineal trivial $g = 0$.
(c) La aplicación h no es lineal, puesto que: $h(2(1,0,0)) = h(2,0,0) = (4,0,0)$ mientras que $2h(1,0,0) = 2(1,0,0) = (2,0,0)$.
(d) F es lineal:

$$F(p(x) + q(x)) = x(p(x) + q(x))' = x(p'(x) + q'(x)) = xp'(x) + xq'(x) = F(p(x)) + F(q(x))$$
$$F(kp(x)) = x(kp(x))' = x(kp'(x)) = k(xp'(x)) = kF(p(x)).$$

Sean $f, g : \mathbb{R}^2 \to \mathbb{R}^2$ dadas por $f(x, y) = (y, -x)$ y $g(x, y) = (x, -y)$, determinar $f + g$, $f \circ g$ y $g \circ f$.

Resolución.

$$(f + g)(x, y) = f(x, y) + g(x, y) = (y, -x) + (x, -y) = (x + y, -x - y)$$
$$(f \circ g)(x, y) = f(g(x, y)) = f(x, -y) = (-y, -x)$$
$$(g \circ f)(x, y) = g(f(x, y)) = g(y, -x) = (y, x).$$

35. Consideremos el conjunto $G = \{I, S_x, S_y, S_O\}$ formado por los endomorfismos de $\mathbb{R}^2$ dados por:

$$\begin{aligned} I(x,y) &= (x,y) \\ S_x(x,y) &= (x,-y) \\ S_y(x,y) &= (-x,y) \\ S_O(x,y) &= (-x,-y) \end{aligned}$$

(a) Probar que cada uno de estos endomorfismos es biyectivo, es decir, que son automorfismos.

(b) Dar una interpretación geométrica en el plano de estas transformaciones.

(c) Comprobar que el resultado de componer dos cualesquiera de ellas es de nuevo una aplicación del conjunto G.

Resolución.

(a) Las matrices asociadas a estos endomorfismos respecto de la base canónica B de $\mathbb{R}^2$ son:

$$\mathfrak{M}_B(I) = \begin{pmatrix} 1 & 0 \\ 0 & 1 \end{pmatrix} ; \ \mathfrak{M}_B(S_x) = \begin{pmatrix} 1 & 0 \\ 0 & -1 \end{pmatrix} ; \ \mathfrak{M}_B(S_y) = \begin{pmatrix} -1 & 0 \\ 0 & 1 \end{pmatrix} ; \ \mathfrak{M}_B(S_O) = \begin{pmatrix} -1 & 0 \\ 0 & -1 \end{pmatrix}$$

y puesto que en cada caso se trata de matrices regulares, cada una de estas aplicaciones es biyectiva y es por tanto un automorfismo (endomorfismo e isomorfismo) de $\mathbb{R}^2$.

(b) I es la aplicación lineal identidad, S_x representa la simetría respecto de eje x, S_y es la simetría respecto del eje y, y finalmente, S_O es la simetría respecto del origen. Gráficamente:

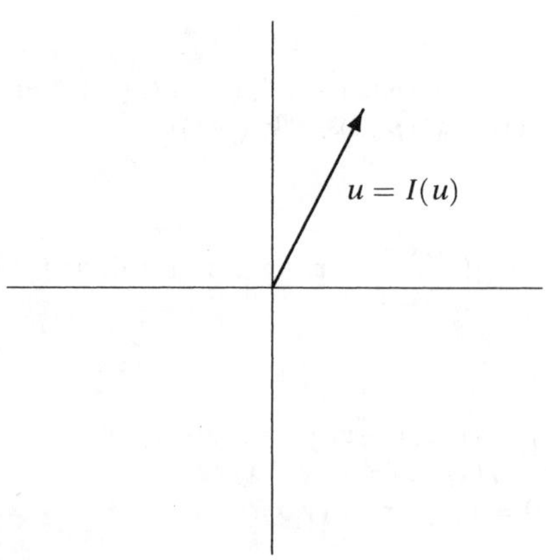

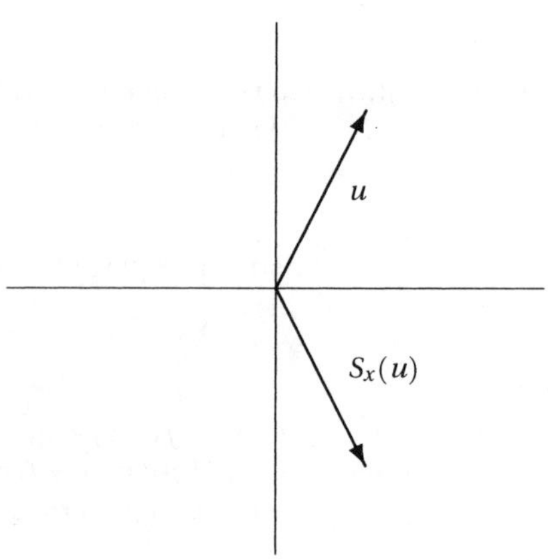

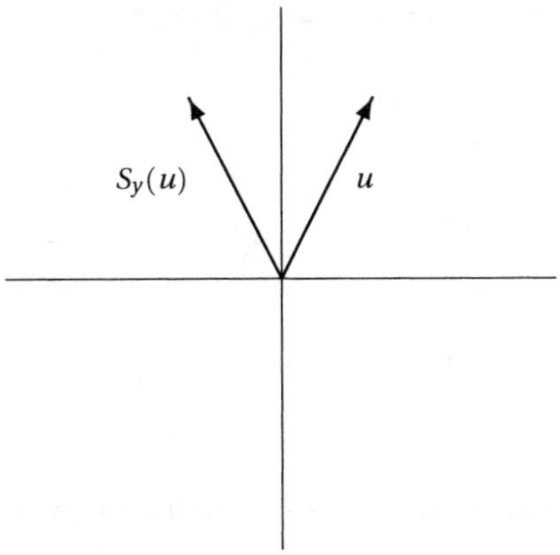

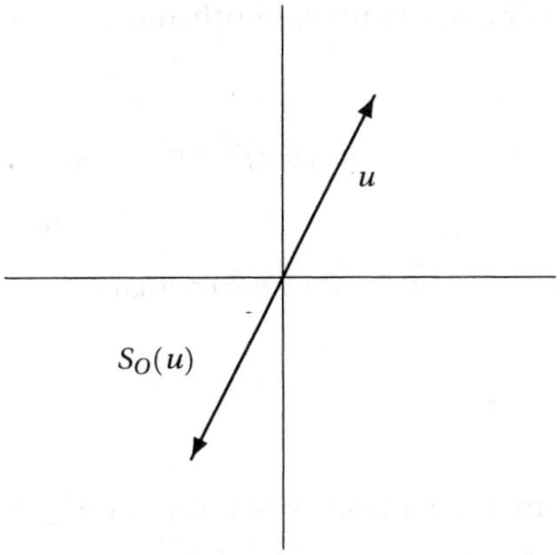

(c) Es fácil comprobar que:

$$\begin{array}{ccc} I \circ S_x = S_x & I \circ S_y = S_y & I \circ S_O = S_O \\ S_x \circ S_x = I & S_x \circ S_y = S_O & S_x \circ S_O = S_y \\ S_y \circ S_x = S_O & S_y \circ S_y = I & S_y \circ S_O = S_x \\ S_O \circ S_x = S_y & S_O \circ S_y = S_x & S_O \circ S_O = I \end{array}$$

Sean V y V' espacios vectoriales con la misma dimensión n, y f una aplicación lineal entre ellos. Probar que son equivalentes:

(a) f es biyectiva.

(b) f es sobreyectiva.

(c) f es inyectiva.

(d) $rg(f) = n$.

Resolución.

En primer lugar observemos que (b) y (d) son equivalentes: en efecto, decir que f es sobreyectiva significa que $Im(f) = V'$ y por tanto $rg(f) = dim(Im(f)) = n$; por otra parte, como $Im(f) \leq V'$, si $dim(Im(f)) = rg(f) = n = dim(V')$, entonces $Im(f) = V'$. Ahora probaremos (a)$\Rightarrow$ (b) $\Rightarrow$ (c) $\Rightarrow$ (a).

(a) $\Rightarrow$ (b) Es evidente.

(b) $\Rightarrow$ (c) Si f es sobreyectiva, entonces $dim(Im(f)) = dim(V') = n$ y por la fórmula de las dimensiones $dim(V) = dim(Ker(f)) + dim(Im(f))$ con lo que $dim(Ker(f)) = 0$ y por tanto f es inyectiva.

(c) $\Rightarrow$ (a) Si f es inyectiva, $dim(Ker(f)) = 0$ y por la fórmula de las dimensiones $n = dim(V) = 0 + dim(Im(f))$ con lo que $dim(Im(f)) = n = dim(V')$ y por tanto f es sobreyectiva además de inyectiva.

¿Existe una aplicación lineal $f\colon \mathbb{R}^3 \to \mathbb{R}^4$ de forma que su núcleo es el subespacio generado por $(1,0,1)$ y $(1,1,1)$ y la imagen está generada por $(1,0,0,0)$ y $(1,2,0,0)$?

Resolución.

No, puesto que no se verificaría la fórmula de las dimensiones que afirma

$$dim(V) = dim(Ker(f)) + dim(Im(f))$$

38. Sea V un $\mathbb{K}$-espacio vectorial de dimensión finita y $f : V \to \mathbb{K}$ una aplicación lineal no nula. Razonar que f es un epimorfismo y que $dim(Ker(f)) = dim(V) - 1$.

Resolución.

Puesto que f es no nula, $Im(f) \neq 0$ y por tanto

$$1 \leq dim(Im(f)) \leq dim(\mathbb{K}) = 1$$

Es decir, $dim(Im(f)) = 1$ y por consiguiente $Im(f) = \mathbb{K}$. Usando la fórmula de las dimensiones

$$dim(Ker(f)) = n - dim(Im(f)) = n - 1$$

39. Determinar el núcleo y la imagen de la aplicación lineal $f : \mathbb{R}^3 \to \mathbb{R}^3$ definida por $f(x, y, z) = (2x + y + 4z, x + y + 2z, x + y + 3z)$

Resolución.

En primer lugar calculamos la matriz asociada a f respecto de la base canónica B de $\mathbb{R}^3$:

$$\begin{aligned} f(1,0,0) &= (2,1,1) \\ f(0,1,0) &= (1,1,1) \\ f(0,0,1) &= (4,2,3) \end{aligned}$$

Luego

$$\mathfrak{M}_B(f) = \begin{pmatrix} 2 & 1 & 4 \\ 1 & 1 & 2 \\ 1 & 1 & 3 \end{pmatrix}$$

Ahora, podemos calcular el núcleo escribiendo sus ecuaciones cartesianas:

$$\begin{pmatrix} 2 & 1 & 4 \\ 1 & 1 & 2 \\ 1 & 1 & 3 \end{pmatrix} \begin{pmatrix} x \\ y \\ z \end{pmatrix} = \begin{pmatrix} 0 \\ 0 \\ 0 \end{pmatrix}$$

Para resolver el sistema realizamos operaciones elementales por filas:

$$\begin{pmatrix} 2 & 1 & 4 \\ 1 & 1 & 2 \\ 1 & 1 & 3 \end{pmatrix} \sim \begin{pmatrix} 1 & 1 & 2 \\ 1 & 1 & 3 \\ 2 & 1 & 4 \end{pmatrix} \sim \begin{pmatrix} 1 & 1 & 2 \\ 0 & 0 & 1 \\ 0 & -1 & 0 \end{pmatrix} \sim$$

$$\sim \begin{pmatrix} 1 & 1 & 2 \\ 0 & 1 & 0 \\ 0 & 0 & 1 \end{pmatrix} \sim \begin{pmatrix} 1 & 0 & 0 \\ 0 & 1 & 0 \\ 0 & 0 & 1 \end{pmatrix}$$

Así, nos quedan las ecuaciones

$$\left\{ \begin{array}{l} x = 0 \\ y = 0 \\ z = 0 \end{array} \right.$$

y por tanto $Ker(f) = 0$. Usando la relación entre las dimensiones

$$dim(V) = dim(Ker(f)) + dim(Im(f))$$

nos queda que $dim(Im(f)) = 3$ y por tanto $Im(f) = \mathbb{R}^3$.

Sea $f : \mathfrak{M}_2(\mathbb{R}) \to \mathfrak{M}_2(\mathbb{R})$ el endomorfismo definido por:

$$f\begin{pmatrix} a & b \\ c & d \end{pmatrix} = \begin{pmatrix} a+2b+c+2d & 2a+4b+3c+5d \\ 3a+6b+2c+5d & a+2b+c+2d \end{pmatrix}$$

Determinar su matriz asociada respecto de la base estándar de $\mathfrak{M}_2(\mathbb{R})$ y bases de su núcleo e imagen.

Resolución.

Para calcular su matriz asociada en la base estándar B, observamos que las coordenadas de una matriz

$$\begin{pmatrix} a & b \\ c & d \end{pmatrix}$$

son $(a,b,c,d)_B$. Por tanto:

$$f\begin{pmatrix} 1 & 0 \\ 0 & 0 \end{pmatrix} = \begin{pmatrix} 1 & 2 \\ 3 & 1 \end{pmatrix} = (1,2,3,1)_B$$

$$f\begin{pmatrix} 0 & 1 \\ 0 & 0 \end{pmatrix} = \begin{pmatrix} 2 & 4 \\ 6 & 2 \end{pmatrix} = (2,4,6,2)_B$$

$$f\begin{pmatrix} 0 & 0 \\ 1 & 0 \end{pmatrix} = \begin{pmatrix} 1 & 3 \\ 2 & 1 \end{pmatrix} = (1,3,2,1)_B$$

$$f\begin{pmatrix} 0 & 0 \\ 0 & 1 \end{pmatrix} = \begin{pmatrix} 2 & 5 \\ 5 & 2 \end{pmatrix} = (2,5,5,2)_B$$

y la matriz asociada a f será:

$$\begin{pmatrix} 1 & 2 & 1 & 2 \\ 2 & 4 & 3 & 5 \\ 3 & 6 & 2 & 5 \\ 1 & 2 & 1 & 2 \end{pmatrix}$$

Como debemos calcular bases del núcleo y la imagen, hacemos operaciones elementales por columnas, apuntándolas en una matriz identidad:

$$\left(\begin{array}{cccc} 1 & 2 & 1 & 2 \\ 2 & 4 & 3 & 5 \\ 3 & 6 & 2 & 5 \\ 1 & 2 & 1 & 2 \\ \hline 1 & 0 & 0 & 0 \\ 0 & 1 & 0 & 0 \\ 0 & 0 & 1 & 0 \\ 0 & 0 & 0 & 1 \end{array}\right) \sim_c \left(\begin{array}{cccc} 1 & 0 & 0 & 0 \\ 2 & 0 & 1 & 1 \\ 3 & 0 & -1 & -1 \\ 1 & 0 & 0 & 0 \\ \hline 1 & -2 & -1 & -2 \\ 0 & 1 & 0 & 0 \\ 0 & 0 & 1 & 0 \\ 0 & 0 & 0 & 1 \end{array}\right) \sim_c \left(\begin{array}{cc|cc} 1 & 0 & 0 & 0 \\ 2 & 1 & 0 & 0 \\ 3 & -1 & 0 & 0 \\ 1 & 0 & 0 & 0 \\ \hline 1 & -1 & -1 & -2 \\ 0 & 0 & 0 & 1 \\ 0 & 1 & -1 & 0 \\ 0 & 0 & 1 & 0 \end{array}\right)$$

Las dos columnas no nulas de la matriz de arriba forman una base de Im(f), mientras que las columnas de la matriz de abajo correspondientes a las columnas de ceros forman una base del núcleo de f. Así pues, una base de Im(f) es $\{(1,2,3,1)_B, (0,1,-1,0)_B\}$ y una base de Ker(f): $\{(-1,0,-1,1)_B, (-2,1,0,0)_B\}$, o sin coordenadas:

$$\text{Base de } Im(f) : \left\{ \begin{pmatrix} 1 & 2 \\ 3 & 1 \end{pmatrix}, \begin{pmatrix} 0 & 1 \\ -1 & 0 \end{pmatrix} \right\}$$

$$\text{Base de } Ker(f) : \left\{ \begin{pmatrix} -1 & 0 \\ -1 & 1 \end{pmatrix}, \begin{pmatrix} -2 & 1 \\ 0 & 0 \end{pmatrix} \right\}$$

41. Determinar un endomorfismo f de $\mathbb{R}^2$ tal que $f(2,5) = (1,3)$ y $f(1,3) = (1,-1)$.

Resolución.

Denotemos por B a la base canónica de $\mathbb{R}^2$ y por $\overline{B}$ la base $\overline{B} = \{(2,5),(1,3)\}$. Entonces la matriz asociada a f en las bases $\overline{B}$ y B es:

$$C = \begin{pmatrix} 1 & 1 \\ 3 & -1 \end{pmatrix}$$

Para calcular su matriz asociada respecto de la base canónica tenemos que considerar el diagrama:

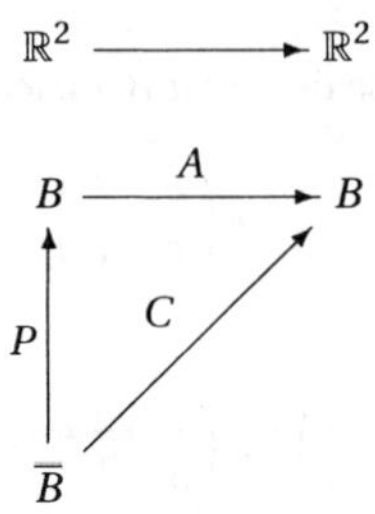

Entonces la matriz que nos piden es $A = CP^{-1}$, donde P es la matriz de cambio de base de $\overline{B}$ a B, es decir, tiene por columnas a los vectores de $\overline{B}$ en función de B:

$$P = \begin{pmatrix} 2 & 1 \\ 5 & 3 \end{pmatrix}$$

Calculamos P^{-1}:

$$\left(\begin{array}{cc|cc} 2 & 1 & 1 & 0 \\ 5 & 3 & 0 & 1 \end{array}\right) \sim \left(\begin{array}{cc|cc} 2 & 1 & 1 & 0 \\ 1 & 1 & -2 & 1 \end{array}\right) \sim \left(\begin{array}{cc|cc} 1 & 1 & -2 & 1 \\ 0 & -1 & 5 & -2 \end{array}\right) \sim \left(\begin{array}{cc|cc} 1 & 0 & 3 & -1 \\ 0 & 1 & -5 & 2 \end{array}\right)$$

Luego

$$\mathfrak{M}_B(f) = \begin{pmatrix} 1 & 1 \\ 3 & -1 \end{pmatrix} \begin{pmatrix} 3 & -1 \\ -5 & 2 \end{pmatrix} = \begin{pmatrix} -2 & 1 \\ 14 & -5 \end{pmatrix}$$

42. En $\mathbb{R}^3$ se consideran los subespacios $U = L((1,1,1))$ y $W \equiv x + y + z = 0$. Determinar un endomorfismo f de $\mathbb{R}^3$ de forma que $Ker(f) = U$ e $Im(f) = W$.

Resolución.

Calculamos una base de W que puede ser $\{(1,-1,0),(1,0,-1)\}$. Ahora, para definir f tenemos que dar las imágenes de una base de $\mathbb{R}^3$. Si utilizamos una base que incluya al vector $(1,1,1)$, por ejemplo, $\overline{B} = \{v_1 = (1,1,1), v_2 = (0,1,0), v_3 = (0,0,1)\}$, entonces sabemos que $f(v_1) = (0,0,0)$ puesto que v_1 está en el núcleo. Para determinar posibles valores de $f(v_2)$ y $f(v_3)$ sólo tenemos que tener en cuenta que deben ser un sistema de generadores de $Im(f) = W$, y como éste tiene dimensión dos deben ser una base. Asignamos entonces los vectores de la base de $W: f(v_2) = (1,-1,0)$, y $f(v_3) = (1,0,-1)$ y obtenemos una tal aplicación lineal. Calculemos ahora su matriz asociada respecto de la base canónica B:

$$f(1,0,0) = f(1,1,1) - f(0,1,0) - f(0,0,1) = (0,0,0) - (1,-1,0) - (1,0,-1) = (-2,1,1)$$

$$f(0,1,0) = (1,-1,0)$$
$$f(0,0,1) = (1,0,-1)$$

Por tanto:

$$\mathfrak{M}_B(f) = \begin{pmatrix} -2 & 1 & 1 \\ 1 & -1 & 0 \\ 1 & 0 & -1 \end{pmatrix}$$

Sea la aplicación lineal $f : \mathbb{R}^3 \to \mathbb{R}^4$, que respecto de las correspondientes bases canónicas, viene dada por la siguiente matriz:

$$A = \begin{pmatrix} 1 & 0 & 1 \\ 1 & 1 & 0 \\ 0 & 0 & 0 \\ 1 & 1 & 1 \end{pmatrix}$$

Calcular nuevas bases de $\overline{B}$ y $\overline{B}'$ de $\mathbb{R}^3$ y $\mathbb{R}^4$, respectivamente, respecto de las cuales la matriz asociada a f sea

$$\mathfrak{M}_{\overline{B},\overline{B}'}(f) = \begin{pmatrix} 1 & 0 & 0 \\ 0 & 1 & 0 \\ 0 & 0 & 1 \\ 0 & 0 & 0 \end{pmatrix}$$

Resolución.

Denotemos por B y B' las bases canónicas de $\mathbb{R}^3$ y $\mathbb{R}^4$ respectivamente. Consideramos el diagrama:

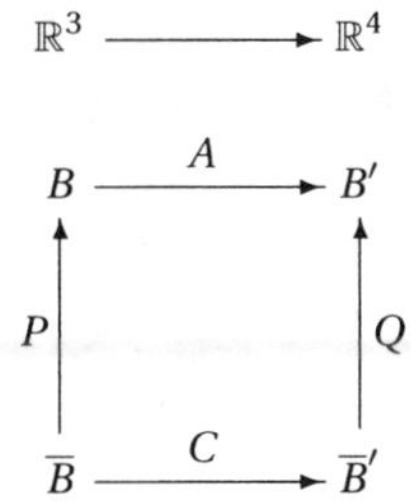

Si llamamos $C = \mathfrak{M}_{\overline{B},\overline{B}'}(f)$ tenemos que $C = Q^{-1}AP$, donde Q es la matriz de cambio de base de $\overline{B}'$ a B' y P es la matriz de cambio de base de $\overline{B}$ a B y, por tanto, son matrices regulares. Por otra parte, Q^{-1} representa las operaciones elementales por filas que llevan desde A a C, mientras que P es la matriz de las operaciones elementales por columnas. Se trata entonces de pasar de A a C por operaciones elementales y apuntarlas, así empezamos haciendo operaciones elementales por filas y calculando Q^{-1}:

$$\left(\begin{array}{ccc|cccc} 1 & 0 & 1 & 1 & 0 & 0 & 0 \\ 1 & 1 & 0 & 0 & 1 & 0 & 0 \\ 0 & 0 & 0 & 0 & 0 & 1 & 0 \\ 1 & 1 & 1 & 0 & 0 & 0 & 1 \end{array}\right) \sim \left(\begin{array}{ccc|cccc} 1 & 0 & 1 & 1 & 0 & 0 & 0 \\ 0 & 1 & -1 & -1 & 1 & 0 & 0 \\ 0 & 0 & 0 & 0 & 0 & 1 & 0 \\ 0 & 1 & 0 & -1 & 0 & 0 & 1 \end{array}\right)$$

$$\sim \left(\begin{array}{ccc|cccc} 1 & 0 & 1 & 1 & 0 & 0 & 0 \\ 0 & 1 & 0 & -1 & 0 & 0 & 1 \\ 0 & 1 & -1 & -1 & 1 & 0 & 0 \\ 0 & 0 & 0 & 0 & 0 & 1 & 0 \end{array}\right) \sim \left(\begin{array}{ccc|cccc} 1 & 0 & 0 & 1 & 1 & 0 & -1 \\ 0 & 1 & 0 & -1 & 0 & 0 & 1 \\ 0 & 0 & -1 & 0 & 1 & 0 & -1 \\ 0 & 0 & 0 & 0 & 0 & 1 & 0 \end{array}\right) \sim$$

$$\sim \left(\begin{array}{ccc|cccc} 1 & 0 & 0 & 1 & -1 & 0 & 1 \\ 0 & 1 & 0 & -1 & 0 & 0 & 1 \\ 0 & 0 & 1 & 0 & -1 & 0 & 1 \\ 0 & 0 & 0 & 0 & 0 & 1 & 0 \end{array}\right)$$

Luego no es necesario hacer operaciones elementales por columnas y por tanto puede tomarse $P = I$, con lo que $\overline{B} = B$. Para obtener Q tenemos que calcular la inversa de Q^{-1}:

$$\left(\begin{array}{cccc|cccc} 1 & -1 & 0 & 1 & 1 & 0 & 0 & 0 \\ -1 & 0 & 0 & 1 & 0 & 1 & 0 & 0 \\ 0 & -1 & 0 & 1 & 0 & 0 & 1 & 0 \\ 0 & 0 & 1 & 0 & 0 & 0 & 0 & 1 \end{array}\right) \sim \left(\begin{array}{cccc|cccc} 1 & 0 & 0 & 0 & 1 & 0 & -1 & 0 \\ -1 & 0 & 0 & 1 & 0 & 1 & 0 & 0 \\ 0 & 0 & 1 & 0 & 0 & 0 & 0 & 1 \\ 0 & -1 & 0 & 1 & 0 & 0 & 1 & 0 \end{array}\right) \sim$$

$$\sim \left(\begin{array}{cccc|cccc} 1 & 0 & 0 & 0 & 1 & 0 & -1 & 0 \\ 0 & 0 & 0 & 1 & 1 & 1 & -1 & 0 \\ 0 & 0 & 1 & 0 & 0 & 0 & 0 & 1 \\ 0 & -1 & 0 & 1 & 0 & 0 & 1 & 0 \end{array}\right) \sim \left(\begin{array}{cccc|cccc} 1 & 0 & 0 & 0 & 1 & 0 & -1 & 0 \\ 0 & -1 & 0 & 1 & 0 & 0 & 1 & 0 \\ 0 & 0 & 1 & 0 & 0 & 0 & 0 & 1 \\ 0 & 0 & 0 & 1 & 1 & 1 & -1 & 0 \end{array}\right) \sim$$

$$\sim \left(\begin{array}{cccc|cccc} 1 & 0 & 0 & 0 & 1 & 0 & -1 & 0 \\ 0 & -1 & 0 & 0 & -1 & -1 & 2 & 0 \\ 0 & 0 & 1 & 0 & 0 & 0 & 0 & 1 \\ 0 & 0 & 0 & 1 & 1 & 1 & -1 & 0 \end{array}\right) \sim \left(\begin{array}{cccc|cccc} 1 & 0 & 0 & 0 & 1 & 0 & -1 & 0 \\ 0 & 1 & 0 & 0 & 1 & 1 & -2 & 0 \\ 0 & 0 & 1 & 0 & 0 & 0 & 0 & 1 \\ 0 & 0 & 0 & 1 & 1 & 1 & -1 & 0 \end{array}\right)$$

La base $\overline{B}'$ está formada por las columnas de esta matriz:

$$\overline{B}' = \{(1,1,0,1), (0,1,0,1), (-1,-2,0,-1), (0,0,1,0)\}$$

Espacio dual

44.* Sea $B = \{e_1, e_2, \ldots, e_n\}$ una base de V y $B^* = \{w_1, w_2, \ldots, w_n\}$ la base de V^* dual de B. Estudiar si

$$\beta^* = \{w_1 + w_2, w_2, \ldots, w_n\}$$

es la base dual de

$$\beta = \{e_1 + e_2, e_2, \ldots, e_n\}.$$

Resolución.

Veamos si se verifica la definición de base dual:

$$(w_1 + w_2)(e_1 + e_2) = w_1(e_1 + e_2) + w_2(e_1 + e_2) =$$

$$= w_1(e_1) + w_1(e_2) + w_2(e_1) + w_2(e_2) = 1 + 0 + 0 + 1 = 2$$

Luego β^* no es la base dual de B.

45. Dada la base de $\mathbb{R}^3$, $B = \{(1,1,0), (1,0,1), (0,1,1)\}$, obtener su base dual.

Resolución.

Escribimos la matriz que tiene por columnas las coordenadas de estos vectores y calculamos su inversa:

$$\left(\begin{array}{ccc|ccc} 1 & 1 & 0 & 1 & 0 & 0 \\ 1 & 0 & 1 & 0 & 1 & 0 \\ 0 & 1 & 1 & 0 & 0 & 1 \end{array}\right) \sim \left(\begin{array}{ccc|ccc} 1 & 1 & 0 & 1 & 0 & 0 \\ 0 & -1 & 1 & -1 & 1 & 0 \\ 0 & 1 & 1 & 0 & 0 & 1 \end{array}\right) \sim$$

$$\sim \left(\begin{array}{ccc|ccc} 1 & 1 & 0 & 1 & 0 & 0 \\ 0 & -1 & 1 & -1 & 1 & 0 \\ 0 & 0 & 2 & -1 & 1 & 1 \end{array}\right) \sim \left(\begin{array}{ccc|ccc} 1 & 1 & 0 & 1 & 0 & 0 \\ 0 & 1 & -1 & 1 & -1 & 0 \\ 0 & 0 & 1 & -1/2 & 1/2 & 1/2 \end{array}\right) \sim$$

$$\sim \left(\begin{array}{ccc|ccc} 1 & 1 & 0 & 1 & 0 & 0 \\ 0 & 1 & 0 & 1/2 & -1/2 & 1/2 \\ 0 & 0 & 1 & -1/2 & 1/2 & 1/2 \end{array}\right) \sim \left(\begin{array}{ccc|ccc} 1 & 0 & 0 & 1/2 & 1/2 & -1/2 \\ 0 & 1 & 0 & 1/2 & -1/2 & 1/2 \\ 0 & 0 & 1 & -1/2 & 1/2 & 1/2 \end{array}\right)$$

Ahora, las matrices asociadas a las formas lineales que son la base dual pedida son las filas de esta matriz:

$$\begin{array}{lcl} f_1 & \longleftrightarrow & (\ 1/2 \ \ 1/2 \ \ -1/2) \\ f_2 & \longleftrightarrow & (\ 1/2 \ \ -1/2 \ \ 1/2) \\ f_3 & \longleftrightarrow & (-1/2 \ \ 1/2 \ \ 1/2) \end{array}$$

Dada la base de $\mathcal{P}_2(\mathbb{R})$, $B = \{1, 1+x, 1+x+x^2\}$, obtener su base dual.

Resolución.

En primer lugar calculamos las coordenadas de estos polinomios en la base estándar $\{1, x, x^2\}$ *que son* $(1,0,0)$,$(1,1,0)$ *y* $(1,1,1)$ *y ahora procedemos como en el ejercicio anterior:*

$$\left(\begin{array}{ccc|ccc} 1 & 1 & 1 & 1 & 0 & 0 \\ 0 & 1 & 1 & 0 & 1 & 0 \\ 0 & 0 & 1 & 0 & 0 & 1 \end{array}\right) \sim \left(\begin{array}{ccc|ccc} 1 & 0 & 0 & 1 & -1 & 0 \\ 0 & 1 & 1 & 0 & 1 & 0 \\ 0 & 0 & 1 & 0 & 0 & 1 \end{array}\right) \sim$$

$$\sim \left(\begin{array}{ccc|ccc} 1 & 0 & 0 & 1 & -1 & 0 \\ 0 & 1 & 0 & 0 & 1 & -1 \\ 0 & 0 & 1 & 0 & 0 & 1 \end{array}\right)$$

Luego la base dual es la formada por

$$\begin{array}{ccc} f_1 & \longleftrightarrow & (1\ -1\ 0) \\ f_2 & \longleftrightarrow & (0\ 1\ -1) \\ f_3 & \longleftrightarrow & (0\ 0\ 1) \end{array}$$

Sea V un espacio vectorial de dimensión 3 y sea $B = \{e_1, e_2, e_3\}$ una base de V. Obtener las coordenadas respecto de B^* de la forma lineal $f \in V^*$ dada por $f(e_1 + e_2) = 1$, $f(e_2 - e_3) = 2$, $f(e_3 - e_1) = 3$.

Resolución.

Usando la primera propiedad de las bases duales, las coordenadas de f en la base B^* coinciden con los elementos de su matriz asociada en la base B, y éstos se pueden obtener fácilmente usando que f es lineal:

$$\left\{\begin{array}{l} f(e_1) + f(e_2) = 1 \\ f(e_2) - f(e_3) = 2 \\ f(e_3) - f(e_1) = 3 \end{array}\right.$$

Sumando las tres ecuaciones obtenemos $2f(e_2) = 6$ *y por tanto* $f(e_2) = 3$ *y sustituyendo:*

$$\left\{\begin{array}{l} f(e_1) = -2 \\ f(e_2) = 3 \\ f(e_3) = 1 \end{array}\right.$$

Así que $f = (-2, 3, 1)_{B^*}$.

Calcular el anulador del subespacio de $\mathbb{R}^3$, $U = L((1,1,0),(0,1,1))$.

Resolución.

Sus ecuaciones cartesianas son

$$\left\{\begin{array}{l} a_1 + a_2 = 0 \\ a_2 + a_3 = 0 \end{array}\right.$$

respecto de la base dual de la base canónica de $\mathbb{R}^3$.

49. Describir la aplicación lineal traspuesta de la aplicación lineal $f : \mathbb{R}^3 \to \mathbb{R}^2$ dada por $f(x, y, z) = (x - y, y - z)$.

Resolución.

Calculamos la matriz asociada a f respecto de las bases canónicas que es

$$\begin{pmatrix} 1 & -1 & 0 \\ 0 & 1 & -1 \end{pmatrix}$$

y entonces la matriz asociada a f^t respecto de las bases duales de las bases canónicas es su traspuesta:

$$\begin{pmatrix} 1 & 0 \\ -1 & 1 \\ 0 & -1 \end{pmatrix}$$

50.* En el espacio $(\mathcal{P}_3(\mathbb{R}))^*$ se consideran las formas lineales:

$$\varphi_1(p(x)) = p''(1); \quad \varphi_2(p(x)) = p(1); \quad \varphi_3(p(x)) = p'(0); \quad \varphi_4(p(x)) = p(-1)$$

(a) Comprobar que son una base.

(b) Calcular la base de $\mathcal{P}_3(\mathbb{R})$ de la cual es dual.

(c) Usando los resultados anteriores, calcular un polinomio de grado menor o igual que 3 que verifique:

$$p''(1) = 2; \; p(1) = 0; \; p'(0) = 0; \; p(-1) = 2$$

Resolución.

(a) Para ver si son linealmente independientes necesitamos unas coordenadas, por ejemplo en la base dual de $B = \{1, x, x^2, x^3\}$, que pueden calcularse como las matrices asociadas a las formas lineales en la base B.

$$\varphi_1(1) = 0; \; \varphi_1(x) = 0; \; \varphi_1(x^2) = 2; \; \varphi_1(x^3) = 6$$

Luego

$$\varphi_1 \leftrightarrow (0\ 0\ 2\ 6);$$
$$\varphi_2(1) = 1; \; \varphi_2(x) = 1; \; \varphi_2(x^2) = 1; \; \varphi_2(x^3) = 1$$
$$\varphi_2 \leftrightarrow (1\ 1\ 1\ 1)$$
$$\varphi_3(1) = 0; \; \varphi_3(x) = 1; \; \varphi_3(x^2) = 0; \; \varphi_3(x^3) = 0$$
$$\varphi_3 \leftrightarrow (0\ 1\ 0\ 0)$$
$$\varphi_4(1) = 1; \; \varphi_4(x) = -1; \; \varphi_4(x^2) = 1; \; \varphi_4(x^3) = -1$$
$$\varphi_4 \leftrightarrow (1\ -1\ 1\ -1)$$

Calculamos ahora el determinante de la matriz que forman las coordenadas de las cuatro formas lineales:

$$\begin{vmatrix} 0 & 1 & 0 & 1 \\ 0 & 1 & 1 & -1 \\ 2 & 1 & 0 & 1 \\ 6 & 1 & 0 & -1 \end{vmatrix} = .(-1)^{2+3} \begin{vmatrix} 0 & 1 & 1 \\ 2 & 1 & 1 \\ 6 & 1 & -1 \end{vmatrix} = (-1)(0 + 2 + 6 - 6 - 0 + 2) = -4$$

Luego son linealmente independientes y por tanto una base en un espacio vectorial de dimensión 4.
(b) Para calcular la base de la cual es dual calculamos la inversa de la matriz cuyas filas son las matrices de las formas lineales:

$$\left(\begin{array}{cccc|cccc} 0 & 0 & 2 & 6 & 1 & 0 & 0 & 0 \\ 1 & 1 & 1 & 1 & 0 & 1 & 0 & 0 \\ 0 & 1 & 0 & 0 & 0 & 0 & 1 & 0 \\ 1 & -1 & 1 & -1 & 0 & 0 & 0 & 1 \end{array}\right) \sim \left(\begin{array}{cccc|cccc} 1 & 1 & 1 & 1 & 0 & 1 & 0 & 0 \\ 0 & 1 & 0 & 0 & 0 & 0 & 1 & 0 \\ 0 & 0 & 2 & 6 & 1 & 0 & 0 & 0 \\ 0 & -2 & 0 & -2 & 0 & -1 & 0 & 1 \end{array}\right) \sim$$

$$\sim \left(\begin{array}{cccc|cccc} 1 & 0 & 1 & 1 & 0 & 1 & -1 & 0 \\ 0 & 1 & 0 & 0 & 0 & 0 & 1 & 0 \\ 0 & 0 & 2 & 6 & 1 & 0 & 0 & 0 \\ 0 & 0 & 0 & -2 & 0 & -1 & 2 & 1 \end{array}\right) \sim \left(\begin{array}{cccc|cccc} 1 & 0 & 1 & 1 & 0 & 1 & -1 & 0 \\ 0 & 1 & 0 & 0 & 0 & 0 & 1 & 0 \\ 0 & 0 & 2 & 6 & 1 & 0 & 0 & 0 \\ 0 & 0 & 0 & 1 & 0 & 1/2 & -1 & -1/2 \end{array}\right) \sim$$

$$\sim \left(\begin{array}{cccc|cccc} 1 & 0 & 1 & 1 & 0 & 1 & -1 & 0 \\ 0 & 1 & 0 & 0 & 0 & 0 & 1 & 0 \\ 0 & 0 & 2 & 0 & 1 & -3 & 6 & 3 \\ 0 & 0 & 0 & 1 & 0 & 1/2 & -1 & -1/2 \end{array}\right) \sim \left(\begin{array}{cccc|cccc} 1 & 0 & 1 & 1 & 0 & 1 & -1 & 0 \\ 0 & 1 & 0 & 0 & 0 & 0 & 1 & 0 \\ 0 & 0 & 1 & 0 & 1/2 & -3/2 & 3 & 3/2 \\ 0 & 0 & 0 & 1 & 0 & 1/2 & -1 & -1/2 \end{array}\right) \sim$$

$$\sim \left(\begin{array}{cccc|cccc} 1 & 0 & 0 & 1 & -1/2 & 5/2 & -4 & -3/2 \\ 0 & 1 & 0 & 0 & 0 & 0 & 1 & 0 \\ 0 & 0 & 1 & 0 & 1/2 & -3/2 & 3 & 3/2 \\ 0 & 0 & 0 & 1 & 0 & 1/2 & -1 & -1/2 \end{array}\right) \sim \left(\begin{array}{cccc|cccc} 1 & 0 & 0 & 0 & -1/2 & 2 & -3 & -1 \\ 0 & 1 & 0 & 0 & 0 & 0 & 1 & 0 \\ 0 & 0 & 1 & 0 & 1/2 & -3/2 & 3 & 3/2 \\ 0 & 0 & 0 & 1 & 0 & 1/2 & -1 & -1/2 \end{array}\right)$$

Luego los polinomios que componen la base son:

$$\begin{aligned} p_1(x) &= (-1/2, 0, 1/2, 0)_B = -1/2 + (1/2)x^2 \\ p_2(x) &= (2, 0, -3/2, 1/2)_B = 2 - (3/2)x^2 + (1/2)x^3 \\ p_3(x) &= (-3, 1, 3, -1)_B = -3 + x + 3x^2 - x^3 \\ p_4(x) &= (-1, 0, 3/2, -1/2)_B = -1 + (3/2)x^2 - (1/2)x^3 \end{aligned}$$

(c) Usando la segunda propiedad de las bases duales, los datos que nos dan son exactamente las coordenadas de $p(x)$ en la base $\{p_1(x), p_2(x), p_3(x), p_4(x)\}$, es decir

$$p(x) = 2p_1(x) + 2p_4(x) = 2(-1/2 + (1/2)x^2) + 2(-1 + (3/2)x^2 - (1/2)x^3) = -3 + 4x^2 - x^3$$

* En $\mathcal{P}_n(\mathbb{R})$ se considera la base

$$B = \{1, x-a, (x-a)^2, \ldots, (x-a)^n\}$$

donde a es un cierto número real.

1. Dadas las formas lineales

$$D_i : \mathcal{P}_n(\mathbb{R}) \to \mathbb{R}$$

definidas por

$$D_i(p(x)) = p^{i)}(a) \quad \text{(valor de la i-ésima derivada de } p(x) \text{ en } a)$$

para cada $i = 0, \ldots, n$, ¿forman la base dual de B?

2. Calcular la base dual de B.
3. *Usando las propiedades de las bases duales* demostrar la fórmula de Taylor para un polinomio de grado menor o igual que n.

Resolución.

1. Calculamos $D_i((x-a)^j)$: si $i > j$, entonces la i-ésima derivada de $(x-a)^j$ es cero, y por tanto $D_i((x-a)^j) = 0$. Cuando $i < j$ la i-ésima derivada de $(x-a)^j$ es $j(j-1)\ldots(j-i)(x-a)^{j-i}$ y al evaluar en a queda $D_i((x-a)^j) = 0$. El caso $i = j$ la i-ésima derivada es una constante: $i(i-1)\ldots(i-(i-1)) = i!$ y por tanto $D_i((x-a)^i) = i!$. Esto significa que, aunque en los casos i=0,1 se tiene la condición $D_i((x-a)^i) = 1$, para los demás casos no se cumple la condición de base dual.
2. Con los cálculos del apartado anterior hemos visto que la base dada no es la base dual pero se aproxima mucho a serlo, de hecho sólo es necesario modificar las formas lineales dividiéndolas por una constante: el conjunto $\{\frac{1}{i!}D_i \mid i = 0, 1, \ldots, n\}$ verifica las condiciones de base dual de B.

3. Usando la segunda propiedad de las bases duales, las coordenadas de un polinomio en la base B se pueden obtener calculando sus imágenes por las formas lineales de B^*. Así que

$$p(x) = (D_0(p(x)), D_1(p(x)), \frac{1}{2}D_2(p(x)), \dots, \frac{1}{n!}D_n(p(x)))_B =$$

$$(p(a), p'(a), \frac{1}{2}p''(a), \dots, \frac{1}{n!}p^{n)}(a))_B$$

Pero, como $B = \{1, x-a, (x-a)^2, \dots, (x-a)^n\}$, entonces

$$p(x) = p(a) + p'(a)(x-a) + \frac{1}{2}p''(a)(x-a)^2 + \cdots + \frac{1}{n!}p^{n)}(a)(x-a)^n$$

que es la fórmula de Taylor para un polinomio $p(x)$.

Isometrías

52. Sea V un espacio vectorial euclídeo y B una base ortonormal. Consideramos f un endomorfismo de V tal que la matriz asociada a f respecto de la base B es A. Demostrar que es una isometría.

$$A = \begin{pmatrix} \cos\omega & -\operatorname{sen}\omega & 0 \\ \operatorname{sen}\omega & \cos\omega & 0 \\ 0 & 0 & -1 \end{pmatrix}$$

con $0 \leq \omega \leq \pi$.

Resolución.

Para probar que es una isometría sólo tenemos que calcular A^tA:

$$A^tA = \begin{pmatrix} \cos\omega & \operatorname{sen}\omega & 0 \\ -\operatorname{sen}\omega & \cos\omega & 0 \\ 0 & 0 & -1 \end{pmatrix} \begin{pmatrix} \cos\omega & -\operatorname{sen}\omega & 0 \\ \operatorname{sen}\omega & \cos\omega & 0 \\ 0 & 0 & -1 \end{pmatrix} =$$

$$= \begin{pmatrix} \cos^2\omega + \operatorname{sen}^2\omega & 0 & 0 \\ 0 & \operatorname{sen}^2\omega + \cos^2\omega & 0 \\ 0 & 0 & 1 \end{pmatrix} = I$$

Como la matriz respecto de la base ortonormal B es ortogonal, el endomorfismo es una isometría. También es fácil observar que A es el producto

$$\begin{pmatrix} \cos\omega & \operatorname{sen}\omega & 0 \\ -\operatorname{sen}\omega & \cos\omega & 0 \\ 0 & 0 & 1 \end{pmatrix} \begin{pmatrix} 1 & 0 & 0 \\ 0 & 1 & 0 \\ 0 & 0 & -1 \end{pmatrix}$$

y por tanto la isometría es la composición de una simetría respecto del plano $z = 0$ (que es el subespacio de vectores que quedan fijos para la segunda matriz) con una rotación de eje la recta $x = 0 = y$ y ángulo ω.

53. En $\mathbb{R}^2$ determinar las isometrías que verifican las condiciones

1. $f \circ f = I_{\mathbb{R}^2}$ (llamadas rotaciones involutivas)
2. $f \circ f = -I_{\mathbb{R}^2}$ (ángulos rectos)

Resolución.

1. Podemos razonar utilizando el sentido geométrico de las isometrías en $\mathbb{R}^2$ o simplemente haciendo los cálculos con los dos tipos distintos de matriz que pueden aparecer. Cuando la isometría es una simetría, entonces al aplicarla dos veces sobre un vector obtenemos el vector de partida, así que cualquier simetría *verifica esta condición. Para una rotación la única posibilidad es, además de la identidad, que el ángulo de rotación sea π. En efecto, si calculamos*

$$\begin{pmatrix} \cos\alpha & -\operatorname{sen}\alpha \\ \operatorname{sen}\alpha & \cos\alpha \end{pmatrix}\begin{pmatrix} \cos\alpha & -\operatorname{sen}\alpha \\ \operatorname{sen}\alpha & \cos\alpha \end{pmatrix} = \begin{pmatrix} \cos^2\alpha - \operatorname{sen}^2\alpha & -2\operatorname{sen}\alpha\cos\alpha \\ 2\operatorname{sen}\alpha\cos\alpha & \cos^2\alpha - \operatorname{sen}^2\alpha \end{pmatrix}$$

e imponemos que sea la identidad, tenemos que $\operatorname{sen}\alpha = 0$ o bien $\cos\alpha = 0$. En el segundo caso tendríamos que $\alpha = \frac{\pi}{2}, \frac{3\pi}{2}$ y por tanto en la diagonal aparecería -1 que no es lo deseado. Luego las únicas posibilidades son $\alpha = 0, \pi$.
2. Como hemos razonado antes, al componer una simetría consigo misma obtenemos siempre la identidad. Cuando se trata de una rotación, el cuadrado de la matriz (que hemos calculado en el apartado anterior) debe ser $-I$. Así que las únicas posibles soluciones son $\alpha = \frac{\pi}{2}, \frac{3\pi}{2}$.

Sea $f : \mathbb{R}^3 \to \mathbb{R}^3$ la aplicación que respecto de la base canónica viene dada por

$$f(x,y,z) = \frac{1}{3}(-x+2y+2z, 2x-y+2z, 2x+2y-z).$$

Probar que se trata de una isometría y describirla geométricamente.

Resolución.

La matriz asociada respecto de la base canónica es

$$A = \frac{1}{3}\begin{pmatrix} -1 & 2 & 2 \\ 2 & -1 & 2 \\ 2 & 2 & -1 \end{pmatrix}$$

Calculamos

$$A^tA = A^2 = \frac{1}{3^2}\begin{pmatrix} -1 & 2 & 2 \\ 2 & -1 & 2 \\ 2 & 2 & -1 \end{pmatrix}\begin{pmatrix} -1 & 2 & 2 \\ 2 & -1 & 2 \\ 2 & 2 & -1 \end{pmatrix} = \frac{1}{9}\begin{pmatrix} 9 & 0 & 0 \\ 0 & 9 & 0 \\ 0 & 0 & 9 \end{pmatrix} = I$$

luego se trata de una isometría. Para clasificarla calculamos su determinante y el subespacio de vectores fijos:

$$|A| = \frac{1}{3^3}\begin{vmatrix} -1 & 2 & 2 \\ 2 & -1 & 2 \\ 2 & 2 & -1 \end{vmatrix} = \frac{1}{27}(-1+8+8+4+4+4) = +1$$

Las ecuaciones del subespacio V_f son

$$\frac{1}{3}\begin{pmatrix} -4 & 2 & 2 \\ 2 & -4 & 2 \\ 2 & 2 & -4 \end{pmatrix}\begin{pmatrix} x \\ y \\ z \end{pmatrix} = \begin{pmatrix} 0 \\ 0 \\ 0 \end{pmatrix}$$

y haciendo transformaciones elementales

$$\left\{\begin{array}{l} -4x+2y+2z=0 \\ 2x-4y+2z=0 \\ 2x+2y-4z=0 \end{array}\right. \sim \left\{\begin{array}{l} 4x-2y-2z=0 \\ -6y+6z=0 \\ 6y-6z=0 \end{array}\right. \sim \left\{\begin{array}{l} x-z=0 \\ y-z=0 \end{array}\right.$$

Así que se trata de una rotación con eje la recta $x = y = z$. Para calcular el ángulo de giro podemos proceder de distintas formas; una de ellas es calcular una base ortonormal $B' = \{v_1, v_2, v_3\}$ con v_1 en el eje de giro, por ejemplo:

$$v_1 = \frac{1}{\sqrt{3}}(1,1,1);\ v_2 = \frac{1}{\sqrt{2}}(1,-1,0);\ v_3 = \frac{1}{\sqrt{6}}(1,1,-2)$$

y ahora la matriz de la isometría en esta base será $P^t AP$ siendo P la matriz de cambio de base de B' a la canónica:

$$P = \begin{pmatrix} 1/\sqrt{3} & 1/\sqrt{2} & 1/\sqrt{6} \\ 1/\sqrt{3} & -1/\sqrt{2} & 1/\sqrt{6} \\ 1/\sqrt{3} & 0 & -2/\sqrt{6} \end{pmatrix}$$

$$\begin{pmatrix} 1/\sqrt{3} & 1/\sqrt{3} & 1/\sqrt{3} \\ 1/\sqrt{2} & -1/\sqrt{2} & 0 \\ 1/\sqrt{6} & 1/\sqrt{6} & -2/\sqrt{6} \end{pmatrix} \frac{1}{3} \begin{pmatrix} -1 & 2 & 2 \\ 2 & -1 & 2 \\ 2 & 2 & -1 \end{pmatrix} \begin{pmatrix} 1/\sqrt{3} & 1/\sqrt{2} & 1/\sqrt{6} \\ 1/\sqrt{3} & -1/\sqrt{2} & 1/\sqrt{6} \\ 1/\sqrt{3} & 0 & -2/\sqrt{6} \end{pmatrix} =$$

$$\frac{1}{3} \begin{pmatrix} 3/\sqrt{3} & 3/\sqrt{3} & 3/\sqrt{3} \\ -3/\sqrt{2} & 3/\sqrt{2} & 0 \\ -3/\sqrt{6} & -3/\sqrt{6} & 6/\sqrt{6} \end{pmatrix} \begin{pmatrix} 1/\sqrt{3} & 1/\sqrt{2} & 1/\sqrt{6} \\ 1/\sqrt{3} & -1/\sqrt{2} & 1/\sqrt{6} \\ 1/\sqrt{3} & 0 & -2/\sqrt{6} \end{pmatrix} = \frac{1}{3} \begin{pmatrix} 3 & 0 & 0 \\ 0 & -3 & 0 \\ 0 & 0 & -3 \end{pmatrix}$$

Así que $\cos\alpha = -1$ y $\operatorname{sen}\alpha = 0$ luego $\alpha = \pi$.

55. Calcular la matriz en la base canónica de $\mathbb{R}^3$ de la simetría respecto del plano $x = y$.

Resolución.

También aquí tenemos dos opciones; la primera es proceder de una manera similar al ejercicio anterior escribiendo la matriz en una base adecuada y luego proceder al cambio de base. Por otra parte, podemos calcular la imagen de cada vector de la base canónica directamente. Lo haremos por este último método: el simétrico respecto de la recta $U \equiv x = y$ de un vector puede calcularse escribiendo el vector como suma de un vector en la recta y de uno perpendicular: $v = p_U(v) + p_{U^\perp}(v)$ ahora la parte correspondiente a U queda fija, mientras que la parte en el ortogonal de U se convierte en su opuesto. Así:

$$f(v) = p_U(v) - p_{U^\perp}(v) = (v - p_{U^\perp}(v)) - p_{U^\perp}(v) = v - 2p_{U^\perp}(v)$$

En este caso, como la dimensión de $U^\perp$ es 1 y una base es $(1, -1, 0)$, el cálculo de $p_{U^\perp}(v)$ es más fácil y por eso lo hemos preferido. Ahora calculamos $f(1, 0, 0)$:

$$p_{U^\perp}(1,0,0) = \frac{<(1,0,0),(1,-1,0)>}{<(1,-1,0),(1,-1,0)>}(1,-1,0) = 1/2(1,-1,0)$$

Luego $f(1,0,0) = (1,0,0) - (1,-1,0) = (0,1,0)$ análogamente

$$f(0,1,0) = (0,1,0) - 2(-1/2)(1,-1,0) = (1,0,0)$$

y

$$f(0,0,1) = (0,0,1) - 2(0)(1,-1,0) = (0,0,1)$$

La matriz pedida es

$$\begin{pmatrix} 0 & 1 & 0 \\ 1 & 0 & 0 \\ 0 & 0 & 1 \end{pmatrix}$$

Ejercicios propuestos

Estudiar cuáles de entre las siguientes aplicaciones son lineales:

1. $f : \mathbb{R}^2 \longrightarrow \mathbb{R}^2; \quad f(x,y) = (x+y, x)$
2. $f : \mathbb{R}^2 \longrightarrow \mathbb{R}^2; \quad f(x,y) = (xy, x)$
3. $f : \mathbb{R}^2 \longrightarrow \mathbb{R}^3; \quad f(x,y) = (x, y, x+y)$
4. $f : \mathbb{R}^2 \longrightarrow \mathbb{R}; \quad f(x,y) = x^2y^2$

Para las siguientes aplicaciones, estudiar si son lineales y, en caso afirmativo, calcular su núcleo y su imagen dando una base de cada uno de dichos subespacios.

1. $f : \mathbb{R}^4 \longrightarrow \mathbb{R}^2$ dada por:

$$f(x_1, x_2, x_3, x_4) = (3x_1 - 2x_2 - x_3 - 4x_4, x_1 + x_2 - 2x_3 - 3x_4)$$

2. $f : \mathbb{R}^3 \longrightarrow \mathbb{R}^3$ dada por:

$$f(x_1, x_2, x_3) = (2x_1 + x_2 + 3x_3, 3x_1 - x_2 + x_3, -4x_1 + 3x_2 + x_3)$$

3. $f : \mathbb{R}^3 \longrightarrow \mathbb{R}^3$ dada por:

$$f(x,y,z) = (z, x+y, -z)$$

4. $f : \mathbb{R}^3 \longrightarrow \mathbb{R}^2$ dada por:

$$f(x,y,z) = (x+y, 0)$$

* Se considera la aplicación $T : \mathfrak{M}_n(\mathbb{R}) \longrightarrow \mathfrak{M}_n(\mathbb{R})$ dada por

$$T(A) = A - A^t$$

1. Comprobar que T es una aplicación lineal.
2. Calcular $Ker(T)$, $Im(T)$, $Ker(T) \cap Im(T)$ y $Ker(T) + Im(T)$.

Sea $f\colon \mathbb{R}^2 \to \mathbb{R}^3$ la aplicación lineal dada por:

$$f(1,0) = (2,3,0)$$
$$f(0,1) = (-1,1,1)$$

y sea $g\colon \mathbb{R}^3 \to \mathbb{R}^4$ dada por

$$g(1,0,0) = (2,-1,0,0)$$
$$g(0,1,0) = (3,0,1,0)$$
$$g(0,0,1) = (0,0,0,1)$$

Hallar la expresión matricial de f, g y $g \circ f$, respecto de las correspondientes bases canónicas de $\mathbb{R}^2$, $\mathbb{R}^3$ y $\mathbb{R}^4$.

Sea f el endomorfismo de $\mathbb{R}^3$ cuya matriz asociada respecto de la base $B = \{e_1, e_2, e_3\}$ es:

$$\begin{pmatrix} 3 & 2 & -1 \\ -2 & -1 & 0 \\ 4 & 3 & 1 \end{pmatrix}$$

Probar que $B' = \{e_3, f(e_3), f^2(e_3)\}$ es base de $\mathbb{R}^3$ y calcular la matriz asociada a f respecto de esta base.

Sea $f : \mathbb{R}^n \to \mathbb{R}^n$ el endomorfismo definido por $f(x_1, x_2, \ldots, x_n) = (x_1, x_2, \ldots, x_k, 0, \ldots, 0)$ donde $k < n$. Determinar el núcleo y la imagen de f.

Determinar una aplicación lineal $f : \mathbb{R}^3 \to \mathbb{R}^4$ de forma que su núcleo e imagen estén dados por:

$$Ker(f) \equiv \left\{ \begin{array}{rcl} x_1 - x_3 & = & 0 \\ x_2 & = & 0 \end{array} \right. ; \quad Im(f) \equiv \left\{ \begin{array}{rcl} y_1 - y_2 & = & 0 \\ y_2 - y_3 & = & 0 \end{array} \right.$$

94. Sea U el subespacio de $\mathbb{R}^4$ dado por las ecuaciones cartesianas

$$U \equiv \left\{ \begin{array}{rcl} x_1 - 2x_2 & = & 0 \\ x_1 + x_3 + x_4 & = & 0 \end{array} \right.$$

1. Hallar un subespacio W de $\mathbb{R}^4$ de forma que $U \oplus W = \mathbb{R}^4$.
2. Determinar un endomorfismo f de $\mathbb{R}^4$ de forma que $Ker(f) = U$ e $Im(f) = W$.

95. Sea $f\colon \mathbb{R}^3 \to \mathbb{R}^4$ la aplicación lineal que, respecto de ciertas bases, viene dada por la matriz

$$A = \begin{pmatrix} 1 & a & 2a \\ a & 1 & a \\ 2a & 2a & 1 \\ 2a+1 & 3a & 2a+1 \end{pmatrix}$$

en la que a es un parámetro. Determinar qué valor ha de tomar el parámetro a para que se verifique $dim(Im(f)) = 2$.

96. Sean V y V' $\mathbb{R}$-espacios vectoriales de dimensiones 3 y 4 respectivamente, y sean $B = \{e_1, e_2, e_3\}$ una base de V y $B' = \{u_1, u_2, u_3, u_4\}$ una base de V'. Sea $f : V \longrightarrow V'$ la aplicación lineal que verifica:

$$\begin{array}{rcl} f(e_1 + 2e_2 + 3e_3) & = & u_1 + 3u_2 + 5u_3 + 3u_4 \\ f(e_1 + e_3) & = & u_1 + u_2 + u_3 + u_4 \\ f(2e_2 + 3e_3) & = & 2u_2 + 5u_3 + 3u_4 \end{array}$$

1. Calcular la matriz de f respecto de las bases B y B'.
2. Calcular el núcleo de f. ¿Es f inyectiva?
3. Dar una base de la imagen de f. ¿Puede ser f sobreyectiva?

97. * Señalar la respuesta correcta:

1. Si f es una aplicación lineal de $\mathbb{R}^3$ en $\mathbb{R}^6$ se verifica:
   a) f no puede ser sobreyectiva.
   b) f no puede ser inyectiva.
   c) $dim(Ker(f)) = dim(Im(f))$.
   d) $dim(Im(f)) = 6$.
2. Sea $f\colon \mathbb{R}^m \to \mathbb{R}^n$ una aplicación lineal. No es cierto que:
   a) f inyectiva implica $m = n$ y f es isomorfismo.
   b) $m = n$ y f sobreyectiva implica f inyectiva.
   c) $dim(Im(f)) = m$ implica f inyectiva.
   d) f sobreyectiva implica $dim(Ker(f)) = m - n$.

98. * Responder verdadero o falso a las siguientes cuestiones:

1. Si $f\colon \mathbb{R}^3 \to \mathbb{R}^6$ es aplicación lineal, entonces no puede ser sobreyectiva.
2. Si $f\colon \mathbb{R}^3 \to \mathbb{R}^2$ es aplicación lineal, entonces $Ker(f) = 0$.
3. Si $f\colon \mathbb{R}^m \to \mathbb{R}^n$ es aplicación lineal inyectiva, entonces $m = n$ y f es isomorfismo.

99. * La aplicación lineal $f\colon \mathbb{R}^3 \to \mathbb{R}^2$ respecto de las bases $B = \{e_1, e_2, e_3\}$ y $B' = \{v_1, v_2\}$ viene dada por:

$$\begin{array}{rl} f(e_1 + e_2) = & v_1 + v_2 \\ f(e_1 + e_3) = & v_1 + v_2 \\ f(e_2 + e_3) = & v_1 \end{array}$$

Calcular la matriz asociada a f en las bases B y B'. Calcular las dimensiones del núcleo y la imagen de f. Dar bases de dichos subespacios.

. Sea $f : \mathbb{R}^3 \to \mathbb{R}^2$ una aplicación lineal tal que:

$$\begin{aligned} f(1,0,0) &= (-1,0) \\ f(0,1,0) &= (2,1) \\ f(0,0,1) &= (3,3) \end{aligned}$$

Determinar f, su matriz asociada respecto de las respectivas bases canónicas de $\mathbb{R}^3$ y $\mathbb{R}^2$ y la dimensión y una base de su núcleo y de su imagen.

.* Sea $f\colon \mathbb{R}^3 \to \mathbb{R}^3$ una aplicación lineal y $B = \{u_1, u_2, u_3\}$ una base de $\mathbb{R}^3$. Si

$$\begin{aligned} f(u_1) &= u_2 + u_3 \\ f(u_1 + u_2) &= u_1 + u_2 + 2u_3 \\ f(u_1 + u_2 + u_3) &= 2u_1 + 2u_2 + 2u_3 \end{aligned}$$

Calcular la matriz de f en la base B y las dimensiones y una base del núcleo y de la imagen de f.

. Sea $f : \mathbb{R}^4 \to \mathbb{R}^3$ la aplicación lineal cuya matriz respecto de las bases canónicas de $\mathbb{R}^4$ y $\mathbb{R}^3$ es:

$$\begin{pmatrix} 1 & 0 & -1 & 2 \\ 2 & 1 & 0 & -1 \\ 3 & 1 & -1 & 1 \end{pmatrix}$$

1. Calcular bases del núcleo y la imagen.
2. ¿Tiene solución la ecuación $f(x) = (2,2,4)$?

. Sea E el subespacio de $\mathfrak{M}_2(\mathbb{R})$ cuyos vectores son las matrices de la forma

$$\begin{pmatrix} a & b+c \\ -b+c & a \end{pmatrix}$$

con $a, b, c \in \mathbb{R}$.

1. Probar que

$$B = \left\{ \begin{pmatrix} 1 & 0 \\ 0 & 1 \end{pmatrix}; \begin{pmatrix} 0 & 1 \\ -1 & 0 \end{pmatrix}; \begin{pmatrix} 0 & 1 \\ 1 & 0 \end{pmatrix} \right\}$$

   es una base de E.
2. Hallar la matriz del endomorfismo $f\colon E \longrightarrow E$ definido por

$$f\begin{pmatrix} a & b+c \\ -b+c & a \end{pmatrix} = \begin{pmatrix} 0 & 2b+c \\ -2b+c & 0 \end{pmatrix}$$

   en la base B.
3. Hallar las ecuaciones cartesianas del núcleo de f en dicha base. Dar bases del núcleo y de la imagen de f.

4.* Se considera la aplicación lineal $T\colon \mathbb{R}^3 \to \mathbb{R}^4$ que, con respecto de dos bases $B = \{e_1, e_2, e_3\}$ y $B' = \{e'_1, e'_2, e'_3, e'_4\}$, verifica

$$\begin{aligned} &e_1 + 2e_2 - 3e_3 \in ker(T) \\ T(e_2) &= e'_1 + e'_2 + e'_4 \\ T(3e_3) &= 3e'_1 + e'_3 \end{aligned}$$

Calcular

1. $T(2,1,-3)$.
2. $ker(T)$ e $Im(T)$.
3. Una base de $\mathbb{R}^3/ker(T)$.

5. Sea $f : \mathbb{R}^4 \to \mathbb{R}^3$ una aplicación lineal tal que: $f(e_1) = u_1 + u_2$, $f(e_2) = 2u_1 - u_2$, $f(e_3) = 3u_1 + 2u_2$ y $f(e_4) = u_1 + 2u_2$, donde $B = \{e_1, e_2, e_3, e_4\}$ y $B' = \{u_1, u_2, u_3\}$ son las respectivas bases canónicas. Determinar las ecuaciones de f respecto de las bases B y B' y su matriz asociada.

106.* Sea $f\colon \mathbb{R}^3 \to \mathbb{R}^3$ la aplicación lineal determinada por las condiciones

a) Si $U = \{(x,y,z) \mid x+y+z=0\}$ se tiene $f(u) = 5u$ para todo $u \in U$;

b) $f(0,0,-1) = (10,-5,3)$.

Se pide:

1. Calcular la matriz de f con respecto de la base canónica.
2. Ecuaciones, bases y dimensión de $ker(f)$ e $Im(f)$.

107.* De una aplicación lineal $f\colon \mathbb{R}^3 \to \mathbb{R}^3$ se sabe que, respecto de la base canónica,

- Lleva la recta $\left\{ \begin{array}{l} x=0 \\ z=0 \end{array} \right.$ sobre la recta $\left\{ \begin{array}{r} x+y=0 \\ 2x+z=0 \end{array} \right.$
- $f(1,1,0) = (0,1,2); f(1,-1,1) = (1,-1,-2)$.

1. Escribir la matriz asociada a f en la base canónica observando que no está completamente determinada.
2. Calcular bases del núcleo y de la imagen de f. ¿Dependen estos subespacios del parámetro que aparece en la matriz?

108.* Sea V un espacio vectorial de dimensión n y $f\colon V \to V$ un endomorfismo. Sea $u \in V$ tal que $f(u) = w \neq 0$. Probar que

$$Im(f) = L(w) \text{ si, y sólo si, } V = L(u) \oplus Ker(f)$$

109.* En $\mathbb{R}^3$ se considera un endomorfismo f dado por:

$$\begin{array}{lcl} f(0,0,1) & = & (0,0,1) \\ f(1,-1,0) & = & (1,-1,0) \\ f(1,1,0) & = & (0,0,0) \end{array}$$

Calcular la matriz asociada a f en la base canónica y comprobar que $\mathbb{R}^3 = Ker(f) \oplus Im(f)$.

110.* Sea $P_2(\mathbb{R})$ el espacio vectorial real de los polinomios de grado menor o igual que 2. Consideremos la aplicación lineal $D\colon P_2(\mathbb{R}) \to P_2(\mathbb{R})$ que asocia a cada polinomio su derivada.

1. Calcular la matriz asociada a D en la base $B = \{1, x, x^2\}$.
2. Obtener la matriz asociada a D en la base $B' = \{x-3, x^2-3, 7-x-x^2\}$.

111.* Para cada $\alpha \in \mathbb{R}$ se define $f_\alpha : \mathbb{R}^3 \to \mathbb{R}^3$ cuya matriz respecto de la base canónica es

$$A_\alpha = \begin{pmatrix} 1 & \alpha & 0 \\ \alpha & 1 & \alpha \\ 0 & \alpha & 1 \end{pmatrix}$$

1. Hallar $Ker(f_\alpha)$ según los valores de α.
2. Decidir, según los valores de α, cuándo f es inyectiva, sobreyectiva o biyectiva.
3. Estudiar si $S = \{x \in \mathbb{R}^3 \mid f_0(x) = x\}$ es un subespacio de $\mathbb{R}^3$. En caso afirmativo calcular una base de S.
4. Dada la base $B' = \{e_1' = e_1 - e_2, e_2' = e_2 - e_3, e_3' = e_3\}$, calcular la matriz de f_α en la base B'.

112.* En $\mathbb{R}^3$ se considera el endomorfismo dado por:

$$\begin{array}{l} f(1,1,1) = (2,3,3) \\ f(1,1,0) = (1,3,2) \\ f(1,0,0) = (0,1,1) \end{array}$$

Se pide:

1. Calcular la matriz de f respecto de la base canónica de $\mathbb{R}^3$.

2. Calcular dimensión y una base del núcleo y la imagen de f.
3. Calcular la matriz del endomorfismo f respecto de la base $B' = \{(1,1,1),(1,1,0),(1,0,0)\}$.

3.* Sea V un espacio vectorial de dimensión 4 y sea B una base de V. Se considera el endomorfismo $f\colon V \to V$ que respecto de la base B tiene asociada la matriz:

$$A = \begin{pmatrix} 1 & 1 & 2 & 3 \\ 0 & 1 & 1 & 1 \\ 1 & 0 & 1 & 2 \\ 1 & 1 & 2 & 3 \end{pmatrix}$$

1. Calcular bases y dimensión de $Ker(f)$ e $Im(f)$.
2. Si se considera la base de V, $B' = \{u_1, u_2, u_3, u_4\}$, donde:

$$\begin{aligned} u_1 &= (1,0,1,1)_B \\ u_2 &= (1,1,0,1)_B \\ u_3 &= (1,0,0,1)_B \\ u_4 &= (0,1,0,1)_B \end{aligned}$$

   Calcular la matriz asociada a f respecto de las bases B y B'.

3. Calcular a partir de B' una base $\widetilde{B}$ del espacio vectorial cociente $V/Im(f)$, y calcular la matriz asociada respecto de las bases B' y $\widetilde{B}$ de la aplicación lineal

$$p\colon V \to V/Im(f)$$

   definida por: $p(v) = v + Im(f)$.

4.* Se considera el endomorfismo f de $\mathfrak{M}_2(\mathbb{R})$ dado por:

$$f\begin{pmatrix} a & b \\ c & d \end{pmatrix} = \begin{pmatrix} 0 & b-c \\ c-b & 0 \end{pmatrix}$$

1. Calcular la matriz asociada a f respecto de la base estándar de $\mathfrak{M}_2(\mathbb{R})$:

$$B = \left\{ \begin{pmatrix} 1 & 0 \\ 0 & 0 \end{pmatrix}, \begin{pmatrix} 0 & 1 \\ 0 & 0 \end{pmatrix}, \begin{pmatrix} 0 & 0 \\ 1 & 0 \end{pmatrix}, \begin{pmatrix} 0 & 0 \\ 0 & 1 \end{pmatrix} \right\}$$

2. Calcular el núcleo y la imagen de f dando una base de cada uno de estos subespacios. ¿Qué propiedad tienen las matrices que están en ellos?
3. Calcular la matriz asociada a f en la base

$$B' = \left\{ \begin{pmatrix} 1 & 0 \\ 0 & 0 \end{pmatrix}, \begin{pmatrix} 0 & 1 \\ 1 & 0 \end{pmatrix}, \begin{pmatrix} 0 & 0 \\ 0 & 1 \end{pmatrix}, \begin{pmatrix} 0 & 1 \\ -1 & 0 \end{pmatrix} \right\}$$

5.* Se considera el siguiente conjunto de vectores de $\mathbb{R}^4$,

$$B = \{(1,1,0,0),(-3,1,0,0),(0,5,1,0),(0,-2,a,b)\}.$$

1. Determinar valores de a y b tales que B sea una base de $\mathbb{R}^4$.
2. Calcular la matriz de cambio de base de la base canónica de $\mathbb{R}^4$ a B.
3. Con respecto a las bases canónicas de $\mathbb{R}^4$ y $\mathbb{R}^3$ respectivamente, construir una aplicación lineal $f : \mathbb{R}^4 \to \mathbb{R}^3$ verificando las dos siguientes condiciones: el núcleo de f deberá ser igual al subespacio $U \subseteq \mathbb{R}^4$, de ecuaciones

$$U \equiv \left\{ \begin{array}{rcl} x - y & = & 0 \\ z = t & = & 0 \end{array} \right.$$

   y además, $\dim Imf = 3$.

4. Demostrar, a partir del anterior apartado, que $\frac{\mathbb{R}^4}{U} \cong \mathbb{R}^3$.

116.* Se considera el endomorfismo f de $\mathbb{R}^4$ determinado por la siguiente matriz,

$$A = \begin{pmatrix} 1 & a & 0 & 0 \\ a & 1 & a & 0 \\ -1+a & -a & a & 0 \\ 1-a & a & -a & 0 \end{pmatrix}, \qquad \text{con } a \neq 0,$$

para la que se pide:

1. Calcular bases del núcleo y de la imagen de f.
2. ¿Pertenece el vector (1,5,4,-4) a la imagen de f? ¿Y al núcleo?

117.* Se considera la aplicación lineal $f : \mathbb{R}^3 \to \mathbb{R}^3$ definida por

$$\begin{aligned} f(1,0,0) &= (2,2,4) \\ f(1,1,1) &= (4,5,9) \\ f(1,-1,0) &= (1,1,2). \end{aligned}$$

1. Calcular la matriz de f en la base canónica.
2. Calcular bases y dimensión del núcleo y la imagen de f.
3. Calcular una base B de $\mathbb{R}^3$ tal que

$$\mathfrak{M}_B(f) = \begin{pmatrix} 2 & 1 & 0 \\ 0 & 0 & 1 \\ 0 & 0 & 1 \end{pmatrix}$$

Espacio dual

118. Comprobar que la aplicación $f : \mathcal{P}_3(\mathbb{R}) \to \mathbb{R}$ dada por

$$f(p(x)) = \int_0^1 p(x)dx$$

es una forma lineal. Calcular su matriz asociada en las bases $\{1, x, x^2, x^3\}$ de $\mathcal{P}_3(\mathbb{R})$ y $\{1\}$ de $\mathbb{R}$.

119. En $\mathbb{R}^4$ determinar la forma lineal que hace corresponder a los vectores $v_1 = (2,1,0,-1)$, $v_2 = (3,2,1,0)$, $v_3 = (1,1,-2,0)$, $v_4 = (2,3,2,1)$ los escalares $0, 5, -1, 6$ respectivamente.

120. Sean $f_1, f_2, f_3 : \mathbb{R}^3 \to \mathbb{R}$ dadas por

$$\begin{aligned} f_1(x,y,z) &= x+y+z \\ f_2(x,y,z) &= x+y \\ f_3(x,y,z) &= -x+z \end{aligned}$$

Calcular una base de $\mathbb{R}^3$ de manera que $\{f_1, f_2, f_3\}$ sea su base dual.

121. En $\mathbb{R}^3$ se considera la base

$$B = \{e_1 = (1,-1,1), e_2 = (-1,2,-1), e_3 = (-1,1,0)\}$$

1. Comprobar que $\{f_1, f_2, f_3\}$ es la base dual de B, donde

$$\begin{aligned} f_1(x,y,z) &= x+y+z \\ f_2(x,y,z) &= x+y \\ f_3(x,y,z) &= -x+z \end{aligned}$$

2. Calcular las coordenadas del vector $v = (1, 2, 3)$ en la base B.

En un espacio vectorial V de dimensión 3 y respecto de la base $B = \{e_1, e_2, e_3\}$ se consideran las formas lineales f_1, f_2, f_3 definidas por

$$\begin{aligned} f_1(x, y, z) &= x - y \\ f_2(x, y, z) &= y - z \\ f_3(x, y, z) &= x + z \end{aligned}$$

1. Comprobar que forman base del espacio vectorial V^* dual de V.
2. Hallar la base de V de la cual es dual $\{f_1, f_2, f_3\}$.

Sea V un espacio vectorial real de dimensión 3 y $B = \{e_1, e_2, e_3\}$ una base. Sea $f : V \to \mathbb{R}$ la forma lineal que satisface

$$f(e_1 + e_2) = 1; \;\; f(e_2 - e_3) = 2; \;\; f(e_3 - e_1) = 3$$

Se pide:

1. Ecuación de f en la base B de V.
2. Coordenadas de f en la base B^* dual de B.

En $\mathbb{R}^4$ se considera el subespacio U generado por los vectores $(1, 2, 0, 1), (2, 3, 1, 0)$ y $(3, 5, 1, 1)$. Determinar el anulador de U.

Dados subespacios U y W de un espacio vectorial de dimensión finita V, probar que se verifica:

1. $an(U + W) = an(U) \cap an(W)$,
2. $an(U \cap W) = an(U) + an(W)$.

Dadas $f : \mathbb{R}^3 \to \mathbb{R}^2$ por

$$\begin{aligned} f(e_1) &= u_1 + u_2 \\ f(e_2) &= 2u_1 \\ f(e_3) &= u_1 + 2u_2 \end{aligned}$$

y $\Phi : \mathbb{R}^2 \to \mathbb{R}$ por

$$\begin{aligned} \Phi(u_1) &= 3 \\ \Phi(u_2) &= 4 \end{aligned}$$

calcular $f^t(\Phi)$.

7.* Dadas las formas lineales $f_1, f_2, f_3 : \mathbb{R}^3 \to \mathbb{R}$ por

$$\begin{aligned} f_1(x, y, z) &= x + y + z \\ f_2(x, y, z) &= x + y \\ f_3(x, y, z) &= x \end{aligned}$$

Encontrar la base de $\mathbb{R}^3$ de la cual es dual $\{f_1, f_2, f_3\}$.

8.* En $\mathcal{P}_2(\mathbb{R})$ consideramos las formas lineales dadas por:

$$\begin{aligned} D^0(p(x)) &= p(0) \\ D^1(p(x)) &= p'(0) \\ D^2(p(x)) &= p''(0) \end{aligned}$$

para cada $p(x) \in \mathcal{P}_2(\mathbb{R})$.

1. Comprobar que $\{D^0, D^1, D^2\}$ son una base del espacio dual de $\mathcal{P}_2(\mathbb{R})$.
2. Calcular la base de $\mathcal{P}_2(\mathbb{R})$ de la cual es dual.

9.* Sea V un espacio vectorial de dimensión 3. En la base $B = \{e_1, e_2, e_3\}$ las formas lineales $f_1, f_2, f_3 : V \to \mathbb{R}$ vienen dadas por las matrices

$$A_1 = (1\,1\,1), \;\; A_2 = (1\,1\,0), \;\; A_3 = (-1\,0\,1)$$

1. Comprobar que $\{f_1, f_2, f_3\}$ son una base del espacio dual de V.

2. Si $g : V \to \mathbb{R}$ viene dada por

$$\begin{array}{lll} g(e_1 & -e_2+e_3) & = & 1 \\ g(-e_1 & +2e_2-e_3) & = & 1 \\ g(-e_1 & +e_2) & = & 1 \end{array}$$

calcular las coordenadas de g en la base $\{f_1, f_2, f_3\}$.

130.* Probar que dados un espacio vectorial V de dimensión finita y un subespacio U de V, el espacio vectorial $\frac{V^*}{an(U)}$ es isomorfo a U.

131.* Estudiar para qué valores del parámetro a las formas lineales:

$$f_1(x,y,z) = (a+1)x+y+z$$
$$f_2(x,y,z) = x+(a+1)y+z$$
$$f_3(x,y,z) = x+y+(a+1)z$$

forman una base de $(\mathbb{R}^3)^*$, y para el valor $a=-1$ calcular una base de $\mathbb{R}^3$ de la cual ésta es su dual.

132.* Considerar las formas lineales $\phi_i : \mathcal{P}_3(\mathbb{R}) \to \mathbb{R}$, $i = 1,2,3,4$ dadas por:

$$\phi_1(p(x)) = p(0)$$
$$\phi_2(p(x)) = p'(0)$$
$$\phi_3(p(x)) = p(1)$$
$$\phi_4(p(x)) = p'(1)$$

1. Comprobar que $B = \{\phi_1, \phi_2, \phi_3, \phi_4\}$ es una base de $(\mathcal{P}_3(\mathbb{R}))^*$.
2. Calcular la base de $\mathcal{P}_3(\mathbb{R})$ de la cual B es dual.

133.* Sea $\mathcal{P}_3(\mathbb{R})$ el espacio vectorial de los polinomios de grado menor o igual que 3. Sea $(\mathcal{P}_3(\mathbb{R}))^*$ el espacio vectorial dual de éste, en donde se consideran los siguientes subespacios:

- U está generado por las formas lineales E_1 y E_{-1}, definidas en cualquier $p(x) \in \mathcal{P}_3(\mathbb{R})$ como $E_1(p(x)) = p(1)$, $E_{-1}(p(x)) = p(-1)$, y
- W está generado por $D^1(p(x)) = p'(0)$, $D^2(p(x)) = p''(0)$, y $D^3(p(x)) = p'''(0)$.

Calcular suma e intersección de estos subespacios.

Isometrías

134.* Sea V un espacio vectorial euclídeo de dimensión 2. Sea $B = \{e_1, e_2\}$ una base ortonormal de V. Consideremos $B' = \{v_1, v_2\}$ la base dada por $v_1 = e_1$, $v_2 = e_2 - e_1$. Sea $f : V \to V$ el endomorfismo dado por

$$\begin{array}{lll} f(v_1) & = & v_1+v_2 \\ f(v_2) & = & -2v_1-v_2 \end{array}$$

¿Es f una isometría?

135. Calcular la matriz de la rotación de ángulo $\pi/2$ alrededor de la recta $x=y=z$ en la base canónica.

IV

Diagonalización y forma de Jordan

1. Diagonalización por semejanza

1.1. Semejanza de matrices. El problema de la diagonalización

Recordemos que dos matrices cuadradas A y B son semejantes si existe una matriz regular P de forma que $B = P^{-1}AP$. El problema que nos plantearemos es el siguiente, dada una matriz cuadrada A, encontrar una matriz D semejante a A y de forma que D sea diagonal.
La semejanza de matrices nos había aparecido ya, cuando estudiábamos el efecto de un cambio de base sobre la matriz de un endomorfismo, de hecho dos matrices cuadradas son semejantes si, y sólo si, representan al mismo endomorfismo respecto de distintas bases. Más concretamente, si $A \in \mathfrak{M}_n(\mathbb{K})$, entonces A es la matriz asociada a un endomorfismo $f : \mathbb{K}^n \longrightarrow \mathbb{K}^n$ respecto de la base canónica B de $\mathbb{K}^n$. Si D es una matriz semejante a A, esto es: $D = P^{-1}AP$ para cierta matriz regular P, entonces D será la matriz asociada a f respecto de una nueva base $\overline{B}$ de $\mathbb{K}^n$ de forma que la matriz del cambio de base de $\overline{B}$ a B sea P, esto es:

$$\mathbb{K}^n \longrightarrow \mathbb{K}^n$$

$$\begin{array}{ccc} B & \xrightarrow{A} & B \\ P \Big\uparrow & & \Big\uparrow P \\ \overline{B} & \xrightarrow{D} & \overline{B} \end{array}$$

Se trata pues de ver cómo ha de ser la base $\overline{B}$ para que la matriz D asociada a f sea diagonal. Si $\overline{B} = \{u_1, \ldots, u_n\}$, entonces la matriz asociada a f respecto de $\overline{B}$ es la matriz cuyas columnas son las coordenadas respecto de $\overline{B}$ de los vectores $f(u_1), \ldots, f(u_n)$ y por tanto si se tiene

$$\mathfrak{M}_{\overline{B}}(f) = D = \begin{pmatrix} \lambda_1 & 0 & \ldots & 0 \\ 0 & \lambda_2 & \ldots & 0 \\ \vdots & \vdots & \ddots & \vdots \\ 0 & 0 & \ldots & \lambda_n \end{pmatrix}$$

entonces ha de ser:

$$\begin{aligned} f(u_1) &= (\lambda_1, 0, \ldots, 0)_{\overline{B}} = \lambda_1 u_1 \\ f(u_2) &= (0, \lambda_2, \ldots, 0)_{\overline{B}} = \lambda_2 u_2 \\ &\ldots \\ f(u_n) &= (0, 0, \ldots, \lambda_n)_{\overline{B}} = \lambda_n u_n \end{aligned}$$

Veamos esto en un ejemplo:

Ejemplo 1. *Sea A la matriz:*

$$A = \begin{pmatrix} 1 & 1 & 1 \\ 0 & 2 & 1 \\ 0 & 0 & 3 \end{pmatrix}$$

A es la matriz asociada respecto de la base canónica de $\mathbb{R}^3$ *al endomorfismo* $f : \mathbb{R}^3 \longrightarrow \mathbb{R}^3$ *definido por* $f(x, y, z) = (x + y + z, 2y + z, 3z)$.

Si consideramos la base de $\mathbb{R}^3$ *dada por* $\overline{B} = \{(1,0,0),(1,1,0),(1,1,1)\}$ *se tiene*

$$\begin{array}{rl} f(1,0,0) = (1,0,0) = & (1,0,0)_{\overline{B}} \\ f(1,1,0) = (2,2,0) = & 2\,(1,1,0) = (0,2,0)_{\overline{B}} \\ f(1,1,1) = (3,3,3) = & 3\,(1,1,1) = (0,0,3)_{\overline{B}} \end{array}$$

y por tanto la matriz asociada a f *respecto de* $\overline{B}$ *es la matriz diagonal:*

$$D = \begin{pmatrix} 1 & 0 & 0 \\ 0 & 2 & 0 \\ 0 & 0 & 3 \end{pmatrix}$$

Por último, la matriz de cambio de base de $\overline{B}$ *a* B *es la matriz regular*

$$P = \begin{pmatrix} 1 & 1 & 1 \\ 0 & 1 & 1 \\ 0 & 0 & 1 \end{pmatrix}$$

y se verifica:

$$D = P^{-1}AP$$

El problema ahora será cómo encontrar vectores linealmente independientes $u_1, \dots, u_n$ tales que para cada i se verifique $f(u_i) = \lambda_i u_i$ para ciertos escalares $\lambda_1, \dots, \lambda_n \in \mathbb{K}$.

1.2. Autovalores y autovectores

Sea V un $\mathbb{K}$-espacio vectorial y sea $f : V \longrightarrow V$ un endomorfismo de V. Se dice que el escalar $\lambda \in \mathbb{K}$ es un **autovalor** (o valor propio) de f si existe un vector no nulo $u \in V$ de forma que $f(u) = \lambda u$.

Ejemplo 2. *Para el endomorfismo* f *del ejemplo anterior,* $f : \mathbb{R}^3 \longrightarrow \mathbb{R}^3$, $f(x,y,z) = (x+y+z, 2y+z, 3z)$ *teníamos que*

$$f(1,1,1) = (3,3,3) = 3(1,1,1)$$

luego 3 *es un autovalor de* f.
Por otra parte no es difícil ver que 5 *no es un autovalor de* f. *En efecto, si un vector* $u = (a,b,c)$ *verifica* $f(u) = 5u$*, entonces*

$$(a+b+c, 2b+c, 3c) = 5(a,b,c) = (5a,5b,5c)$$

y se obtiene el sistema de ecuaciones

$$\left\{ \begin{array}{rcl} -4a+b+c & = & 0 \\ -3b+c & = & 0 \\ -2c & = & 0 \end{array} \right.$$

cuya única solución es $a = b = c = 0$. *Así pues, no existe ningún vector no nulo* u *de forma que* $f(u) = 5u$ *y por tanto* 5 *no es autovalor de* f.

Consideremos de nuevo un $\mathbb{K}$-espacio vectorial V y un endomorfismo $f : V \longrightarrow V$. Para un escalar $\lambda \in \mathbb{K}$, llamaremos **autovector** (o vector propio) asociado a λ a cada vector u de V tal que $f(u) = \lambda u$. Denotaremos por V_λ al conjunto de todos los autovectores asociados a λ, esto es:

$$V_\lambda = \{u \in V \mid f(u) = \lambda u\}$$

PROPOSICIÓN

Sea V un $\mathbb{K}$-espacio vectorial de dimensión n, f un endomorfismo de V y sea A la matriz asociada a f respecto de una base de V. Dado $\lambda \in \mathbb{K}$, se verifica:
1. $V_\lambda = Ker(f - \lambda I)$.
2. V_λ es un subespacio vectorial de V.
3. $dim(V_\lambda) = n - rg(A - \lambda I)$.
4. λ es autovalor de f si, y sólo si, $det(A - \lambda I) = 0$.

DEMOSTRACIÓN.
1. $u \in V_\lambda \Leftrightarrow f(u) = \lambda u \Leftrightarrow f(u) - \lambda u = 0 \Leftrightarrow (f - \lambda I)(u) = 0 \Leftrightarrow u \in Ker(f - \lambda I)$.
2. Es consecuencia de (1), el núcleo de una aplicación lineal es siempre un subespacio vectorial del espacio de partida.
3. Usando la fórmula de las dimensiones:

$$dim(V_\lambda) = dim(Ker(f - \lambda I)) = dim(V) - dim(Im(f - \lambda I)) = n - rg(A - \lambda I)$$

puesto que si la matriz asociada a f es A, entonces la matriz asociada a $f - \lambda I$ es $A - \lambda I$.
4. Por definición, λ es autovalor si, y sólo si, existe un autovector no nulo asociado a λ, esto es: si $V_\lambda \neq 0$. Ahora, usando (3), se tiene:

$$V_\lambda \neq 0 \Leftrightarrow dim(V_\lambda) \neq 0 \Leftrightarrow n - rg(A - \lambda I) \neq 0 \Leftrightarrow rg(A - \lambda I) \neq n \Leftrightarrow det(A - \lambda I) = 0.$$

□

El subespacio V_λ recibe el nombre de **subespacio propio** de λ. Calculemos algún ejemplo:

Ejemplo 3. *Consideremos de nuevo el endomorfismo $f : \mathbb{R}^3 \longrightarrow \mathbb{R}^3$ cuya matriz asociada respecto de la base canónica es*

$$A = \begin{pmatrix} 1 & 1 & 1 \\ 0 & 2 & 1 \\ 0 & 0 & 3 \end{pmatrix}$$

y calculemos el subespacio propio V_2 asociado al autovalor 2*:*

$$A - 2I = \begin{pmatrix} 1 & 1 & 1 \\ 0 & 2 & 1 \\ 0 & 0 & 3 \end{pmatrix} - 2\begin{pmatrix} 1 & 0 & 0 \\ 0 & 1 & 0 \\ 0 & 0 & 1 \end{pmatrix} = \begin{pmatrix} -1 & 1 & 1 \\ 0 & 0 & 1 \\ 0 & 0 & 1 \end{pmatrix}$$

Entonces:

$$(x, y, z) \in V_2 \Leftrightarrow \begin{pmatrix} -1 & 1 & 1 \\ 0 & 0 & 1 \\ 0 & 0 & 1 \end{pmatrix}\begin{pmatrix} x \\ y \\ z \end{pmatrix} = \begin{pmatrix} 0 \\ 0 \\ 0 \end{pmatrix} \Leftrightarrow \left\{ \begin{array}{rcl} -x + y + z & = & 0 \\ z & = & 0 \\ z & = & 0 \end{array} \right. \Leftrightarrow \left\{ \begin{array}{rcl} x - y & = & 0 \\ z & = & 0 \end{array} \right.$$

Por tanto hemos obtenido unas ecuaciones cartesianas de V_2; si lo que deseamos es una base podemos seguir el procedimiento usual, pasamos primero a paramétricas:

$$\left\{\begin{array}{lcl} x & = & \mu \\ y & = & \mu \\ z & = & 0 \end{array}\right.$$

Así, obtenemos la base de V_2: $\{(1,1,0)\}$.

1.3. Polinomio característico

Según hemos visto, para un endomorfismo f de matriz asociada A, un escalar λ es autovalor de f si, y sólo si, $det(A-\lambda I)=0$; ahora bien, considerando λ como indeterminada, este determinante

$$det(A-\lambda I)=\begin{vmatrix} a_{11}-\lambda & a_{12} & \dots & a_{1n} \\ a_{21} & a_{22}-\lambda & \dots & a_{2n} \\ \vdots & \vdots & \ddots & \vdots \\ a_{n1} & a_{n2} & \dots & a_{nn}-\lambda \end{vmatrix}$$

es un polinomio en λ, $p(\lambda)$, de grado n que recibe el nombre de **polinomio característico** de f. Los autovalores de f serán precisamente las raíces del polinomio característico. En particular se tiene que el número máximo de autovalores de f es exactamente n.

El polinomio característico de f no depende de la matriz asociada a f que se considere. Si C es la matriz asociada a f respecto de otra base, entonces C es semejante a A y será de la forma $C=P^{-1}AP$, con lo cual:

$$det(C-\lambda I)=det(P^{-1}AP-\lambda I)=det(P^{-1}AP-\lambda P^{-1}IP)=det(P^{-1}(A-\lambda I)P)=$$

$$=det(P^{-1})\ det(A-\lambda I)\ det(P)=det(A-\lambda I)$$

Ejemplo 4. *Consideremos el endomorfismo de $\mathbb{R}^3$ cuya matriz asociada respecto de la base canónica es:*

$$A=\begin{pmatrix} 1 & -1 & 4 \\ 3 & 2 & -1 \\ 2 & 1 & -1 \end{pmatrix}$$

Su polinomio característico será:

$$p(\lambda)=\begin{vmatrix} 1-\lambda & -1 & 4 \\ 3 & 2-\lambda & -1 \\ 2 & 1 & -1-\lambda \end{vmatrix}=-\lambda^3+2\lambda^2+5\lambda-6$$

Descomponiendo por el método de Ruffini, se obtiene:

	-1	2	5	-6
1		-1	1	6
	-1	1	6	[0]
3		-3	-6	
	-1	-2	[0]	

$$p(\lambda)=(1-\lambda)(3-\lambda)(-2-\lambda)$$

Por tanto los autovalores de f son:

$$\lambda_1 = 1$$
$$\lambda_2 = 3$$
$$\lambda_3 = -2$$

No obstante, no todos los casos que se pueden presentar son idóneos, como el del ejemplo anterior. Una primera obstrucción que se nos puede presentar involucra al cuerpo que se esté considerando, así si $\mathbb{K} = \mathbb{C}$, entonces todas las raíces del polinomio han de estar en $\mathbb{C}$, pero en el caso $\mathbb{K} = \mathbb{R}$ puede suceder que el polinomio característico tenga raíces imaginarias que en este caso no nos sirven como autovalores. Veamos un ejemplo fácil de esta última situación:

Ejemplo 5. *Consideremos la matriz*

$$A = \begin{pmatrix} 0 & 1 \\ -1 & 0 \end{pmatrix}$$

Su polinomio característico es:

$$p(\lambda) = det(A - \lambda I) = \begin{vmatrix} -\lambda & 1 \\ -1 & -\lambda \end{vmatrix} = \lambda^2 + 1$$

Las raíces de este polinomio son los números complejos i y −i. Así pues, considerando A como matriz con coeficientes en $\mathbb{C}$ (la matriz de un endomorfismo $f : \mathbb{C}^2 \longrightarrow \mathbb{C}^2$) sus autovalores son $\lambda_1 = i$ y $\lambda_2 = -i$. Sin embargo, considerando A como matriz con coeficientes reales (esto es: la matriz de un endomorfismo $f : \mathbb{R}^2 \longrightarrow \mathbb{R}^2$) A no tiene autovalores.

Otro hecho que hemos de tener en cuenta es que una matriz de orden n, aún cuando tenga todas las raíces de su polinomio característico en $\mathbb{K}$, puede tener menos de n autovalores distintos por la aparición de raíces múltiples en el polinomio característico.

Ejemplo 6. *El polinomio característico de la matriz*

$$A = \begin{pmatrix} 2 & 2 & 3 \\ 0 & 2 & 2 \\ 0 & 0 & 2 \end{pmatrix}$$

es

$$p(\lambda) = \begin{vmatrix} 2-\lambda & 2 & 3 \\ 0 & 2-\lambda & 2 \\ 0 & 0 & 2-\lambda \end{vmatrix} = (2-\lambda)^3$$

Así pues $p(\lambda)$ tiene una única raíz de multiplicidad 3 y, en consecuencia, el único autovalor de A es $\lambda_1 = 2$.

1.4. Multiplicidad algebraica y multiplicidad geométrica

Sea V un $\mathbb{K}$-espacio vectorial de dimensión n y sea $f : V \longrightarrow V$ un endomorfismo de V de matriz asociada A y consideremos los autovalores distintos de f (o de A):

$$\lambda_1, \lambda_2, \ldots, \lambda_r$$

Para cada i, llamaremos **multiplicidad algebraica** del autovalor λ_i a la multiplicidad de λ_i como raíz del polinomio característico, esto es: el mayor exponente α_i para el cual el factor $(\lambda_i - \lambda)^{\alpha_i}$ aparece en la descomposición de $p(\lambda)$. Llamaremos **multiplicidad geométrica** de λ_i a la dimensión d_i del subespacio propio V_{λ_i}, esto es:

$$d_i = dim(V_{\lambda_i}) = n - rg(A - \lambda_i I)$$

Ejemplo 7. *Consideremos la matriz del ejemplo 6:*

$$A = \begin{pmatrix} 2 & 2 & 3 \\ 0 & 2 & 2 \\ 0 & 0 & 2 \end{pmatrix}$$

Su polinomio característico es $p(\lambda) = (2 - \lambda)^3$*, luego A tiene un único autovalor* $\lambda_1 = 2$ *de multiplicidad algebraica* $\alpha_1 = 3$*. Veamos cuál es su multiplicidad geométrica:*

$$d_1 = 3 - rg(A - 2I) = 3 - rg \begin{pmatrix} 0 & 2 & 3 \\ 0 & 0 & 2 \\ 0 & 0 & 0 \end{pmatrix} = 3 - 2 = 1$$

La relación entre las multiplicidades algebraica y geométrica de una matriz viene dada por el siguiente resultado:

PROPOSICIÓN

Sea V un $\mathbb{K}$*-espacio vectorial de dimensión n y sean* $f : V \longrightarrow V$ *un endomorfismo de V y* $\lambda_1, \lambda_2, \ldots, \lambda_r$ *sus distintos autovalores. Entonces para cada* $i = 1, \ldots, r$ *se verifica:*

$$1 \leq d_i \leq \alpha_i$$

DEMOSTRACIÓN. Que $d_i \geq 1$ es evidente, puesto que siendo λ_i un autovalor ha de ser $V_{\lambda_i} \neq 0$. Ahora, denotemos simplemente por d y α a las multiplicidades algebraica y geométrica de λ_i y veamos que $d \leq \alpha$. Para ello consideremos una base de V_{λ_i} (que ha de tener d vectores) $\{u_1, \ldots, u_d\}$ y ampliemos a una base de V, $\overline{B} = \{u_1, \ldots, u_d, u_{d+1}, \ldots, u_n\}$. Entonces, siendo $u_1, \ldots, u_d$ autovectores asociados al autovalor λ_i, la matriz asociada a f respecto de $\overline{B}$ será de la forma

$$B = \begin{pmatrix} \lambda_i & 0 & \ldots & 0 & b_{1d+1} & \ldots & b_{1n} \\ 0 & \lambda_i & \ldots & 0 & b_{2d+1} & \ldots & b_{2n} \\ \vdots & \vdots & \ddots & \vdots & \vdots & \ddots & \vdots \\ 0 & 0 & \ldots & \lambda_i & b_{dd+1} & \ldots & b_{dn} \\ \vdots & \vdots & \ddots & \vdots & \vdots & \ddots & \vdots \\ 0 & 0 & \ldots & 0 & b_{nd+1} & \ldots & b_{nn} \end{pmatrix}$$

y el polinomio característico de f es:

$$p(\lambda) = \begin{vmatrix} \lambda_i - \lambda & 0 & \ldots & 0 & b_{1d+1} & \ldots & b_{1n} \\ 0 & \lambda_i - \lambda & \ldots & 0 & b_{2d+1} & \ldots & b_{2n} \\ \vdots & \vdots & \ddots & \vdots & \vdots & \ddots & \vdots \\ 0 & 0 & \ldots & \lambda_i - \lambda & b_{dd+1} & \ldots & b_{dn} \\ \vdots & \vdots & \ddots & \vdots & \vdots & \ddots & \vdots \\ 0 & 0 & \ldots & 0 & b_{nd+1} & \ldots & b_{nn} - \lambda \end{vmatrix}$$

Desarrollando repetidas veces por la primera columna obtenemos que $p(\lambda) = (\lambda_i - \lambda)^d q(\lambda)$ para algún polinomio $q(\lambda)$. En consecuencia la multiplicidad algebraica de λ_i es al menos d, es decir $d \leq \alpha$, como queríamos demostrar. □

1.5. Endomorfismos y matrices diagonalizables

Se dice que una matriz cuadrada A es **diagonalizable** si existe una matriz diagonal D semejante a A. Diremos que el endomorfismo $f : V \longrightarrow V$ es **diagonalizable** si existe una base de V con respecto a la cual la matriz asociada a f sea diagonal.Una primera caracterización de los endomorfismos diagonalizables viene dada por el siguiente resultado, cuyo contenido ya ha sido esbozado con anterioridad:

PROPOSICIÓN

Un endomorfismo $f : V \longrightarrow V$ es diagonalizable si, y solamente si, existe una base de V formada por vectores propios de f.

DEMOSTRACIÓN. Basta probar que la matriz asociada a f respecto de una base $\overline{B} = \{u_1, \ldots, u_n\}$ de V es diagonal si, y sólo si, $u_1, \ldots, u_n$ son vectores propios de f. Ahora bien, como ya hemos visto, si la matriz asociada a f respecto de $\overline{B}$ es

$$\mathfrak{M}_{\overline{B}}(f) = D = \begin{pmatrix} d_1 & 0 & \ldots & 0 \\ 0 & d_2 & \ldots & 0 \\ \vdots & \vdots & \ddots & \vdots \\ 0 & 0 & \ldots & d_n \end{pmatrix}$$

entonces

$$\begin{aligned} f(u_1) &= (d_1, 0, \ldots, 0)_{\overline{B}} = d_1 u_1 \\ f(u_2) &= (0, d_2, \ldots, 0)_{\overline{B}} = d_2 u_2 \\ &\ldots \\ f(u_n) &= (0, 0, \ldots, d_n)_{\overline{B}} = d_n u_n \end{aligned}$$

con lo que $u_1, \ldots, u_n$ son autovectores de f.
Recíprocamente, si $u_1, \ldots, u_n$ son autovectores de f, entonces

$$\begin{aligned} f(u_1) &= \lambda_1 u_1 = (\lambda_1, 0, \ldots, 0)_{\overline{B}} \\ f(u_2) &= \lambda_2 u_2 = (0, \lambda_2, \ldots, 0)_{\overline{B}} \\ &\ldots \\ f(u_n) &= \lambda_n u_n = (0, 0, \ldots, \lambda_n)_{\overline{B}} \end{aligned}$$

y en consecuencia la matriz asociada a f respecto de esta base es la matriz diagonal

$$\begin{pmatrix} \lambda_1 & 0 & \ldots & 0 \\ 0 & \lambda_2 & \ldots & 0 \\ \vdots & \vdots & \ddots & \vdots \\ 0 & 0 & \ldots & \lambda_n \end{pmatrix}$$

˜□

LEMA

1. Vectores propios no nulos asociados a autovalores distintos son linealmente independientes.
2. Los subespacios propios asociados a autovalores distintos son subespacios independientes.

DEMOSTRACIÓN.
1. Sean $\lambda_1, \dots, \lambda_r$ autovalores distintos y sean $u_1, \dots, u_r$ vectores propios asociados a $\lambda_1, \dots, \lambda_r$ respectivamente. Hagamos la demostración por inducción sobre r. Si $r = 1$ el resultado es evidente, supongamos que es cierto para $r-1$ y comprobémoslo para r. Si $a_1u_1 + a_2u_2 + \cdots + a_ru_r = 0$, entonces por un lado, multiplicando por λ_1:

$$a_1\lambda_1u_1 + a_2\lambda_1u_2 + \cdots + a_r\lambda_1u_r = 0 \tag{1.1}$$

y por otro:

$$\begin{aligned} 0 = f(a_1u_1 + a_2u_2 + \cdots + a_ru_r) &= a_1f(u_1) + a_2f(u_2) + \cdots + a_rf(u_r) = \\ &= a_1\lambda_1u_1 + a_2\lambda_2u_2 + \cdots + a_r\lambda_ru_r \end{aligned} \tag{1.2}$$

Restando ambas expresiones (1.1) y (1.2) se obtiene:

$$0 = a_2(\lambda_2 - \lambda_1)u_2 + \cdots + a_r(\lambda_r - \lambda_1)u_r$$

Puesto que por hipótesis de inducción los vectores $u_2, \dots, u_r$ son linealmente independientes, se tiene que:

$$a_2(\lambda_2 - \lambda_1) = \cdots = a_r(\lambda_r - \lambda_1) = 0$$

y puesto que los autovalores son distintos:

$$a_2 = \cdots = a_r = 0$$

Sustituyendo en la expresión de partida se tiene $a_1u_1 = 0$ con lo que también $a_1 = 0$.
2. Veamos ahora que los subespacios propios son independientes, esto es, $V_{\lambda_j} \cap (\sum_{i\neq j} V_{\lambda_i}) = 0$ para cada j. En efecto, supongamos por reducción al absurdo que existe j de forma que:

$$V_{\lambda_j} \cap (\sum_{i\neq j} V_{\lambda_i}) \neq 0$$

Sin pérdida de generalidad (reordenando los autovalores si es preciso), podemos suponer que $j = 1$ y entonces existe un vector no nulo

$$0 \neq u \in V_{\lambda_1} \cap (\sum_{i=2}^{n} V_{\lambda_i})$$

Así pues $u \in V_{\lambda_1}$ y

$$u = a_2u_2 + \cdots + a_ru_r$$

para ciertos $a_2, \dots, a_r \in \mathbb{K}$, $u_2 \in V_{\lambda_2}, \dots, u_r \in V_{\lambda_r}$, con lo cual hemos obtenido vectores propios asociados a autovalores distintos que son linealmente dependientes, en contradicción con lo probado en el apartado anterior. □

TEOREMA

Sea $f : V \longrightarrow V$ un endomorfismo y sean $\lambda_1, \lambda_2, \dots, \lambda_r$ sus distintos autovalores. Entonces f es diagonalizable si, y solamente si, se verifican las siguientes condiciones:

1. $\alpha_1 + \cdots + \alpha_r = n$.
2. $d_i = \alpha_i$, para cada $i = 1, \dots, r$.

DEMOSTRACIÓN. Si f es diagonalizable, entonces existe una base de V formada por vectores propios, esto es: se obtiene una base de V uniendo bases de $V_{\lambda_1}, \ldots, V_{\lambda_r}$. En consecuencia $V = V_{\lambda_1} \oplus \cdots \oplus V_{\lambda_r}$ y por tanto

$$dim(V) = dim(V_{\lambda_1}) + \cdots + dim(V_{\lambda_r})$$

Es decir

$$n = d_1 + \cdots + d_r.$$

Además, puesto que para cada i se verifica $d_i \leq \alpha_i$ se tiene

$$n = d_1 + \cdots + d_r \leq \alpha_1 + \cdots + \alpha_r \leq n$$

con lo que ha de ser forzosamente

$$d_i = \alpha_i; \quad \forall i = 1, \ldots, r$$
$$\alpha_1 + \cdots + \alpha_r = n.$$

Recíprocamente, supongamos ahora que se verifican las condiciones del enunciado y veamos que f es diagonalizable. Puesto que los subespacios propios $V_{\lambda_1}, \ldots, V_{\lambda_r}$ son independientes y que de las hipótesis se obtiene $dim(V) = dim(V_{\lambda_1}) + \cdots + dim(V_{\lambda_r})$, ha de ser: $V = V_{\lambda_1} \oplus \cdots \oplus V_{\lambda_r}$. Así pues se puede obtener una base de V uniendo bases de $V_{\lambda_1}, \ldots, V_{\lambda_r}$, con lo cual se obtiene una base de V formada por vectores propios de f y por tanto f es diagonalizable. □

Observación:
La segunda condición en el enunciado del Teorema anterior

1. $\alpha_1 + \cdots + \alpha_r = n$.

es evidentemente equivalente a la condición

1'. Todas las raíces del polinomio característico de f están en $\mathbb{K}$.

COROLARIO

Sea A una matriz cuadrada de orden n, si A tiene n autovalores distintos en $\mathbb{K}$, entonces es diagonalizable.

DEMOSTRACIÓN. Si A tiene n autovalores distintos en $\mathbb{K}$, entonces todas las raíces de su polinomio característico están en $\mathbb{K}$, puesto que siendo éste de grado n tiene como máximo n raíces distintas. Además, en tal caso, cada autovalor tendrá multiplicidad algebraica $\alpha_i = 1$, con lo cual para cada i se verifica $1 \leq d_i \leq \alpha_i \leq 1$ y por tanto $d_i = \alpha_i$. Basta entonces aplicar el Teorema anterior. □

El problema de la diagonalización queda entonces estructurado de la siguiente forma:
Paso 1: Se calcula el polinomio característico $p(\lambda)$.
Paso 2: Descomponiendo el polinomio característico se calculan sus raíces. Si alguna de ellas es compleja, la matriz no será diagonalizable en $\mathbb{R}$, pero posiblemente sí en $\mathbb{C}$. Tenemos de esta forma los autovalores y sus multiplicidades algebraicas.
Paso 3: Se calculan las multiplicidades geométricas, $d_i = n - rg(A - \lambda_i I)$.
Paso 4: Se aplica el criterio de diagonalizabilidad. Si para algún i se tiene $d_i \neq \alpha_i$, entonces la matriz no es diagonalizable. En caso contrario, si $d_i = \alpha_i$ para todo i, la matriz es diagonalizable y su forma diagonal es la matriz diagonal cuya diagonal está formada por los autovalores repetidos cada uno según su multiplicidad.
Paso 5: Obtenemos bases de los subespacios propios $V_{\lambda_i} = Ker(f - \lambda_i I)$.

Paso 6: Uniendo estas bases se obtiene una base de V para la cual la matriz asociada es D. Así pues la matriz de cambio de base, cuyas columnas son las coordenadas de estos vectores propios, es la matriz de paso, esto es: una matriz regular P cumpliendo que $D = P^{-1}AP$.
Veamos en un ejemplo el proceso completo:

Ejemplo 8. *Sea A la matriz*

$$A = \begin{pmatrix} 3 & 1 & 1 \\ 1 & 3 & 1 \\ 1 & 1 & 3 \end{pmatrix}$$

Su polinomio característico es

$$p(\lambda) = \begin{vmatrix} 3-\lambda & 1 & 1 \\ 1 & 3-\lambda & 1 \\ 1 & 1 & 3-\lambda \end{vmatrix} = -\lambda^3 + 9\lambda^2 - 24\lambda + 20$$

Descomponiendo $p(\lambda)$ por el método de Ruffini, obtenemos

$$p(\lambda) = (2-\lambda)^2(5-\lambda)$$

Así pues, los autovalores de A y sus multiplicidades algebraicas son:

$$\begin{aligned} \lambda_1 &= 2; & \alpha_1 &= 2 \\ \lambda_2 &= 5; & \alpha_2 &= 1 \end{aligned}$$

Calculemos ahora las multiplicidades geométricas

$$d_1 = 3 - rg(A-2I) = 3 - rg\begin{pmatrix} 1 & 1 & 1 \\ 1 & 1 & 1 \\ 1 & 1 & 1 \end{pmatrix} = 3 - 1 = 2$$

Para d_2, aplicando que $1 \leq d_2 \leq \alpha_2 = 1$, obtenemos directamente que $d_2 = 1$.
Tenemos por tanto

$\lambda_1 = 2$	$\alpha_1 = 2$	$d_1 = 2$
$\lambda_2 = 5$	$\alpha_2 = 1$	$d_2 = 1$

Ahora, puesto que $d_1 = \alpha_1$ y $d_2 = \alpha_2$, la matriz A es diagonalizable y su forma diagonal será

$$D = \begin{pmatrix} 2 & 0 & 0 \\ 0 & 2 & 0 \\ 0 & 0 & 5 \end{pmatrix}$$

Para calcular la matriz de paso, necesitaremos bases de los subespacios propios

$$A - 2I = \begin{pmatrix} 1 & 1 & 1 \\ 1 & 1 & 1 \\ 1 & 1 & 1 \end{pmatrix}$$

$$(x,y,z) \in V_2 \Leftrightarrow \begin{pmatrix} 1 & 1 & 1 \\ 1 & 1 & 1 \\ 1 & 1 & 1 \end{pmatrix}\begin{pmatrix} x \\ y \\ z \end{pmatrix} = \begin{pmatrix} 0 \\ 0 \\ 0 \end{pmatrix} \Leftrightarrow \{\ x+y+z=0$$

Pasamos a paramétricas

$$V_2 \equiv \begin{cases} x = -\mu - \gamma \\ y = \mu \\ z = \gamma \end{cases}$$

y de aquí obtenemos la base de V_2

$$\{(-1,1,0),(-1,0,1)\}$$

De igual forma

$$A - 5I = \begin{pmatrix} -2 & 1 & 1 \\ 1 & -2 & 1 \\ 1 & 1 & -2 \end{pmatrix}$$

$$(x,y,z) \in V_5 \Leftrightarrow \begin{pmatrix} -2 & 1 & 1 \\ 1 & -2 & 1 \\ 1 & 1 & -2 \end{pmatrix} \begin{pmatrix} x \\ y \\ z \end{pmatrix} = \begin{pmatrix} 0 \\ 0 \\ 0 \end{pmatrix} \Leftrightarrow \begin{cases} -2x + y + z = 0 \\ x - 2y + z = 0 \\ x + y - 2z = 0 \end{cases}$$

Este sistema es equivalente al sistema escalonado reducido

$$\begin{cases} x - z = 0 \\ y - z = 0 \end{cases}$$

Así pues V_5 *tiene ecuaciones paramétricas*

$$V_5 \equiv \begin{cases} x = \delta \\ y = \delta \\ z = \delta \end{cases}$$

y por tanto una base es $\{(1,1,1)\}$.

En consecuencia una base formada por vectores propios es

$$\{(-1,1,0),(-1,0,1),(1,1,1)\}$$

Es importante que los vectores de esta base estén en el mismo orden en que figuran los autovalores correspondientes en la forma diagonal. Finalmente la matriz de paso será:

$$P = \begin{pmatrix} -1 & -1 & 1 \\ 1 & 0 & 1 \\ 0 & 1 & 1 \end{pmatrix}$$

En este momento hemos acabado y sólo restará comprobar que efectivamente $D = P^{-1}AP$:

$$P^{-1}AP = \begin{pmatrix} -1/3 & 2/3 & -1/3 \\ -1/3 & -1/3 & 2/3 \\ 1/3 & 1/3 & 1/3 \end{pmatrix} \begin{pmatrix} 3 & 1 & 1 \\ 1 & 3 & 1 \\ 1 & 1 & 3 \end{pmatrix} \begin{pmatrix} -1 & -1 & 1 \\ 1 & 0 & 1 \\ 0 & 1 & 1 \end{pmatrix} =$$

$$= \begin{pmatrix} -1/3 & 2/3 & -1/3 \\ -1/3 & -1/3 & 2/3 \\ 1/3 & 1/3 & 1/3 \end{pmatrix} \begin{pmatrix} -2 & -2 & 5 \\ 2 & 0 & 5 \\ 0 & 2 & 5 \end{pmatrix} = \begin{pmatrix} 2 & 0 & 0 \\ 0 & 2 & 0 \\ 0 & 0 & 5 \end{pmatrix} = D$$

1.6. Diagonalización por semejanza ortogonal de matrices simétricas

Sea V un espacio vectorial euclídeo, un endomorfismo $f : V \longrightarrow V$ se dice **simétrico** si verifica

$$< f(u), v >=< u, f(v) >; \ \forall u, v \in V$$

PROPOSICIÓN

Sea V un espacio vectorial euclídeo, sea $f : V \longrightarrow V$ un endomorfismo y sea A la matriz asociada a f respecto de un base ortonormal de V. Entonces f es un endomorfismo simétrico si, y sólo si, A es una matriz simétrica.

DEMOSTRACIÓN. Si $B = \{e_1, e_2, \ldots, e_n\}$ es ortonormal, entonces las coordenadas de x, $x = (x_1, x_2, \ldots, x_n)_B$ son los coeficientes de Fourier $x_i =< x, e_i >$ para cada $i = 1, \ldots, n$. Ahora, puesto que las columnas de A son las coordenadas respecto de B de los vectores $f(e_1), \ldots, f(e_n)$ se tiene que

$$a_{ij} =< f(e_j), e_i >=< e_j, f(e_i) >=< f(e_i), e_j >= a_{ji}$$

y por tanto A es simétrica.
Recíprocamente, supongamos ahora que A es simétrica. Dados $x, y \in V$, siendo B ortonormal, se verifica que $< x, y >= X^t Y$. Así pues se tiene que

$$< f(x), y >= (AX)^t Y = X^t A^t Y = X^t (AY) =< x, f(y) >$$

y en consecuencia f es un endomorfismo simétrico. □

PROPOSICIÓN

Si $f : V \rightarrow V$ es un endomorfismo simétrico, entonces todos los valores propios de f son reales.

DEMOSTRACIÓN. Sea A la matriz asociada a f respecto de una base ortonormal. Si $dimV = n$, entonces f tiene n valores propios complejos, puesto que cada polinomio con coeficientes en $\mathbb{C}$ tiene todas sus raíces en $\mathbb{C}$. Veamos que cada uno de ellos es real: si $\lambda = a + ib$ es valor propio de f y $w = u + iv$ es un vector propio asociado a λ entonces

$$Aw = Au + iAv$$

y

$$Aw = \lambda w = (a + ib)(u + iv) = (au - bv) + i(bu + av)$$

en ambas expresiones las partes reales coinciden y también las imaginarias, luego

$$Au = au - bv \ ; \ Av = bu + av$$

Calculemos

$$< Au, v >=< au - bv, v >= a < u, v > -b < v, v >$$

$$< u, Av >=< u, bu + av >= b < u, u > +a < u, v >$$

restando

$$0 = b(< u, u > + < v, v >)$$

pero $< u, u > + < v, v > \neq 0$ luego $b = 0$ y por tanto λ es un número real. □

TEOREMA (Teorema espectral)

Toda matriz simétrica real es diagonalizable en $\mathbb{R}$.

DEMOSTRACIÓN. La matriz simétrica A será la matriz asociada a un endomorfismo simétrico $f : \mathbb{R}^n \longrightarrow \mathbb{R}^n$ y según el resultado anterior todos sus autovalores $\lambda_1, \ldots, \lambda_r$ son reales. Veamos que existe una base formada por vectores propios o equivalentemente que $\mathbb{R}^n = V_{\lambda_1} \oplus \cdots \oplus V_{\lambda_r}$. Llamemos $U = V_{\lambda_1} \oplus \cdots \oplus V_{\lambda_r}$ y supongamos por reducción al absurdo que $U \neq \mathbb{R}^n$, entonces $U^{\perp} \neq 0$ y es fácil ver que $f(U^{\perp}) \subseteq U^{\perp}$. Considerando la restricción de f a $U^{\perp}$ se obtiene un endomorfismo no nulo $g : U^{\perp} \longrightarrow U^{\perp}$ que habrá de tener al menos un vector propio $0 \neq v \in U^{\perp}$. Así pues $f(v) = g(v) = \lambda v$, luego v es un vector propio de f y, por tanto, $v \in U$ en contradicción con ser $U \cap U^{\perp} = 0$. □

PROPOSICIÓN

Si λ y μ son valores propios distintos de un endomorfismo simétrico y v y w son vectores propios asociados a λ y μ respectivamente, entonces $v \perp w$.

DEMOSTRACIÓN. Calculamos

$$< f(v), w > = < \lambda v, w > = \lambda < v, w >$$

$$< v, f(w) > = < v, \mu w > = \mu < v, w >$$

y como f es un endomorfismo simétrico, ambas son iguales, de donde

$$(\lambda - \mu) < v, w > = 0$$

Ahora, como los dos valores propios son distintos, tenemos que $< v, w > = 0$. □

COROLARIO

Si A es una matriz simétrica real, entonces existe una matriz P ortogonal y una matriz D diagonal tales que

$$D = P^t A P$$

DEMOSTRACIÓN. Hemos probado que A es diagonalizable por semejanza. Por otra parte, podemos tomar en cada subespacio propio de A una base ortonormal de manera que, usando la Proposición anterior, al unirlas se obtiene una base ortonormal de V formada por vectores propios. Ahora la matriz de cambio de base entre la base canónica y dicha base ortonormal de vectores propios, P, es ortogonal, es decir, $P^{-1} = P^t$. Así se tiene la igualdad

$$D = P^t A P$$

□

La diagonalización de una matriz real simétrica usando como matriz de paso una matriz ortogonal se denomina **diagonalización por semejanza ortogonal** y es al mismo tiempo una diagonalización por semejanza y una diagonalización por congruencia.
Veamos un ejemplo:

Ejemplo 9. *La matriz del ejemplo 8*

$$A = \begin{pmatrix} 3 & 1 & 1 \\ 1 & 3 & 1 \\ 1 & 1 & 3 \end{pmatrix}$$

tiene autovalores $\lambda_1 = 2$ *de multiplicidad* 2 *y* $\lambda_2 = 5$ *de multiplicidad* 1. *Los subespacios propios son:*

$$V_2 \equiv \{\ x + y + z = 0$$

$$V_5 \equiv \begin{cases} x - z = 0 \\ y - z = 0 \end{cases}$$

Para obtener bases ortonormales de los subespacios propios podemos elegir entre dos opciones: partir de una base cualquiera y aplicarle el proceso de ortonormalización de Gram-Schmidt, u obtener directamente una base ortogonal y convertirla en ortonormal dividiendo cada vector por su norma. Hagamos esto segundo:

Un vector de V_2 *es* $(1, -1, 0)$, *un segundo vector de* V_2 *ortogonal con éste debe cumplir* $x + y + z = 0$, $x - y = 0$, *podemos tomar* $(1, 1, -2)$. *Dividiendo por la norma obtenemos la base:*

$$\{(\frac{1}{\sqrt{2}}, -\frac{1}{\sqrt{2}}, 0), (\frac{1}{\sqrt{6}}, \frac{1}{\sqrt{6}}, -\frac{2}{\sqrt{6}})\}$$

De igual forma, para V_5 *tenemos la base ortonormal:*

$$\{(\frac{1}{\sqrt{3}}, \frac{1}{\sqrt{3}}, \frac{1}{\sqrt{2}})\}$$

Así pues la matriz

$$P = \begin{pmatrix} \frac{1}{\sqrt{2}} & \frac{1}{\sqrt{6}} & \frac{1}{\sqrt{3}} \\ -\frac{1}{\sqrt{2}} & \frac{1}{\sqrt{6}} & \frac{1}{\sqrt{3}} \\ 0 & -\frac{2}{\sqrt{6}} & \frac{1}{\sqrt{3}} \end{pmatrix}$$

es ortogonal y verifica:

$$D = P^{-1}AP = P^tAP$$

2. Forma canónica de Jordan

2.1. Introducción

Puesto que disponemos ya de un resultado que nos permite decidir cuándo una matriz es diagonalizable, es fácil encontrar matrices que no lo son. Por ejemplo, la matriz

$$A = \begin{pmatrix} 3 & 1 \\ -1 & 1 \end{pmatrix}$$

tiene polinomio característico

$$p(\lambda) = \begin{vmatrix} 3-\lambda & 1 \\ -1 & 1-\lambda \end{vmatrix} = (3-\lambda)(1-\lambda)+1 = 3-4\lambda+\lambda^2+1 = (\lambda-2)^2$$

y por tanto tiene un único autovalor con multiplicidad algebraica 2, sin embargo, la multiplicidad geométrica de este autovalor es 1 con lo que no es diagonalizable. Nos planteamos si es posible encontrar una matriz semejante con A que sea lo más parecida posible a una matriz diagonal, en concreto a una matriz de la forma

$$J = \begin{pmatrix} a & 1 \\ 0 & a \end{pmatrix}$$

de la que podemos calcular sus potencias por la fórmula

$$J^n = \begin{pmatrix} a^n & na^{n-1} \\ 0 & a^n \end{pmatrix}$$

En primer lugar, si ambas son semejantes, entonces tienen los mismos autovalores y por tanto debe ser $a = 2$. Ahora, si llamamos f al endomorfismo determinado por estas matrices, la base $B = \{v_1, v_2\}$ tal que $\mathfrak{M}_B(f) = J$ debe verificar:

1. $f(v_1) = 2v_1 = (2,0)_B$, es decir, v_1 es un autovector asociado al autovalor 2.
2. $f(v_2) = v_1 + 2v_2 = (1,2)_B$

Para calcular un posible v_1, imponemos la condición requerida, es decir, $v_1 = (x, y)$ donde

$$(A-2I)\begin{pmatrix} x \\ y \end{pmatrix} = \begin{pmatrix} 1 & 1 \\ -1 & -1 \end{pmatrix}\begin{pmatrix} x \\ y \end{pmatrix} = \begin{pmatrix} 0 \\ 0 \end{pmatrix}$$

y debe ser $x + y = 0$, por ejemplo podemos tomar $v_1 = (1, -1)$.
Para calcular v_2, observemos que la condición requerida se puede escribir como

$$f(v_2) - 2v_2 = v_1$$

o bien, si llamamos $v_2 = (x, y)$, entonces

$$(A-2I)\begin{pmatrix} x \\ y \end{pmatrix} = \begin{pmatrix} 1 \\ -1 \end{pmatrix}$$

y resolviendo el sistema queda una única ecuación que es

$$x + y = 1$$

con lo que podemos tomar, por ejemplo, $v_2 = (1, 0)$. Tenemos así la base deseada: $B = \{(1,-1), (1,0)\}$ respecto de la cual la matriz asociada a f es J. La matriz J se llama la **forma canónica de Jordan** de A.

2.2. Bloques de Jordan y matrices de Jordan

Para comenzar necesitamos fijar qué matrices ocuparán el lugar de las matrices diagonales. Un **bloque de Jordan** es una matriz cuadrada que tiene todos los elementos de la diagonal idénticos, la línea por encima de la diagonal está formada por unos (es decir, $a_{i\,i+1} = 1$ para todo $i = 1, 2, \dots$) y todos los restantes elementos son cero.

Ejemplo 10. *Un bloque de Jordan de orden 1 es un número, un bloque de Jordan de orden 2 tiene la forma*

$$\begin{pmatrix} a & 1 \\ 0 & a \end{pmatrix}$$

y uno de orden 3 es

$$\begin{pmatrix} a & 1 & 0 \\ 0 & a & 1 \\ 0 & 0 & a \end{pmatrix}$$

Una **matriz de Jordan** es una matriz diagonal por bloques de manera que los bloques en la diagonal son bloques de Jordan.

Ejemplo 11. *Las siguientes matrices son matrices de Jordan, puesto que, en la división por bloques que se ofrece, los bloques en la diagonal son de Jordan y el resto son cero.*

$$\left(\begin{array}{c|c|ccc|c|c} 1 & 0 & 0 & 0 & 0 & 0 & 0 \\ \hline 0 & 1 & 0 & 0 & 0 & 0 & 0 \\ \hline 0 & 0 & 2 & 1 & 0 & 0 & 0 \\ 0 & 0 & 0 & 2 & 1 & 0 & 0 \\ 0 & 0 & 0 & 0 & 2 & 0 & 0 \\ \hline 0 & 0 & 0 & 0 & 0 & 2 & 0 \\ \hline 0 & 0 & 0 & 0 & 0 & 0 & 3 \end{array}\right); \quad \left(\begin{array}{cc|cc|cc|c} 1 & 1 & 0 & 0 & 0 & 0 & 0 \\ 0 & 1 & 0 & 0 & 0 & 0 & 0 \\ \hline 0 & 0 & 2 & 1 & 0 & 0 & 0 \\ 0 & 0 & 0 & 2 & 0 & 0 & 0 \\ \hline 0 & 0 & 0 & 0 & 2 & 1 & 0 \\ 0 & 0 & 0 & 0 & 0 & 2 & 0 \\ \hline 0 & 0 & 0 & 0 & 0 & 0 & 3 \end{array}\right); \quad \left(\begin{array}{cc|c|ccc|c} 1 & 1 & 0 & 0 & 0 & 0 & 0 \\ 0 & 1 & 0 & 0 & 0 & 0 & 0 \\ \hline 0 & 0 & 2 & 0 & 0 & 0 & 0 \\ \hline 0 & 0 & 0 & 2 & 1 & 0 & 0 \\ 0 & 0 & 0 & 0 & 2 & 1 & 0 \\ 0 & 0 & 0 & 0 & 0 & 2 & 0 \\ \hline 0 & 0 & 0 & 0 & 0 & 0 & 3 \end{array}\right)$$

Sin embargo la matriz siguiente **no** *es una matriz de Jordan: entre la segunda y la tercera fila (y columna) debe haber una línea de separación puesto que cambia el elemento de la diagonal, pero entonces queda un bloque fuera de la diagonal que no es cero.*

$$\left(\begin{array}{cc|ccc|c|c} 1 & 1 & 0 & 0 & 0 & 0 & 0 \\ 0 & 1 & 1 & 0 & 0 & 0 & 0 \\ \hline 0 & 0 & 2 & 1 & 0 & 0 & 0 \\ 0 & 0 & 0 & 2 & 1 & 0 & 0 \\ 0 & 0 & 0 & 0 & 2 & 0 & 0 \\ \hline 0 & 0 & 0 & 0 & 0 & 2 & 0 \\ \hline 0 & 0 & 0 & 0 & 0 & 0 & 3 \end{array}\right)$$

Ejemplo 12. *Las matrices diagonales son matrices de Jordan, con bloques de Jordan de orden 1 en toda la diagonal.*

Dada una matriz A (o un endomorfismo f), si existe una matriz de Jordan que sea semejante con A diremos que es su **forma canónica de Jordan**. Trataremos de resolver cuándo y cómo se puede calcular la forma canónica de Jordan de una matriz y la correspondiente matriz de paso.

2.3. Subespacios propios generalizados. Subespacio máximo

Sea V un espacio vectorial de dimensión finita y supongamos que $f : V \to V$ es un endomorfismo cuya matriz asociada en una base B es A y que λ es un autovalor de f. Se definen los **subespacios propios generalizados** asociados a λ por:

$$E^i(\lambda) = Ker(f - \lambda I)^i; \quad i = 1, 2, \ldots$$

Evidentemente, $E^1(\lambda)$ no es más que el subespacio propio de λ, V_λ. En la práctica, unas ecuaciones cartesianas de $E^i(\lambda)$ vienen dadas por

$$(A - \lambda I)^i X = 0$$

Por otra parte, dado $v \in E^i(\lambda)$, verifica $(f - \lambda I)^i(v) = 0$ y entonces

$$(f - \lambda I)^{i+1}(v) = (f - \lambda I)((f - \lambda I)^i(v)) = (f - \lambda I)(0) = 0$$

y por tanto $v \in E^{i+1}(\lambda)$. Tenemos pues que cada subespacio propio generalizado está contenido en el siguiente y así forman una cadena

$$E^1(\lambda) \subseteq E^2(\lambda) \subseteq \cdots \subset E^{k-1}(\lambda) \subseteq E^k(\lambda) \subseteq \ldots$$

Puesto que todos ellos son subespacios de V, que es de dimensión finita, esta cadena ha de estabilizarse, es decir: a partir de un cierto índice i, los siguientes subespacios propios generalizados han de ser todos iguales al $E^i(\lambda)$. Además, no es difícil comprobar que si $E^k(\lambda) = E^{k+1}(\lambda)$, entonces $E^k(\lambda) = E^t(\lambda); \quad \forall t \geq k$, es decir, que la cadena se estabiliza definitivamente la primera vez que se para. En efecto, si $v \in E^{k+2}(\lambda)$, entonces

$$0 = (f - \lambda I)^{k+2}(v) = (f - \lambda I)^{k+1}((f - \lambda I)(v))$$

luego $(f - \lambda I)(v) \in E^{k+1}(\lambda) = E^k(\lambda)$ y por tanto

$$0 = (f - \lambda I)^k((f - \lambda I)(v)) = (f - \lambda I)^{k+1}(v)$$

con lo que $v \in E^{k+1}(\lambda)$. Así pues, $E^k(\lambda) = E^{k+1}(\lambda) = E^{k+2}(\lambda) = \cdots$.
El último de los eslabones, $E^k(\lambda)$, para el que $E^k(\lambda) = E^{k+1}(\lambda)$ pero $E^{k-1}(\lambda) \neq E^k(\lambda)$, recibe el nombre de **subespacio máximo** del autovalor λ y lo denotaremos por $M(\lambda)$.

Ejemplo 13. *Consideremos la matriz*

$$A = \begin{pmatrix} 3 & 1 & -1 & -1 \\ 0 & 2 & 0 & 1 \\ 1 & 1 & 1 & 0 \\ 0 & 0 & 0 & 2 \end{pmatrix}$$

que tiene como único autovalor $\lambda = 2$ con multiplicidad algebraica 4 y calculemos los subespacios propios generalizados. Las ecuaciones cartesianas de $E^1(2) = V_2$ vendrán dadas por:

$$\begin{pmatrix} 1 & 1 & -1 & -1 \\ 0 & 0 & 0 & 1 \\ 1 & 1 & -1 & 0 \\ 0 & 0 & 0 & 0 \end{pmatrix} \begin{pmatrix} x \\ y \\ z \\ t \end{pmatrix} = \begin{pmatrix} 0 \\ 0 \\ 0 \\ 0 \end{pmatrix}$$

Así, nos quedan dos ecuaciones independientes

$$E^1(2) \equiv \left\{ \begin{array}{l} x+y-z=0 \\ t=0 \end{array} \right.$$

luego la multiplicidad geométrica de λ es 2.
Calculamos ahora $(A-2I)^2$:

$$(A-2I)^2 = \begin{pmatrix} 1 & 1 & -1 & -1 \\ 0 & 0 & 0 & 1 \\ 1 & 1 & -1 & 0 \\ 0 & 0 & 0 & 0 \end{pmatrix} \begin{pmatrix} 1 & 1 & -1 & -1 \\ 0 & 0 & 0 & 1 \\ 1 & 1 & -1 & 0 \\ 0 & 0 & 0 & 0 \end{pmatrix} = \begin{pmatrix} 0 & 0 & 0 & 0 \\ 0 & 0 & 0 & 0 \\ 0 & 0 & 0 & 0 \\ 0 & 0 & 0 & 0 \end{pmatrix}$$

Por tanto $E^2(2) = \mathbb{R}^4$ y puesto que no puede encontrarse ningún subespacio mayor, se tiene $M(2) = \mathbb{R}^4$. En este ejemplo tenemos una cadena con dos eslabones:

$$E^1(2) \subseteq E^2(2) = M(2)$$

el primero de dimensión 2 y el segundo de dimensión 4.

LEMA

Para cada autovalor λ de un endomorfismo f, el subespacio máximo $M(\lambda)$ es f-invariante, es decir, si $v \in M(\lambda)$ entonces $f(v) \in M(\lambda)$.

DEMOSTRACIÓN. Supongamos que $M(\lambda) = E^k(\lambda) = E^{k+1}(\lambda)$, entonces si $v \in M(\lambda)$, se tiene que $(f-\lambda I)^k(v) = 0$. Usando que $(f-\lambda I)^k$ es aplicación lineal, obtenemos

$$\begin{aligned} (f-\lambda I)^k(f(v)) &= (f-\lambda I)^k(f(v) - \lambda v + \lambda v) \\ &= (f-\lambda I)^k((f-\lambda I)(v)) + (f-\lambda I)^k(\lambda v) \\ &= (f-\lambda I)^{k+1}(v) + \lambda (f-\lambda I)^k(v) = 0+0=0 \end{aligned}$$

y por tanto $f(v) \in E^k(\lambda) = M(\lambda)$. □

2.4. La base de $M(\lambda)$

El siguiente resultado será clave en la demostración de la existencia de forma canónica de Jordan. Su demostración es constructiva y nos proporciona un método de cálculo que será estudiado más detalladamente en el epígrafe siguiente.

PROPOSICIÓN

Sea λ un autovalor del endomorfismo $f : V \longrightarrow V$. Existe una base de $M(\lambda)$ de forma que la matriz asociada respecto de esta base a la restricción $f_{|M(\lambda)} : M(\lambda) \longrightarrow M(\lambda)$ es una matriz de Jordan.

DEMOSTRACIÓN. Notemos para empezar que, dado $v \in V$, se tiene que para cada i

$$v \in E^i(\lambda) \Longleftrightarrow (f-\lambda I)(v) \in E^{i-1}(\lambda)$$

En efecto, $v \in E^i(\lambda)$ si, y sólo si, $(f-\lambda I)^i(v) = 0$ si, y sólo si, $(f-\lambda I)^{i-1}((f-\lambda I)(v))$ si, y sólo si, $(f-\lambda I)(v) \in E^{i-1}(\lambda)$.

Supongamos ahora que $M(\lambda) = E^k(\lambda)$ con $E^{k-1}(\lambda) \neq E^k(\lambda)$ y denotemos $t_i = dim(E^i(\lambda))$, $i = 1, \dots, k$. Pretendemos determinar (veremos más adelante por qué) una base de $M(\lambda)$ de forma que:

1. Para cada i, hay en la base $t_i - t_{i-1}$ vectores que están en $E^i(\lambda)$ y que no están (ni ninguna combinación lineal de ellos) en $E^{i-1}(\lambda)$.
2. Si un vector $v \in E^i(\lambda)$ está en la base, también están los vectores $(f-\lambda I)(v), (f-\lambda I)^2(v), \dots, (f-\lambda I)^{i-1}(v)$.

Sea pues $r = t_k - t_{k-1}$, y consideremos vectores $\{v_1, v_2, \dots, v_r\}$ de $E^k(\lambda)$ de forma que para alguna base B_{k-1} de $E^{k-1}(\lambda)$, el conjunto $B_{k-1} \cup \{v_1, v_2, \dots, v_r\}$ sea base de $E^k(\lambda)$. Con esto nos aseguramos que ni los vectores $v_1, \dots, v_r$, ni ninguna combinación lineal de ellos está en $E^{k-1}(\lambda)$.

Entonces por la observación del principio, para cada i, los vectores $(f-\lambda I)^i(v_1), \dots, (f-\lambda I)^i(v_r)$ están en $E^{k-i}(\lambda)$, y ninguna combinación lineal de ellos está en $E^{k-i-1}(\lambda)$. Gráficamente tenemos

$$
\begin{array}{ccccccccc}
E^1(\lambda) & \subset & \dots & E^{k-2}(\lambda) & \subset & E^{k-1}(\lambda) & \subset & E^k(\lambda) = M(\lambda) \\
\bullet & \leftarrow & \dots & \bullet & \leftarrow & \bullet & \leftarrow & \bullet v_1 \\
\bullet & \leftarrow & \dots & \bullet & \leftarrow & \bullet & \leftarrow & \bullet v_2 \\
\vdots & & & \vdots & & \vdots & & \vdots \\
\bullet & \leftarrow & \dots & \bullet & \leftarrow & \bullet & \leftarrow & \bullet v_r
\end{array}
$$

donde cada flecha $\leftarrow$ representa calcular la imagen por la aplicación $(f-\lambda I)$ del vector del que parte.

Ahora, en $E^{k-1}(\lambda)$ tenemos r vectores que no están en E^{k-2}

$$(f-\lambda I)(v_1), \dots, (f-\lambda I)(v_r)$$

y que son linealmente independientes puesto que ninguna combinación de $v_1, \dots, v_r$ está en E^{k-1}. Por la misma razón, ninguna combinación lineal de ellos está en $E^{k-2}(\lambda)$ y así, si B_{k-2} es una base cualquiera de $E^{k-2}(\lambda)$, entonces el conjunto

$$B_{k-2} \cup \{(f-\lambda I)(v_1), \dots, (f-\lambda I)(v_r)\}$$

es linealmente independiente y puede ser ampliado a una base de $E^{k-1}(\lambda)$ por medio de vectores $v_{r+1}, \dots, v_{r+s}$, donde $s = t_{k-1} - t_{k-2} - r$. Tomamos también estos vectores para nuestra base:

$$
\begin{array}{ccccccccc}
E^1(\lambda) & \subset & \dots & E^{k-2}(\lambda) & \subset & E^{k-1}(\lambda) & \subset & E^k(\lambda) = M(\lambda) \\
\bullet & \leftarrow & \dots & \bullet & \leftarrow & \bullet & \leftarrow & \bullet v_1 \\
\bullet & \leftarrow & \dots & \bullet & \leftarrow & \bullet & \leftarrow & \bullet v_2 \\
\vdots & & & \vdots & & \vdots & & \vdots \\
\bullet & \leftarrow & \dots & \bullet & \leftarrow & \bullet & \leftarrow & \bullet v_r \\
\bullet & \leftarrow & \dots & \bullet & \leftarrow & \bullet v_{r+1} & & \\
\vdots & & & \vdots & & \vdots & & \\
\bullet & \leftarrow & \dots & \bullet & \leftarrow & \bullet v_{r+s} & &
\end{array}
$$

Podemos repetir el proceso hasta llegar a $E^1(\lambda)$. El conjunto obtenido por este proceso será base de $M(\lambda) = E^k(\lambda)$. En efecto, es linealmente independiente por construcción, ya que para los vectores que están $E^i(\lambda)$ y no en $E^{i-1}(\lambda)$, ninguna combinación de ellos está en $E^{i-1}(\lambda)$ y por tanto son linealmente independientes con todos los vectores de $E^{i-1}(\lambda)$, y en particular con todos los vectores de la base que se toman después. Además, están en número igual a la dimensión de $M(\lambda)$ puesto que en cada paso los vectores en un $E^i(\lambda)$ amplían una base del anterior.

Reordenemos ahora esta base empezando por la primera línea de vectores y enumerando de izquierda a derecha. Por ejemplo, los primeros vectores que deben considerarse son:

$$\{(f-\lambda I)^{k-1}(v_1), (f-\lambda I)^{k-2}(v_1), \ldots, (f-\lambda I)(v_1), v_1, \ldots\}$$

Es decir, los vectores se numeran de izquierda a derecha y de arriba abajo (o sea, en el habitual sentido de lectura).

Cada una de las líneas del diagrama dará lugar a un bloque de Jordan. En efecto, puesto que $(f-\lambda I)^{k-1}(v_1) \in E^1(\lambda) = V_\lambda$, entonces

$$f((f-\lambda I)^{k-1}(v_1)) = \lambda((f-\lambda I)^{k-1}(v_1))$$

con lo que la primera columna de la matriz asociada en esta base es $(\lambda, 0, \ldots, 0)$. Para calcular $f((f-\lambda I)^{k-2}(v_1))$ observemos que

$$(f-\lambda I)((f-\lambda I)^{k-2}(v_1)) = (f-\lambda I)^{k-1}(v_1)$$

que es el primer vector de la base, luego

$$f((f-\lambda I)^{k-2}(v_1)) = (f-\lambda I)^{k-1}(v_1) + \lambda((f-\lambda I)^{k-2}(v_1)$$

y este último es el segundo vector de la base, es decir, la segunda columna es $(1, \lambda, 0, \ldots, 0)$. Del mismo modo se razonan los demás vectores en la misma línea del diagrama, de forma que se obtiene un bloque de Jordan

$$\begin{pmatrix} \lambda & 1 & 0 & \ldots & 0 \\ 0 & \lambda & 1 & \ldots & 0 \\ 0 & 0 & \lambda & \ldots & 0 \\ \vdots & \vdots & \vdots & \ddots & \vdots \\ 0 & 0 & 0 & \ldots & \lambda \end{pmatrix}$$

de orden k (el número de vectores de la primera línea).

Los vectores que forman la segunda línea del diagrama dan lugar a otro bloque de Jordan, de orden el número de vectores en dicha línea, y así sucesivamente. En total, encontraremos tantos bloques de Jordan asociados con el autovalor λ como líneas aparecen en el diagrama, y éstas son tantas como vectores en $E^1(\lambda) = V_\lambda$, es decir, tantos como la multiplicidad geométrica de λ. □

2.5. Cálculo de la base de $M(\lambda)$

A continuación explicamos el método para calcular una base de $M(\lambda)$, que será el que utilizaremos en el cálculo de la forma canónica de Jordan de f y de la correspondiente matriz de paso. Para el cálculo en la práctica de la base adecuada de $M(\lambda)$, lo primero que hemos de hacer es confeccionar el diagrama asociado, con el que ya tendremos la matriz de Jordan asociada y después calcular la base siguiendo este diagrama. Veamos cada paso en detalle:

Determinación del diagrama

Lo primero que necesitamos son los datos:

1. Multiplicidad algebraica (α_i) y geométrica (d_i) del autovalor.
2. Dimensiones de los subespacios propios generalizados.

Con estos datos podemos confeccionar el diagrama atendiendo a las siguientes reglas:

1. Bajo cada $E^i(\lambda)$ deben aparecer tantos vectores como indica la diferencia entre las dimensiones $dim(E^i(\lambda)) - dim(E^{i-1}(\lambda))$.
2. Para cada vector que aparece en el diagrama, deben llegar flechas desde él hasta $E^1(\lambda)$.

Veamos un ejemplo:

Ejemplo 14. *Supongamos que para un autovalor λ de un cierto endomorfismo f se tienen los siguientes datos:*

La multiplicidad algebraica es $\alpha = 5$.
La multiplicidad geométrica es $d = 2$.
$dim(E^1(\lambda)) = 2; \quad dim(E^2(\lambda)) = 4; \quad dim(E^3(\lambda)) = 5; \quad M(\lambda) = E^3(\lambda).$

Tenemos pues la situación

$$\begin{array}{ccccc} \boxed{2} & & \boxed{4} & & \boxed{5} \\ E^1(\lambda) & \subset & E^2(\lambda) & \subset & E^3(\lambda) = M(\lambda) \end{array}$$

donde por comodidad hemos anotado encima de cada $E^i(\lambda)$ su dimensión. Bajo $E^3(\lambda)$ deben aparecer tantos vectores como la diferencia $dim(E^3(\lambda)) - dim(E^2(\lambda)) = 5 - 4 = 1$. Ponemos por tanto un vector bajo $E^3(\lambda)$ y tomamos también flechas de él a $E^2(\lambda)$ y $E^1(\lambda)$.

$$\begin{array}{ccccc} \boxed{2} & & \boxed{4} & & \boxed{5} \\ E^1(\lambda) & \subset & E^2(\lambda) & \subset & E^3(\lambda) = M(\lambda) \\ \bullet & \leftarrow & \bullet & \leftarrow & \bullet \end{array}$$

Pasamos ahora a $E^2(\lambda)$; bajo él deben aparecer $4 - 2 = 2$ vectores, puesto que ya tenemos uno, hemos de añadir otro y tomamos también una flecha de él a $E^1(\lambda)$, esto es:

$$\begin{array}{ccccc} \boxed{2} & & \boxed{4} & & \boxed{5} \\ E^1(\lambda) & \subset & E^2(\lambda) & \subset & E^3(\lambda) = M(\lambda) \\ \bullet & \leftarrow & \bullet & \leftarrow & \bullet \\ \bullet & \leftarrow & \bullet & & \end{array}$$

Por último, bajo $E^1(\lambda)$ deben aparecer 2 vectores. Puesto que ya tenemos dos, el proceso ha terminado. Lo que debemos hacer ahora es enumerar estos vectores en el orden adecuado, es decir, en el sentido habitual de escritura:

$$\begin{array}{ccccc} \boxed{2} & & \boxed{4} & & \boxed{5} \\ E^1(\lambda) & \subset & E^2(\lambda) & \subset & E^3(\lambda) = M(\lambda) \\ \bullet v_1 & \leftarrow & \bullet v_2 & \leftarrow & \bullet v_3 \end{array}$$

Determinación de la matriz de Jordan

La matriz de Jordan correspondiente a este autovalor se obtiene sin más que interpretar correctamente el diagrama:

1. Cada línea del diagrama determina un bloque de Jordan (y por tanto el número de bloques de Jordan es igual a la multiplicidad geométrica d_i, que coincide con el número de líneas, ya que cada línea termina en $E^1(\lambda)$).

2. El bloque de Jordan determinado por una línea tiene orden igual al número de vectores que aparecen en dicha línea.

Ejemplo 15. *Para el diagrama obtenido en el ejemplo 14*

$$\begin{array}{ccccc}
\boxed{2} & & \boxed{4} & & \boxed{5} \\
E^1(\lambda) & \subset & E^2(\lambda) & \subset & E^3(\lambda) = M(\lambda) \\
\bullet v_1 & \longleftarrow & \bullet v_2 & \longleftarrow & \bullet v_3 \\
\bullet v_4 & \longleftarrow & \bullet v_5 & &
\end{array}$$

se tienen dos bloques de Jordan, uno de orden 3 *y otro de orden* 2. *Por tanto la matriz de Jordan es:*

$$\left(\begin{array}{ccc|cc}
\lambda & 1 & 0 & 0 & 0 \\
0 & \lambda & 1 & 0 & 0 \\
0 & 0 & \lambda & 0 & 0 \\
\hline
0 & 0 & 0 & \lambda & 1 \\
0 & 0 & 0 & 0 & \lambda
\end{array}\right)$$

Cálculo de la base

Una vez confeccionado el diagrama, para calcular a partir de él la base de $M(\lambda)$, hemos de tener en cuenta lo siguiente:

1. Los vectores se calculan de derecha a izquierda. Cada flecha indica tomar la imagen del vector del que parte por $f - \lambda I$.

2. Cada vez que se toma un nuevo vector bajo un $E^i(\lambda)$, se hace ampliando hasta una base de $E^i(\lambda)$ el conjunto formado por una base (cualquiera) de $E^{i-1}(\lambda)$ junto con los vectores que ya se tienen en $E^i(\lambda)$.

Ejemplo 16. *Consideremos la matriz del ejemplo 13*

$$A = \begin{pmatrix} 3 & 1 & -1 & -1 \\ 0 & 2 & 0 & 1 \\ 1 & 1 & 1 & 0 \\ 0 & 0 & 0 & 2 \end{pmatrix}$$

de la que ya hemos calculado los subespacios propios generalizados asociados a su único autovalor. Como dim $E^1(2) = 2$ *y dim* $E^2(2) = 4$, *el diagrama correspondiente a este ejemplo será*

$$\begin{array}{ccc} \boxed{2} & & \boxed{4} \\ E^1(2) & \subset & E^2(2) = M(2) \\ \bullet v_1 & \longleftarrow & \bullet v_2 \\ \bullet v_3 & \longleftarrow & \bullet v_4 \end{array}$$

y por tanto en la matriz de Jordan hay dos bloques de Jordan de orden 2:

$$J = \left(\begin{array}{cc|cc} 2 & 1 & 0 & 0 \\ 0 & 2 & 0 & 0 \\ \hline 0 & 0 & 2 & 1 \\ 0 & 0 & 0 & 2 \end{array}\right)$$

Para calcular los vectores v_2 y v_4, partimos de una base cualquiera de E^1, por ejemplo

$$\{(1,-1,0,0),(1,0,1,0)\}$$

y la ampliamos hasta una base de E^2:

$$\{(1,-1,0,0),(1,0,1,0), v_2 = (0,1,0,0), v_4 = (0,0,0,1)\}$$

Ahora, v_2 y v_4 nos permiten calcular v_1 y v_3 sin más que calcular sus imágenes por $(f-2I)$:

$$\begin{pmatrix} 1 & 1 & -1 & -1 \\ 0 & 0 & 0 & 1 \\ 1 & 1 & -1 & 0 \\ 0 & 0 & 0 & 0 \end{pmatrix} \begin{pmatrix} 0 \\ 1 \\ 0 \\ 0 \end{pmatrix} = \begin{pmatrix} 1 \\ 0 \\ 1 \\ 0 \end{pmatrix}$$

Entonces $v_1 = (1,0,1,0)$ y

$$\begin{pmatrix} 1 & 1 & -1 & -1 \\ 0 & 0 & 0 & 1 \\ 1 & 1 & -1 & 0 \\ 0 & 0 & 0 & 0 \end{pmatrix} \begin{pmatrix} 0 \\ 0 \\ 0 \\ 1 \end{pmatrix} = \begin{pmatrix} -1 \\ 1 \\ 0 \\ 0 \end{pmatrix}$$

$v_3 = (-1,1,0,0)$. *Tenemos así que la matriz de paso a forma de Jordan, o sea, la de cambio de base de la nueva base a la inicial, tiene por columnas las coordenadas de los vectores v_1, v_2, v_3 y v_4:*

$$P = \begin{pmatrix} 1 & 0 & -1 & 0 \\ 0 & 1 & 1 & 0 \\ 1 & 0 & 0 & 0 \\ 0 & 0 & 0 & 1 \end{pmatrix}$$

2.6. Teorema de existencia de forma canónica de Jordan

En esta sección probaremos el Teorema de existencia de forma canónica de Jordan. El siguiente resultado es la pieza central de la demostración:

PROPOSICIÓN

Sea f un endomorfismo en un espacio vectorial V y sea λ_i un valor propio de f de multiplicidad algebraica α_i, entonces $dim(M(\lambda_i)) = \alpha_i$.

DEMOSTRACIÓN. Denotemos por s la dimensión de $M(\lambda_i)$, consideremos una base $\{v_1, \ldots, v_s\}$ de $M(\lambda_i)$ calculada según el método del epígrafe anterior y ampliemos a una base de V

$$B = \{v_1, \ldots, v_s, v_{s+1}, \ldots, v_n\}.$$

Razonando igual que en la Proposición del epígrafe 1.4, obtenemos que la matriz asociada a f respecto de esta base es de la forma

$$A = \left(\begin{array}{c|c} J_1 & B \\ \hline 0 & C \end{array}\right)$$

donde J_1 es una matriz de Jordan de orden s, el bloque B no nos interesa para lo siguiente, y C es cuadrada de orden $(n-s)$.
El polinomio característico de f será entonces

$$p(\lambda) = det(A - \lambda I) = det(J_1 - \lambda I)det(C - \lambda I) = (\lambda_i - \lambda)^s q(\lambda)$$

para cierto polinomio $q(\lambda)$. Por tanto, la multiplicidad algebraica de λ_i es al menos s, es decir $s \leq \alpha_i$. Supongamos, por reducción al absurdo, que $s < \alpha_i$, entonces el factor $(\lambda_i - \lambda)$ aparece también en $q(\lambda)$ y por tanto λ_i es también autovalor de C. Vamos a buscar un endomorfismo que tenga a C como matriz asociada. En el espacio vectorial cociente $V/M(\lambda_i)$ que tiene dimensión $n-s$, podemos considerar la base obtenida a partir de B que es

$$\overline{B} = \{v_{s+1} + M(\lambda_i), \ldots, v_n + M(\lambda_i)\}.$$

Definimos $\overline{f} : V/M(\lambda_i) \longrightarrow V/M(\lambda_i)$ por

$$\overline{f}(v + M(\lambda_i)) = f(v) + M(\lambda_i).$$

El hecho de ser $\overline{f}$ una aplicación se debe a que el subespacio $M(\lambda_1)$ es f-invariante y es lineal porque f lo es.
Además la matriz asociada a $\overline{f}$ en la base $\overline{\beta}$ es C ya que para cada k

$$\overline{f}(v_{s+k} + M(\lambda_i)) = f(v_{s+k}) + M(\lambda_i)$$

y sus coordenadas en la base $\overline{B}$ son las $n-s$ últimas coordenadas de $f(v_{s+k})$ en la base B que son las que forman la columna $s+k$ de C.
Ahora sabemos que λ_i es un autovalor de $\overline{f}$, o sea, que existe una clase no nula $v + M(\lambda_i)$ que es autovector:

$$\overline{f}(v + M(\lambda_i)) = \lambda_i(v + M(\lambda_i)) = \lambda_i v + M(\lambda_i)$$

Luego $f(v) + M(\lambda_i) = \lambda_i v + M(\lambda_i)$ y por tanto el vector $(f - \lambda_i I)(v) \in M(\lambda_i) = E^k$.
Así

$$((f - \lambda_i I)^k((f - \lambda_i I)(v)) = (f - \lambda_i I)^{k+1}(v) = 0$$

y por tanto $v \in E^{k+1}(\lambda_i) = E^k(\lambda_i) = M(\lambda_i)$, es decir la clase $v + M(\lambda_i)$ es la clase cero. Esto contradice el hecho de ser λ_i autovalor y la contradicción proviene de suponer que $s < \alpha_i$, luego debe ser $s = \alpha_i$. □

Esta Proposición tiene aplicación en la práctica para calcular el subespacio máximo; hasta ahora teníamos que comprobar que la cadena de subespacios propios se estabilizaba y por tanto había que calcular $E^k(\lambda_i)$ y $E^{k+1}(\lambda_i)$. Con este resultado sabemos que el subespacio propio generalizado que tiene dimensión α_i es el subespacio máximo sin necesidad de continuar los cálculos.
El siguiente Lema técnico nos será útil en la demostración del Teorema de existencia:

LEMA

Si w es un autovector asociado a λ_i, entonces para cualquier otro autovalor λ_j y cualquier número natural m se tiene:

$$(f-\lambda_j I)^m(w)=(\lambda_i-\lambda_j)^m w$$

DEMOSTRACIÓN. La demostración puede hacerse por inducción sobre m; si $m=1$ entonces

$$(f-\lambda_j I)(w)=f(w)-\lambda_j I(w)=\lambda_i w-\lambda_j w=(\lambda_i-\lambda_j)w$$

Suponiendo que es cierto para $m-1$ calculamos

$$(f-\lambda_j I)^m(w)=(f-\lambda_j I)((f-\lambda_j I)^{m-1}(w))=(f-\lambda_j I)((\lambda_i-\lambda_j)^{m-1}w)$$

por ser $(f-\lambda_j I)$ aplicación lineal, los escalares salen fuera y queda

$$(f-\lambda_j I)^m(w)=(\lambda_i-\lambda_j)^{m-1}(f-\lambda_j I)(w)=(\lambda_i-\lambda_j)^{m-1}(\lambda_i-\lambda_j)w=(\lambda_i-\lambda_j)^m w$$

con lo que acaba la demostración. □

TEOREMA

Sea V un espacio vectorial de dimensión finita n y f un endomorfismo de V. Sean $\lambda_1,\dots,\lambda_r$ los autovalores de f con multiplicidades algebraicas $\alpha_1,\dots,\alpha_r$. Entonces existe una matriz de Jordan J que está asociada al endomorfismo f si, y sólo si, $\sum_{i=1}^r \alpha_i=n$.

DEMOSTRACIÓN. Comprobemos, para empezar, que la suma de los subespacios máximos es directa, es decir que para cada $i=1,\dots,r$, se verifica

$$M(\lambda_i)\cap(\Sigma_{j\neq i}M(\lambda_j))=0$$

Sin pérdida de generalidad podemos suponer (reordenando los autovalores si es necesario) que $i=1$. Sea pues $v\in M(\lambda_1)\cap(M(\lambda_2)+\cdots+M(\lambda_r))$, y escribamos $v=v_2+\cdots+v_r$ con $v_2\in M(\lambda_2),\dots,v_r\in M(\lambda_r)$. Para cada i, llamemos k_i al menor número de forma que $M(\lambda_i)=E^{k_i}(\lambda_i)$ y consideremos:

$$g=(f-\lambda_2 I)^{k_2}\circ\cdots\circ(f-\lambda_r I)^{k_r}$$

Notemos que puesto que f conmuta con f y con la identidad, también $(f-\lambda_i I)$ conmuta con $(f-\lambda_j I)$ y por tanto los factores que aparecen en g pueden disponerse en cualquier orden. Así pues, puesto que $v_i\in M(\lambda_i)$ (y por tanto $(f-\lambda_i I)^{k_i}(v_i)=0$), tenemos que también $g(v_i)=0$, (ya que podemos poner el factor $(f-\lambda_i I)^{k_i}$ el primero en g). Por tanto, $g(v)=g(v_2)+\cdots+g(v_r)=0$.

Por otra parte, $v\in M(\lambda_1)$, llamando t al menor índice de forma que $v\in E^t(\lambda_1)$, tenemos que el vector $0\neq w=(f-\lambda_1 I)^{t-1}(v)$ pertenece a $E^1(\lambda_1)=V_{\lambda_1}$, es decir, es un autovector para λ_1. Entonces, por un lado, aplicando el Lema anterior se obtiene

$$g(w)=(f-\lambda_2 I)^{k_2}\circ\cdots\circ(f-\lambda_r I)^{k_r}(w)=(\lambda_1-\lambda_2)^{k_2}\cdots(\lambda_1-\lambda_r)^{k_r}\cdot w$$

y por otro lado

$$g(w)=(g\circ(f-\lambda_1 I)^{t-1})(v)=((f-\lambda_1 I)^{k_1-1}\circ g)(v)=(f-\lambda_1 I)^{k_1-1}(g(v))=0$$

Luego uniendo ambas igualdades

$$(\lambda_1 - \lambda_2)^{k_2} \cdots (\lambda_1 - \lambda_r)^{k_r} \cdot w = 0$$

y se obtiene que $w = 0$.
Tenemos por tanto la suma directa $M(\lambda_1) \oplus \cdots \oplus M(\lambda_r)$; además puesto que para cada i, se verifica $dim(E^i(\lambda)) = \alpha_i$ se obtiene que $V = M(\lambda_1) \oplus \cdots \oplus M(\lambda_r)$ si, y sólo si, $\sum_{i=1}^{r} \alpha_i = n$ en cuyo caso podemos tomar una base de V uniendo las bases de cada $M(\lambda_i)$. Puesto que cada $M(\lambda_i)$ es f-invariante, la matriz asociada a f respecto de esta base será diagonal por bloques y, si en cada $M(\lambda_i)$ se elige la base como en la Proposición del epígrafe 2.4, entonces la matriz asociada a f se compone de bloques de Jordan y es por tanto una matriz de Jordan. □

Si f es un espacio vectorial complejo, entonces puesto que todo polinomio con coeficientes en el cuerpo $\mathbb{C}$ tiene todas sus raíces en $\mathbb{C}$, el polinomio característico de f se factoriza completamente en factores de grado 1, es decir, verifica la condición $\Sigma_{i=1}^{r}\alpha_i = n$ y por tanto se tiene:

COROLARIO

Cada endomorfismo f en un espacio vectorial sobre $\mathbb{C}$ tiene asociada, en una cierta base, una matriz de Jordan, o equivalentemente, toda matriz cuadrada con coeficientes en $\mathbb{C}$ es semejante a una matriz de Jordan.

Por último, debemos comentar que la forma de Jordan de una matriz, si existe, no es necesariamente única puesto que la ordenación de los bloques de Jordan a lo largo de la diagonal es arbitraria. La matriz de paso dependerá, entre otras posibilidades, de la matriz de Jordan elegida puesto que hay que tener en cuenta la ordenación de los autovalores en la diagonal para escribir la base respecto de la cual la matriz del endomorfismo es de Jordan.

Ejemplo 17. *Consideremos la siguiente matriz de orden 7*

$$A = \begin{pmatrix} 2 & 1 & 0 & 0 & 0 & 0 & 0 \\ -1 & 0 & 0 & 0 & 0 & 0 & 0 \\ 1 & 2 & 3 & 1 & 0 & 0 & 0 \\ -1 & -2 & -1 & 2 & 1 & 0 & 0 \\ 1 & 2 & 1 & 0 & 1 & 0 & 0 \\ -1 & -2 & -1 & 0 & 1 & 2 & 0 \\ 1 & 2 & 1 & 0 & -1 & 1 & 3 \end{pmatrix}$$

de la que conocemos los autovalores que son:

$\lambda_1 = 1$ *con multiplicidad algebraica 2 y geométrica 1.*
$\lambda_2 = 2$ *con multiplicidad algebraica 4 y geométrica 2.*
$\lambda_3 = 3$ *con multiplicidad algebraica 1 y geométrica 1.*

Además conocemos otros datos

$$M(2) = Ker((f - 2I)^3) \neq Ker((f - 2I)^2)$$

que son suficientes para escribir la forma canónica de Jordan de A. En efecto, para el autovalor $\lambda_1 = 1$ tendremos un solo bloque de Jordan puesto que la multiplicidad geométrica es 1, y debe ser un bloque de orden 2 por ser la multiplicidad algebraica 2. Para el autovalor $\lambda_3 =$

3 la multiplicidad algebraica y la geométrica son iguales, por lo que aparece un bloque de orden 1. Por último, para $\lambda_2 = 2$ sabemos que deben aparecer dos bloques de Jordan, y que en total deben tener orden 4 (la multiplicidad algebraica), pero pueden ser 2 bloques de orden 2 o uno de orden 3 y otro de orden 1. Para elegir entre estas dos opciones usamos la información adicional, que $M(2) = E^3(2)$ nos indica que el diagrama correspondiente a este autovalor debe ser

$$\begin{array}{ccccc} \boxed{2} & & \boxed{3} & & \boxed{4} \\ E^1(2) & \subset & E^2(2) & \subset & E^3(2) = M(2) \\ \bullet & \longleftarrow & \bullet & \longleftarrow & \bullet \\ \bullet & & & & \end{array}$$

y por tanto se trata de un bloque de orden 3 y otro de orden 1. Tenemos así que la forma canónica de Jordan de la matriz puede ser

$$J = \left(\begin{array}{cc|c|c|ccc} 1 & 1 & 0 & 0 & 0 & 0 & 0 \\ 0 & 1 & 0 & 0 & 0 & 0 & 0 \\ \hline 0 & 0 & 3 & 0 & 0 & 0 & 0 \\ \hline 0 & 0 & 0 & 2 & 0 & 0 & 0 \\ \hline 0 & 0 & 0 & 0 & 2 & 1 & 0 \\ 0 & 0 & 0 & 0 & 0 & 2 & 1 \\ 0 & 0 & 0 & 0 & 0 & 0 & 2 \end{array}\right)$$

o también

$$J = \left(\begin{array}{ccc|c|cc|c} 2 & 1 & 0 & 0 & 0 & 0 & 0 \\ 0 & 2 & 1 & 0 & 0 & 0 & 0 \\ 0 & 0 & 2 & 0 & 0 & 0 & 0 \\ \hline 0 & 0 & 0 & 3 & 0 & 0 & 0 \\ \hline 0 & 0 & 0 & 0 & 1 & 1 & 0 \\ 0 & 0 & 0 & 0 & 0 & 1 & 0 \\ \hline 0 & 0 & 0 & 0 & 0 & 0 & 2 \end{array}\right)$$

3. Forma de Jordan real

3.1. Introducción

Según hemos visto en la sección anterior, toda matriz compleja tiene forma canónica de Jordan. En particular, toda matriz real tiene una forma canónica de Jordan que podría ser una matriz de números complejos. En el siguiente ejemplo encontramos una matriz real que tiene una forma canónica de Jordan compleja:

Ejemplo 18. *Denotemos por E al espacio vectorial de las funciones* $f(t) = a + b\cos t + c\,\text{sen}\ t$*, donde* $a, b, c \in \mathbb{C}$*. Sea* $T : E \longrightarrow E$ *definida por* $T(f) = f'$*, entonces la matriz de esta aplicación en la base* $B = \{1, \cos t, \text{sen}\ t\}$ *será*

$$\begin{pmatrix} 0 & 0 & 0 \\ 0 & 0 & 1 \\ 0 & -1 & 0 \end{pmatrix}$$

puesto que $T(1) = 0 = (0,0,0)_B$*,* $T(\cos t) = -\text{sen}\ t = (0,0,-1)_B$ *y* $T(\text{sen}\ t) = \cos t = (0,1,0)_B$*. Calculemos ahora los autovalores y autovectores de este endomorfismo:*

$$\begin{vmatrix} 0-\lambda & 0 & 0 \\ 0 & 0-\lambda & 1 \\ 0 & -1 & 0-\lambda \end{vmatrix} = (-\lambda)^3 + (-\lambda) = (-\lambda)(\lambda^2+1)$$

Luego los autovalores son $\lambda = 0$ *que es real, y los autovalores complejos (que se admiten puesto que el espacio vectorial está definido sobre* $\mathbb{C}$*)* $\lambda = i$ *y* $\lambda = -i$*, cada uno de ellos con multiplicidad algebraica 1. Por tanto la matriz es diagonalizable y para calcular la matriz de paso es suficiente calcular los autovectores:*

Para $\lambda = 0$*, las ecuaciones cartesianas del subespacio propio son:*

$$\begin{pmatrix} 0 & 0 & 0 \\ 0 & 0 & 1 \\ 0 & -1 & 0 \end{pmatrix} \begin{pmatrix} a \\ b \\ c \end{pmatrix} = \begin{pmatrix} 0 \\ 0 \\ 0 \end{pmatrix}$$

Es decir,

$$\begin{cases} c = 0 \\ b = 0 \end{cases}$$

y una base puede ser $\{(1,0,0)\}$*. Para* $\lambda = i$*, las ecuaciones cartesianas del subespacio propio son:*

$$\begin{pmatrix} -i & 0 & 0 \\ 0 & -i & 1 \\ 0 & -1 & -i \end{pmatrix} \begin{pmatrix} a \\ b \\ c \end{pmatrix} = \begin{pmatrix} 0 \\ 0 \\ 0 \end{pmatrix}$$

Es decir,

$$\begin{cases} a = 0 \\ -ib + c = 0 \\ -b - ic = 0 \end{cases}$$

La última ecuación es la segunda multiplicada por $-i$*, así que una base puede ser* $\{(0,1,i)\}$*.*

Por último, para $\lambda = -i$, las ecuaciones cartesianas del subespacio propio son:

$$\begin{pmatrix} i & 0 & 0 \\ 0 & i & 1 \\ 0 & -1 & i \end{pmatrix} \begin{pmatrix} a \\ b \\ c \end{pmatrix} = \begin{pmatrix} 0 \\ 0 \\ 0 \end{pmatrix}$$

Es decir,

$$\begin{cases} a = 0 \\ ib + c = 0 \\ -b + ic = 0 \end{cases}$$

y de nuevo la tercera ecuación es un múltiplo de la segunda, con lo que una base puede ser: $\{(0,1,-i)\}$. *Tenemos entonces que la forma canónica de Jordan de A es una matriz diagonal compleja*

$$D = \begin{pmatrix} 0 & 0 & 0 \\ 0 & i & 0 \\ 0 & 0 & -i \end{pmatrix}$$

y la matriz de paso es también una matriz compleja:

$$P = \begin{pmatrix} 1 & 0 & 0 \\ 0 & 1 & 1 \\ 0 & i & -i \end{pmatrix}$$

3.2. Parejas de autovalores y autovectores complejos

En el ejemplo anterior podemos observar que los autovalores complejos de la matriz aparecen por parejas, es decir, un número complejo y su conjugado. Esto ocurre en general por ser la matriz utilizada una matriz real, con lo que el polinomio característico tiene coeficientes reales. Podemos razonarlo desde el punto de vista matricial, sin más que observar que dada una matriz A, su matriz conjugada $\overline{A}$, que consiste en escribir los conjugados de cada uno de sus elementos, conserva las propiedades de los conjugados, por ejemplo que $\overline{AB} = (\overline{A})(\overline{B})$; además la conjugada de una matriz real es ella misma. Entonces, si λ es un autovalor complejo de una matriz real A y X son las coordenadas de un vector propio asociado a λ, se verifica:

$$(A - \lambda I)X = 0$$

Tomando conjugados,

$$\overline{(A - \lambda I)X} = (\overline{A} - \overline{\lambda I})\overline{X} = (A - \overline{\lambda} I)\overline{X} = 0$$

con lo que no sólo tenemos que $\overline{\lambda}$ es también un valor propio, sino también que el conjugado del vector es autovector asociado a $\overline{\lambda}$. Aún más, porque lo mismo ocurre cuando calculamos los subespacios propios generalizados para A, y tenemos el siguiente resultado:

PROPOSICIÓN

Si A es una matriz real, dado un autovalor complejo λ con base de $M(\lambda)$ $\{v_1, \ldots, v_r\}$, entonces $\overline{\lambda}$ es también un autovalor y $\{\overline{v_1}, \ldots, \overline{v_r}\}$ es una base de $M(\overline{\lambda})$.

DEMOSTRACIÓN. Basta con razonar que si

$$(A - \lambda I)^k X = 0$$

entonces tomando conjugados también se tiene

$$(A - \overline{\lambda} I)^k \overline{X} = 0$$

□

3.3. Forma de Jordan real

Dada una matriz real A que tiene una forma de Jordan compleja trataremos de asignarle una matriz que, aunque no sea exactamente una matriz de Jordan, sea relativamente sencilla y cuyos elementos sean reales. Puesto que los autovalores reales nos proporcionan bloques de Jordan reales, sólo nos preocupamos de los autovalores complejos.

Ejemplo 19. *La matriz*

$$\begin{pmatrix} 0 & 0 & 0 \\ 0 & 1 & 2 \\ 0 & -1 & -1 \end{pmatrix}$$

tiene polinomio característico $-\lambda(\lambda+1)$. *Consideramos la pareja de autovalores* $(i, -i)$, *un autovector asociado a* $i = 0 + i1$ *es* $v = (0, -1 - i, 1)$ *que se puede escribir como una suma* $v = u + iw$ *donde* $u = (0, -1, 1)$ *y* $w = (0, -1, 0)$ *son ambos vectores reales. Usando que se trata de un autovector tenemos*

$$f(u + iw) = f(u) + if(w) = i(u + iw) = iu - w$$

pero por la Proposición en 4.2, $\overline{v} = u - iw$ *es un autovector asociado a* $\overline{\lambda}$ *y entonces*

$$f(u - iw) = f(u) - if(w) = -i(u - iw) = -iu - w$$

Sumando ambas expresiones nos queda $2f(u) = -2w$, *o sea* $f(u) = -w$ *y restándolas obtenemos que* $2if(w) = 2iu$ *con lo que* $f(w) = u$. *Veamos ahora cuál es la matriz asociada a* f *respecto de la base* $\beta = \{(1,0,0), u = (0,-1,1), w = (0,-1,0)\}$: *en primer lugar, como* $(1,0,0)$ *es un autovector asociado al valor propio* 0, *entonces la primera columna es* $(0,0,0)$; *ahora,* $f(u) = -w$ *por tanto* $f(u) = (0,0,-1)_\beta$ *es la segunda columna, y la tercera* $f(w) = u = (0,1,0)_\beta$. *Queda:*

$$\left(\begin{array}{c|cc} 0 & 0 & 0 \\ \hline 0 & 0 & 1 \\ 0 & -1 & 0 \end{array}\right)$$

Observamos que asociado a la pareja de autovalores $(i, -i)$ *aparece un bloque de orden* 2 *que es de la forma*

$$\begin{pmatrix} a & b \\ -b & a \end{pmatrix}$$

donde a *es la parte real del autovalor y* b *su parte imaginaria. La matriz de paso es también una matriz real:*

$$\begin{pmatrix} 1 & 0 & 0 \\ 0 & -1 & -1 \\ 0 & 1 & 0 \end{pmatrix}$$

Como hemos visto en el ejemplo, para obtener una matriz real debemos agrupar los autovalores por parejas, lo que supone que sólo tenemos que utilizar uno de los elementos de la pareja para los cálculos, pero también que en la matriz hace un doble papel; esto se traduce en el hecho de que cada unidad en la multiplicidad algebraica de $\lambda = a + ib$ da lugar no a un elemento en la diagonal, sino a un bloque de orden dos de la forma

$$C_\lambda = \begin{pmatrix} a & b \\ -b & a \end{pmatrix}$$

Y si a λ corresponde un bloque de Jordan de orden r, entonces en la matriz real que buscamos aparecerá un bloque de orden $2r$ puesto que representa al par $(\lambda, \overline{\lambda})$.
Una **matriz de Jordan real** es una matriz de Jordan por bloques en la que, para los autovalores complejos, el papel del autovalor es ocupado por un bloque de orden dos del tipo C_λ y cada 1 sobre la diagonal se sustituye por una matriz identidad de orden 2, I, es decir, aparecen bloques con apariencia de bloques de Jordan del tipo:

$$\begin{pmatrix} C_\lambda & I & 0 & \dots & 0 \\ 0 & C_\lambda & I & \dots & 0 \\ \vdots & \vdots & \vdots & \ddots & \vdots \\ 0 & 0 & 0 & \dots & I \\ 0 & 0 & 0 & \dots & C_\lambda \end{pmatrix}$$

Ejemplo 20. *Calculemos los autovalores de la matriz*

$$A = \begin{pmatrix} 1 & 1 & 1 & 1 \\ -2 & -1 & 0 & -1 \\ 0 & 0 & -1 & -1 \\ 0 & 0 & 2 & 1 \end{pmatrix}$$

El polinomio característico puede calcularse desarrollando por la tercera fila:

$$\begin{aligned} p(\lambda) &= \begin{vmatrix} 1-\lambda & 1 & 1 & 1 \\ -2 & -1-\lambda & 0 & -1 \\ 0 & 0 & -1-\lambda & -1 \\ 0 & 0 & 2 & 1-\lambda \end{vmatrix} = \\ &= (-1-\lambda)\begin{vmatrix} 1-\lambda & 1 & 1 \\ -2 & -1-\lambda & -1 \\ 0 & 0 & 1-\lambda \end{vmatrix} + \begin{vmatrix} 1-\lambda & 1 & 1 \\ -2 & -1-\lambda & 0 \\ 0 & 0 & 2 \end{vmatrix} \\ &= (-1-\lambda)(1-\lambda)\begin{vmatrix} 1-\lambda & 1 \\ -2 & -1-\lambda \end{vmatrix} + 2\begin{vmatrix} 1-\lambda & 1 \\ -2 & -1-\lambda \end{vmatrix} \\ &= ((-1-\lambda)(1-\lambda)+2)((1-\lambda)(-1-\lambda)+2) = (\lambda^2+1)^2 \end{aligned}$$

Así que $\lambda = i$ y su conjugado $\lambda = -i$ son autovalores con multiplicidad algebraica 2. Para obtener la forma de Jordan real sólo necesitamos conocer la multiplicidad geométrica de $\lambda = i$, y por eso calculamos el rango de la matriz $(A - iI)$

$$\begin{pmatrix} 1-i & 1 & 1 & 1 \\ -2 & -1-i & 0 & -1 \\ 0 & 0 & -1-i & -1 \\ 0 & 0 & 2 & 1-i \end{pmatrix} \sim_{E_{43}(1-i)} \begin{pmatrix} 1-i & 1 & 1 & 1 \\ -2 & -1-i & 0 & -1 \\ 0 & 0 & -1-i & -1 \\ 0 & 0 & 0 & 0 \end{pmatrix} \sim_{E_{21}(1+i)}$$

$$\sim \begin{pmatrix} 1-i & 1 & 1 & 1 \\ 0 & 0 & 1+i & i \\ 0 & 0 & -1-i & -1 \\ 0 & 0 & 0 & 0 \end{pmatrix} \sim^{E_{32}(1)} \begin{pmatrix} 1-i & 1 & 1 & 1 \\ 0 & 0 & 1+i & i \\ 0 & 0 & 0 & -1+i \\ 0 & 0 & 0 & 0 \end{pmatrix}$$

que tiene rango 3 y por tanto la multiplicidad geométrica de $\lambda = i$ es 1. Así, el esquema correspondiente a $\lambda = i$ será:

$$\begin{array}{ccc} \boxed{1} & & \boxed{2} \\ E^1 & \subset & E^2 = M(i) \\ \bullet & \leftarrow & \bullet \end{array}$$

Por tanto la forma de Jordan real de A tiene un sólo bloque de la forma

$$\begin{pmatrix} C_i & I \\ 0 & C_i \end{pmatrix}$$

como

$$C_i = \begin{pmatrix} 0 & 1 \\ -1 & 0 \end{pmatrix}$$

Entonces queda:

$$J = \left(\begin{array}{cc|cc} 0 & 1 & 1 & 0 \\ -1 & 0 & 0 & 1 \\ \hline 0 & 0 & 0 & 1 \\ 0 & 0 & -1 & 0 \end{array}\right)$$

En el caso en que aparezcan al mismo tiempo autovalores reales y complejos, a los valores propios reales se les asocian sus bloques de Jordan habituales, mientras que a las parejas de autovalores complejos se les hace corresponder bloques como los descritos en esta sección. Una matriz de Jordan real semejante con una matriz real dada se dirá que es su **forma canónica de Jordan real**.

Ejemplo 21. *Si A es una matriz real de orden* 6 *que tiene autovalores $\lambda_1 = 1$ con $\alpha_1 = 2$, $d_1 = 1$ y $\lambda_2 = 2 + i$ con $\alpha_2 = 2$, $d_2 = 1$, entonces su forma de Jordan real será*

$$J = \left(\begin{array}{cc|cc|cc} 1 & 1 & 0 & 0 & 0 & 0 \\ 0 & 1 & 0 & 0 & 0 & 0 \\ \hline 0 & 0 & 2 & 1 & 1 & 0 \\ 0 & 0 & -1 & 2 & 0 & 1 \\ \hline 0 & 0 & 0 & 0 & 2 & 1 \\ 0 & 0 & 0 & 0 & -1 & 2 \end{array}\right)$$

3.4. Matriz de paso a forma de Jordan real

Supongamos entonces que $\lambda = a + ib$ es un valor propio complejo para f, el endomorfismo con matriz asociada A, y que $\{v_1, v_2, \ldots, v_k\}$ son los vectores complejos que forman una línea en el cálculo de la base de $M(\lambda)$, es decir, $v_j \in E^j$ y $(f - \lambda I)(v_{j+1}) = v_j$.

Cada uno de estos vectores complejos puede escribirse como una suma $v_j = u_j + iw_j$ donde u_j, w_j son vectores reales. Reuniendo todos estos vectores reales, obtenemos un conjunto formado por $2r$ vectores: $\{u_1, w_1, u_2, w_2, \dots, u_r, w_r\}$.

PROPOSICIÓN

Los vectores $\{u_1, w_1, u_2, w_2, \dots, u_r, w_r\}$ están en $M(\lambda) \oplus M(\overline{\lambda})$, son linealmente independientes y dan lugar a un bloque de orden $2r$ con apariencia de bloque de Jordan en la matriz del endomorfismo respecto de una base que los contenga.

DEMOSTRACIÓN.
Que u_j y w_j están en $M(\lambda) \oplus M(\overline{\lambda})$ es claro, puesto que son combinación lineal de v_j y $\overline{v_j}$:

$$u_j = \frac{1}{2}v_j + \frac{1}{2}\overline{v_j} \quad \text{y} \quad w_j = -\frac{i}{2}v_j + \frac{i}{2}\overline{v_j}.$$

Para ver que son linealmente independientes escribimos una combinación lineal de ellos:

$$\alpha_1 u_1 + \beta_1 w_1 + \cdots + \alpha_r u_r + \beta_r w_r = 0$$

Usando las relaciones anteriores, tendremos una combinación lineal de los v_j y los $\overline{v_j}$ que son linealmente independientes por el Teorema de existencia de forma de Jordan, y cuyos coeficientes son: $\frac{1}{2}\alpha_j + \frac{i}{2}\beta_j$ para los v_j y $\frac{1}{2}\alpha_j - \frac{i}{2}\beta_j$ para los $\overline{v_j}$. Como todos deben ser cero, sumando y restando obtenemos que $\alpha_j = 0$ y $\beta_j = 0$ para todo j.
Calculemos ahora el bloque correspondiente a este conjunto de vectores; usamos la relación entre v_{j+1} y v_j:

$$f(u_{j+1} + iw_{j+1}) = u_j + iw_j + (a + ib)(u_{j+1} + iw_{j+1})$$

Puesto que $\overline{v_{j+1}}$ y $\overline{v_j}$ cumplen la correspondiente relación para $\overline{\lambda}$:

$$f(u_{j+1} - iw_{j+1}) = u_j - iw_j + (a - ib)(u_{j+1} - iw_{j+1})$$

Sumando y restando ambas expresiones obtenemos

$$f(u_{j+1}) = u_j + au_{j+1} - bw_{j+1}$$

y

$$f(w_{j+1}) = w_j + aw_{j+1} + bu_{j+1}$$

lo que, escrito en función de $\{u_1, w_1, \dots, u_j, w_j, u_{j+1}, w_{j+1}, \dots\}$, nos da

$$(0, 0, \dots, 1, 0, a, -b, \dots)$$

y

$$(0, 0, \dots, 0, 1, b, a, \dots)$$

que son dos columnas consecutivas de un bloque como el que deseábamos obtener. □

Ejemplo 22. *Para la matriz A del ejemplo 20, calculemos la matriz de paso a forma de Jordan real. Puesto que para $\lambda = i$ tenemos el esquema*

$$\begin{array}{ccc} E^1 & \subset & E^2 = M(i) \\ \bullet & \leftarrow & \bullet \\ v_1 & & v_2 \end{array}$$

necesitamos calcular sólo dos vectores v_1 y v_2. Las ecuaciones de $E^1(i)$ son

$$\begin{pmatrix} 1-i & 1 & 1 & 1 \\ -2 & -1-i & 0 & -1 \\ 0 & 0 & -1-i & -1 \\ 0 & 0 & 2 & 1-i \end{pmatrix} \begin{pmatrix} x \\ y \\ z \\ t \end{pmatrix} = \begin{pmatrix} 0 \\ 0 \\ 0 \\ 0 \end{pmatrix}$$

o bien, con las operaciones elementales por filas que habíamos realizado

$$\begin{pmatrix} 1-i & 1 & 1 & 1 \\ 0 & 0 & 1+i & i \\ 0 & 0 & 0 & -1+i \\ 0 & 0 & 0 & 0 \end{pmatrix} \begin{pmatrix} x \\ y \\ z \\ t \end{pmatrix} = \begin{pmatrix} 0 \\ 0 \\ 0 \\ 0 \end{pmatrix}$$

Así, queda:

$$\begin{cases} y = (-1+i)x \\ z = 0 \\ t = 0 \end{cases}$$

con base $\{(1, -1+i, 0, 0)\}$. Calculamos ahora $E^2(i)$:

$$\begin{pmatrix} 1-i & 1 & 1 & 1 \\ -2 & -1-i & 0 & -1 \\ 0 & 0 & -1-i & -1 \\ 0 & 0 & 2 & 1-i \end{pmatrix}^2 = 2\begin{pmatrix} -1-i & -i & 1-i & -i \\ 2i & -1+i & -2 & -1+i \\ 0 & 0 & -1+i & i \\ 0 & 0 & -2i & -1-i \end{pmatrix}$$

Para calcular las ecuaciones cartesianas hacemos operaciones elementales por filas

$$\begin{pmatrix} -1-i & -i & 1-i & -i \\ 2i & -1+i & -2 & -1+i \\ 0 & 0 & -1+i & i \\ 0 & 0 & -2i & -1-i \end{pmatrix} \sim_{E_{13}(1)} \begin{pmatrix} -1-i & -i & 0 & 0 \\ 2i & -1+i & -2 & -1+i \\ 0 & 0 & -1+i & i \\ 0 & 0 & -2i & -1-i \end{pmatrix} \sim_{E_{24}(i)}$$

$$\begin{pmatrix} -1-i & -i & 0 & 0 \\ 2i & -1+i & 0 & 0 \\ 0 & 0 & -1+i & i \\ 0 & 0 & -2i & -1-i \end{pmatrix} \sim_{E_{43}(1-i)} \begin{pmatrix} -1-i & -i & 0 & 0 \\ 2i & -1+i & 0 & 0 \\ 0 & 0 & -1+i & i \\ 0 & 0 & 0 & 0 \end{pmatrix} \sim_{E_{21}(1+i)}$$

$$\sim \begin{pmatrix} -1-i & -i & 0 & 0 \\ 0 & 0 & 0 & 0 \\ 0 & 0 & -1+i & i \\ 0 & 0 & 0 & 0 \end{pmatrix}$$

con lo que las ecuaciones cartesianas de $E^2(i) = M(i)$ son:

$$\begin{cases} (-1-i)x + (-i)y = 0 \\ (-1+i)z + it = 0 \end{cases}$$

o bien

$$\begin{cases} y = (-1+i)x \\ t = (-1-i)z \end{cases}$$

y una base es $\{(1, -1+i, 0, 0), (0, 0, 1, -1-i)\}$, tomamos $v_2 = (0, 0, 1, -1-i)$ y calculamos v_1:

$$\begin{pmatrix} 1-i & 1 & 1 & 1 \\ -2 & -1-i & 0 & -1 \\ 0 & 0 & -1-i & -1 \\ 0 & 0 & 2 & 1-i \end{pmatrix} \begin{pmatrix} 0 \\ 0 \\ 1 \\ -1-i \end{pmatrix} = \begin{pmatrix} -i \\ 1+i \\ 0 \\ 0 \end{pmatrix}$$

Luego $v_1 = (-i, 1+i, 0, 0)$ *y tenemos*

$$v_1 = (0,1,0,0) + i(-1,1,0,0) = u_1 + i\,w_1$$

$$v_2 = (0,0,1,-1) + i(0,0,0,-1) = u_2 + i\,w_2$$

La base de vectores reales que debemos tomar es

$$\{u_1 = (0,1,0,0), w_1 = (-1,1,0,0), u_2 = (0,0,1,-1), w_2 = (0,0,0,-1)\}$$

y la matriz de paso a forma de Jordan real

$$\underset{\sim}{P} = \begin{pmatrix} 0 & -1 & 0 & 0 \\ 1 & 1 & 0 & 0 \\ 0 & 0 & 1 & 0 \\ 0 & 0 & -1 & -1 \end{pmatrix}$$

Ejercicios resueltos

Diagonalización

Probar que si A es una matriz cuadrada de orden 2, entonces su polinomio característico se puede calcular por la fórmula:

$$p(\lambda) = \lambda^2 - tr(A)\lambda + det(A).$$

De igual forma, si A es de orden 3, entonces:

$$p(\lambda) = -\lambda^3 + tr(A)\lambda^2 - (\alpha_{11} + \alpha_{22} + \alpha_{33})\lambda + det(A).$$

Resolución.

Para el caso de orden 2, tenemos

$$p(\lambda) = \begin{vmatrix} a_{11} - \lambda & a_{12} \\ a_{21} & a_{22} - \lambda \end{vmatrix} = (a_{11} - \lambda)(a_{22} - \lambda) - a_{12}a_{21} =$$

$$= \lambda^2 - (a_{11} + a_{22})\lambda + a_{11}a_{22} - a_{12}a_{21} = \lambda^2 - tr(A)\lambda + det(A)$$

Para una matriz A de orden 3, usando la propiedad 1 de los determinantes:

$$p(\lambda) = \begin{vmatrix} a_{11} - \lambda & a_{12} & a_{13} \\ a_{21} & a_{22} - \lambda & a_{23} \\ a_{31} & a_{32} & a_{33} - \lambda \end{vmatrix} = \begin{vmatrix} a_{11} & a_{12} & a_{13} \\ a_{21} & a_{22} - \lambda & a_{23} \\ a_{31} & a_{32} & a_{33} - \lambda \end{vmatrix} + \begin{vmatrix} -\lambda & a_{12} & a_{13} \\ 0 & a_{22} - \lambda & a_{23} \\ 0 & a_{32} & a_{33} - \lambda \end{vmatrix} =$$

$$= \begin{vmatrix} a_{11} & a_{12} & a_{13} \\ a_{21} & a_{22} & a_{23} \\ a_{31} & a_{32} & a_{33} - \lambda \end{vmatrix} + \begin{vmatrix} a_{11} & 0 & a_{13} \\ a_{21} & -\lambda & a_{23} \\ a_{31} & 0 & a_{33} - \lambda \end{vmatrix} + \begin{vmatrix} -\lambda & a_{12} & a_{13} \\ 0 & a_{22} & a_{23} \\ 0 & a_{32} & a_{33} - \lambda \end{vmatrix} + \begin{vmatrix} -\lambda & 0 & a_{13} \\ 0 & -\lambda & a_{23} \\ 0 & 0 & a_{33} - \lambda \end{vmatrix} =$$

$$= \begin{vmatrix} a_{11} & a_{12} & a_{13} \\ a_{21} & a_{22} & a_{23} \\ a_{31} & a_{32} & a_{33} \end{vmatrix} + \begin{vmatrix} a_{11} & a_{12} & 0 \\ a_{21} & a_{22} & 0 \\ a_{31} & a_{32} & -\lambda \end{vmatrix} + \begin{vmatrix} a_{11} & 0 & a_{13} \\ a_{21} & -\lambda & a_{23} \\ a_{31} & 0 & a_{33} \end{vmatrix} + \begin{vmatrix} a_{11} & 0 & 0 \\ a_{21} & -\lambda & 0 \\ a_{31} & 0 & -\lambda \end{vmatrix} +$$

$$+ \begin{vmatrix} -\lambda & a_{12} & a_{13} \\ 0 & a_{22} & a_{23} \\ 0 & a_{32} & a_{33} \end{vmatrix} + \begin{vmatrix} -\lambda & a_{12} & 0 \\ 0 & a_{22} & 0 \\ 0 & a_{32} & -\lambda \end{vmatrix} + \begin{vmatrix} -\lambda & 0 & a_{13} \\ 0 & -\lambda & a_{23} \\ 0 & 0 & a_{33} \end{vmatrix} + \begin{vmatrix} -\lambda & 0 & 0 \\ 0 & -\lambda & 0 \\ 0 & 0 & -\lambda \end{vmatrix} =$$

$$= det(A) - \alpha_{33}\lambda - \alpha_{22}\lambda + a_{11}\lambda^2 - \alpha_{11}\lambda + a_{22}\lambda^2 + a_{33}\lambda^2 - \lambda^3 =$$

$$= -\lambda^3 + tr(A)\lambda^2 - (\alpha_{11} + \alpha_{22} + \alpha_{33})\lambda + det(A).$$

Sean f y g endomorfismos de un espacio vectorial V. Demostrar que si $v \in V$ es vector propio para f y g, entonces es vector propio para af ($a \in \mathbb{K}$) y $f + g$. Si λ es el valor propio asociado a v respecto de f y μ respecto de g, ¿quiénes son los valores propios respecto de af y $f + g$? Demostrar, dando ejemplos, que si λ y μ son valores propios de f y g, $\lambda + \mu$ no es necesariamente valor propio para $f + g$.

Resolución.

Si u es vector propio de f asociado al autovalor λ, entonces u es vector propio de af asociado al autovalor $a\lambda$, ya que:

$$f(u) = \lambda u \Longrightarrow (af)(u) = af(u) = a\lambda u.$$

Por otra parte, si u es vector propio de f asociado al autovalor λ y u es vector propio de g asociado al autovalor μ, entonces u es vector propio de $f+g$ asociado al autovalor $\lambda+\mu$. En efecto:

$$\left.\begin{array}{l} f(u)=\lambda u \\ g(u)=\mu u \end{array}\right\} \Longrightarrow (f+g)(u)=f(u)+g(u)=\lambda u+\mu u=(\lambda+\mu)u.$$

Para el contraejemplo, consideremos las matrices:

$$A=\begin{pmatrix}1 & 0\\ 0 & 0\end{pmatrix};\ B=\begin{pmatrix}0 & 0\\ 0 & 2\end{pmatrix};\ A+B=\begin{pmatrix}1 & 0\\ 0 & 2\end{pmatrix}$$

Entonces $\lambda=1$ es un autovalor de A, $\mu=2$ es autovalor de B, pero $\lambda+\mu=3$ no es autovalor de $A+B$.

58. Sea $f:\mathbb{R}^3\longrightarrow\mathbb{R}^3$ un endomorfismo dado en cierta base por la matriz

$$\begin{pmatrix}\alpha & \alpha-1 & 1-\alpha\\ \alpha-2 & \alpha & 2-\alpha\\ \alpha-2 & \alpha-1 & 3-\alpha\end{pmatrix}$$

¿Qué valores debe tomar el parámetro α para que algún valor propio del endomorfismo tenga orden de multiplicidad 2?

Resolución.

Calculamos el polinomio característico:

$$p(\lambda)=\begin{vmatrix}\alpha-\lambda & \alpha-1 & 1-\alpha\\ \alpha-2 & \alpha-\lambda & 2-\alpha\\ \alpha-2 & \alpha-1 & 3-\alpha-\lambda\end{vmatrix}=\begin{vmatrix}\alpha-\lambda & \alpha-1 & 0\\ \alpha-2 & \alpha-\lambda & 2-\lambda\\ \alpha-2 & \alpha-1 & 2-\lambda\end{vmatrix}=$$

$$=\begin{vmatrix}\alpha-\lambda & \alpha-1 & 0\\ \alpha-2 & \alpha-\lambda & 2-\lambda\\ 0 & \lambda-1 & 0\end{vmatrix}=(2-\lambda)(1-\lambda)(\alpha-\lambda)$$

Luego f tiene un autovalor de multiplicidad 2 si, y solamente si, $\alpha=1$ o $\alpha=2$.

59. Estudiar si son diagonalizables las siguientes matrices.

$$A=\begin{pmatrix}1 & 0 & 0\\ 0 & -1 & 1\\ 0 & 0 & -1\end{pmatrix}\qquad B=\begin{pmatrix}1 & 0 & 1\\ 0 & 1 & -2\\ 0 & 0 & 2\end{pmatrix}\qquad C=\begin{pmatrix}5 & 1 & -1\\ 2 & 4 & -2\\ 1 & -1 & 3\end{pmatrix}$$

Resolución.

A tiene polinomio característico $p(\lambda)=(1-\lambda)(-1-\lambda)^2$ y se tiene

$$\begin{array}{lll}\lambda_1=1, & \alpha_1=1, & d_1=1\\ \lambda_2=-1, & \alpha_2=2, & d_2=1\end{array}$$

con lo cual A no es diagonalizable.
Para B se tiene

$$\begin{array}{lll}\lambda_1=1, & \alpha_1=2, & d_1=2\\ \lambda_2=2, & \alpha_2=1, & d_2=1\end{array}$$

luego B es diagonalizable.
Finalmente, C tiene polinomio característico:

$$p(\lambda) = \begin{vmatrix} 5-\lambda & 1 & -1 \\ 2 & 4-\lambda & -2 \\ 1 & -1 & 3-\lambda \end{vmatrix} = \begin{vmatrix} 5-\lambda & 1 & 0 \\ 2 & 4-\lambda & 2-\lambda \\ 1 & -1 & 2-\lambda \end{vmatrix} =$$

$$\begin{vmatrix} 5-\lambda & 1 & 0 \\ 1 & 5-\lambda & 0 \\ 1 & -1 & 2-\lambda \end{vmatrix} =$$

$$= (2-\lambda)[(5-\lambda)^2 - 1] = (2-\lambda)(\lambda^2 - 10\lambda + 24) = (2-\lambda)(4-\lambda)(6-\lambda)$$

Luego C es diagonalizable, al tener tres autovalores distintos.

Probar que las matrices

$$A = \begin{pmatrix} 1 & 0 & 0 \\ 0 & -1 & 1 \\ 0 & 0 & -1 \end{pmatrix} \qquad B = \begin{pmatrix} 1 & 0 & 0 \\ 0 & -1 & 0 \\ 0 & 0 & -1 \end{pmatrix}$$

no son semejantes, si bien tienen los mismos valores propios.

Resolución.

En ambos casos, los autovalores son $\lambda_1 = 1$ con multiplicidad algebraica $\alpha_1 = 1$ y $\lambda_2 = -1$ con multiplicidad algebraica $\alpha_2 = 2$. Sin embargo, en A el autovalor -1 tiene multiplicidad geométrica 1 con lo cual A no es diagonalizable, mientras que en B tiene multiplicidad geométrica 2 y por tanto B sí es diagonalizable. En consecuencia A y B no pueden ser semejantes. En efecto, si A y B fuesen semejantes, entonces por ser B diagonalizable es semejante a una matriz diagonal y también A sería semejante a una matriz diagonal, esto es, sería diagonalizable.

Estudiar para qué valores de los parámetros a y b la matriz siguiente es diagonalizable

$$\begin{pmatrix} 5 & 0 & 0 \\ 0 & -1 & a \\ 3 & 0 & b \end{pmatrix}$$

Resolución.

El polinomio característico es:

$$p(\lambda) = \begin{vmatrix} 5-\lambda & 0 & 0 \\ 0 & -1-\lambda & a \\ 3 & 0 & b-\lambda \end{vmatrix} = (5-\lambda)(-1-\lambda)(b-\lambda)$$

Distinguimos casos según los valores del parámetro b:

Caso 1: $b \neq -1, 5$ *En este caso la matriz es diagonalizable al tener tres autovalores distintos.*

Caso 2: $b = 5$ *En este caso se tienen dos autovalores: $\lambda_1 = -1$ de multiplicidad algebraica 1 y $\lambda_2 = 5$ con multiplicidad algebraica 2. La multiplicidad geométrica de $\lambda_2 = 5$ es*

$$d_2 = 3 - rg \begin{pmatrix} 0 & 0 & 0 \\ 0 & -6 & a \\ 3 & 0 & 0 \end{pmatrix} = 3 - 2 = 1$$

luego no es diagonalizable.

Caso 3: $b = -1$ *Se tienen autovalores* $\lambda_1 = -1$ *de multiplicidad algebraica* 2 *y* $\lambda_2 = 5$ *de multiplicidad algebraica* 1. *La multiplicidad geométrica de* $\lambda_1 = -1$ *sería:*

$$d_1 = 3 - rg \begin{pmatrix} 6 & 0 & 0 \\ 0 & 0 & a \\ 3 & 0 & 0 \end{pmatrix} = \begin{cases} 3-1=2 & \text{Si } a = 0 \\ 3-2=1 & \text{Si } a \neq 0 \end{cases}$$

Así pues será diagonalizable si $a = 0$ *y no lo será si* $a \neq 0$.

En resumen tenemos que la matriz es diagonalizable si, y sólo si, $b \neq -1, 5$ *o* $b = -1$ *y* $a = 0$.

62. Sabemos que la matriz A admite como vectores propios $v_1 = (1,1,0), v_2 = (-1,0,2), v_3 = (0,1,-1)$. Hallar los elementos de dicha matriz así como sus valores propios.

$$A = \begin{pmatrix} a & 1 & p \\ b & 2 & q \\ c & -1 & r \end{pmatrix}$$

Resolución.

Los vectores v_1, v_2, v_3 *son linealmente independientes, por tanto existe una base formada por vectores propios de* A *y en consecuencia* A *es diagonalizable. De hecho la matriz de paso a su forma diagonal será:*

$$P = \begin{pmatrix} 1 & -1 & 0 \\ 1 & 0 & 1 \\ 0 & 2 & -1 \end{pmatrix}$$

Si denotamos los autovalores de A *por* λ, μ, γ *su forma diagonal será*

$$D = \begin{pmatrix} \lambda & 0 & 0 \\ 0 & \mu & 0 \\ 0 & 0 & \gamma \end{pmatrix}$$

y se verifica

$$D = P^{-1}AP$$

o equivalentemente:

$$A = PDP^{-1} = \begin{pmatrix} 1 & -1 & 0 \\ 1 & 0 & 1 \\ 0 & 2 & -1 \end{pmatrix} \begin{pmatrix} \lambda & 0 & 0 \\ 0 & \mu & 0 \\ 0 & 0 & \gamma \end{pmatrix} \frac{1}{3} \begin{pmatrix} 2 & 1 & 1 \\ -1 & 1 & 1 \\ -2 & 2 & -1 \end{pmatrix} =$$

$$= \frac{1}{3} \begin{pmatrix} \lambda & -\mu & 0 \\ \lambda & 0 & \gamma \\ 0 & 2\mu & -\gamma \end{pmatrix} \begin{pmatrix} 2 & 1 & 1 \\ -1 & 1 & 1 \\ -2 & 2 & -1 \end{pmatrix} = \frac{1}{3} \begin{pmatrix} 2\lambda+\mu & \lambda-\mu & \lambda-\mu \\ 2\lambda-2\gamma & \lambda+2\gamma & \lambda-\gamma \\ -2\mu+2\gamma & 2\mu-2\gamma & 2\mu+\gamma \end{pmatrix}$$

Así pues:

$$A = \begin{pmatrix} a & 1 & p \\ b & 2 & q \\ c & -1 & r \end{pmatrix} = \frac{1}{3} \begin{pmatrix} 2\lambda+\mu & \lambda-\mu & \lambda-\mu \\ 2\lambda-2\gamma & \lambda+2\gamma & \lambda-\gamma \\ -2\mu+2\gamma & 2\mu-2\gamma & 2\mu+\gamma \end{pmatrix}$$

Igualando la segunda columna en ambas matrices se obtiene:

$$\begin{cases} \lambda - \mu &= 3 \\ \lambda + 2\gamma &= 6 \\ 2\mu - 2\gamma &= -3 \end{cases}$$

Y resolviendo este sistema:

$$\begin{cases} \lambda &= 3 \\ \mu &= 0 \\ \gamma &= \frac{3}{2} \end{cases}$$

Por último, sustituyendo estos valores en (4.1) obtenemos:

$$A = \frac{1}{3}\begin{pmatrix} 6 & 3 & 3 \\ 3 & 6 & \frac{3}{2} \\ 3 & -3 & \frac{3}{2} \end{pmatrix} = \begin{pmatrix} 2 & 1 & 1 \\ 1 & 2 & \frac{1}{2} \\ 1 & -1 & \frac{1}{2} \end{pmatrix}$$

Supongamos que A es una matriz cuadrada diagonalizable. Demostrar las siguientes afirmaciones:

(a) A es invertible si, y sólo si, 0 no es valor propio.

(b) Si λ es un valor propio de A, entonces λ^n es un valor propio de A^n.

(c) Si λ es valor propio de A y A es invertible, entonces $\frac{1}{\lambda}$ es valor propio de A^{-1}.

(d) A es nilpotente si, y sólo si, $A = 0$.

Resolución.

(a) 0 es valor propio de A si, y sólo si, $det(A) = det(A - 0I) = 0$ *si, y sólo si, A no es invertible.*
(b) Si λ *es un autovalor de A, entonces existe X de forma que* $AX = \lambda X$ *y en consecuencia* $A^n X = A \ldots AX = \lambda^n X$.
(c) Si $AX = \lambda X$*, entonces multiplicando a izquierda por* A^{-1}: $X = \lambda A^{-1} X$ *y de aquí:* $A^{-1}X = \frac{1}{\lambda}X$.
(d) Supongamos que $A^k = 0$ *y sean* $\lambda_1, \ldots, \lambda_n$ *los autovalores de A. Entonces por el apartado (2), los autovalores de* $A^k = 0$ *son* $\lambda_1^k, \ldots, \lambda_n^k$ *y ha de ser* $\lambda_1^k = 0, \ldots, \lambda_n^k = 0$*, con lo cual* $\lambda_1 = 0, \ldots, \lambda_n = 0$ *y por tanto la forma diagonal de A es la matriz 0 y para cierta matriz regular P,* $A = P^{-1}0P = 0$.

* Dada la matriz

$$A = \begin{pmatrix} 1 & 0 & 0 & 0 & 0 \\ 0 & 1 & 0 & 0 & 0 \\ 0 & 0 & 1 & 0 & 0 \\ 0 & 0 & 0 & 1 & 1 \\ 0 & 0 & 0 & 1 & 1 \end{pmatrix}$$

se pide:

(a) Calcular su polinomio característico.

(b) Atendiendo a sus valores propios, estudiar si es invertible.

(c) Calcular los subespacios propios y estudiar si es diagonalizable.

(d) En caso de ser diagonalizable, dar la matriz de paso a forma diagonal.

Resolución.

(a) El polinomio característico de A es:

$$p(\lambda) = \begin{vmatrix} 1-\lambda & 0 & 0 & 0 & 0 \\ 0 & 1-\lambda & 0 & 0 & 0 \\ 0 & 0 & 1-\lambda & 0 & 0 \\ 0 & 0 & 0 & 1-\lambda & 1 \\ 0 & 0 & 0 & 1 & 1-\lambda \end{vmatrix} = (1-\lambda)^3[(1-\lambda)^2 - 1] =$$

$$= (1-\lambda)^3(\lambda^2 - 2\lambda) = (1-\lambda)^3\lambda(2-\lambda).$$

Así pues los autovalores de A son:

$\lambda_1 = 1$ *con multiplicidad algebraica* $\alpha_1 = 3$
$\lambda_2 = 0$ *con multiplicidad algebraica* $\alpha_2 = 1$
$\lambda_3 = 2$ *con multiplicidad algebraica* $\alpha_3 = 1$.

(b) A no es invertible, por tener a 0 como autovalor, usando el ejercicio 63 apartado (a).
(c) Calculemos los subespacios propios:
$V_1 = Ker(A - I)$:

$$\begin{pmatrix} 0 & 0 & 0 & 0 & 0 \\ 0 & 0 & 0 & 0 & 0 \\ 0 & 0 & 0 & 0 & 0 \\ 0 & 0 & 0 & 0 & 1 \\ 0 & 0 & 0 & 1 & 0 \end{pmatrix} \begin{pmatrix} x \\ y \\ z \\ t \\ u \end{pmatrix} = \begin{pmatrix} 0 \\ 0 \\ 0 \\ 0 \\ 0 \end{pmatrix} \Leftrightarrow \left\{ \begin{array}{rcl} u & = & 0 \\ t & = & 0 \end{array} \right.$$

Por tanto una base de V_1 *es* $\{(1,0,0,0,0),(0,1,0,0,0),(0,0,1,0,0)\}$.
$V_0 = Ker(A)$:

$$\begin{pmatrix} 1 & 0 & 0 & 0 & 0 \\ 0 & 1 & 0 & 0 & 0 \\ 0 & 0 & 1 & 0 & 0 \\ 0 & 0 & 0 & 1 & 1 \\ 0 & 0 & 0 & 1 & 1 \end{pmatrix} \begin{pmatrix} x \\ y \\ z \\ t \\ u \end{pmatrix} = \begin{pmatrix} 0 \\ 0 \\ 0 \\ 0 \\ 0 \end{pmatrix} \Leftrightarrow \left\{ \begin{array}{rcl} x & = & 0 \\ y & = & 0 \\ z & = & 0 \\ t+u & = & 0 \end{array} \right.$$

y una base de V_0 *es* $\{(0,0,0,1,-1)\}$.
$V_2 = Ker(A - 2I)$:

$$\begin{pmatrix} -1 & 0 & 0 & 0 & 0 \\ 0 & -1 & 0 & 0 & 0 \\ 0 & 0 & -1 & 0 & 0 \\ 0 & 0 & 0 & -1 & 1 \\ 0 & 0 & 0 & 1 & -1 \end{pmatrix} \begin{pmatrix} x \\ y \\ z \\ t \\ u \end{pmatrix} = \begin{pmatrix} 0 \\ 0 \\ 0 \\ 0 \\ 0 \end{pmatrix} \Leftrightarrow \left\{ \begin{array}{rcl} x & = & 0 \\ y & = & 0 \\ z & = & 0 \\ -t+u & = & 0 \end{array} \right.$$

y una base de V_2 *es* $\{(0,0,0,1,1)\}$.
A es diagonalizable por coincidir las multiplicidades algebraicas y geométricas de cada uno de sus autovalores.
(d) La forma diagonal y la matriz de paso son, respectivamente:

$$D = \begin{pmatrix} 1 & 0 & 0 & 0 & 0 \\ 0 & 1 & 0 & 0 & 0 \\ 0 & 0 & 1 & 0 & 0 \\ 0 & 0 & 0 & 0 & 0 \\ 0 & 0 & 0 & 0 & 2 \end{pmatrix} \quad P = \begin{pmatrix} 1 & 0 & 0 & 0 & 0 \\ 0 & 1 & 0 & 0 & 0 \\ 0 & 0 & 1 & 0 & 0 \\ 0 & 0 & 0 & 1 & 1 \\ 0 & 0 & 0 & -1 & 1 \end{pmatrix}$$

65.* Se considera la matriz

$$A = \begin{pmatrix} 1 & 1 & 1 & 1 \\ 1 & 1 & -1 & -1 \\ 1 & -1 & 1 & -1 \\ 1 & -1 & -1 & 1 \end{pmatrix}$$

(a) Diagonalizar la matriz A y determinar una matriz de paso a forma diagonal.

(b) Diagonalizar A^2 y A^{-1}.

Resolución.

(a) Notemos para empezar que A es diagonalizable por ser simétrica. Calculamos el polinomio característico:

$$p(\lambda)=\begin{vmatrix}1-\lambda & 1 & 1 & 1\\ 1 & 1-\lambda & -1 & -1\\ 1 & -1 & 1-\lambda & -1\\ 1 & -1 & -1 & 1-\lambda\end{vmatrix}=\begin{vmatrix}1-\lambda & 1 & 1 & 1\\ 2-\lambda & 2-\lambda & 0 & 0\\ 2-\lambda & 0 & 2-\lambda & 0\\ 2-\lambda & 0 & 0 & 2-\lambda\end{vmatrix}=$$

$$=(2-\lambda)^3\begin{vmatrix}1-\lambda & 1 & 1 & 1\\ 1 & 1 & 0 & 0\\ 1 & 0 & 1 & 0\\ 1 & 0 & 0 & 1\end{vmatrix}=(2-\lambda)^3\begin{vmatrix}-2-\lambda & 1 & 1 & 1\\ 0 & 1 & 0 & 0\\ 0 & 0 & 1 & 0\\ 0 & 0 & 0 & 1\end{vmatrix}=(2-\lambda)^3(-2-\lambda)$$

Por tanto, los autovalores de A son:

$\lambda_1=2$ *con multiplicidad algebraica* $\alpha_1=3$
$\lambda_2=-2$ *con multiplicidad algebraica* $\alpha_2=1$

Calculamos los subespacios propios:
$V_2=Ker(A-2I)$:

$$\begin{pmatrix}-1 & 1 & 1 & 1\\ 1 & -1 & -1 & -1\\ 1 & -1 & -1 & -1\\ 1 & -1 & -1 & -1\end{pmatrix}\begin{pmatrix}x\\ y\\ z\\ t\end{pmatrix}=\begin{pmatrix}0\\ 0\\ 0\\ 0\end{pmatrix}\Leftrightarrow\left\{\ x-y-z-t\ =\ 0\right.$$

Luego una base de V_2 *es* $\{(1,1,0,0),(1,0,1,0),(1,0,0,1)\}$.
$V_{-2}=Ker(A+2I)$:

$$\begin{pmatrix}3 & 1 & 1 & 1\\ 1 & 3 & -1 & -1\\ 1 & -1 & 3 & -1\\ 1 & -1 & -1 & 3\end{pmatrix}\begin{pmatrix}x\\ y\\ z\\ t\end{pmatrix}=\begin{pmatrix}0\\ 0\\ 0\\ 0\end{pmatrix}\Leftrightarrow\left\{\begin{array}{rcl}3x+y+z+t & = & 0\\ x+3y-z-t & = & 0\\ x-y+3z-t & = & 0\end{array}\right.$$

Luego una base de V_{-2} *es* $\{(-1,1,1,1)\}$.
Por tanto la forma diagonal de A y la matriz de paso son:

$$D=\begin{pmatrix}2 & 0 & 0 & 0\\ 0 & 2 & 0 & 0\\ 0 & 0 & 2 & 0\\ 0 & 0 & 0 & -2\end{pmatrix};\ P=\begin{pmatrix}1 & 1 & 1 & -1\\ 1 & 0 & 0 & 1\\ 0 & 1 & 0 & 1\\ 0 & 0 & 1 & 1\end{pmatrix}$$

(b) Puesto que $D=P^{-1}AP$ *se tiene* $D^2=P^{-1}A^2P$ *y por tanto, para* A^2 *su forma diagonal y la matriz de paso son:*

$$D^2=\begin{pmatrix}4 & 0 & 0 & 0\\ 0 & 4 & 0 & 0\\ 0 & 0 & 4 & 0\\ 0 & 0 & 0 & 4\end{pmatrix};\ P=\begin{pmatrix}1 & 1 & 1 & -1\\ 1 & 0 & 0 & 1\\ 0 & 1 & 0 & 1\\ 0 & 0 & 1 & 1\end{pmatrix}$$

Por otra parte, $D^{-1}=(P^{-1}AP)^{-1}=P^{-1}A^{-1}P$ *y por tanto para* A^{-1} *su forma diagonal y la matriz de paso son:*

$$D^{-1}=\begin{pmatrix}\frac{1}{2} & 0 & 0 & 0\\ 0 & \frac{1}{2} & 0 & 0\\ 0 & 0 & \frac{1}{2} & 0\\ 0 & 0 & 0 & \frac{-1}{2}\end{pmatrix};\ P=\begin{pmatrix}1 & 1 & 1 & -1\\ 1 & 0 & 0 & 1\\ 0 & 1 & 0 & 1\\ 0 & 0 & 1 & 1\end{pmatrix}$$

66. Diagonalizar por semejanza ortogonal la matriz simétrica:

$$A = \begin{pmatrix} 1 & -1 & -1 \\ -1 & 1 & -1 \\ -1 & -1 & 1 \end{pmatrix}$$

Resolución.

Calculamos el polinomio característico:

$$p(\lambda) = \begin{vmatrix} 1-\lambda & -1 & -1 \\ -1 & 1-\lambda & -1 \\ -1 & -1 & 1-\lambda \end{vmatrix} = (1-\lambda)^3 - 3(1-\lambda) - 2 = -\lambda^3 + 3\lambda^2 - 4 = (2-\lambda)^2(-1-\lambda)$$

Luego los autovalores de A son $\lambda_1 = -1$ con multiplicidad 1 y $\lambda_2 = 2$ con multiplicidad 2. Por tanto la forma diagonal de A es:

$$D = \begin{pmatrix} -1 & 0 & 0 \\ 0 & 2 & 0 \\ 0 & 0 & 2 \end{pmatrix}$$

(A es diagonalizable por ser simétrica). Calculemos ahora los subespacios propios:

$$(x,y,z) \in V_{-1} \Leftrightarrow \begin{pmatrix} 2 & -1 & -1 \\ -1 & 2 & -1 \\ -1 & -1 & 2 \end{pmatrix} \begin{pmatrix} x \\ y \\ z \end{pmatrix} = \begin{pmatrix} 0 \\ 0 \\ 0 \end{pmatrix} \Leftrightarrow \left\{ \begin{array}{rcl} 2x - y - z & = & 0 \\ -x + 2y - z & = & 0 \\ -x - y + 2z & = & 0 \end{array} \right.$$

Este sistema es equivalente al sistema escalonado reducido:

$$\left\{ \begin{array}{rcl} x - z & = & 0 \\ y - z & = & 0 \end{array} \right.$$

Así pues, una base de V_{-1} es $\{(1,1,1)\}$ y una base ortonormal será $\{(\frac{1}{\sqrt{3}}, \frac{1}{\sqrt{3}}, \frac{1}{\sqrt{3}})\}$.
Para V_2:

$$(x,y,z) \in V_2 \Leftrightarrow \begin{pmatrix} -1 & -1 & -1 \\ -1 & -1 & -1 \\ -1 & -1 & -1 \end{pmatrix} \begin{pmatrix} x \\ y \\ z \end{pmatrix} = \begin{pmatrix} 0 \\ 0 \\ 0 \end{pmatrix} \Leftrightarrow \left\{ \begin{array}{rcl} -x - y - z & = & 0 \\ -x - y - z & = & 0 \\ -x - y - z & = & 0 \end{array} \right.$$

Por tanto, V_2 tiene ecuación cartesiana $\{x + y + z = 0$ y una base es $\{(1,-1,0), (1,0,-1)\}$. Para obtener una base ortonormal de V_2 usamos el método de Gram-Schmidt:
Primero obtenemos una base ortogonal

$$\begin{array}{rcl} e_1 & = & (1,-1,0) \\ e_2 & = & (1,0,-1) - \frac{1}{2}(1,-1,0) = (\frac{1}{2}, \frac{1}{2}, -1) \end{array}$$

y ahora una ortonormal dividiendo cada vector por su norma:

$$\{(\frac{1}{\sqrt{2}}, \frac{-1}{\sqrt{2}}, 0), (\frac{1}{\sqrt{6}}, \frac{1}{\sqrt{6}}, \frac{-2}{\sqrt{6}})\}$$

Luego la matriz de paso ortogonal es:

$$P = \begin{pmatrix} \frac{1}{\sqrt{3}} & \frac{1}{\sqrt{2}} & \frac{1}{\sqrt{6}} \\ \frac{1}{\sqrt{3}} & \frac{-1}{\sqrt{2}} & \frac{1}{\sqrt{6}} \\ \frac{1}{\sqrt{3}} & 0 & \frac{-2}{\sqrt{6}} \end{pmatrix}$$

Razonar que la matriz

$$\begin{pmatrix} a & b \\ b & a \end{pmatrix}$$

es diagonalizable y calcular su forma diagonal y la matriz de paso.

Resolución.

La matriz es diagonalizable, por ser simétrica. Si $b = 0$, entonces la matriz ya es diagonal, supongamos pues que $b \neq 0$. Calculamos la ecuación característica

$$p(\lambda) = \begin{vmatrix} a-\lambda & b \\ b & a-\lambda \end{vmatrix} = (a-\lambda)^2 - b^2 = \lambda^2 - 2a\lambda + (a^2 - b^2) = 0$$

que tiene soluciones

$$\lambda = \frac{2a \pm \sqrt{4a^2 - 4(a^2 - b^2)}}{2} = a \pm \sqrt{b^2} = a \pm b$$

y por tanto, la forma diagonal es:

$$D = \begin{pmatrix} a+b & 0 \\ 0 & a-b \end{pmatrix}$$

Para calcular la matriz de paso basta calcular un vector propio asociado a cada valor propio; para $\lambda = a+b$:

$$\begin{pmatrix} -b & b \\ b & -b \end{pmatrix} \begin{pmatrix} x \\ y \end{pmatrix} = \begin{pmatrix} 0 \\ 0 \end{pmatrix}$$

nos da la ecuación cartesiana $x = y$ y un vector propio es $(1, 1)$; para $\lambda = a - b$:

$$\begin{pmatrix} b & b \\ b & b \end{pmatrix} \begin{pmatrix} x \\ y \end{pmatrix} = \begin{pmatrix} 0 \\ 0 \end{pmatrix}$$

nos da la ecuación cartesiana $x = -y$ y un vector propio es $(-1, 1)$. Así,

$$P = \begin{pmatrix} 1 & -1 \\ 1 & 1 \end{pmatrix}$$

Forma de Jordan

Calcular

$$\begin{pmatrix} 2 & -1 \\ 1 & 0 \end{pmatrix}^{15}$$

Resolución.

Para calcular las potencias de una matriz de orden 2 tenemos una fórmula cuando ésta es un bloque de Jordan. Supongamos ahora que encontramos la forma de Jordan para la matriz dada:

$$J = P^{-1}AP$$

Entonces $A = PJP^{-1}$, y de aquí:

$$A^{15} = (PJP^{-1})(PJP^{-1})\dots(PJP^{-1}) = PJ^{15}P^{-1}$$

Necesitamos sólo calcular la forma canónica de Jordan de A y la matriz de paso para ésta.

$$\begin{vmatrix} 2-\lambda & -1 \\ 1 & -\lambda \end{vmatrix} = (-\lambda)(2-\lambda) + 1 = \lambda^2 - 2\lambda + 1 = (\lambda - 1)^2$$

El único valor propio es $\lambda = 1$ con multiplicidad algebraica 2. Calculamos $V_1 = E^1$:

$$\begin{pmatrix} 1 & -1 \\ 1 & -1 \end{pmatrix} \begin{pmatrix} x \\ y \end{pmatrix} = \begin{pmatrix} 0 \\ 0 \end{pmatrix}$$

Así, queda la ecuación cartesiana $x = y$ y una base de E^1 puede ser $\{(1, 1)\}$. Resulta así un esquema de la forma

$$\begin{array}{ccc} E^1 & \subset & E^2 = M(1) \\ \bullet v_1 & \leftarrow & \bullet v_2 \end{array}$$

con lo que

$$J = \begin{pmatrix} 1 & 1 \\ 0 & 1 \end{pmatrix}$$

y

$$J^{15} = \begin{pmatrix} 1 & 15 \\ 0 & 1 \end{pmatrix}$$

Como E^2 tiene necesariamente dimensión 2, entonces $E^2 = \mathbb{R}^3$ y podemos tomar como base $\{(1,1),(0,1)\}$ y $v_2 = (0,1)$. Por último calculamos v_1

$$\begin{pmatrix} 1 & -1 \\ 1 & -1 \end{pmatrix}\begin{pmatrix} 0 \\ 1 \end{pmatrix} = \begin{pmatrix} -1 \\ -1 \end{pmatrix}$$

La matriz de paso a forma de Jordan es

$$P = \begin{pmatrix} -1 & 0 \\ -1 & 1 \end{pmatrix}$$

y su inversa

$$P^{-1} = \begin{pmatrix} -1 & 0 \\ -1 & 1 \end{pmatrix}$$

por tanto

$$A^{15} = \begin{pmatrix} -1 & 0 \\ -1 & 1 \end{pmatrix}\begin{pmatrix} 1 & 15 \\ 0 & 1 \end{pmatrix}\begin{pmatrix} -1 & 0 \\ -1 & 1 \end{pmatrix} = \begin{pmatrix} 16 & -15 \\ 15 & -14 \end{pmatrix}$$

60. Calcular la forma de Jordan de la matriz

$$\begin{pmatrix} 0 & -4 & 0 & -1 \\ 0 & 2 & 0 & 0 \\ 0 & 0 & 0 & 0 \\ 4 & 8 & -12 & 4 \end{pmatrix}$$

Resolución.

Calculamos el determinante desarrollando por la segunda fila:

$$p(\lambda) = \begin{vmatrix} -\lambda & -4 & 0 & -1 \\ 0 & 2-\lambda & 0 & 0 \\ 0 & 0 & -\lambda & 0 \\ 4 & 8 & -12 & 4-\lambda \end{vmatrix} =$$

$$= (2-\lambda)(-\lambda)\begin{vmatrix} -\lambda & -1 \\ 4 & 4-\lambda \end{vmatrix} = (2-\lambda)(-\lambda)(\lambda^2 - 4\lambda + 4) = (2-\lambda)^3(-\lambda)$$

Tenemos pues dos valores propios, $\lambda_1 = 0$ con multiplicidad algebraica $\alpha_1 = 1$ y $\lambda_2 = 2$ con multiplicidad algebraica $\alpha_2 = 3$. Calculamos en primer lugar V_0:

$$\begin{pmatrix} 0 & -4 & 0 & -1 \\ 0 & 2 & 0 & 0 \\ 0 & 0 & 0 & 0 \\ 4 & 8 & -12 & 4 \end{pmatrix}\begin{pmatrix} x \\ y \\ z \\ t \end{pmatrix} = \begin{pmatrix} 0 \\ 0 \\ 0 \\ 0 \end{pmatrix}$$

que nos da las ecuaciones cartesianas:

$$\left\{\begin{array}{l} -4y - t = 0 \\ 2y = 0 \\ 4x + 8y - 12z + 4t = 0 \end{array}\right. \sim \left\{\begin{array}{l} y = 0 \\ t = 0 \\ x - 3z = 0 \end{array}\right.$$

y una base puede ser $\{(3,0,1,0)\}$. *Ahora calculamos* V_2

$$\begin{pmatrix} -2 & -4 & 0 & -1 \\ 0 & 0 & 0 & 0 \\ 0 & 0 & -2 & 0 \\ 4 & 8 & -12 & 2 \end{pmatrix} \begin{pmatrix} x \\ y \\ z \\ t \end{pmatrix} = \begin{pmatrix} 0 \\ 0 \\ 0 \\ 0 \end{pmatrix}$$

que nos da las ecuaciones cartesianas

$$\left\{\begin{array}{l} -2x - 4y - t = 0 \\ -2z = 0 \\ 4x + 8y - 12z + 2t = 0 \end{array}\right. \sim \left\{\begin{array}{l} z = 0 \\ 2x + 4y + t = 0 \end{array}\right.$$

que tiene dimensión dos y una base puede ser $\{(1,0,0,-2),(0,1,0,-4)\}$. *Como* $E^1(2)$ *tiene dimensión dos y la multiplicidad algebraica es 3, entonces* $E^2(2) = M(2)$ *y tiene dimensión 3. Tenemos el esquema:*

$$\begin{array}{ccc} E^1 & \subset & E^2 = M(2) \\ \bullet v_1 & \leftarrow & \bullet v_2 \\ \bullet v_3 & & \end{array}$$

Calculamos E^2*:*

$$(A - 2I)^2 = \begin{pmatrix} 0 & 0 & 12 & 0 \\ 0 & 0 & 0 & 0 \\ 0 & 0 & 4 & 0 \\ 0 & 0 & 0 & 0 \end{pmatrix}$$

y por tanto la ecuación cartesiana es $z = 0$; *podemos tomar la base* $\{(1,0,0,-2),(0,1,0,-4),(1,0,0,0)\}$ *con lo que* $v_2 = (1,0,0,0)$. *Nos queda calcular* v_1*:*

$$\begin{pmatrix} -2 & -4 & 0 & -1 \\ 0 & 0 & 0 & 0 \\ 0 & 0 & -2 & 0 \\ 4 & 8 & -12 & 2 \end{pmatrix} \begin{pmatrix} 1 \\ 0 \\ 0 \\ 0 \end{pmatrix} = \begin{pmatrix} -2 \\ 0 \\ 0 \\ 4 \end{pmatrix}$$

y elegimos $v_3 = (0,1,0,-4)$. *La forma canónica de Jordan y la matriz de paso son, respectivamente:*

$$J = \left(\begin{array}{c|cc|c} 0 & 0 & 0 & 0 \\ \hline 0 & 2 & 1 & 0 \\ 0 & 0 & 2 & 0 \\ \hline 0 & 0 & 0 & 2 \end{array}\right) \quad P = \begin{pmatrix} 3 & -2 & 1 & 0 \\ 0 & 0 & 0 & 1 \\ 1 & 0 & 0 & 0 \\ 0 & 4 & 0 & -4 \end{pmatrix}$$

* Probar que si $b \neq 0$, entonces la matriz

$$\begin{pmatrix} a & b \\ 0 & a \end{pmatrix}$$

no es diagonalizable. Calcular su forma de Jordan y la matriz de paso.

Resolución.

Es evidente que el único valor propio de la matriz es $\lambda = a$ *con multiplicidad algebraica* $\alpha = 2$; *calculamos la multiplicidad geométrica:*

$$\begin{pmatrix} 0 & b \\ 0 & 0 \end{pmatrix} \begin{pmatrix} x \\ y \end{pmatrix} = \begin{pmatrix} 0 \\ 0 \end{pmatrix}$$

nos da la única ecuación cartesiana $y = 0$, luego dim $V_a = 1$ por tanto no es diagonalizable y la forma canónica de Jordan es:

$$J = \begin{pmatrix} a & 1 \\ 0 & a \end{pmatrix}$$

Para la matriz de paso, calculamos una base de $E^2 = M(a)$ que es necesariamente $\mathbb{R}^2$ ampliando una base de E^1: $\{(1,0),(0,1)\}$. Tomamos $v_2 = (0,1)$ y entonces

$$\begin{pmatrix} 0 & b \\ 0 & 0 \end{pmatrix}\begin{pmatrix} 0 \\ 1 \end{pmatrix} = \begin{pmatrix} b \\ 0 \end{pmatrix}$$

$v_1 = (b,0)$. Queda

$$P = \begin{pmatrix} b & 0 \\ 0 & 1 \end{pmatrix}$$

71.* Calcular la forma de Jordan y la matriz de paso a forma de Jordan, según los valores del parámetro β, de la matriz

$$\begin{pmatrix} 1 & 1 & 0 & 0 \\ 2\beta & 1+\beta & -\beta & \beta \\ 2\beta & 1+\beta & 1-\beta & \beta \\ 0 & -1 & 0 & 1 \end{pmatrix}$$

Resolución.

Calculamos el polinomio característico:

$$p(\lambda) = \begin{vmatrix} 1-\lambda & 1 & 0 & 0 \\ 2\beta & 1+\beta-\lambda & -\beta & \beta \\ 2\beta & 1+\beta & 1-\beta-\lambda & \beta \\ 0 & -1 & 0 & 1-\lambda \end{vmatrix} = \begin{vmatrix} 1-\lambda & 1 & 0 & 0 \\ 0 & 1-\lambda & 0 & \beta \\ 0 & 1 & 1-\lambda & \beta \\ -2(1-\lambda) & -2+\lambda & 1-\lambda & 1-\lambda \end{vmatrix} =$$

$$= \begin{vmatrix} 1-\lambda & 1 & 0 & 0 \\ 0 & 1-\lambda & 0 & \beta \\ 0 & 1 & 1-\lambda & \beta \\ 0 & \lambda & 1-\lambda & 1-\lambda \end{vmatrix} = (1-\lambda)\begin{vmatrix} 1-\lambda & 0 & \beta \\ 1 & 1-\lambda & \beta \\ \lambda & 1-\lambda & 1-\lambda \end{vmatrix} =$$

$$= (1-\lambda)[(1-\lambda)^3 + \beta(1-\lambda) - \beta\lambda(1-\lambda) - \beta(1-\lambda)(1-\lambda)] =$$

$$= (1-\lambda)[(1-\lambda)^3 + \beta(1-\lambda)(1-\lambda-1+\lambda)] = (1-\lambda)^4$$

El único valor propio es $\lambda = 1$ con multiplicidad algebraica 4. Calculamos la multiplicidad geométrica:

$$(A-I) = \begin{pmatrix} 0 & 1 & 0 & 0 \\ 2\beta & \beta & -\beta & \beta \\ 2\beta & 1+\beta & -\beta & \beta \\ 0 & -1 & 0 & 0 \end{pmatrix} \sim \begin{pmatrix} 0 & 1 & 0 & 0 \\ 2\beta & \beta & -\beta & \beta \\ 2\beta & \beta & -\beta & \beta \\ 0 & -1 & 0 & 0 \end{pmatrix} \sim$$

$$\sim \begin{pmatrix} 0 & 1 & 0 & 0 \\ 2\beta & \beta & -\beta & \beta \\ 2\beta & \beta & -\beta & \beta \\ 0 & 0 & 0 & 0 \end{pmatrix} \sim \begin{pmatrix} 0 & 1 & 0 & 0 \\ 2\beta & \beta & -\beta & \beta \\ 0 & 0 & 0 & 0 \\ 0 & 0 & 0 & 0 \end{pmatrix}$$

Puesto que $rg(A-I) = 1$ si $\beta = 0$ y rango$(A-I) = 2$ si $\beta \neq 0$, sólo tenemos dos casos para estudiar.

Si $\beta = 0$, la multiplicidad geométrica del valor propio es 3, y por tanto $E^2 = M(1) = \mathbb{R}^4$ con lo que nos queda un esquema:

$$\begin{array}{lll} E^1 & \subset & E^2 = M(2) \\ \bullet v_1 & \leftarrow & \bullet v_2 \\ \bullet v_3 & & \\ \bullet v_4 & & \end{array}$$

Una base de E^1 se puede calcular utilizando la ecuación cartesiana $y = 0$:

$$\{(1,0,0,0),(0,0,1,0),(0,0,0,1)\}$$

y se puede tomar $v_2 = (0,1,0,0)$. Calculamos v_1:

$$\begin{pmatrix} 0 & 1 & 0 & 0 \\ 0 & 0 & 0 & 0 \\ 0 & 1 & 0 & 0 \\ 0 & -1 & 0 & 0 \end{pmatrix} \begin{pmatrix} 0 \\ 1 \\ 0 \\ 0 \end{pmatrix} = \begin{pmatrix} 1 \\ 0 \\ 1 \\ -1 \end{pmatrix}$$

Luego $v_1 = (1,0,1,-1)$ y tomamos por ejemplo $v_3 = (1,0,0,0)$, y $v_4 = (0,0,1,0)$. Entonces la matriz de Jordan y la matriz de paso son:

$$J = \left(\begin{array}{cc|c|c} 1 & 1 & 0 & 0 \\ 0 & 1 & 0 & 0 \\ \hline 0 & 0 & 1 & 0 \\ \hline 0 & 0 & 0 & 1 \end{array}\right) \quad P = \begin{pmatrix} 1 & 0 & 1 & 0 \\ 0 & 1 & 0 & 0 \\ 1 & 0 & 0 & 1 \\ -1 & 0 & 0 & 0 \end{pmatrix}$$

En el caso $\beta \neq 0$, el rango de la matriz $(A - I)$ es 2, por lo que $dimE^1 = 4 - 2 = 2$ y tiene ecuaciones cartesianas

$$\begin{cases} y = 0 \\ 2x - z + t = 0 \end{cases}$$

por lo que una base puede ser $\{(1,0,0,-2),(0,0,1,1)\}$. Tenemos que calcular E^2:

$$(A - I)^2 = \begin{pmatrix} 2\beta & \beta & -\beta & \beta \\ 0 & 0 & 0 & 0 \\ 2\beta & \beta & -\beta & \beta \\ -2\beta & -\beta & \beta & -\beta \end{pmatrix}$$

Por tanto E^2 tiene dimensión 3 y única ecuación cartesiana $2x + y - z + t = 0$; una base es

$$\{(1,0,0,-2),(0,0,1,1),(0,1,1,0)\}$$

Por último, E^3 es necesariamente el espacio total, por lo que una base es

$$\{(1,0,0,-2),(0,0,1,1),(0,1,1,0),(0,0,0,1)\}$$

El esquema correspondiente será

$$\begin{array}{lllll} E^1 & \subset & E^2 & \subset & E^3 = M(2) \\ \bullet v_1 & \leftarrow & \bullet v_2 & \leftarrow & \bullet v_3 \\ \bullet v_4 & & & & \end{array}$$

y tomamos $v_3 = (0,0,0,1)$. Calculamos v_2 y v_1:

$$\begin{pmatrix} 0 & 1 & 0 & 0 \\ 2\beta & \beta & -\beta & \beta \\ 2\beta & 1+\beta & -\beta & \beta \\ 0 & -1 & 0 & 0 \end{pmatrix} \begin{pmatrix} 0 \\ 0 \\ 0 \\ 1 \end{pmatrix} = \begin{pmatrix} 0 \\ \beta \\ \beta \\ 0 \end{pmatrix}$$

$v_2 = (0,\beta,\beta,0)$;

$$\begin{pmatrix} 0 & 1 & 0 & 0 \\ 2\beta & \beta & -\beta & \beta \\ 2\beta & 1+\beta & -\beta & \beta \\ 0 & -1 & 0 & 0 \end{pmatrix} \begin{pmatrix} 0 \\ \beta \\ \beta \\ 0 \end{pmatrix} = \begin{pmatrix} \beta \\ 0 \\ \beta \\ -\beta \end{pmatrix}$$

$v_1 = (\beta, 0, \beta, -\beta)$. Sólo nos queda elegir $v_4 = (0, 0, 1, 1)$. Entonces la matriz de Jordan y la matriz de paso quedan:

$$J = \left(\begin{array}{ccc|c} 1 & 1 & 0 & 0 \\ 0 & 1 & 1 & 0 \\ 0 & 0 & 1 & 0 \\ \hline 0 & 0 & 0 & 1 \end{array}\right) \quad P = \begin{pmatrix} \beta & 0 & 0 & 0 \\ 0 & 1 & \beta & 0 \\ \beta & \beta & 0 & 1 \\ -\beta & 0 & 1 & 1 \end{pmatrix}$$

72.* Dadas las siguientes parejas de matrices estudiar si son o no semejantes:

1.
$$\begin{pmatrix} 1 & 1 \\ 1 & -1 \end{pmatrix} \begin{pmatrix} 1 & 0 \\ 1 & -1 \end{pmatrix}$$

2.
$$\begin{pmatrix} 2 & 1 & 0 \\ 0 & 2 & 1 \\ 0 & -1 & 0 \end{pmatrix} \begin{pmatrix} 1 & 0 & 0 \\ 0 & 1 & 1 \\ 0 & 0 & 2 \end{pmatrix}$$

Resolución.

1. *Calculamos los valores propios de la primera matriz:*

$$\begin{vmatrix} 1-\lambda & 1 \\ 1 & -1-\lambda \end{vmatrix} = (1-\lambda)(-1-\lambda) - 1 = \lambda^2 - 2$$

y resultan ser $\lambda = \pm\sqrt{2}$. Los valores propios de la segunda matriz son $\lambda = 1$ y $\lambda = -1$, por tanto, como tienen valores propios distintos no pueden representar al mismo endomorfismo.

2. *En este caso, los valores propios de la segunda matriz son $\lambda = 1$ con multiplicidad algebraica 2 y $\lambda = 2$ con multiplicidad algebraica 1. Veamos los valores propios de la otra matriz:*

$$\begin{vmatrix} 2-\lambda & 1 & 0 \\ 0 & 2-\lambda & 1 \\ 0 & 1 & -\lambda \end{vmatrix} = (2-\lambda)((2-\lambda)(-\lambda) - 1) = (2-\lambda)(\lambda^2 - 2\lambda + 1) = (\lambda - 1)^2(\lambda - 2)$$

Así las dos matrices tienen los mismos valores propios con las mismas multiplicidades algebraicas. Aún no podemos decidir si son semejantes, necesitamos comprobar si tienen la misma forma de Jordan. Puesto que $\lambda = 2$ tiene multiplicidad algebraica 1 sólo hay que investigar la multiplicidad geométrica de $\lambda = 1$ en cada una de las matrices: para la primera

$$(A - I) = \begin{pmatrix} 1 & 1 & 0 \\ 0 & 1 & 1 \\ 0 & -1 & -1 \end{pmatrix}$$

tiene rango 2, luego la multiplicidad geométrica es 1. Respecto a la segunda matriz

$$(B - I) = \begin{pmatrix} 0 & 0 & 0 \\ 0 & 0 & 1 \\ 0 & 0 & 0 \end{pmatrix}$$

tiene rango 1, luego la matriz es diagonalizable. Así que las dos matrices **no** *pueden ser semejantes puesto que una es diagonalizable y la otra no (o también, porque sus formas canónicas de Jordan son distintas).*

Calcular la forma de Jordan de la matriz A y la matriz de paso correspondiente.

$$A = \begin{pmatrix} 1 & 0 & 0 & 1 & 0 \\ -1 & 1 & 0 & -1 & 0 \\ 0 & 0 & 1 & 0 & 1 \\ 0 & 0 & 0 & 1 & 0 \\ 0 & 0 & 0 & 0 & 1 \end{pmatrix}$$

Resolución.

Es claro que el único valor propio es $\lambda = 1$ con multiplicidad algebraica 5. Calculamos en primer lugar la multiplicidad geométrica, es decir, la dimensión de V_1

$$(A - I) = \begin{pmatrix} 0 & 0 & 0 & 1 & 0 \\ -1 & 0 & 0 & -1 & 0 \\ 0 & 0 & 0 & 0 & 1 \\ 0 & 0 & 0 & 0 & 0 \\ 0 & 0 & 0 & 0 & 0 \end{pmatrix}$$

tiene rango 3 y por tanto $dim\ V_1 = 2$ así que en la matriz de Jordan habrá dos bloques de Jordan. Las ecuaciones cartesianas de $V_{\lambda=1}$ son

$$\begin{cases} x_1 = 0 \\ x_4 = 0 \\ x_5 = 0 \end{cases}$$

y una base $\{(0, 1, 0, 0, 0), (0, 0, 1, 0, 0)\}$.

$$(A - I)^2 = \begin{pmatrix} 0 & 0 & 0 & 0 & 0 \\ 0 & 0 & 0 & 1 & 0 \\ 0 & 0 & 0 & 0 & 0 \\ 0 & 0 & 0 & 0 & 0 \\ 0 & 0 & 0 & 0 & 0 \end{pmatrix}$$

por lo que E^2 tiene dimensión 4 y ecuación cartesiana $x_4 = 0$. Una base puede ser

$$\{(0, 1, 0, 0, 0), (0, 0, 1, 0, 0), (1, 0, 0, 0, 0), (0, 0, 0, 0, 1)\}$$

Por último tendremos que $E^3 = M(1) = \mathbb{R}^5$ y una base

$$\{(0, 1, 0, 0, 0), (0, 0, 1, 0, 0), (1, 0, 0, 0, 0), (0, 0, 0, 0, 1), (0, 0, 0, 1, 0)\}$$

con lo que el esquema correspondiente es

$$\begin{array}{ccccc} E^1 & \subset & E^2 & \subset & E^3 = M(2) \\ \bullet v_1 & \leftarrow & \bullet v_2 & \leftarrow & \bullet v_3 \\ \bullet v_4 & \leftarrow & \bullet v_5 & & \end{array}$$

Tomamos $v_3 = (0, 0, 0, 1, 0)$ y calculamos v_2:

$$\begin{pmatrix} 0 & 0 & 0 & 1 & 0 \\ -1 & 0 & 0 & -1 & 0 \\ 0 & 0 & 0 & 0 & 1 \\ 0 & 0 & 0 & 0 & 0 \\ 0 & 0 & 0 & 0 & 0 \end{pmatrix} \begin{pmatrix} 0 \\ 0 \\ 0 \\ 1 \\ 0 \end{pmatrix} = \begin{pmatrix} 1 \\ -1 \\ 0 \\ 0 \\ 0 \end{pmatrix}$$

Así, queda $v_2 = (1, -1, 0, 0, 0)$. Para tomar v_5 necesitamos ampliar una base de E^1 junto con v_2 a una base de $E^2(1)$, por ejemplo $v_5 = (0, 0, 0, 0, 1)$. Ahora sólo queda calcular v_1 y v_4

$$\begin{pmatrix} 0 & 0 & 0 & 1 & 0 \\ -1 & 0 & 0 & -1 & 0 \\ 0 & 0 & 0 & 0 & 1 \\ 0 & 0 & 0 & 0 & 0 \\ 0 & 0 & 0 & 0 & 0 \end{pmatrix} \begin{pmatrix} 1 \\ -1 \\ 0 \\ 0 \\ 0 \end{pmatrix} = \begin{pmatrix} 0 \\ -1 \\ 0 \\ 0 \\ 0 \end{pmatrix}$$

Entonces $v_1 = (0, -1, 0, 0, 0)$

$$\begin{pmatrix} 0 & 0 & 0 & 1 & 0 \\ -1 & 0 & 0 & -1 & 0 \\ 0 & 0 & 0 & 0 & 1 \\ 0 & 0 & 0 & 0 & 0 \\ 0 & 0 & 0 & 0 & 0 \end{pmatrix} \begin{pmatrix} 0 \\ 0 \\ 0 \\ 0 \\ 1 \end{pmatrix} = \begin{pmatrix} 0 \\ 0 \\ 1 \\ 0 \\ 0 \end{pmatrix}$$

y $v_4 = (0, 0, 1, 0, 0)$. *La forma de Jordan y la matriz de paso son:*

$$J = \left(\begin{array}{ccc|cc} 1 & 1 & 0 & 0 & 0 \\ 0 & 1 & 1 & 0 & 0 \\ 0 & 0 & 1 & 0 & 0 \\ \hline 0 & 0 & 0 & 1 & 1 \\ 0 & 0 & 0 & 0 & 1 \end{array}\right) \quad P = \begin{pmatrix} 0 & 1 & 0 & 0 & 0 \\ -1 & -1 & 0 & 0 & 0 \\ 0 & 0 & 0 & 1 & 0 \\ 0 & 0 & 1 & 0 & 0 \\ 0 & 0 & 0 & 0 & 1 \end{pmatrix}$$

74.* Calcular, según los valores de a, las diferentes formas de Jordan de la matriz

$$A = \begin{pmatrix} 1 & 0 & 0 & 0 \\ 0 & 1 & 0 & 0 \\ 0 & 2 & -1 & 0 \\ 0 & 1 & a & -a \end{pmatrix}$$

Resolución.

Es claro que el polinomio característico de la matriz es $|A - \lambda I| = (1-\lambda)^2(-1-\lambda)(-a-\lambda)$, *por lo que nos encontramos tres situaciones diferentes:*

1. $a = 1$ *con lo que quedan dos valores propios,* $\lambda = 1$ *y* $\lambda = -1$ *ambos con multiplicidad algebraica 2.*
2. $a = -1$ *con lo que* $\lambda = 1$ *tiene multiplicidad algebraica 3 y* $\lambda = -1$ *es simple.*
3. $a \neq 1$ *y* $a \neq -1$ *y habría tres valores propios* $\lambda = a$, $\lambda = -1$ *simples y* $\lambda = 1$ *doble.*

Estudiamos por separado cada caso:

1. *Como ambos valores propios son dobles, tenemos que calcular la multiplicidad geométrica para ambos, para lo que necesitamos el rango de la correspondiente matriz* $(A - \lambda I)$. *Para* $\lambda = 1$ *queda*

$$(A - I) = \begin{pmatrix} 0 & 0 & 0 & 0 \\ 0 & 0 & 0 & 0 \\ 0 & 2 & -2 & 0 \\ 0 & 1 & 1 & -2 \end{pmatrix}$$

que tiene rango 2, luego la multiplicidad geométrica es $4 - 2 = 2$. *Para* $\lambda = -1$ *queda*

$$(A + I) = \begin{pmatrix} 2 & 0 & 0 & 0 \\ 0 & 2 & 0 & 0 \\ 0 & 2 & 0 & 0 \\ 0 & 1 & 1 & 0 \end{pmatrix}$$

que tiene rango 3 y por tanto la multiplicidad geométrica es $4 - 3 = 1$ *lo que significa que hay un sólo bloque de Jordan que tiene que ser de orden 2. En este caso la forma de Jordan será:*

$$J = \left(\begin{array}{c|c|cc} 1 & 0 & 0 & 0 \\ \hline 0 & 1 & 0 & 0 \\ \hline 0 & 0 & -1 & 1 \\ 0 & 0 & 0 & -1 \end{array}\right)$$

2. *En este caso sólo tenemos que estudiar la multiplicidad geométrica de* $\lambda = 1$

$$(A - I) = \begin{pmatrix} 0 & 0 & 0 & 0 \\ 0 & 0 & 0 & 0 \\ 0 & 2 & -2 & 0 \\ 0 & 1 & -1 & 0 \end{pmatrix}$$

que tiene rango 1 y por tanto la matriz es diagonalizable. La forma de Jordan es la matriz diagonal

$$J = \begin{pmatrix} -1 & 0 & 0 & 0 \\ 0 & 1 & 0 & 0 \\ 0 & 0 & 1 & 0 \\ 0 & 0 & 0 & 1 \end{pmatrix}$$

3. *En este último caso de nuevo sólo tenemos que preocuparnos por la multiplicidad geométrica de* $\lambda = 1$

$$(A - I) = \begin{pmatrix} 0 & 0 & 0 & 0 \\ 0 & 0 & 0 & 0 \\ 0 & 2 & -2 & 0 \\ 0 & 1 & a & -a-1 \end{pmatrix}$$

tiene rango 2 puesto que $a \neq -1$ *y por tanto la multiplicidad algebraica de* $\lambda = 1$ *coincide con la geométrica por lo que la matriz es diagonalizable. La matriz diagonal será:*

$$J = \begin{pmatrix} -1 & 0 & 0 & 0 \\ 0 & 1 & 0 & 0 \\ 0 & 0 & 1 & 0 \\ 0 & 0 & 0 & a \end{pmatrix}$$

* En $\mathbb{R}^3$ se consideran los endomorfismos dados por las matrices

$$A = \begin{pmatrix} 1 & 0 & -1 \\ 0 & 1 & 0 \\ 1 & 1 & -1 \end{pmatrix} \text{ y } B = \begin{pmatrix} 0 & 1 & 0 \\ -1 & 0 & 1 \\ -1 & 1 & 1 \end{pmatrix}$$

Se pide:

1. Valores propios y subespacios propios de ambos.
2. Forma canónica de Jordan y matriz de paso de ambos.
3. ¿Son las matrices A y B semejantes? En caso afirmativo encontrar una matriz P tal que $PAP^{-1} = B$.

Resolución.

$$|A - \lambda I| = \begin{vmatrix} 1-\lambda & 0 & -1 \\ 0 & 1-\lambda & 0 \\ 1 & 1 & -1-\lambda \end{vmatrix} =$$

$$= (1-\lambda)\begin{vmatrix} 1-\lambda & -1 \\ 1 & -1-\lambda \end{vmatrix} = (1-\lambda)((1-\lambda)(-1-\lambda)+1) = (\lambda)^2(1-\lambda)$$

Esta matriz tiene valores propios $\lambda_1 = 0$ *doble y* $\lambda_2 = 1$ *simple. Las ecuaciones cartesianas de* V_0 *vienen dadas por*

$$\begin{pmatrix} 1 & 0 & -1 \\ 0 & 1 & 0 \\ 1 & 1 & -1 \end{pmatrix} \begin{pmatrix} x \\ y \\ z \end{pmatrix} = \begin{pmatrix} 0 \\ 0 \\ 0 \end{pmatrix}$$

y son

$$\begin{cases} y = 0 \\ x = z \end{cases}$$

Calculamos ahora V_1

$$\begin{pmatrix} 0 & 0 & -1 \\ 0 & 0 & 0 \\ 1 & 1 & -2 \end{pmatrix} \begin{pmatrix} x \\ y \\ z \end{pmatrix} = \begin{pmatrix} 0 \\ 0 \\ 0 \end{pmatrix}$$

y son

$$\begin{cases} z = 0 \\ x = -y \end{cases}$$

En cuanto a la segunda matriz

$$|B - \lambda I| = \begin{vmatrix} -\lambda & 1 & 0 \\ -1 & -\lambda & 1 \\ -1 & 1 & 1-\lambda \end{vmatrix} = (-\lambda)^2(1-\lambda) - 1 + \lambda + (1-\lambda) = (\lambda)^2(1-\lambda)$$

tiene los mismos valores propios con las mismas multiplicidades algebraicas. Calculamos los subespacios propios: V_0

$$\begin{pmatrix} 0 & 1 & 0 \\ -1 & 0 & 1 \\ -1 & 1 & 1 \end{pmatrix} \begin{pmatrix} x \\ y \\ z \end{pmatrix} = \begin{pmatrix} 0 \\ 0 \\ 0 \end{pmatrix}$$

y son

$$\begin{cases} y = 0 \\ x = z \end{cases}$$

En cuanto a V_1

$$\begin{pmatrix} -1 & 1 & 0 \\ -1 & -1 & 1 \\ -1 & 1 & 0 \end{pmatrix} \begin{pmatrix} x \\ y \\ z \end{pmatrix} = \begin{pmatrix} 0 \\ 0 \\ 0 \end{pmatrix}$$

y queda

$$\begin{cases} x = y \\ z = 2y \end{cases}$$

Las dos matrices tienen la misma forma canónica de Jordan,

$$J = \begin{pmatrix} 1 & 0 & 0 \\ 0 & 0 & 1 \\ 0 & 0 & 0 \end{pmatrix}$$

y por tanto son semejantes. Podemos calcular matrices regulares P_1 y P_2 de forma que

$$J = P_1^{-1} A P_1$$
$$J = P_2^{-1} B P_2$$

igualando y despejando B queda

$$B = P_2 P_1^{-1} A P_1 P_2^{-1} = (P_2 P_1^{-1}) A (P_2 P_1^{-1})^{-1}$$

luego la matriz que piden puede ser $P = P_2 P_1^{-1}$.

Obtenemos P_1 como la matriz de paso a forma de Jordan: para el valor propio $\lambda = 1$ podemos tomar el vector propio $(1, -1, 0)$, y para $\lambda = 0$ una base de V_0 es $\{(1, 0, 1)\}$. Tenemos que calcular $E^2(0)$

$$(A - 0\lambda)^2 = \begin{pmatrix} 0 & -1 & 0 \\ 0 & 1 & 0 \\ 0 & 0 & 0 \end{pmatrix}$$

con lo que E^2 tiene cartesiana $y = 0$ y una base es $\{(1,0,1),(0,0,1)\}$. Si tomamos $v_2 = (0,0,1)$ tendremos

$$\begin{pmatrix} 1 & 0 & -1 \\ 0 & 1 & 0 \\ 1 & 1 & -1 \end{pmatrix}\begin{pmatrix} 0 \\ 0 \\ 1 \end{pmatrix} = \begin{pmatrix} -1 \\ 0 \\ -1 \end{pmatrix}$$

Entonces

$$P_1 = \begin{pmatrix} 1 & -1 & 0 \\ -1 & 0 & 0 \\ 0 & -1 & 1 \end{pmatrix}$$

Obtenemos ahora P_2: para el valor propio $\lambda = 1$ podemos tomar el vector propio $(1,1,2)$, y para $\lambda = 0$ una base de V_0 es $\{(1,0,1)\}$. Tenemos que calcular $E^2(0)$:

$$(B - 0\lambda)^2 = \begin{pmatrix} -1 & 0 & 1 \\ -1 & 0 & 1 \\ -2 & 0 & 2 \end{pmatrix}$$

Así, E^2 tiene cartesiana $x = z$ y una base es $\{(1,0,1),(0,1,0)\}$. Si tomamos $v_2 = (0,1,0)$ tendremos

$$\begin{pmatrix} 0 & 1 & 0 \\ -1 & 0 & 1 \\ -1 & 1 & 1 \end{pmatrix}\begin{pmatrix} 0 \\ 1 \\ 0 \end{pmatrix} = \begin{pmatrix} 1 \\ 0 \\ 1 \end{pmatrix}$$

Entonces

$$P_2 = \begin{pmatrix} 1 & 1 & 0 \\ 1 & 0 & 1 \\ 2 & 1 & 0 \end{pmatrix}$$

Nos queda calcular P_1^{-1}:

$$\left(\begin{array}{ccc|ccc} 1 & -1 & 0 & 1 & 0 & 0 \\ -1 & 0 & 0 & 0 & 1 & 0 \\ 0 & -1 & 1 & 0 & 0 & 1 \end{array}\right) \sim \left(\begin{array}{ccc|ccc} 1 & 0 & 0 & 0 & -1 & 0 \\ 0 & -1 & 0 & 1 & 1 & 0 \\ 0 & -1 & 1 & 0 & 0 & 1 \end{array}\right) \sim$$

$$\sim \left(\begin{array}{ccc|ccc} 1 & 0 & 0 & 0 & -1 & 0 \\ 0 & 1 & 0 & -1 & -1 & 0 \\ 0 & 0 & 1 & -1 & -1 & 1 \end{array}\right)$$

Por tanto

$$P = \begin{pmatrix} 1 & 1 & 0 \\ 1 & 0 & 1 \\ 2 & 1 & 0 \end{pmatrix}\begin{pmatrix} 0 & -1 & 0 \\ -1 & -1 & 0 \\ -1 & -1 & 1 \end{pmatrix} = \begin{pmatrix} -1 & -2 & 0 \\ -1 & -2 & 1 \\ -1 & -3 & 0 \end{pmatrix}$$

Calcular la forma canónica de Jordan real de la matriz

$$A = \begin{pmatrix} 1 & 1 & 1 & 1 & 0 & 0 \\ -2 & -1 & 0 & -1 & 0 & 0 \\ 0 & 0 & -1 & -1 & 0 & 1 \\ 0 & 0 & 2 & 1 & 1 & 0 \\ 0 & 0 & 0 & 0 & 1 & 2 \\ 0 & 0 & 0 & 0 & -1 & -1 \end{pmatrix}$$

Resolución.

Calculamos los valores propios:

$$p(\lambda)=\begin{vmatrix}1-\lambda & 1 & 1 & 1 & 0 & 0\\ -2 & -1-\lambda & 0 & -1 & 0 & 0\\ 0 & 0 & -1-\lambda & -1 & 0 & 1\\ 0 & 0 & 2 & 1-\lambda & 1 & 0\\ 0 & 0 & 0 & 0 & 1-\lambda & 2\\ 0 & 0 & 0 & 0 & -1 & -1-\lambda\end{vmatrix}=$$

$$=(1-\lambda)\begin{vmatrix}-1-\lambda & 0 & -1 & 0 & 0\\ 0 & -1-\lambda & -1 & 0 & 1\\ 0 & 2 & 1-\lambda & 1 & 0\\ 0 & 0 & 0 & 1-\lambda & 2\\ 0 & 0 & 0 & -1 & -1-\lambda\end{vmatrix}+2\begin{vmatrix}1 & 1 & 1 & 0 & 0\\ 0 & -1-\lambda & -1 & 0 & 1\\ 0 & 2 & 1-\lambda & 1 & 0\\ 0 & 0 & 0 & 1-\lambda & 2\\ 0 & 0 & 0 & -1 & -1-\lambda\end{vmatrix}=$$

$$=((1-\lambda)(-1-\lambda)+2)\begin{vmatrix}-1-\lambda & -1 & 0 & 1\\ 2 & 1-\lambda & 1 & 0\\ 0 & 0 & 1-\lambda & 2\\ 0 & 0 & -1 & -1-\lambda\end{vmatrix}=$$

$$=(\lambda^2+1)\left((-1-\lambda)\begin{vmatrix}1-\lambda & 1 & 0\\ 0 & 1-\lambda & 2\\ 0 & -1 & -1-\lambda\end{vmatrix}-2\begin{vmatrix}-1 & 0 & 1\\ 0 & 1-\lambda & 2\\ 0 & -1 & -1-\lambda\end{vmatrix}\right)=$$

$$=(\lambda^2+1)\left((-1-\lambda)(1-\lambda)\begin{vmatrix}1-\lambda & 2\\ -1 & -1-\lambda\end{vmatrix}+2\begin{vmatrix}1-\lambda & 2\\ -1 & -1-\lambda\end{vmatrix}\right)=$$

$$=(\lambda^2+1)^2\begin{vmatrix}1-\lambda & 2\\ -1 & -1-\lambda\end{vmatrix}=(\lambda^2+1)^3$$

Así tenemos el valor propio complejo $\lambda=i$ con multiplicidad algebraica 3. Calculamos su multiplicidad geométrica:

$$\begin{pmatrix}1-i & 1 & 1 & 1 & 0 & 0\\ -2 & -1-i & 0 & -1 & 0 & 0\\ 0 & 0 & -1-i & -1 & 0 & 1\\ 0 & 0 & 2 & 1-i & 1 & 0\\ 0 & 0 & 0 & 0 & 1-i & 2\\ 0 & 0 & 0 & 0 & -1 & -1-i\end{pmatrix}\sim\begin{pmatrix}1-i & 1 & 1 & 1 & 0 & 0\\ 0 & 0 & 1+i & i & 0 & 0\\ 0 & 0 & -1-i & -1 & 0 & 1\\ 0 & 0 & 0 & 0 & 1 & 1-i\\ 0 & 0 & 0 & 0 & 0 & 0\\ 0 & 0 & 0 & 0 & -1 & -1-i\end{pmatrix}\sim$$

$$\sim\begin{pmatrix}1-i & 1 & 1 & 1 & 0 & 0\\ 0 & 0 & 1+i & i & 0 & 0\\ 0 & 0 & 0 & -1+i & 0 & 1\\ 0 & 0 & 0 & 0 & 1 & 1-i\\ 0 & 0 & 0 & 0 & 0 & 0\\ 0 & 0 & 0 & 0 & 0 & -2i\end{pmatrix}$$

Esto nos da las ecuaciones cartesianas

$$\begin{cases}x_6=0\\ x_5=0\\ x_4=0\\ x_3=0\\ (1-i)x_1+x_2=0\end{cases}$$

por lo que tiene $E^1(i)$ dimensión 1. El esquema correspondiente a $\lambda=i$ es necesariamente

$$\begin{array}{ccccc} E^1 & \subset & E^2 & \subset & E^3 = M(i) \\ \bullet v_1 & \longleftarrow & \bullet v_2 & \longleftarrow & \bullet v_3 \end{array}$$

Por tanto hay un sólo bloque de Jordan complejo de orden 3, y como $\lambda = 0 + 1i$, la forma canónica de Jordan real será

$$\left(\begin{array}{cc|cc|cc} 0 & 1 & 1 & 0 & 0 & 0 \\ -1 & 0 & 0 & 1 & 0 & 0 \\ \hline 0 & 0 & 0 & 1 & 1 & 0 \\ 0 & 0 & -1 & 0 & 0 & 1 \\ \hline 0 & 0 & 0 & 0 & 0 & 1 \\ 0 & 0 & 0 & 0 & -1 & 0 \end{array}\right)$$

Ejercicios propuestos

36.
1. Probar que si λ y μ son valores propios de f distintos y v, w son vectores propios asociados a ellos, respectivamente, entonces $v + w$ **no** es vector propio de f.
2. Probar que si todo vector de V es vector propio de un endomorfismo f, entonces f es de la forma $f(x) = ax$ para cierto $a \in \mathbb{K}$.

37. Hallar los valores y subespacios propios de la aplicación lineal que consiste en la derivación de los polinomios de grado menor o igual que tres con coeficientes reales.

38. Diagonalizar las siguientes matrices:

$$A = \begin{pmatrix} 1 & -1 & 0 \\ -1 & 1 & 0 \\ 0 & 0 & 5 \end{pmatrix} \qquad B = \begin{pmatrix} 2 & -1 & 0 & 0 \\ -1 & 2 & 0 & 0 \\ 0 & 0 & 1 & -1 \\ 0 & 0 & -1 & 1 \end{pmatrix}$$

$$C = \begin{pmatrix} 2 & -1 & -1 & 0 \\ -1 & 2 & -1 & 0 \\ -1 & -1 & 2 & 0 \\ 0 & 0 & 0 & 3 \end{pmatrix} \qquad D = \begin{pmatrix} 1 & 2 & 1 \\ 0 & 1 & 1 \\ 0 & 2 & 1 \end{pmatrix}$$

39. Sean las matrices

$$A = \begin{pmatrix} 1 & 0 & 1 \\ 1 & 1 & 0 \\ 1 & 1 & 0 \end{pmatrix} \qquad B = \begin{pmatrix} 1 & 0 & 1 \\ 0 & 1 & 0 \\ 1 & 0 & 1 \end{pmatrix}$$

1. Diagonalizar, si es posible, las matrices reales A y B, calculando matrices de paso.
2. ¿Son A y B matrices semejantes?. ¿Por qué?

40. Sea la matriz

$$A = \begin{pmatrix} -1 & 0 & 0 & 0 \\ a & -1 & 0 & 0 \\ b & d & 1 & 0 \\ c & e & f & 1 \end{pmatrix}$$

1. Determinar los valores propios de A.
2. Discutir las condiciones que deben cumplir a, b, c, d, e, f para que A sea diagonalizable.
3. En las condiciones para que A sea diagonalizable, obtener los subespacios propios asociados a los dos valores propios existentes.
4. Calcular la matriz de paso a forma diagonal.

41. Demostrar o bien dar un contraejemplo para decidir la veracidad de las siguientes afirmaciones:

1. Toda matriz invertible es diagonalizable.
2. Si A es diagonalizable, entonces A^n es diagonalizable para $n \in \mathbb{N}$.
3. Si A y B son diagonalizables, entonces $A + B$ y AB son diagonalizables.
4. Si A es regular, entonces AB es semejante a BA para cualquier matriz cuadrada B.

42. Sea f un endomorfismo de $\mathbb{R}^3$, definido en la base $B = \{e_1, e_2, e_3\}$ por

$$\begin{aligned} f(e_1) &= (\alpha+1)e_1 - \alpha e_2 + \alpha e_3 \\ f(e_2) &= (\alpha+\beta)e_1 - \alpha e_2 + (\alpha-1)e_3 \\ f(e_3) &= \beta e_1 - e_2 \end{aligned}$$

con $\alpha, \beta \in \mathbb{R}$.

1. Determinar los valores propios de f, comprobando que no dependen ni de α ni de β.
2. Calcular el valor de α para el que el endomorfismo f sea diagonalizable. Obtener en estas condiciones una base formada por vectores propios.

143. En el espacio $\mathbb{R}^3$ se considera el endomorfismo dado por

$$\begin{aligned} f(e_1) &= e_1 + 2e_2 \\ f(e_2) &= 2e_1 - e_2 + 2e_3 \\ f(e_3) &= 2e_2 + e_3 \end{aligned}$$

en la base $\{e_1 = (0,1,0), e_2 = (-1,0,0), e_3 = (0,0,1)\}$

1. Calcular las matrices de f en la base B y en la base canónica.
2. Calcular el núcleo de la aplicación.
3. Buscar una base de vectores en la que la aplicación presente forma diagonal.

144.* Sea $A \in \mathfrak{M}_n(\mathbb{R})$, con $n > 1$, y supongamos que A es la matriz asociada a un endomorfismo $f : \mathbb{R}^n \longrightarrow \mathbb{R}^n$ en cierta base β y que A es diagonalizable. Razonar brevemente si las siguientes afirmaciones son verdaderas o falsas:

1. Si todos los valores propios de A son no nulos, entonces f es un automorfismo.
2. A es simétrica.
3. La dimensión del núcleo de f es exactamente la multiplicidad algebraica del valor propio 0.
4. Si existe un vector no nulo que se aplica por f en sí mismo, entonces 1 es un valor propio.

145.* Dada la matriz

$$\begin{pmatrix} 1 & 0 & 0 & 1 \\ 0 & 1 & 0 & 0 \\ 0 & 0 & 1 & -2 \\ 1 & 0 & -2 & 5 \end{pmatrix}$$

1. Probar que 1 es valor propio. Calcular sus multiplicidades algebraica y geométrica. Dar una base del subespacio propio asociado a este valor propio.
2. Estudiar si es diagonalizable y, en caso afirmativo, encontrar una matriz de paso a forma diagonal, así como una base de $\mathbb{R}^4$ formada por vectores propios.

146.* Se da la matriz

$$A = \begin{pmatrix} 1 & \alpha & 0 \\ 0 & \alpha & 0 \\ 2 & 0 & 3 \end{pmatrix}$$

1. Estudiar para qué valores de α la matriz A es diagonalizable por semejanza.
2. Para $\alpha = 2$, hallar P regular y D diagonal de forma que $D = P^{-1}AP$.
3. Para $\alpha = 2$ y $n \in \mathbb{N}$, calcular A^n.

147. Probar que si una matriz $A \in \mathfrak{M}_2(\mathbb{R})$ tiene un sólo valor propio λ de multiplicidad algebraica 2, entonces $(A - \lambda I)^2 = 0$.

148. Probar por inducción que

$$\begin{pmatrix} a & 1 \\ 0 & a \end{pmatrix}^n = \begin{pmatrix} a^n & na^{n-1} \\ 0 & a^n \end{pmatrix}$$

y calcular

$$\begin{pmatrix} 3 & 1 \\ -1 & 1 \end{pmatrix}^{10}$$

149. Calcular la forma de Jordan de las matrices de los ejercicios de la primera parte de esta relación que no sean diagonalizables.

. 1. Encontrar la forma de Jordan de la matriz

$$\begin{pmatrix} 1 & 1 \\ -2 & 4 \end{pmatrix}$$

así como una matriz de paso.

2. Usando los resultados del apartado anterior, calcular la forma de Jordan de las matrices A y B siguientes, así como las matrices de paso.

$$\begin{pmatrix} 2 & 1 & 0 & 0 \\ 0 & 2 & 0 & 0 \\ 0 & 0 & 1 & 1 \\ 0 & 0 & -2 & 4 \end{pmatrix} \qquad \begin{pmatrix} 2 & 0 & 0 & 0 \\ 0 & 2 & 0 & 0 \\ 0 & 0 & 1 & 1 \\ 0 & 0 & -2 & 4 \end{pmatrix}$$

1. Calcular la forma de Jordan, así como una matriz de paso para las siguientes matrices:

$$\begin{pmatrix} 2 & 1 & 4 \\ 0 & 2 & -1 \\ 0 & 0 & 3 \end{pmatrix} \qquad \begin{pmatrix} 1 & 0 & 2 & -6 \\ 0 & 1 & -1 & 3 \\ 0 & 0 & 1 & 3 \\ 0 & 0 & 0 & 2 \end{pmatrix}$$

$$\begin{pmatrix} -2 & 0 & 1 \\ 0 & -1 & 0 \\ -1 & 0 & 0 \end{pmatrix} \qquad \begin{pmatrix} 1 & 2 & 3 & 0 & 0 \\ 0 & 1 & 2 & 0 & 0 \\ 0 & 0 & 1 & 2 & 0 \\ 0 & 0 & 0 & 2 & 1 \\ 0 & 0 & 0 & 0 & 1 \end{pmatrix}$$

2.* Calcular la forma de Jordan y la matriz de paso para la matriz

$$\begin{pmatrix} 1 & 1 & 1 & 1 \\ 0 & 1 & 0 & -1 \\ 0 & 0 & 1 & 1 \\ 0 & 0 & 0 & 1 \end{pmatrix}$$

3.* Calcular la forma de Jordan, según los valores de a, de la matriz

$$A = \begin{pmatrix} 1 & a & 0 & 0 \\ a & 1 & a & 0 \\ -1+a & -a & a & 0 \\ 1-a & a & -a & 0 \end{pmatrix}$$

4.* Calcular la forma canónica de Jordan de la matriz A, así como la matriz de paso, para

$$A = \begin{pmatrix} 0 & 1 & 0 & 0 & 0 \\ 0 & 0 & 0 & 0 & 0 \\ 0 & 0 & 1 & -1 & -1 \\ 0 & 0 & 0 & 1 & 1 \\ 0 & 0 & 0 & 0 & 1 \end{pmatrix}$$

55.* Encontrar la forma canónica de Jordan y la matriz de paso, según los valores del parámetro a, para la matriz

$$A = \begin{pmatrix} a & a & 0 & 0 \\ 0 & a & -2a+1 & -2a+1 \\ 0 & 0 & 1 & 0 \\ 0 & 0 & 0 & 1 \end{pmatrix}$$

56.* Encontrar la forma canónica de Jordan y la matriz de paso, para la matriz

$$A = \begin{pmatrix} 0 & 1 & 0 & 0 & 0 \\ 0 & 0 & 0 & 0 & 0 \\ 0 & 0 & -1 & -1 & -1 \\ 0 & 0 & 0 & 1 & 1 \\ 0 & 0 & 0 & 0 & 1 \end{pmatrix}$$

V

Formas bilineales y cuadráticas

1. Formas bilineales

1.1. Definición y propiedades básicas

Sean $\mathbb{K}$ un cuerpo y V un $\mathbb{K}$-espacio vectorial, una **forma bilineal** en V es un aplicación

$$f : V \times V \longrightarrow \mathbb{K}$$

verificando:

1. $f(u_1 + u_2, v) = f(u_1, v) + f(u_2, v)$;
2. $f(u, v_1 + v_2) = f(u, v_1) + f(u, v_2)$;
3. $f(au, v) = af(u, v)$;
4. $f(u, av) = af(u, v)$;

para cualesquiera $a \in \mathbb{K}$, $u, v, u_1, u_2, v_1, v_2 \in V$.

Igual que para las aplicaciones lineales se tiene una definición alternativa:

PROPOSICIÓN

Una aplicación $f : V \times V \longrightarrow \mathbb{K}$ es una forma bilineal si, y solamente si,

(I) $f(au_1 + bu_2, v) = af(u_1, v) + bf(u_2, v)$;

(II) $f(u, av_1 + bv_2) = af(u, v_1) + bf(u, v_2)$;

para cualesquiera $a, b \in \mathbb{K}$, $u, v, u_1, u_2, v_1, v_2 \in V$.

DEMOSTRACIÓN. Supongamos que f es bilineal, entonces:

$$\begin{aligned} f(au_1 + bu_2, v) &= f(au_1, v) + f(bu_2, v) \text{ (usando 1)} \\ &= af(u_1, v) + bf(u_2, v) \text{ (usando 3)} \end{aligned}$$

$$\begin{aligned} f(u, av_1 + bv_2) &= f(u, av_1) + f(u, bv_2) \text{ (usando 2)} \\ &= af(u, v_1) + bf(u, v_2) \text{ (usando 4)} \end{aligned}$$

Recíprocamente, supongamos ahora que se verifican (i) y (ii): entonces 1 y 2 se obtienen tomando $a = 1$, $b = 1$, mientras que 3 y 4 se obtienen para $b = 0$. □

De la definición se desprenden directamente las primeras propiedades de las formas bilineales, cuya demostración es rutinaria:

Propiedades de las formas bilineales

Sea $f : V \times V \longrightarrow \mathbb{K}$ una forma bilineal, entonces se verifica:

1. $f(u, 0) = f(0, v) = 0; \forall u, v \in V$.
2. $f(-u, v) = f(u, -v) = -f(u, v); \forall u, v \in V$.
3. $f(\sum_i a_i u_i, \sum_j b_j v_j) = \sum_{i,j} a_i b_j f(u_i, v_j)$, *para cualesquiera* $a_i, b_j \in \mathbb{K}$, $u_i, v_j \in V$.

Veamos algunos ejemplos:

Ejemplo 1. *Dado un espacio vectorial real V, cada producto escalar en V es una forma bilineal en V. En efecto, recordemos que un producto escalar en V es una aplicación*

$$< \; , \; >: V \times V \longrightarrow \mathbb{R}$$

verificando:

1. $< u, v > = < v, u >; \quad \forall u, v \in V.$
2. $< u + v, w > = < u, w > + < v, w >; \quad \forall u, v, w \in V.$
3. $< au, v > = a < u, v >; \quad \forall a \in \mathbb{R}, \quad \forall u, v \in V.$
4. $\forall u \in V, \quad < u, u > \; \geq 0$ y $< u, u > = 0 \Leftrightarrow u = 0.$

Entonces por los axiomas 2 y 3 es lineal en la primera variable y usando el axioma 1, se tiene lo mismo para la segunda variable. Así pues, un producto escalar en V es una forma bilineal en V que además verifica los axiomas 1 y 4, sobre los que volveremos más adelante.

Ejemplo 2. *La aplicación $f : \mathbb{R}^2 \times \mathbb{R}^2 \longrightarrow \mathbb{R}$ definida por*

$$f((x_1, x_2), (y_1, y_2)) = x_1 y_2 + x_2 y_1$$

es una forma bilineal. En efecto:

$$\begin{aligned}
f((x_1, x_2) + (x_1', x_2'), (y_1, y_2)) &= f((x_1 + x_1', x_2 + x_2'), (y_1, y_2)) \\
&= (x_1 + x_1')y_2 + (x_2 + x_2')y_1 \\
&= x_1 y_2 + x_1' y_2 + x_2 y_1 + x_2' y_1 \\
&= (x_1 y_2 + x_2 y_1) + (x_1' y_2 + x_2' y_1) \\
&= f((x_1, x_2), (y_1, y_2)) + f((x_1', x_2'), (y_1, y_2))
\end{aligned}$$

$$\begin{aligned}
f(a(x_1, x_2), (y_1, y_2)) &= f((ax_1, ax_2), (y_1, y_2)) \\
&= ax_1 y_2 + ax_2 y_1 \\
&= a(x_1 y_2 + x_2 y_1) \\
&= af((x_1, x_2), (y_1, y_2))
\end{aligned}$$

La linealidad en la segunda variable se comprueba de forma análoga.

1.2. Matriz asociada a una forma bilineal

Sea V un espacio vectorial de dimensión finita y sea $B = \{e_1, \ldots, e_n\}$ una base de V. Dada una forma bilineal $f : V \times V \longrightarrow \mathbb{K}$, consideremos la matriz

$$A = \begin{pmatrix} a_{11} & a_{12} & \cdots & a_{1n} \\ a_{21} & a_{22} & \cdots & a_{2n} \\ \vdots & \vdots & \ddots & \vdots \\ a_{n1} & a_{n2} & \cdots & a_{nn} \end{pmatrix}$$

donde:

$$a_{ij} = f(e_i, e_j); \quad \forall i, j = 1, \ldots, n.$$

Dados vectores cualesquiera de V, $x = (x_1, \ldots, x_n)_B$ e $y = (y_1, \ldots, y_n)_B$, se tiene:

$$f(x,y) = f(\sum_{i=1}^{n} x_i e_i, \sum_{j=1}^{n} y_j e_j) = \sum_{i,j=1}^{n} x_i y_j f(e_i, e_j) = \sum_{i,j=1}^{n} a_{ij} x_i y_j$$

O matricialmente:

$$f(x,y) = \begin{pmatrix} x_1 & x_2 & \ldots & x_n \end{pmatrix} \begin{pmatrix} a_{11} & a_{12} & \ldots & a_{1n} \\ a_{21} & a_{22} & \ldots & a_{2n} \\ \vdots & \vdots & \ddots & \vdots \\ a_{n1} & a_{n2} & \ldots & a_{nn} \end{pmatrix} \begin{pmatrix} y_1 \\ y_2 \\ \vdots \\ y_n \end{pmatrix}$$

Denotando, como es usual,

$$X = \begin{pmatrix} x_1 \\ x_2 \\ \vdots \\ x_n \end{pmatrix}; \quad Y = \begin{pmatrix} y_1 \\ y_2 \\ \vdots \\ y_n \end{pmatrix}$$

se obtiene:

$$\boxed{f(x,y) = X^t A Y} \tag{1.1}$$

Esta expresión recibe el nombre de **ecuación matricial de la forma bilineal** f y la matriz A el de **matriz asociada** a f respecto de la base B. Veamos algunos ejemplos:

Ejemplo 3. *Para cada producto escalar, su matriz asociada respecto de una base B no es más que la matriz de Gram respecto de B.*

Ejemplo 4. *Consideremos la forma bilineal del ejemplo 2: $f((x_1, x_2), (y_1, y_2)) = x_1 y_2 + x_2 y_1$ y calculemos la matriz asociada a f respecto de la base canónica:*

$$\begin{aligned} a_{11} &= f((1,0),(1,0)) = 0 \\ a_{12} &= f((1,0),(0,1)) = 1 \\ a_{21} &= f((0,1),(1,0)) = 1 \\ a_{22} &= f((0,1),(0,1)) = 0 \end{aligned}$$

Luego la matriz asociada a f es:

$$\begin{pmatrix} 0 & 1 \\ 1 & 0 \end{pmatrix}$$

Toda matriz cuadrada es la matriz asociada a una forma bilineal. Más concretamente, fijada una base B de V, y dada $A \in \mathfrak{M}_n(\mathbb{K})$, la ecuación 1.1 define una forma bilineal f en V cuya matriz asociada respecto de B es A. En efecto, si definimos f por $f(x,y) = X^t AY$, entonces para cualesquiera $a, b \in \mathbb{K}$, $x_1, x_2, y \in V$ se tiene $f(ax_1 + bx_2, y) = (aX_1 + bX_2)^t AY = aX_1^t AY + bX_2^t AY = af(x_1, y) + bf(x_2, y)$ y de forma similar se obtiene la linealidad en la segunda variable.

Ejemplo 5. *Sea $f : \mathbb{R}^3 \times \mathbb{R}^3 \longrightarrow \mathbb{R}$ la forma bilineal cuya matriz asociada respecto de la base canónica es:*

$$\begin{pmatrix} 1 & 1 & 0 \\ 0 & 1 & 0 \\ 0 & 2 & 1 \end{pmatrix}$$

Entonces f está dada por:

$$f((x_1, x_2, x_3), (y_1, y_2, y_3)) = \begin{pmatrix} x_1 & x_2 & x_3 \end{pmatrix} \begin{pmatrix} 1 & 1 & 0 \\ 0 & 1 & 0 \\ 0 & 2 & 1 \end{pmatrix} \begin{pmatrix} y_1 \\ y_2 \\ y_3 \end{pmatrix} =$$

$$= \begin{pmatrix} x_1 & x_2 & x_3 \end{pmatrix} \begin{pmatrix} y_1 + y_2 \\ y_2 \\ 2y_2 + y_3 \end{pmatrix} = x_1y_1 + x_1y_2 + x_2y_2 + 2x_3y_2 + x_3y_3$$

1.3. Matriz asociada y cambio de base

Veamos ahora cómo están relacionadas las matrices asociadas a una misma forma bilineal respecto de distintas bases. Sea f una forma bilineal en V y sean B y B' dos bases de V. Sea P la matriz de cambio de base de B' a B, entonces la ecuación del cambio de base es:

$$X = PX'$$

Si llamamos A y C a las matrices asociadas a f respecto de B y B' respectivamente, entonces:

$$f(x, y) = X^tAY = (PX')^tA(PY) = X'^t(P^tAP)Y'$$
$$f(x, y) = X'^tCY'$$

Luego ha de ser:

$$C = P^tAP$$

En consecuencia:

PROPOSICIÓN

Las matrices asociadas a la misma forma bilineal en distintas bases son matrices congruentes.

Puesto que dos matrices congruentes son, en particular, equivalentes, tienen igual rango. Se define el **rango** de una forma bilineal f como el rango $rg(f)$ de su matriz asociada respecto de cualquier base.

1.4. Formas bilineales simétricas y antisimétricas

Una forma bilineal $f : V \times V \longrightarrow \mathbb{K}$ es **simétrica** si verifica:

$$f(y, x) = f(x, y); \text{ para cualesquiera } x, y \in V$$

De forma análoga, se dice que f es **antisimétrica** (o alternada) si:

$$f(y, x) = -f(x, y); \text{ para cualesquiera } x, y \in V$$

Ejemplo 6. *Cada producto escalar es una forma bilineal simétrica en virtud del axioma 1 de la definición.*

Ejemplo 7. *La forma bilineal del ejemplo 2:* $f((x_1, x_2), (y_1, y_2)) = x_1y_2 + x_2y_1$ *es simétrica puesto que:*

$$f((y_1, y_2), (x_1, x_2)) = y_1x_2 + y_2x_1 = x_1y_2 + x_2y_1 = f((x_1, x_2), (y_1, y_2))$$

Ejemplo 8. *La forma bilineal* $g : \mathbb{R}^2 \times \mathbb{R}^2 \longrightarrow \mathbb{R}$ *definida por*

$$g((x_1, x_2), (y_1, y_2)) = x_1y_2 - x_2y_1$$

es antisimétrica puesto que:

$$g((y_1, y_2), (x_1, x_2)) = y_1x_2 - y_2x_1 = -(x_1y_2 - x_2y_1) = -g((x_1, x_2), (y_1, y_2))$$

Ejemplo 9. *La forma bilineal* $h : \mathbb{R}^2 \times \mathbb{R}^2 \longrightarrow \mathbb{R}$ *definida por*

$$h((x_1, x_2), (y_1, y_2)) = x_1y_1 - x_1y_2$$

no es simétrica ni antisimétrica, ya que:

$$h((y_1, y_2), (x_1, x_2)) = y_1x_1 - y_1x_2$$

LEMA

Sea V un $\mathbb{K}$-espacio vectorial y sea $f : V \times V \longrightarrow \mathbb{K}$ una forma bilineal. Si $\mathbb{K} = \mathbb{R}$ ó $\mathbb{K} = \mathbb{C}$ se verifica:

f es antisimétrica $\Leftrightarrow f(x, x) = 0$, para cada $x \in V$.

DEMOSTRACIÓN. Si f es antisimétrica entonces $f(x, x) = -f(x, x)$ con lo cual $2f(x, x) = 0$ y siendo $\mathbb{K} = \mathbb{R}$ o $\mathbb{C}$ se tiene $f(x, x) = 0$.
Recíprocamente supongamos ahora que $f(x, x) = 0$ para todo $x \in V$. Puesto que

$$f(x + y, x + y) = f(x, x) + f(x, y) + f(y, x) + f(y, y)$$

se tiene:

$$0 = f(y, x) + f(x, y)$$

Por tanto:

$$f(y, x) = -f(x, y)$$

Es decir, f es antisimétrica. □

Veamos cómo estudiar si una forma bilineal es simétrica o antisimétrica a partir de su matriz asociada:

PROPOSICIÓN

Sean V un espacio vectorial de dimensión finita, f una forma bilineal en V y A la matriz asociada a f respecto de alguna base de V. Entonces:

1. *f es simétrica $\Leftrightarrow$ A es una matriz simétrica.*
2. *f es antisimétrica $\Leftrightarrow$ A es una matriz antisimétrica.*

DEMOSTRACIÓN. Si f es simétrica, entonces:

$$a_{ij} = f(e_i, e_j) = f(e_j, e_i) = a_{ji}$$

y en consecuencia A es una matriz simétrica.
Recíprocamente, supongamos ahora que A es una matriz simétrica, entonces

$$f(y,x) = Y^t AX = (Y^t AX)^t = X^t A^t Y = X^t AY = f(x,y)$$

donde hemos usado además de que $A^t = A$, el hecho de que siendo $(Y^t AX)$ una matriz de orden 1, coincide con su traspuesta. La segunda afirmación se prueba de forma enteramente análoga.
□

PROPOSICIÓN

Toda forma bilineal puede descomponerse como suma de una forma bilineal simétrica y una antisimétrica.

DEMOSTRACIÓN. Dada la forma bilineal $f : V \times V \longrightarrow \mathbb{K}$, basta considerar las aplicaciones $f_S, f_T : V \times V \longrightarrow \mathbb{K}$ definidas por:

$$f_S(x,y) = \tfrac{1}{2}[f(x,y) + f(y,x)]$$
$$f_T(x,y) = \tfrac{1}{2}[f(x,y) - f(y,x)]$$

Es rutinario comprobar que f_S y f_T son formas bilineales, es claro que f_S es simétrica y f_T antisimétrica y por último, para cada par de vectores $x, y \in V$:

$$f_S(x,y) + f_T(x,y) = \frac{1}{2}[f(x,y) + f(y,x) + f(x,y) - f(y,x)] = \frac{1}{2}[2f(x,y)] = f(x,y)$$

□

2. Formas cuadráticas

2.1. Definición y propiedades básicas

Sea V un $\mathbb{K}$-espacio vectorial y sea $f : V \times V \longrightarrow \mathbb{K}$ una forma bilineal en V. Se llama **forma cuadrática** asociada a f a la aplicación

$$\Phi : V \longrightarrow \mathbb{K}$$

definida por:

$$\Phi(x) = f(x, x)$$

Ejemplo 10. *Consideremos la forma bilineal del ejemplo 2,* $f : \mathbb{R}^2 \times \mathbb{R}^2 \longrightarrow \mathbb{R}$ *definida por:*

$$f((x_1, x_2), (y_1, y_2)) = x_1 y_2 + x_2 y_1.$$

La forma cuadrática asociada a f *es la aplicación*

$$\Phi : \mathbb{R}^2 \longrightarrow \mathbb{R}$$

dada por:

$$\Phi(x_1, x_2) = 2x_1 x_2.$$

Ejemplo 11. *Consideremos la forma bilineal* g *en* $\mathbb{R}^2$ *definida por*

$$g((x_1, x_2), (y_1, y_2)) = 2x_1 y_2.$$

La forma cuadrática asociada a g *es, igual que antes,*

$$\Phi(x_1, x_2) = 2x_1 x_2.$$

Ejemplo 12. *Si* $h : V \times V \longrightarrow \mathbb{K}$ *es una forma bilineal antisimétrica y* $\mathbb{K} = \mathbb{R}$ *o* $\mathbb{C}$*, entonces la forma cuadrática asociada a* h *es idénticamente cero:*

$$\Phi(x) = h(x, x) = 0$$

A partir de las propiedades de las formas bilineales se obtienen las siguientes para las formas cuadráticas:

Propiedades de las formas cuadráticas

Sea $\Phi : V \longrightarrow \mathbb{K}$ *la forma cuadrática asociada a una forma bilineal* f*. Para cualesquiera* $\lambda \in \mathbb{K}$, $x, y \in V$ *se verifica:*

1. $\Phi(0) = 0$.
2. $\Phi(\lambda x) = \lambda^2 \Phi(x)$.
3. $\Phi(x + y) = \Phi(x) + \Phi(y) + f(x, y) + f(y, x)$.

DEMOSTRACIÓN. 1. $\Phi(0) = f(0, 0) = 0$.
2. $\Phi(\lambda x) = f(\lambda x, \lambda x) = \lambda^2 f(x, x) = \lambda^2 \Phi(x)$.
3. $\Phi(x+y) = f(x+y, x+y) = f(x, x) + f(x, y) + f(y, x) + f(y, y) = \Phi(x) + \Phi(y) + f(x, y) + f(y, x)$.
□

2.2. Forma polar de una forma cuadrática

Como ya sabemos por los ejemplos 10 y 11, distintas formas bilineales pueden dar lugar a la misma forma cuadrática. De hecho, si f es una forma bilineal simétrica y Φ es la forma cuadrática asociada a f, entonces para cada forma bilineal antisimétrica g se tiene

$$\Phi(x) = f(x,x) = f(x,x) + g(x,x)$$

ya que si g antisimétrica $g(x,x) = 0$. Así pues, Φ es también la forma cuadrática asociada a $f+g$. Esto es, la forma cuadrática asociada a una forma bilineal solo depende de la parte simétrica de ésta. Vemos entonces que de entre todas las formas bilineales que dan lugar a la misma forma cuadrática (existen infinitas) sólo existe una que sea simétrica. Veamos esto con más formalismo:

PROPOSICIÓN

Dada una forma cuadrática Φ en V, existe una única forma bilineal simétrica f_p cuya forma cuadrática asociada es Φ.

DEMOSTRACIÓN. Para cada forma bilineal f cuya forma cuadrática asociada sea Φ, se tiene por la propiedad 3 anterior:

$$f(x,y) + f(y,x) = \Phi(x+y) - \Phi(x) - \Phi(y)$$

Si imponemos que f sea simétrica queda

$$2f(x,y) = \Phi(x+y) - \Phi(x) - \Phi(y)$$

con lo cual f está unívocamente determinada por la fórmula

$$f(x,y) = \frac{1}{2}[\Phi(x+y) - \Phi(x) - \Phi(y)] \tag{2.1}$$

y por tanto es única. Es rutinario ver que definiendo f según la fórmula 2.1 se obtiene una forma bilineal simétrica. □

La forma bilineal simétrica dada por la Proposición anterior recibe el nombre de **forma polar** de la forma cuadrática Φ. Existen también otras fórmulas para su cálculo además de la vista en la demostración de la Proposición anterior:

COROLARIO

Sea Φ una forma cuadrática en V asociada a la forma bilineal g. La forma polar f_p de Φ puede obtenerse como:
1. $f_p(x,y) = \frac{1}{2}[\Phi(x+y) - \Phi(x) - \Phi(y)]$.
2. $f_p(x,y) = \frac{1}{4}[\Phi(x+y) - \Phi(x-y)]$.
3. $f_p(x,y) = \frac{1}{2}[g(x,y) + g(y,x)]$.

DEMOSTRACIÓN.
1. Ya lo hemos visto en la Proposición anterior.
2. Como ya sabemos:

$$\Phi(x+y) = \Phi(x) + \Phi(y) + 2f_p(x,y) \tag{2.2}$$

De igual forma se obtiene:

$$\Phi(x-y) = \Phi(x) + \Phi(y) - 2f_p(x,y) \tag{2.3}$$

Restando (2.2) y (2.3):

$$\Phi(x+y) - \Phi(x-y) = 4f_p(x,y)$$

Así pues:

$$f_p(x,y) = \frac{1}{4}[\Phi(x+y) - \Phi(x-y)]$$

3. Si Φ es la forma cuadrática asociada a g, entonces:

$$\Phi(x+y) = \Phi(x) + \Phi(y) + g(x,y) + g(y,x)$$

Usando (2.2), tenemos

$$\Phi(x) + \Phi(y) + 2f_p(x,y) = \Phi(x) + \Phi(y) + g(x,y) + g(y,x)$$

y de aquí:

$$f_p(x,y) = \frac{1}{2}[g(x,y) + g(y,x)].$$

□

2.3. Matriz asociada a una forma cuadrática

Dada una forma cuadrática Φ en V y dada una base B de V, llamaremos **matriz asociada** a Φ respecto de la base B a la matriz asociada respecto de B a la forma polar de Φ. En particular la matriz asociada a una forma cuadrática es siempre una matriz simétrica. Llamaremos **rango** de Φ al rango $rg(\Phi)$ de su matriz asociada (que coincide con el rango de su forma polar).
De la expresión matricial de Φ tenemos

$$\Phi(x) = X^t AX = \sum_{i,j=1}^{n} a_{ij}x_i x_j.$$

De aquí, puesto que $a_{ij} = a_{ji}$ se obtiene:

$$\Phi(x_1, \ldots, x_n) = \sum_{i=1}^{n} a_{ii}x_i^2 + 2\sum_{i<j} a_{ij}x_i x_j.$$

Por ejemplo, para $n = 2$ y $n = 3$, se obtiene respectivamente:

$$\Phi(x,y) = a_{11}x^2 + a_{22}y^2 + 2a_{12}xy$$

$$\Phi(x,y,z) = a_{11}x^2 + a_{22}y^2 + a_{33}z^2 + 2a_{12}xy + 2a_{13}xz + 2a_{23}yz.$$

Es fácil calcular la matriz asociada a una forma cuadrática comparando con estas fórmulas, veamos algún ejemplo:

Ejemplo 13. *Consideremos la forma cuadrática en $\mathbb{R}^3$ dada por:*

$$\Phi(x,y,z) = x^2 + y^2 - 2xz.$$

El coeficiente que acompaña al término x^2 es a_{11}, así pues $a_{11} = 1$. De igual forma $a_{22} = 1$ y $2a_{13} = -2$ con lo que $a_{13} = -1$ y los restantes coeficientes son cero. Por tanto, la matriz asociada a Φ es:

$$\begin{pmatrix} 1 & 0 & -1 \\ 0 & 1 & 0 \\ -1 & 0 & 0 \end{pmatrix}$$

2.4. Conjugación respecto de una forma cuadrática

La conjugación respecto de una forma cuadrática es un concepto análogo al de ortogonalidad para un producto escalar. Sea $\Phi : V \longrightarrow \mathbb{K}$ una forma cuadrática y sea $f_P : V \times V \longrightarrow \mathbb{K}$ su forma polar. Dos vectores $x, y \in V$ se dice que son **conjugados** respecto de Φ si $f_P(x, y) = 0$. Se dice que el vector x es **autoconjugado** si es conjugado consigo mismo, esto es, si $\Phi(x) = 0$.
Dado un conjunto $S \subseteq V$, consideremos el conjunto de los vectores de V conjugados con todos los vectores de S:

$$S^c = \{x \in V \mid f_P(x, y) = 0; \ \forall y \in S\}$$

Entonces se verifica:

PROPOSICIÓN

Para cada subconjunto no vacío S de V, el conjunto S^c es un subespacio vectorial de V. Además, $S^c = (L(S))^c$.

DEMOSTRACIÓN. Sean $a, b \in \mathbb{K}$ y $u, v \in S^c$ arbitrarios, entonces para cada $y \in S$ se tiene:

$$f_P(au + bv, y) = af_P(u, y) + bf_P(v, y) = 0$$

Luego $au + bv \in S^c$, y en consecuencia S^c es un subespacio de V. Por otra parte, puesto que $S \subseteq L(S)$ se tiene evidentemente que $(L(S))^c \subseteq S^c$. Para la otra inclusión consideremos $x \in S^c$ y sea $y \in L(S)$ arbitrario. Entonces y se escribe como combinación lineal de vectores de S:

$$y = a_1 s_1 + \cdots + a_k s_k, \ a_1, \ldots, a_k \in \mathbb{K}; s_1, \ldots, s_k \in S.$$

Así pues

$$f_P(x, y) = f_P(x, a_1 s_1 + \cdots + a_k s_k) = a_1 f_P(x, s_1) + \cdots + a_k f_P(x, s_k) = 0$$

ya que $x \in S^c$ y $s_1, \ldots, s_k \in S$. Por tanto $x \in (L(S))^c$ y hemos demostrado la inclusión $S^c \subseteq L(S)^c$.
□

Se llama **núcleo** o radical de la forma cuadrática Φ al subespacio de V

$$N(\Phi) = V^c = \{x \in V | f_P(x, y) = 0; \ \forall y \in V\}$$

y se dice que la forma cuadrática Φ es **no degenerada** si $N(\Phi) = 0$, esto es: si el único vector que es conjugado a todos los vectores de V es el vector 0.
Se dice que Φ es una forma cuadrática **definida** si $\Phi(x) \neq 0$ para cada $0 \neq x \in V$, esto es, si no existe ningún vector autoconjugado no nulo. Evidentemente cada forma cuadrática definida es, en particular, no degenerada.

2.5. Clasificación de formas cuadráticas reales

A lo largo de esta sección consideraremos sólo formas cuadráticas en espacios vectoriales sobre el cuerpo de los números reales.

LEMA

Sea $\Phi : V \longrightarrow \mathbb{R}$ una forma cuadrática real. Si Φ es definida, entonces:
o bien $\Phi(x) > 0; \ \forall 0 \neq x \in V$,
o bien $\Phi(x) < 0; \ \forall 0 \neq x \in V$.

DEMOSTRACIÓN. Supongamos que existen vectores x e y tales que $\Phi(x) > 0$ y $\Phi(y) < 0$ y veamos que entonces existe un vector $z \neq 0$ tal que $\Phi(z) = 0$.
Para cada $a \in \mathbb{R}$ se verifica:

$$\Phi(ax + y) = a^2\Phi(x) + 2af_p(x, y) + \Phi(y)$$

La ecuación de segundo grado en a

$$a^2\Phi(x) + 2f_p(x, y)a + \Phi(y) = 0$$

tiene soluciones:

$$a = -f_p(x, y) \pm \sqrt{f_p(x, y)^2 - \Phi(x)\Phi(y)}$$

Puesto que $\Phi(x)\Phi(y) < 0$, el discriminante es positivo y por tanto se tienen dos soluciones distintas a_1 y a_2 en $\mathbb{R}$, esto es a_1 y a_2 verifican:

$$\Phi(a_1x + y) = 0 \qquad \text{y} \qquad \Phi(a_2x + y) = 0$$

Además al menos uno de los dos vectores $a_1x + y$ o $a_2x + y$ es no nulo, ya que en caso contrario se tendría $a_1x + y = 0 = a_2x + y$ y de aquí $a_1 = a_2$ en contradicción con ser distintas las dos soluciones. □

De una forma cuadrática real Φ se dice que es **definida positiva** si $\Phi(x) > 0; \quad \forall 0 \neq x \in V$ y **definida negativa** si $\Phi(x) < 0; \quad \forall 0 \neq x \in V$. En estos términos, el resultado anterior prueba que una forma cuadrática definida es o bien definida positiva o bien definida negativa. Más en general, de una forma cuadrática Φ que no es definida, se dice que es **semidefinida positiva** si $\Phi(x) \geq 0; \quad \forall x \in V$ y **semidefinida negativa** si $\Phi(x) \leq 0; \quad \forall x \in V$. De una forma cuadrática que no es definida ni semidefinida, se dice que es **indefinida**.

Ejemplo 14. *Sea $(V, < , >)$ un espacio vectorial euclídeo, entonces el producto escalar es una forma bilineal simétrica y su forma cuadrática asociada está dada por:*

$$\Phi(x) =< x, x >= \|x\|^2$$

El axioma 4 de la definición de producto escalar
4. $\forall u \in V, \quad < u, u > \geq 0 \quad y \quad < u, u >= 0 \Leftrightarrow u = 0$
impone que esta forma cuadrática sea definida positiva. De esta manera tenemos una definición alternativa: un producto escalar es una forma bilineal simétrica cuya forma cuadrática asociada es definida positiva.

Ejemplo 15. *La forma cuadrática $\Phi_1 : \mathbb{R}^2 \longrightarrow \mathbb{R}$ dada por*

$$\Phi_1(x, y) = x^2 + y^2$$

es definida positiva, puesto que para cada vector no nulo $(x, y) \in \mathbb{R}^2$ se tiene $x \neq 0$ o $y \neq 0$ y entonces: $x^2 + y^2 > 0$.

Ejemplo 16. *La forma cuadrática $\Phi_2 : \mathbb{R}^2 \longrightarrow \mathbb{R}$ dada por*

$$\Phi_2(x, y) = -x^2 - y^2$$

es definida negativa, puesto que para cada vector no nulo $(x, y) \in \mathbb{R}^2$ se tiene $x \neq 0$ o $y \neq 0$ y entonces $x^2 + y^2 > 0$, con lo cual $\Phi_2(x, y) = -x^2 - y^2 < 0$.

Ejemplo 17. *La forma cuadrática* $\Phi_3 : \mathbb{R}^2 \longrightarrow \mathbb{R}$ *dada por*

$$\Phi_3(x, y) = x^2 - y^2$$

no es definida, puesto que $\Phi_3(1, 1) = 1-1 = 0$. *Tampoco es semidefinida, puesto que* $\Phi(1, 0) = 1 > 0$ *y* $\Phi(0, 1) = -1 < 0$.

Ejemplo 18. *La forma cuadrática* $\Phi_4 : \mathbb{R}^2 \longrightarrow \mathbb{R}$ *dada por*

$$\Phi_4(x, y) = x^2 + y^2 + 2xy$$

es semidefinida positiva ya que para cada vector no nulo $(x, y) \in \mathbb{R}^2$ *se tiene*

$$\Phi_4(x, y) = x^2 + y^2 + 2xy = (x + y)^2 \geq 0.$$

pero no es definida positiva ya que, por ejemplo, $\Phi_4(1, -1) = 0$.

Sin embargo para una forma cuadrática más compleja, no es tan fácil determinar si es definida o semidefinida (clasificarla). Así pasa por ejemplo, para la forma cuadrática en $\mathbb{R}^3$ dada por $\Phi(x, y, z) = x^2 + z^2 + 4xy + 2xz + 4yz$ (ver ejercicio resuelto 80). Sólo será fácil clasificar una forma cuadrática cuando por medio de un cambio de variable (o lo que es igual: un cambio de base) podamos expresarla como suma de cuadrados multiplicados cada uno por un coeficiente (como en los ejemplos anteriores). El problema se reduce pues a obtener una base de V para la cual la matriz de Φ sea diagonal, ya que si la matriz respecto de B es:

$$\begin{pmatrix} d_1 & 0 & \dots & 0 \\ 0 & d_2 & \dots & 0 \\ \vdots & \vdots & \ddots & \vdots \\ 0 & 0 & \dots & d_n \end{pmatrix}$$

Entonces, si $x = (x_1, \dots, x_n)_B$ se tiene

$$\Phi(x) = d_1 x_1^2 + d_2 x_2^2 + \cdots + d_n x_n^2$$

2.6. Signatura de una forma cuadrática real

Veamos ahora cómo para toda forma cuadrática real existe una base para la cual su matriz asociada es diagonal. Puesto que, como ya sabemos, las matrices asociadas a la misma forma cuadrática en distintas bases son congruentes, el problema consiste en dada una matriz simétrica A determinar una matriz diagonal D congruente con A. Ya conocemos un primer método para llevar esto a cabo: la diagonalización por semejanza ortogonal. Recordemos que cada matriz simétrica es diagonalizable por semejanza ortogonal, esto es, existe una matriz ortogonal P de forma que $D = P^t AP$. En consecuencia, se tiene:

TEOREMA

Sea V un $\mathbb{R}$-espacio vectorial de dimensión finita y sea $\Phi : V \longrightarrow \mathbb{R}$ una forma cuadrática. Existe una base de V para la cual la matriz asociada a Φ es diagonal.

Veamos como para una forma cuadrática real Φ, el número de elementos positivos y de elementos negativos en la forma diagonal es un invariante de Φ, esto es: que en el proceso de diagonalización por congruencia el resultado es esencialmente independiente del camino seguido.

TEOREMA (Ley de inercia de Sylvester)

Sea V un $\mathbb{R}$-espacio vectorial de dimensión finita y sea $\Phi : V \longrightarrow \mathbb{R}$ una forma cuadrática. Si D_1 y D_2 son matrices diagonales asociadas a Φ respecto de distintas bases, entonces el número de elementos positivos y elementos negativos en D_1 y D_2 es el mismo.

DEMOSTRACIÓN. Puesto que el número de elementos positivos más el de negativos es en cualquier caso igual al rango de Φ, bastará probar que el número de positivos será igual para todas las bases de V que proporcionen forma diagonal. Sean pues B y B' bases de V para las cuales la matriz de Φ es diagonal y de forma que tienen en la diagonal p y t elementos positivos respectivamente y veamos que $p = t$. Escribiendo

$$B = \{u_1, \ldots, u_p, u_{p+1}, \ldots u_n\}$$
$$B' = \{v_1, \ldots, v_t, v_{t+1}, \ldots v_n\}$$

las matrices asociadas a Φ respecto de B y B' serán, respectivamente:

$$\begin{pmatrix} \Phi(u_1) & 0 & \ldots & 0 \\ 0 & \Phi(u_2) & \ldots & 0 \\ \vdots & \vdots & \ddots & \vdots \\ 0 & 0 & \ldots & \Phi(u_n) \end{pmatrix} \text{ y } \begin{pmatrix} \Phi(v_1) & 0 & \ldots & 0 \\ 0 & \Phi(v_2) & \ldots & 0 \\ \vdots & \vdots & \ddots & \vdots \\ 0 & 0 & \ldots & \Phi(v_n) \end{pmatrix}$$

Por hipótesis se tiene

$$\Phi(u_1) > 0, \Phi(u_2) > 0, \quad \ldots, \Phi(u_p) > 0, \Phi(u_{p+1}) \leq 0, \quad \ldots, \Phi(u_n) \leq 0$$
$$\Phi(v_1) > 0, \Phi(v_2) > 0, \quad \ldots, \Phi(v_t) > 0, \Phi(v_{t+1}) \leq 0, \quad \ldots, \Phi(v_n) \leq 0$$

Consideremos los subespacios de V:

$$U = L(u_1, \ldots, u_p); \; W = L(v_{t+1}, \ldots, v_n)$$

Para cada $0 \neq x \in U$ se verifica $\Phi(x) > 0$, y para cada $y \in W$, $\Phi(y) \leq 0$. Por tanto, es evidente que U y W tienen intersección cero, luego:

$$dim(U + W) = dim(U) + dim(W) = p + n - t$$

Puesto que $U + W$ es un subespacio de V se tiene $p + n - t \leq n$ y de aquí: $p \leq t$. Por simetría, intercambiando los papeles de p y t, se obtiene la otra desigualdad y por tanto $p = t$, como queríamos demostrar. □

Llamaremos **signatura** de la forma cuadrática real Φ al par

$$sg(\Phi) = (p, q)$$

donde p es el número de elementos positivos y q el de negativos en una forma diagonal de Φ. Notemos que p es igual al número de autovalores positivos de la matriz de Φ (contados según su multiplicidad), y q es igual al número de autovalores negativos. Por otra parte, el rango de Φ es igual al número de filas no nulas de su forma diagonal y por tanto, como ya hemos mencionado se verifica

$$rg(\Phi) = p + q$$

Ejemplo 19. *Consideremos la forma cuadrática* $\Phi : \mathbb{R}^3 \longrightarrow \mathbb{R}$ *definida por* $\Phi(x, y, z) = y^2 + 2xz$. *Su matriz asociada es*

$$\begin{pmatrix} 0 & 0 & 1 \\ 0 & 1 & 0 \\ 1 & 0 & 0 \end{pmatrix}$$

cuyo polinomio característico es:

$$p(\lambda) = \begin{pmatrix} -\lambda & 0 & 1 \\ 0 & 1-\lambda & 0 \\ 1 & 0 & -\lambda \end{pmatrix} = (1-\lambda)\lambda^2 - (1-\lambda) = (1-\lambda)(\lambda^2 - 1) = -(1-\lambda)^2(1+\lambda)$$

Así pues los autovalores son $1, 1$ *y* -1 *y la signatura de* Φ *es* $sg(\Phi) = (2, 1)$

La signatura de una forma cuadrática permite clasificarla de forma fácil, como prueba el siguiente resultado:

TEOREMA

Sea $\Phi : V \longrightarrow \mathbb{R}$ *una forma cuadrática real y llamemos* $n = dim(V)$*, entonces:*

1. Φ *es definida positiva* $\Leftrightarrow sg(\Phi) = (n, 0)$.
2. Φ *es definida negativa* $\Leftrightarrow sg(\Phi) = (0, n)$.
3. Φ *es semidefinida positiva* $\Leftrightarrow sg(\Phi) = (r, 0)$*, con* $r < n$.
4. Φ *es semidefinida negativa* $\Leftrightarrow sg(\Phi) = (0, r)$*, con* $r < n$.

DEMOSTRACIÓN.
1. Supongamos que Φ es definida positiva y sea $B = \{e_1, \dots, e_n\}$ una base de V para la cual la matriz asociada a Φ es diagonal:

$$\begin{pmatrix} d_1 & 0 & \dots & 0 \\ 0 & d_2 & \dots & 0 \\ \vdots & \vdots & \ddots & \vdots \\ 0 & 0 & \dots & d_n \end{pmatrix}$$

y notemos que (por la propia definición de matriz asociada a una forma cuadrática) se tiene $d_i = \Phi(e_i)$. Así pues, siendo Φ definida positiva se obtiene $d_1 > 0, \dots, d_n > 0$ y por tanto $sg(\Phi) = (n, 0)$.
Recíprocamente, supongamos ahora que $sg(\Phi) = (n, 0)$. Entonces con la misma notación de antes se tiene $d_1 > 0, \dots, d_n > 0$ y, en consecuencia, si un vector cualquiera no nulo x de V tiene coordenadas $x = (x_1, \dots, x_n)_B$ se verifica

$$\Phi(x) = d_1 x_1^2 + \cdots + d_n x_n^2 > 0$$

por ser cada $d_i > 0$.
La demostración de los otros apartados es enteramente similar. □

2.7. Diagonalización por congruencia

Aunque en principio se puede calcular la forma diagonal y la signatura de una forma cuadrática calculando sus autovalores, este método tiene una limitación muy importante. No siempre es tan fácil calcular los autovalores de una matriz simétrica como en el ejemplo 19, de hecho si A es de orden mayor o igual que 3 y los autovalores de A no son números enteros puede ser muy complejo calcular las raíces del polinomio característico al no poder recurrir al método de Ruffini.

Veremos en esta sección un nuevo método basado en las transformaciones elementales que resuelve este problema.

Dadas dos matrices congruentes A y B, existe una matriz regular P de forma que $B = P^tAP$. Siendo P^t regular será igual a un producto de matrices elementales: $P^t = E_k \cdots E_1$ y así:

$$B = P^tAP = (E_k \cdots E_1)A(E_k \cdots E_1)^t = E_k \cdots E_1AE_1^t \cdots E_k^t \tag{2.4}$$

Recordemos que para una matriz elemental E, la matriz elemental que representa la misma transformación elemental pero por columnas es E^t. Por tanto, EAE^t es la matriz que se obtiene de A haciendo la transformación por filas dada por E y la misma transformación por columnas. Así pues, según (2.4), B se obtiene de A haciendo sucesivas transformaciones elementales, las mismas por filas que por columnas.

Recíprocamente, supongamos ahora que B es una matriz que se obtiene de A de esta forma, con iguales transformaciones de filas que de columnas, entonces B es de la forma:

$$B = E_k \cdots E_1AE_1^t \cdots E_k^t$$

Entonces para la matriz P cuya traspuesta es $P^t = E_k \cdots E_1$ se verifica $B = P^tAP$, es decir B es congruente con A. Además la matriz P^t puede ser obtenida anotando en la matriz identidad las transformaciones de filas llevadas a cabo.

Tenemos por tanto:

PROPOSICIÓN

Dos matrices cuadradas de igual orden A y B son congruentes si, y sólo si, una puede obtenerse a partir de la otra haciendo transformaciones elementales, las mismas por filas que por columnas.

Se trata ahora de desarrollar un algoritmo para obtener a partir de A una matriz diagonal por medio de transformaciones elementales de este tipo. Notemos que, puesto que según el ejercicio resuelto 26 (capítulo II), toda matriz congruente a una matriz simétrica es también simétrica, ésto sólo será posible si la matriz A de partida es simétrica (ya que cada matriz diagonal es simétrica). Comencemos con un ejemplo:

Ejemplo 20. *Consideremos la matriz simétrica*

$$A = \begin{pmatrix} 1 & 1 & 2 \\ 1 & 3 & 2 \\ 2 & 2 & 7 \end{pmatrix}$$

y escribamos la matriz identidad a la derecha de A:

$$\left(\begin{array}{ccc|ccc} 1 & 1 & 2 & 1 & 0 & 0 \\ 1 & 3 & 2 & 0 & 1 & 0 \\ 2 & 2 & 7 & 0 & 0 & 1 \end{array}\right)$$

Restamos a la segunda fila, la primera y a la tercera, la primera multiplicada por 2:

$$\left(\begin{array}{ccc|ccc} 1 & 1 & 2 & 1 & 0 & 0 \\ 0 & 2 & 0 & -1 & 1 & 0 \\ 0 & 0 & 3 & -2 & 0 & 1 \end{array}\right)$$

Hacemos ahora las mismas operaciones pero por columnas (y ahora no anotamos las operaciones):

$$\left(\begin{array}{ccc|ccc} 1 & 0 & 0 & 1 & 0 & 0 \\ 0 & 2 & 0 & -1 & 1 & 0 \\ 0 & 0 & 3 & -2 & 0 & 1 \end{array}\right)$$

Así, tomando

$$D = \begin{pmatrix} 1 & 0 & 0 \\ 0 & 2 & 0 \\ 0 & 0 & 3 \end{pmatrix}; \quad P^t = \begin{pmatrix} 1 & 0 & 0 \\ -1 & 1 & 0 \\ -2 & 0 & 1 \end{pmatrix}$$

se verifica:

$$D = P^t A P$$

Pero aún podemos simplificar más la matriz diagonal. Si multiplicamos la segunda fila por $\frac{1}{\sqrt{2}}$ *y la tercera por* $\frac{1}{\sqrt{3}}$, *obtenemos:*

$$\left(\begin{array}{ccc|ccc} 1 & 0 & 0 & 1 & 0 & 0 \\ 0 & \frac{2}{\sqrt{2}} & 0 & -\frac{1}{\sqrt{2}} & \frac{1}{\sqrt{2}} & 0 \\ 0 & 0 & \frac{3}{\sqrt{3}} & -\frac{2}{\sqrt{3}} & 0 & \frac{1}{\sqrt{3}} \end{array}\right)$$

Haciendo las mismas transformaciones por columnas:

$$\left(\begin{array}{ccc|ccc} 1 & 0 & 0 & 1 & 0 & 0 \\ 0 & 1 & 0 & -\frac{1}{\sqrt{2}} & \frac{1}{\sqrt{2}} & 0 \\ 0 & 0 & 1 & -\frac{2}{\sqrt{3}} & 0 & \frac{1}{\sqrt{3}} \end{array}\right)$$

Con lo cual si llamamos $\overline{P}$ *a la matriz*

$$\overline{P} = \begin{pmatrix} 1 & -\frac{1}{\sqrt{2}} & -\frac{2}{\sqrt{3}} \\ 0 & \frac{1}{\sqrt{2}} & 0 \\ 0 & 0 & \frac{1}{\sqrt{3}} \end{pmatrix}$$

se tiene:

$$\overline{P}^t A \overline{P} = \begin{pmatrix} 1 & 0 & 0 \\ 0 & 1 & 0 \\ 0 & 0 & 1 \end{pmatrix}$$

PROPOSICIÓN

Toda matriz simétrica real es congruente a una matriz diagonal en cuya diagonal sólo aparecen los valores 0, 1 *y* -1.

DEMOSTRACIÓN. Haremos una demostración constructiva mostrando el algoritmo para llegar a una tal matriz. Puesto que a partir de un 1 o un -1 situado en la diagonal podemos hacer cero todos los elementos de su fila y de su columna, los casos a tener en cuenta son los siguientes: (Podemos razonar con matrices dos por dos, puesto que en cada caso sólo intervienen dos filas

y columnas en la argumentación).
1. ¿Cómo obtener un pivote ± 1 a partir de un número no nulo en la diagonal?
En la situación:

$$\begin{pmatrix} a & b \\ b & c \end{pmatrix}$$

Si $a > 0$, la transformación que se debe aplicar primero por filas y después por columnas es $E_1(\frac{1}{\sqrt{a}})$, esto es, multiplicar por $\frac{1}{\sqrt{a}}$:

$$\begin{pmatrix} a & b \\ b & c \end{pmatrix} \longrightarrow \begin{pmatrix} \frac{a}{\sqrt{a}} & \frac{b}{\sqrt{a}} \\ b & c \end{pmatrix} \longrightarrow \begin{pmatrix} 1 & \frac{b}{\sqrt{a}} \\ \frac{b}{\sqrt{a}} & c \end{pmatrix}$$

Si $a < 0$, se multiplica por $\frac{1}{\sqrt{-a}}$:

$$\begin{pmatrix} a & b \\ b & c \end{pmatrix} \longrightarrow \begin{pmatrix} \frac{a}{\sqrt{-a}} & \frac{b}{\sqrt{-a}} \\ b & c \end{pmatrix} \longrightarrow \begin{pmatrix} -1 & \frac{b}{\sqrt{-a}} \\ \frac{b}{\sqrt{-a}} & c \end{pmatrix}$$

2. ¿Como obtener un pivote no nulo en la situación:

$$\begin{pmatrix} 0 & b \\ b & c \end{pmatrix} \text{ con } c \neq 0\,?$$

La operación elemental conveniente en este caso es E_{12}, esto es: intercambiar las dos filas primero y las dos columnas después:

$$\begin{pmatrix} 0 & b \\ b & c \end{pmatrix} \longrightarrow \begin{pmatrix} b & c \\ 0 & b \end{pmatrix} \longrightarrow \begin{pmatrix} c & b \\ b & 0 \end{pmatrix}$$

3. ¿Cómo obtener un pivote no nulo en la situación:

$$\begin{pmatrix} 0 & b \\ b & 0 \end{pmatrix} \text{ con } b \neq 0\,?$$

Se hace la transformación $E_{12}(1)$, se suma a la primera fila la segunda y después lo mismo por columnas:

$$\begin{pmatrix} 0 & b \\ b & 0 \end{pmatrix} \longrightarrow \begin{pmatrix} b & b \\ b & 0 \end{pmatrix} \longrightarrow \begin{pmatrix} 2b & b \\ b & 0 \end{pmatrix}$$

□

COROLARIO

Sea Φ una forma cuadrática real con matriz asociada A, entonces:
Φ es definida positiva $\Leftrightarrow$ A es congruente a la matriz identidad I.
Φ es definida negativa $\Leftrightarrow$ A es congruente a la matriz $-I$.

Ejemplo 21.

$$\begin{pmatrix} 0 & 2 & 0 \\ 2 & 0 & 0 \\ 0 & 0 & 0 \end{pmatrix} \xrightarrow{E_{12}(1)} \begin{pmatrix} 2 & 2 & 0 \\ 2 & 0 & 0 \\ 0 & 0 & 0 \end{pmatrix} \longrightarrow \begin{pmatrix} 4 & 2 & 0 \\ 2 & 0 & 0 \\ 0 & 0 & 0 \end{pmatrix} \xrightarrow{E_1(\frac{1}{2})} \begin{pmatrix} 2 & 1 & 0 \\ 2 & 0 & 0 \\ 0 & 0 & 0 \end{pmatrix}$$

$$\longrightarrow \begin{pmatrix} 1 & 1 & 0 \\ 1 & 0 & 0 \\ 0 & 0 & 0 \end{pmatrix} \xrightarrow{E_{21}(-1)} \begin{pmatrix} 1 & 1 & 0 \\ 0 & -1 & 0 \\ 0 & 0 & 0 \end{pmatrix} \longrightarrow \begin{pmatrix} 1 & 0 & 0 \\ 0 & -1 & 0 \\ 0 & 0 & 0 \end{pmatrix}$$

Ejemplo 22. *Consideremos la matriz*

$$A = \begin{pmatrix} 1 & 2 & 1 \\ 2 & 4 & 2 \\ 2 & 4 & 2 \end{pmatrix}$$

$$\begin{pmatrix} 1 & 2 & 1 \\ 2 & 4 & 2 \\ 1 & 2 & 1 \end{pmatrix} \xrightarrow{E_{21}(-2),E_{31}(-1)} \begin{pmatrix} 1 & 2 & 1 \\ 0 & 0 & 0 \\ 0 & 0 & 0 \end{pmatrix} \longrightarrow \begin{pmatrix} 1 & 0 & 0 \\ 0 & 0 & 0 \\ 0 & 0 & 0 \end{pmatrix}$$

2.8. Criterio de Sylvester

Dedicamos esta sección a obtener un criterio para determinar cuándo una forma cuadrática es definida positiva o definida negativa. Para ello hemos de introducir alguna notación, dada la matriz simétrica A consideraremos las submatrices principales de A, esto es: las submatrices de A situadas en su esquina superior izquierda. Para cada $k = 1, \dots, n$, denotaremos por A_k a la submatriz de A de orden k:

$$A_k = (a_{ij})_{i,j=1,\dots,k} = \begin{pmatrix} a_{11} & \dots & a_{1k} \\ \vdots & \ddots & \vdots \\ a_{1k} & \dots & a_{kk} \end{pmatrix}$$

TEOREMA (Criterio de Sylvester)

Sea $\Phi : V \longrightarrow \mathbb{R}$ una forma cuadrática real y sea A la matriz asociada a Φ respecto de alguna base de V. Entonces:

Φ es definida positiva $\Leftrightarrow det(A_k) > 0$, para cada $k = 1, \dots, n$.

Φ es definida negativa $\Leftrightarrow (-1)^k det(A_k) > 0$, para cada $k = 1, \dots, n$.

DEMOSTRACIÓN.

1. Supongamos que Φ es definida positiva y sea $B = \{u_1, \dots, u_n\}$ una base de V, de forma que la matriz asociada a Φ respecto de esta base es A. Consideremos para cada $k = 1, \dots, n$ el subespacio de V generado por los vectores $u_1, \dots, u_k$

$$U_k = L(u_1, \dots, u_k)$$

y la restricción de Φ a U_k:

$$\Phi_k = \Phi_{|U_k} : U_k \longrightarrow \mathbb{R}$$

La matriz asociada a Φ_k respecto de la base $\{u_1, \dots, u_k\}$ es precisamente A_k y, puesto que si Φ es definida positiva también lo será Φ_k, se obtiene que $sg(\Phi_k) = (k, 0)$, esto es, A_k es congruente a la matriz identidad de orden k y entonces para cierta matriz regular de orden k, P_k se tiene $A_k = P_k^t I P_k$, con lo que finalmente:

$$det(A_k) = det(P_k)^2 > 0; \quad \forall k = 1, \dots, n.$$

Probemos ahora el recíproco haciendo inducción sobre n. Para $n = 1$ es resultado es evidente, supongamos cierta la implicación para formas cuadráticas con matriz de orden $n - 1$ y probémosla para las de orden n. Con la misma notación de antes, la forma Φ_{n-1} tendrá matriz asociada A_{n-1} y puesto que $det(A_1) > 0, \ldots, det(A_{n-1}) > 0$ se obtiene por hipótesis de inducción que Φ_{n-1} es definida positiva. Así pues, existe una base $\{e_1, \ldots, e_{n-1}\}$ de U_{n-1} de forma que la matriz asociada a Φ_{n-1} respecto de esta base es la identidad. Ahora, la matriz asociada a Φ respecto de la base $\{e_1, \ldots, e_{n-1}, u_n\}$ de V será de la forma:

$$A' = \begin{pmatrix} 1 & 0 & \ldots & 0 & a_1 \\ 0 & 1 & \ldots & 0 & a_2 \\ \vdots & \vdots & \ddots & \vdots & \vdots \\ 0 & 0 & \ldots & 1 & a_{n-1} \\ a_1 & a_2 & \ldots & a_{n-1} & a_n \end{pmatrix}$$

Haciendo transformaciones elementales por filas y columnas simultáneamente, se obtiene la matriz congruente

$$A'' = \begin{pmatrix} 1 & 0 & \ldots & 0 & 0 \\ 0 & 1 & \ldots & 0 & 0 \\ \vdots & \vdots & \ddots & \vdots & \vdots \\ 0 & 0 & \ldots & 1 & 0 \\ 0 & 0 & \ldots & 0 & b \end{pmatrix}$$

donde $b = a_n - (a_1^2 + \cdots + a_{n-1}^2)$. Puesto que A'' es congruente con A, existe una matriz regular P de forma que $A'' = P^t AP$ y entonces se tiene que:

$$b = det(A'') = det(P)^2 det(A) > 0$$

(ya que por hipótesis $det(A) = det(A_n) > 0$). En consecuencia Φ tiene signatura $(n, 0)$ y por tanto es definida positiva.

2. Φ es definida negativa si, y solamente si, $-\Phi$ es definida positiva. La matriz asociada a $-\Phi$ es evidentemente $-A$ y para cada $k = 1, \ldots, n$ se tiene $(-A)_k = -A_k$ con lo cual $det(-A)_k = (-1)^k det(A_k)$. Aplicando el apartado anterior se obtiene entonces que $-\Phi$ es definida positiva (o equivalentemente Φ es definida negativa) si, y sólo si, $(-1)^k det(A_k) > 0$ para cada $k = 1, \ldots, n$. □

Ejercicios resueltos

Sea V un espacio vectorial sobre $\mathbb{K}$ y sean φ, ψ dos formas lineales de V en $\mathbb{K}$. Probar que la aplicación $f : V \times V \longrightarrow \mathbb{K}$ dada por $f(x, y) = \varphi(x)\psi(y)$ es una forma bilineal.

Resolución.

$$f(x+y,z) = \varphi(x+y)\psi(z) = (\varphi(x)+\varphi(y))\psi(z) = \varphi(x)\psi(z)+\varphi(y)\psi(z) = f(x,z)+f(y,z)$$
$$f(ax,y) = \varphi(ax)\psi(y) = a\varphi(x)\psi(y) = af(x,y)$$

La linealidad en la segunda variable es similar.

Para la forma bilineal f en $\mathbb{R}^3$ dada por

$$f(x,y) = x_1y_1 + x_2y_2 + x_3y_3 + x_1y_3$$

describir su forma cuadrática asociada y la forma polar de ésta.

Resolución.

La matriz asociada a f respecto de la base canónica es:

$$A = \begin{pmatrix} 1 & 0 & 1 \\ 0 & 1 & 0 \\ 0 & 0 & 1 \end{pmatrix}$$

La matriz asociada a su forma cuadrática Φ y a su forma polar f_0 será:

$$\frac{1}{2}(A+A^t) = \begin{pmatrix} 1 & 0 & \frac{1}{2} \\ 0 & 1 & 0 \\ \frac{1}{2} & 0 & 1 \end{pmatrix}$$

Así pues:

$$f_0(x,y) = x_1y_1 + x_2y_2 + x_3y_3 + \frac{1}{2}x_1y_3 + \frac{1}{2}x_3y_1$$
$$\Phi(x) = x_1^2 + x_2^2 + x_3^2 + x_1x_3$$

De una forma bilineal $f : \mathcal{P}_1(\mathbb{R}) \times \mathcal{P}_1(\mathbb{R}) \longrightarrow \mathbb{R}$ se sabe que es simétrica y que

$$f(x+1,x+1) = 8$$
$$f(x+2,x+2) = 11$$
$$f(x,x) = 3$$

Calcular su matriz respecto de la base usual $\{1, x\}$.

Resolución.

Para obtener la matriz respecto de la base $\{1,x\}$ hemos de calcular $a_{11} = f(1,1)$, $a_{12} = f(1,x)$, y $a_{22} = f(x,x)$. Usando bilinealidad (y simetría) se obtiene a partir de los datos dados:

$$f(x,x) + 2f(1,x) + f(1,1) = 8$$
$$f(x,x) + 4f(1,x) + 4f(1,1) = 11$$
$$f(x,x) = 3$$

Resolviendo este sistema de tres ecuaciones con tres incógnitas se obtiene:

$$a_{11} = f(1,1) = -1 \quad a_{12} = f(1,x) = 3 \quad a_{22} = f(x,x) = 3$$

Así pues, la matriz asociada a f es:

$$A = \begin{pmatrix} -1 & 3 \\ 3 & 3 \end{pmatrix}$$

80. Dada la matriz

$$A = \begin{pmatrix} 1 & 2 & 1 \\ 2 & 0 & 2 \\ 1 & 2 & 1 \end{pmatrix}$$

diagonalizar la forma cuadrática $X^t AX$ y clasificarla.

Resolución.

Diagonalizamos por congruencia la matriz A:

$$\begin{pmatrix} 1 & 2 & 1 \\ 2 & 0 & 2 \\ 1 & 2 & 1 \end{pmatrix} \xrightarrow{E_{21}(-2),E_{31}(-1)} \begin{pmatrix} 1 & 2 & 1 \\ 0 & -4 & 0 \\ 0 & 0 & 0 \end{pmatrix} \longrightarrow \begin{pmatrix} 1 & 0 & 0 \\ 0 & -4 & 0 \\ 0 & 0 & 0 \end{pmatrix} \longrightarrow$$

$$\xrightarrow{E_2(\frac{1}{2})} \begin{pmatrix} 1 & 0 & 0 \\ 0 & -2 & 0 \\ 0 & 0 & 0 \end{pmatrix} \longrightarrow \begin{pmatrix} 1 & 0 & 0 \\ 0 & -1 & 0 \\ 0 & 0 & 0 \end{pmatrix}$$

Por tanto la signatura de la forma cuadrática es $sg(\Phi) = (1,1)$ y se trata de una forma cuadrática no definida.

Otro método
Calculamos el polinomio característico de A:

$$p(\lambda) = \begin{vmatrix} 1-\lambda & 2 & 1 \\ 2 & -\lambda & 2 \\ 1 & 2 & 1-\lambda \end{vmatrix} = -\lambda(1-\lambda)^2 + 4 + 4 + \lambda - 4(1-\lambda) - 4(1-\lambda) =$$

$$= -\lambda(\lambda^2 - 2\lambda + 1) + 9\lambda = -\lambda(\lambda^2 - 2\lambda - 8) = -\lambda(\lambda+2)(\lambda-4)$$

Así pues los autovalores de A son $0, -2, 4$.
Puesto que A es diagonalizable por semejanza ortogonal, A es congruente a la matriz

$$\begin{pmatrix} 0 & 0 & 0 \\ 0 & 2 & 0 \\ 0 & 0 & 4 \end{pmatrix}$$

y por tanto $sg(\Phi) = (1,1)$ y Φ es no definida.

81. ¿Tiene solución no nula en $\mathbb{R}$ la ecuación: $x^2 + y^2 + z^2 + 2xy = 0$? ¿Y la ecuación $2x^2 + 2y^2 + z^2 + 2xy = 0$?

Resolución.

La forma cuadrática $\Phi_1(x,y,z) = x^2 + y^2 + z^2 + 2xy$ tiene matriz asociada

$$\begin{pmatrix} 1 & 1 & 0 \\ 1 & 1 & 0 \\ 0 & 0 & 1 \end{pmatrix}$$

cuyos autovalores son $0, 1, 2$. *Así pues* $sg(\Phi_1) = (2, 0)$, *y por tanto* Φ_1 *no es definida, luego existen valores de* x, y, z *no todos nulos para los cuales* $\Phi_1(x, y, z) = 0$, *esto es, la ecuación tiene solución no nula.*
Consideremos ahora $\Phi_2(x, y, z) = 2x^2 + 2y^2 + z^2 + 2xy$: *la matriz asociada es*

$$\begin{pmatrix} 2 & 1 & 0 \\ 1 & 2 & 0 \\ 0 & 0 & 1 \end{pmatrix}$$

y es fácil ver que $sg(\Phi_2) = (3, 0)$, *con lo cual* Φ_2 *es definida positiva, esto es,* $\Phi_2(x, y, z) > 0$ *para cualesquiera* $x, y, z \in \mathbb{R}$, *y por tanto la ecuación no tiene solución no nula.*

Calcular la signatura y clasificar, en función del parámetro a, la forma cuadrática

$$\Phi(x, y, z) = x^2 + ay^2 + 2yz + az^2$$

Resolución.

La matriz asociada a Φ *es:*

$$A = \begin{pmatrix} 1 & 0 & 0 \\ 0 & a & 1 \\ 0 & 1 & a \end{pmatrix}$$

Calculamos su polinomio característico:

$$p(\lambda) = \begin{vmatrix} 1-\lambda & 0 & 0 \\ 0 & a-\lambda & 1 \\ 0 & 1 & a-\lambda \end{vmatrix} = (1-\lambda)[(a-\lambda)^2 - 1] =$$

$$= (1-\lambda)[\lambda^2 - 2a\lambda + (a^2 - 1)] = (1-\lambda)((a+1)-\lambda)((a-1)-\lambda)$$

Así pues los autovalores son: $\lambda_1 = 1, \lambda_2 = a + 1, \lambda_3 = a - 1$.
Estudiemos los distintos casos:

$$\begin{aligned} a > 1 \Rightarrow \quad & sg(\Phi) = (3, 0) \quad \Rightarrow \Phi \textit{ es Definida positiva} \\ a = 1 \Rightarrow \quad & sg(\Phi) = (2, 0) \quad \Rightarrow \Phi \textit{ es Semidefinida positiva} \\ -1 < a < 1 \Rightarrow \quad & sg(\Phi) = (2, 1) \quad \Rightarrow \Phi \textit{ es Indefinida} \\ a = -1 \Rightarrow \quad & sg(\Phi) = (1, 1) \quad \Rightarrow \Phi \textit{ es Indefinida} \\ a < -1 \Rightarrow \quad & sg(\Phi) = (1, 2) \quad \Rightarrow \Phi \textit{ es Indefinida} \end{aligned}$$

Ejercicios propuestos

. Sean $\mathbb{K}$ un cuerpo y V un $\mathbb{K}$-espacio vectorial y sea f una aplicación:

$$f : V \times V \longrightarrow \mathbb{K}$$

Probar que f es una forma bilineal si, y solamente si, para cada par de vectores u, v de V, la aplicación $f_u : V \longrightarrow \mathbb{K}$ definida por $f_u(v) = f(u, v)$ y la aplicación $f^v : V \longrightarrow \mathbb{K}$ definida por $f^v(u) = f(u, v)$ son formas lineales.

. Sea ϕ una aplicación lineal de V en su dual V^* que lleva cada vector $u \in V$ en una forma lineal que denotamos ϕ_u. Probar que la aplicación $f : V \times V \longrightarrow \mathbb{K}$ dada por $f(u, v) = \phi_u(v)$ es una forma bilineal.

. Encontrar la matriz simétrica asociada a cada una de las siguientes formas cuadráticas:

1. $2x^2 + 3xy + 6y^2$
2. $8xy + 4y^2$
3. $x^2 + 2xy + 4xz + 3y^2 + yz + 7z^2$
4. $4xy$
5. $x^2 + 4xy + 4y^2 + 2xz + z^2 + 4yz$
6. $x^2 + 4xy - 2y^2$
7. $x^2 + 6xy - 2y^2 - 2yz + z^2$

Determinar la forma polar de cada una de estas formas cuadráticas.

. Probar que la matriz asociada a una forma cuadrática Φ respecto de una base B es diagonal si, y solamente si, los vectores de la base B son conjugados dos a dos respecto de Φ.

. Estudiar si son definidas, semidefinidas o indefinidas las siguientes formas cuadráticas sobre $\mathbb{R}^3$:

1. $\phi(x, y, z) = x^2 - z^2 - 2xy + xz$
2. $\phi(x, y, z) = 2x^2 + y^2 + 5z^2 - 2xy - 2yz + 6zx$
3. $\phi(x, y, z) = -x^2 - 2y^2 - z^2 + 2xy + 2yz$

. Dada la familia de formas cuadráticas

$$f_\lambda(x, y, z) = x^2 + y^2 + (\lambda + 1)z^2 + 2\lambda yz + 2zx$$

se pide:

1. Matriz de la familia.
2. Clasificar las formas cuadráticas según los distintos valores del parámetro λ.
3. Para $\lambda = 2$ obtener el subespacio conjugado de

$$U \equiv \begin{cases} x - y = 0 \\ y = 0 \end{cases}$$

3.* Dada la forma bilineal $f : \mathbb{R}^3 \times \mathbb{R}^3 \longrightarrow \mathbb{R}$ definida por

$$f((x_1, x_2, x_3), (y_1, y_2, y_3)) = x_1y_1 + x_1y_2 + x_1y_3 + x_2y_1 + x_2y_2 - x_3y_1 + 2x_3y_3$$

hallar su forma cuadrática asociada ϕ, la forma polar, la matriz asociada y la signatura de ϕ.

4.* Dadas las matrices A y B ¿pueden representar a la misma forma cuadrática en distintas bases? Razonarlo.

$$A = \begin{pmatrix} 1 & 1 \\ 1 & 1 \end{pmatrix} \quad B = \begin{pmatrix} -1 & 1 \\ 1 & -1 \end{pmatrix}$$

165. Probar que la fórmula

$$< x, y >= 2x_1y_1 + 2x_2y_2 + 2x_3y_3 + x_1y_2 + x_1y_3 + x_2y_1 + x_2y_3 + x_3y_1 + x_3y_2$$

define un producto escalar en $\mathbb{R}^3$.

166. Estudiar, según los valores de b, cuándo la forma cuadrática en $\mathbb{R}^3$ dada por

$$g(x_1, x_2, x_3) = x_1^2 + 2x_2^2 + 2x_3^2 - 2x_1x_2 + 2bx_2x_3$$

es definida positiva, negativa, semidefinida, etc.

167.* Se considera en $\mathbb{R}^3$ la forma bilineal dada por

$$f((x_1, x_2, x_3), (y_1, y_2, y_3)) = x_1y_1 + x_2y_1 + x_3y_1 + x_1y_2 - 2x_2y_2 - 2x_3y_2 + x_1y_3 - 2x_2y_3 + x_3y_3$$

1. Dar la forma cuadrática asociada a f y su matriz.
2. Encontrar una base de $\mathbb{R}^3$, $B = \{v_1, v_2, v_3\}$ verificando las condiciones:

$$f(v_i, v_j) = 0; \quad \forall i \neq j$$
$$f(v_i, v_i) = 1; \quad i = 1, 2$$
$$f(v_3, v_3) = -1$$

3. ¿Cuál es la signatura de la forma cuadrática Φasociada a f?
4. ¿Cuál es el subespacio conjugado de $U = L((1, 0, 1))$ respecto de f? ¿Es este vector autoconjugado?

168.* Consideremos la siguiente familia de formas cuadráticas sobre $\mathbb{R}^3$:

$$\Phi_a(x, y, z) = x^2 + 4y^2 + 2z^2 + 2xy + 2axz$$

donde $a \in \mathbb{R}$. Se pide:

1. Matriz A asociada a Φ_a respecto de la base considerada.
2. Hallar los valores de λ y μ para que el conjunto

$$\{(1, 0, 0), (1, \lambda, 0), (-4a, a, \mu)\}$$

sea una base de vectores conjugados respecto de Φ_a, para $a \neq 0$.

3. Encontrar una matriz P regular tal que la matriz P^tAP sea diagonal.
4. Clasificar Φ_a según los valores de a.

169. Calcular, según los valores del parámetro α el rango y la signatura de la forma cuadrática:

$$\Phi(x, y, z) = x^2 + 2xy + 2\alpha yz - z^2$$

170. Probar que la fórmula

$$< (x_1, x_2, x_3), (y_1, y_2, y_3) >= x_1y_1 + 2x_2y_2 + 3x_3y_3 + 2x_2y_3 + 2x_3y_2$$

define un producto escalar en $\mathbb{R}^3$.

171.* Dada la familia de formas bilineales en $\mathbb{R}^3$

$$f_a(x, y) = x_1y_1 + 2ax_1y_2 + (2a + 1)x_2y_2 + x_3y_1 + x_1y_3 + (a + 1)x_3y_3$$

se pide:

1. La matriz asociada a f_a en la base considerada.
2. La matriz de la familia de formas cuadráticas asociada a f_a.
3. La signatura de la forma cuadrática según los valores de a.
4. ¿Para qué valores de a la forma bilineal f_a es un producto escalar?

VI

Espacio afín. Cónicas y cuádricas

1. Espacio afín y afín métrico

Hasta ahora, cuando hemos hablado de un vector en el plano lo hemos identificado con un par de números reales, es decir, con un elemento de $\mathbb{R}^2$. Pero una idea aún intuitiva de vector sobre un plano consiste en señalar un punto que se llama origen del vector y otro punto que será el extremo del vector; es decir, un vector viene dado por dos puntos en un orden determinado. Además el mismo vector puede dibujarse comenzando en un origen diferente, y por tanto pares de puntos diferentes pueden proporcionar el mismo vector.

1.1. Definición y ejemplos

Dado un conjunto no vacío $\mathcal{A}$ y un espacio vectorial V diremos que $\mathcal{A}$ es un **espacio afín** sobre V si se tiene definida una aplicación

$$\mathcal{A} \times \mathcal{A} \to V$$

que a cada par de elementos de $\mathcal{A}$, (A, B), le hace corresponder un único vector $\overrightarrow{AB}$, y que verifica las dos siguientes propiedades:

1. Para cada $A \in \mathcal{A}$ y cada $v \in V$ existe un único elemento $B \in \mathcal{A}$ tal que $\overrightarrow{AB} = v$.

2. Para cada terna $A, B, C \in \mathcal{A}$ ocurre $\overrightarrow{AB} + \overrightarrow{BC} = \overrightarrow{AC}$.

A los elementos del conjunto $\mathcal{A}$ los llamaremos **puntos**. Si $v = \overrightarrow{AB}$ decimos que v es el vector con **origen** en el punto A y **extremo** en el punto B. Se define la **dimensión** del espacio afín $\mathcal{A}$ como la dimensión de V como espacio vectorial.

Ejemplo 1. *En el conjunto $\mathbb{R}^2$ podemos definir una estructura de espacio afín sobre el espacio vectorial $\mathbb{R}^2$. Dados dos elementos $A = (a_1, a_2)$ y $B = (b_1, b_2) \in \mathbb{R}^2$ definimos*

$$\overrightarrow{AB} = (b_1 - a_1, b_2 - a_2) \in \mathbb{R}^2$$

Para comprobar que se verifica la primera propiedad, si conocemos $A = (a_1, a_2)$ y el vector $v = (v_1, v_2)$ entonces el único elemento B de $\mathbb{R}^2$ que verifica $\overrightarrow{AB} = v$ es el que tiene componentes $(a_1 + v_1, a_2 + v_2)$. Debido a la forma en que se obtiene el punto B es frecuente describirlo como $B = A + v$, y llamarlo el **trasladado** *por v del punto A; esto significa que es el único punto que junto con A forma el vector v. Por la forma en la que se ha definido la aplicación es evidente que $\overrightarrow{AB} + \overrightarrow{BC} = \overrightarrow{AC}$.*
Enlazando con el comentario en el inicio de la sección, podemos afirmar que dos pares de puntos A, B y C, D en $\mathbb{R}^2$ determinan el mismo vector si $B - A = D - C$.

Ejemplo 2. *El procedimiento anterior puede repetirse no sólo para hacer de cualquier $\mathbb{R}^n$ un espacio afín sobre sí mismo, sino también en cualquier espacio vectorial. Si V es espacio vectorial, dados dos elementos $x, y \in V$ el vector con origen en x y extremo en y viene dado por $\overrightarrow{xy} = y - x$. Esta aplicación verifica las propiedades requeridas haciendo de V un espacio afín sobre el propio V.*

Otras propiedades en un espacio afín

Si A, B, C, D son puntos en el espacio afín $\mathcal{A}$, entonces:

1. $\overrightarrow{AB} = 0$ *si, y sólo si,* $A = B$.
2. $\overrightarrow{BA} = -\overrightarrow{AB}$.
3. *Si* $\overrightarrow{AB} = \overrightarrow{CD}$ *entonces* $\overrightarrow{AC} = \overrightarrow{BD}$.

DEMOSTRACIÓN.
1. En primer lugar, probaremos que $\overrightarrow{AA} = 0$: si sumamos $\overrightarrow{AA} + \overrightarrow{AA} = \overrightarrow{AA}$ utilizando la segunda propiedad de espacio afín, entonces simplificando queda $\overrightarrow{AA} = 0$. Para el recíproco, si $\overrightarrow{AB} = 0$, entonces $\overrightarrow{AB} = \overrightarrow{AA}$ y por la primera propiedad de espacio afín, deducimos $B = A$.
2. Basta sumar ambos vectores $\overrightarrow{AB} + \overrightarrow{BA} = \overrightarrow{AA} = 0$ y por tanto son opuestos.
3. Si $\overrightarrow{AB} = \overrightarrow{CD}$ y sumamos en ambos miembros $\overrightarrow{BC}$ obtenemos $\overrightarrow{AC} = \overrightarrow{AB} + \overrightarrow{BC} = \overrightarrow{BC} + \overrightarrow{CD} = \overrightarrow{BD}$.
□

Si $\mathcal{A}$ es un espacio afín sobre V y V es un espacio vectorial euclídeo, entonces diremos que $\mathcal{A}$ es un **espacio afín euclídeo** o **espacio afín métrico**. En un espacio afín métrico podemos definir la **distancia entre dos puntos** como la norma del vector que determinan:

$$d(A, B) = ||\overrightarrow{AB}||$$

Sin más que aplicar las propiedades ya conocidas en un espacio afín obtenemos:

Propiedades de la distancia

Si A, B, C son puntos en un espacio afín euclídeo se verifican:

1. $d(A, B) = 0$ *si, y sólo si,* $A = B$.
2. $d(A, B) = d(B, A)$.
3. $d(A, C) \leq d(A, B) + d(B, C)$.

Ejemplo 3. *En el espacio afín euclídeo $\mathbb{R}^n$ con la métrica usual (es decir, el producto escalar usual en el correspondiente espacio vectorial), dados puntos $A = (a_1, a_2, \ldots, a_n)$, $B = (b_1, b_2, \ldots, b_n)$ se tiene*

$$d(A, B) = \sqrt{(b_1 - a_1)^2 + (b_2 - a_2)^2 + \cdots + (b_n - a_n)^2}$$

1.2. Sistemas de referencia y coordenadas

En un espacio afín de dimensión finita $\mathcal{A}$ sobre V llamaremos **sistema de referencia cartesiano** a cada conjunto $R = \{O; B\}$, donde O es un punto de $\mathcal{A}$ al que denominaremos **origen del sistema de referencia** y B es una base del espacio vectorial V. Entonces, dado A cualquier punto de $\mathcal{A}$, el vector $\overrightarrow{OA}$ tiene unas coordenadas únicas respecto de la base B: $\overrightarrow{OA} = (a_1, a_2, \ldots, a_n)_B$.

Se definen las **coordenadas del punto** A en el sistema de referencia $R = \{O; B\}$ como las coordenadas de $\overrightarrow{OA}$ respecto de la base B y escribiremos

$$A = (a_1, a_2, \dots, a_n)_R$$

Para un sistema de referencia R, dados dos puntos por sus coordenadas $A = (a_1, a_2, \dots, a_n)_R$ y $B = (b_1, b_2, \dots, b_n)_R$ el vector $\overrightarrow{AB}$ es

$$\overrightarrow{AB} = \overrightarrow{AO} + \overrightarrow{OB} = \overrightarrow{OB} - \overrightarrow{OA}$$

y puesto que las coordenadas respecto de B de los vectores $\overrightarrow{OA}$ y $\overrightarrow{OB}$ son respectivamente $\overrightarrow{OA} = (a_1, a_2, \dots, a_n)_B$ y $\overrightarrow{OB} = (b_1, b_2, \dots, b_n)_B$, tenemos que

$$\overrightarrow{AB} = (b_1 - a_1, b_2 - a_2, \dots, b_n - a_n)_B$$

que es exactamente la misma expresión que habíamos usado para $\mathbb{R}^n$. Además, si $\mathcal{A}$ es afín euclídeo y la base B es ortonormal (se dice entonces que es un **sistema de referencia rectangular**) podemos calcular la distancia entre dos puntos por la fórmula

$$d(A, B) = ||\overrightarrow{AB}|| = \sqrt{(b_1 - a_1)^2 + (b_2 - a_2)^2 + \cdots + (b_n - a_n)^2}$$

tal como en $\mathbb{R}^n$.
Por otra parte, dado un punto por sus coordenadas respecto del sistema de referencia R, $A = (a_1, a_2, \dots, a_n)_R$ y un vector $v = (v_1, v_2, \dots, v_n)_B$ el trasladado de A por v (el único punto B tal que $\overrightarrow{AB} = v$) es el que tiene coordenadas $(a_1 + v_1, a_2 + v_2, \dots, a_n + v_n)$ en el sistema de referencia R. Observamos entonces que la notación $B = A + v$ sigue teniendo un claro significado en cualquier espacio afín.

1.3. Cambio de sistema de referencia

Dados dos sistemas de referencia $R = \{O; B\}$ y $R' = \{O'; B'\}$ en un espacio afín $\mathcal{A}$, nos planteamos obtener unas ecuaciones que relacionen las coordenadas de un mismo punto, A, respecto de R: $(x_1, x_2, \dots, x_n)$ y respecto de R': $(x'_1, x'_2, \dots, x'_n)$. Por supuesto necesitamos conocer la relación entre ambos sistemas de referencia, por ejemplo los datos de R' en función de R, es decir:

1. La matriz P de cambio de base de B' a B.
2. Las coordenadas respecto de R del punto O': $O' = (b_1, b_2, \dots, b_n)_R$.

Para cada punto A, se verifica:

$$\overrightarrow{OA} = \overrightarrow{OO'} + \overrightarrow{O'A} \tag{1.1}$$

Las coordenadas respecto de B del vector $\overrightarrow{OA}$ son $(x_1, x_2, \dots, x_n)_B$ y las de $\overrightarrow{OO'}$ son $\overrightarrow{OO'} = (b_1, b_2, \dots, b_n)_B$. Puesto que conocemos las coordenadas de $\overrightarrow{O'A}$ respecto de B', podemos obtener sus coordenadas respecto de B usando el cambio de base. Sustituyendo en 1.1, obtenemos (en forma matricial):

$$\begin{pmatrix} x_1 \\ x_2 \\ \vdots \\ x_n \end{pmatrix} = \begin{pmatrix} b_1 \\ b_2 \\ \vdots \\ b_n \end{pmatrix} + P \begin{pmatrix} x'_1 \\ x'_2 \\ \vdots \\ x'_n \end{pmatrix}$$

En forma reducida:

$$\boxed{X = O' + PX'}$$

que son las **ecuaciones del cambio de sistema de referencia** de R' a R.
Otra forma usual de escribir el cambio de sistema de referencia es usar una matriz cuadrada de orden $n+1$ que incluye la información aportada por P y por O':

$$\left(\frac{1}{X}\right) = \left(\begin{array}{c|c} 1 & 0 \\ \hline O' & P \end{array}\right)\left(\frac{1}{X'}\right)$$

Esta fórmula permite calcular el cambio de sistema de referencia inverso calculando la inversa de una matriz, tal y como estamos acostumbrados a hacerlo en el caso de espacios vectoriales (observemos que la matriz del cambio de sistema de referencia tiene el mismo determinante que P, y por tanto es regular).

1.4. Variedades afines

Supongamos que A es un punto del espacio afín $\mathcal{A}$ y que W es un subespacio vectorial de V, entonces al conjunto

$$L = \{B \in \mathcal{A} \mid \overrightarrow{AB} \in W\}$$

lo llamamos **variedad afín** que pasa por el punto A y tiene **espacio de dirección** W.

Ejemplo 4. *En $\mathbb{R}^2$ consideramos el punto $A = (1,1)$ y el subespacio vectorial de ecuación $x = 0$. El conjunto de puntos de $\mathbb{R}^2$*

$$L = \{(1,y) \in \mathbb{R}^2 \mid y \in \mathbb{R}\} = \{(x,y) \in \mathbb{R}^2 \mid x = 1\}$$

es la variedad afín que pasa por A y tiene espacio de dirección $x = 0$. Puesto que este subespacio vectorial tiene dimensión 1 puede ser generado por un solo vector, por ejemplo $v = (0,1)$, suele decirse también que L es la recta que pasa por A y tiene vector director v.

En virtud de la notación que hemos adoptado, podemos describir también la variedad afín L por

$$L = A + W = \{A + w \mid w \in W\}$$

Pero ¿cómo podemos determinar si un subconjunto de $\mathcal{A}$ es una variedad afín? Para contestar a esta pregunta podemos usar el siguiente resultado:

PROPOSICIÓN

Sea $\mathcal{A}$ un espacio afín sobre el espacio vectorial V.
1. Si $A' \in L = A + W$, entonces $L = A' + W$. Es decir, cualquier punto perteneciendo a la variedad afín puede considerarse para definirla.
2. Si L es una variedad afín con espacio de dirección W, entonces

$$W = \{\overrightarrow{PQ} \mid P, Q \in L\}.$$

DEMOSTRACIÓN. Para la primera afirmación observamos que, puesto que $A' \in L$, entonces $\overrightarrow{AA'} = w \in W$. Demostraremos entonces que $L = A' + W$ probando la doble inclusión: si $B = A + w_1$ con $w_1 \in W$, entonces $\overrightarrow{A'B} = \overrightarrow{A'A} + \overrightarrow{AB} = -w + w_1 \in W$ y por tanto $B \in A' + W$; por otro lado, si $C \in A' + W$, entonces $\overrightarrow{A'C} = w_2 \in W$ y calculando $\overrightarrow{AC} = \overrightarrow{AA'} + \overrightarrow{A'C} = w + w_2 \in W$ así que $C \in L = A + W$.

Para la segunda afirmación, si $P, Q \in L$, entonces, usando el apartado anterior, $\overrightarrow{PQ} \in W$, puesto que puede considerarse $L = P + W$. Además, dado cualquier vector $w \in W$ y un punto $P \in L$, entonces existe un único punto Q tal que $Q = P + w$ y por la definición de variedad afín se tiene que $Q \in L$. □

La segunda afirmación en la Proposición anterior nos proporciona una condición necesaria para que un subconjunto del espacio afín sea una variedad afín: que el conjunto de todos los vectores con origen y extremo en el conjunto sea un subespacio vectorial.

Ejemplo 5. *El ejemplo 4 es un caso particular del siguiente:*

Supongamos que $AX = B$ es un sistema de ecuaciones no necesariamente homogéneo con n incógnitas. El conjunto de las soluciones de este sistema, digamos $\mathcal{S}$, es un subconjunto del espacio afín $\mathbb{R}^n$ que puede ser vacío; pero si no es vacío y S es una solución del sistema, entonces se trata de una variedad afín que pasa por S y tiene como variedad de dirección al conjunto de las soluciones del sistema homogéneo $AX = 0$. En efecto, si H es una solución de $AX = 0$, entonces $S + H$ verifica $A(S + H) = AS + AH = B + 0 = B$ y por tanto es un elemento de $\mathcal{S}$. Además si $T \in \mathcal{S}$ se tiene que $A(T - S) = AT - AS = B - B = 0$ y por tanto el vector con origen en S y extremo en T está en el subespacio vectorial. A continuación veremos que todas las variedades afines de un espacio afín de dimensión finita pueden describirse como el conjunto de soluciones de un sistema de ecuaciones lineales.

Resaltemos que si L es una variedad afín en $\mathcal{A}$, con espacio de dirección W, entonces, puesto que para cada dos puntos de L el vector que determinan está en W, tenemos una aplicación

$$L \times L \longrightarrow W$$

que dota a L de estructura de espacio afín sobre W. Es decir, si $\mathcal{A}$ es un espacio afín, cada variedad afín en $\mathcal{A}$ es, ella misma, un espacio afín (sobre su espacio de dirección). Así pues la dimensión de una variedad afín es la dimensión como espacio vectorial de su espacio de dirección. En función de su dimensión algunas variedades afines reciben nombre especial, por ejemplo, las de dimensión 1 se llaman **rectas**, las de dimensión 2 son **planos** y las de dimensión $n - 1$ en un espacio de dimensión n se llaman **hiperplanos**. Además, una variedad afín de dimensión 0 es un **punto**, puesto que el único vector en el espacio de dirección es el vector cero y $A + 0 = A$.

1.5. Ecuaciones cartesianas y paramétricas de una variedad afín

Supongamos que en el espacio afín $\mathcal{A}$ de dimensión finita tenemos un sistema de referencia $R = \{O; B\}$. Si $L = A + W$ es una variedad afín de dimensión r de la que conocemos las coordenadas de $A = (a_1, a_2, \ldots, a_n)_R$ y una base de W, $\{w_1, w_2, \ldots, w_r\}$, donde $w_i = (w_{i1}, w_{i2}, \ldots, w_{in})_B$, entonces un punto $X = (x_1, x_2, \ldots, x_n)_R$ pertenece a L si, y sólo si, se puede expresar como $A + w$ para algún $w \in W$ y por tanto se puede escribir

$$\begin{cases} x_1 = a_1 + \lambda_1 w_{11} + \cdots + \lambda_r w_{r1} \\ x_2 = a_2 + \lambda_1 w_{12} + \cdots + \lambda_r w_{r2} \\ \ldots \\ x_n = a_n + \lambda_1 w_{1n} + \cdots + \lambda_r w_{rn} \end{cases}$$

a lo que llamamos **ecuaciones paramétricas** de L. No hay que dejar de notar que se trata de las ecuaciones paramétricas de W impuestas sobre el vector $\overrightarrow{AX}$. También, de forma análoga al caso de un subespacio vectorial, podemos interpretar estas ecuaciones como el conjunto de soluciones (dependiendo de r parámetros) de un sistema de ecuaciones no necesariamente homogéneo (que deberá tener $n-r$ ecuaciones en su forma escalonada reducida). De las ecuaciones de un sistema cuyo conjunto de soluciones sea L se dice que son unas **ecuaciones cartesianas** de la variedad afín L. Como ya hemos observado antes, si $AX = B$ son unas ecuaciones cartesianas de L, entonces $AX = 0$ son unas ecuaciones cartesianas de W; esto puede utilizarse también en el sentido inverso: conocidas las ecuaciones cartesianas del espacio de dirección entonces sólo queda determinar los términos independientes del sistema para obtener las cartesianas de L y, conocido un punto por el que pasa L, es suficiente sustituir sus coordenadas en el sistema anterior para determinar la columna de términos independientes.

Ejemplo 6. *Si en un cierto espacio afín de dimensión* 3 *sobre* $\mathbb{R}$, *y respecto de un cierto sistema de referencia* R, *se considera la variedad afín* L *que pasa por el punto* $(1,2,-1)$ *y tiene espacio de dirección*

$$W \equiv \left\{ \begin{array}{l} x+2y+3z=0 \\ x+y-z=0 \end{array} \right.$$

entonces las ecuaciones cartesianas de L *han de ser de la forma*

$$\left\{ \begin{array}{l} x+2y+3z=a \\ x+y-z=b \end{array} \right.$$

para ciertos a *y* b. *Puesto que el punto* $(1,2,-1)$ *tiene que cumplirlas, sustituyendo obtenemos* $1+2(2)+3(-1)=a$ *y* $1+2-(-1)=b$ *y por tanto* $a=2$ *y* $b=4$, *con lo que las ecuaciones cartesianas de* L *son*

$$L \equiv \left\{ \begin{array}{l} x+2y+3z=2 \\ x+y-z=4 \end{array} \right.$$

Para calcular las ecuaciones paramétricas basta resolver el sistema de ecuaciones y se obtiene:

$$L \equiv \left\{ \begin{array}{ll} x & =6+5\lambda \\ y & =-2-4\lambda \\ z & =\lambda \end{array} \right.$$

1.6. Variedad afín generada por un conjunto de puntos

Dado un subconjunto $\mathcal{P} \in \mathcal{A}$ definimos la **variedad afín generada** por $\mathcal{P}$, y la denotamos $\mathcal{A}(\mathcal{P})$, como la menor variedad afín que contiene al conjunto $\mathcal{P}$.

PROPOSICIÓN

Si $\mathcal{P} = \{A_1, A_2, \ldots, A_r\}$, *entonces*

$$\mathcal{A}(\mathcal{P}) = A_1 + L(\overrightarrow{A_1A_2}, \ldots, \overrightarrow{A_1A_r})$$

DEMOSTRACIÓN. Llamemos L a la variedad afín que pasa por A_1 y tiene espacio de dirección $W = L(\overrightarrow{A_1A_2}, \ldots, \overrightarrow{A_1A_r})$. Entonces es claro que $\mathcal{P} \subseteq L$. Además si una variedad afín contiene al conjunto $\mathcal{P}$, entonces necesariamente los vectores $\overrightarrow{A_1A_i}$ tienen que estar en el correspondiente espacio de dirección y por tanto contiene a todo W. Así pues, L es la menor variedad afín conteniendo a $\mathcal{P}$ y por tanto $L = \mathcal{A}(\mathcal{P})$. □

Ejemplo 7. *En un espacio afín de dimensión* 4 *consideramos los puntos*

$$A_1 = (1,2,1,2), A_2 = (1,1,1,1), A_3 = (-1,2,0,0), A_4 = (0,2,1,0)$$

Entonces la variedad afín generada por ellos es la que pasa por el punto A_1 y tiene espacio de dirección generado por

$$\overrightarrow{A_1A_2} = (0,-1,0,-1),\ \overrightarrow{A_1A_3} = (-2,0,-1,-2),\ \overrightarrow{A_1A_4} = (-1,0,0,-2)$$

Comprobamos que los tres vectores son linealmente independientes

$$\begin{pmatrix} 0 & -1 & 0 & -1 \\ -2 & 0 & -1 & -2 \\ 1 & 0 & 0 & 2 \end{pmatrix} \sim_f \begin{pmatrix} 1 & 0 & 0 & 2 \\ 0 & 1 & 0 & 1 \\ 0 & 0 & 1 & -2 \end{pmatrix}$$

y obtenemos una nueva base del subespacio que generan. Así que las ecuaciones paramétricas de la variedad afín que generan son:

$$\begin{cases} x_1 = 1+ & 1\lambda+ & 0\mu+ & 0\gamma \\ x_2 = 2+ & 0\lambda+ & 1\mu+ & 0\gamma \\ x_3 = 1+ & 0\lambda+ & 0\mu+ & 1\gamma \\ x_4 = 2+ & 2\lambda+ & 1\mu+ & (-2)\gamma \end{cases}$$

Dados puntos $A_0, A_1, \ldots, A_r$ en $\mathcal{A}$, decimos que son **afínmente dependientes** si los vectores $\{\overrightarrow{A_0A_1}, \overrightarrow{A_0A_2}, \ldots, \overrightarrow{A_0A_r}\}$ son linealmente dependientes y diremos que son **afínmente independientes** en caso contrario. Veamos que esta definición es consistente, esto es, que no depende del punto que se tome como origen de los vectores.

PROPOSICIÓN

Los vectores $\{\overrightarrow{A_0A_1}, \overrightarrow{A_0A_2}, \ldots, \overrightarrow{A_0A_r}\}$ son linealmente dependientes si, y sólo si, para cualquier $i = 1, \ldots, r$ los r vectores $\{\overrightarrow{A_iA_0}, \overrightarrow{A_iA_1}, \ldots, \overrightarrow{A_iA_r}\}$ lo son.

DEMOSTRACIÓN. Por simplicidad en la notación consideraremos $i = 1$. Como podemos escribir cada vector

$$\overrightarrow{A_0A_j} = \overrightarrow{A_0A_1} + \overrightarrow{A_1A_j} = -\overrightarrow{A_1A_0} + \overrightarrow{A_1A_j}$$

Entonces, de una combinación lineal con escalares no todos nulos

$$\lambda_1\overrightarrow{A_0A_1} + \lambda_2\overrightarrow{A_0A_2} + \cdots + \lambda_r\overrightarrow{A_0A_r} = 0$$

obtenemos

$$\lambda_1(-\overrightarrow{A_1A_0}) + \lambda_2(-\overrightarrow{A_1A_0} + \overrightarrow{A_1A_2}) + \cdots + \lambda_r(-\overrightarrow{A_1A_0} + \overrightarrow{A_1A_r}) = 0$$

y reordenando nos queda

$$(-\lambda_1 - \lambda_2 - \cdots - \lambda_r)\overrightarrow{A_1A_0} + \lambda_2\overrightarrow{A_1A_2} + \cdots + \lambda_r\overrightarrow{A_1A_r} = 0$$

Ahora, si alguno de los escalares λ_j con $j \neq 1$ es distinto de cero, tenemos el resultado, y si todos son cero excepto λ_1, entonces $-\lambda_1 - \lambda_2 - \cdots - \lambda_r = -\lambda_1 \neq 0$ y también se tiene la conclusión deseada. El recíproco es análogo usando la relación

$$\overrightarrow{A_1A_j} = -\overrightarrow{A_0A_1} + \overrightarrow{A_0A_j}$$

□

Como consecuencia directa de la definición y de lo anterior, se obtiene:

PROPOSICIÓN

Por r puntos afínmente independientes pasa una única variedad afín de dimensión r − 1.

Del resultado anterior es inmediato deducir que si $dim\ \mathcal{A} = n$, entonces el máximo número de puntos afínmente independientes que se pueden encontrar es $n+1$.
Es bastante usual encontrar el concepto de sistema de referencia afín dado como un conjunto de $n+1$ puntos afínmente independientes: $R = \{A_0, A_1, \ldots, A_n\}$. En este caso se toma A_0 como origen del sistema de referencia y la base es el conjunto de los n vectores linealmente independientes $\{\overrightarrow{A_0A_1}, \overrightarrow{A_0A_2}, \ldots, \overrightarrow{A_0A_n}\}$, es decir,

$$R = \{A_0\ ;\ \overrightarrow{A_0A_1}, \overrightarrow{A_0A_2}, \ldots, \overrightarrow{A_0A_n}\}$$

1.7. Intersección y suma de variedades afines

A partir de dos variedades afines dadas por sus ecuaciones cartesianas, al reunirlas todas obtenemos las condiciones que debe verificar un punto de $\mathcal{A}$ para estar en las dos variedades al mismo tiempo, es decir, en la intersección. Si el sistema resultante no tiene solución podemos concluir que no hay ningún punto en la intersección. Así, al contrario de lo que ocurre con los subespacios vectoriales, la intersección de dos variedades afines puede ser el conjunto vacío. Pero en el caso de que esto no ocurra, la intersección de variedades afines vuelve a ser una variedad afín.

PROPOSICIÓN

Si $L_i = A_i + W_i$, con $i \in I$ es una familia de variedades afines y $A \in \bigcap_{i\in I} L_i$, entonces

$$\bigcap_{i\in I} L_i = A + (\bigcap_{i\in I} W_i)$$

DEMOSTRACIÓN. En primer lugar podemos describir $L_i = A + W_i$ para cada i. Ahora, si $B \in \bigcap_{i\in I} L_i$ entonces el vector $\overrightarrow{AB} \in \bigcap_{i\in I} W_i$ y así tenemos una inclusión. Pero también es fácil ver que si $\overrightarrow{AP} \in \bigcap_{i\in I} W_i$ necesariamente $P \in L_i$ para cada i. □

Como en el caso de subespacios vectoriales, la unión de dos variedades afines **no** es en general una variedad afín; como ejemplo sirve el de dos puntos distintos en $\mathbb{R}^2$, A y B, que juntos no forman una variedad afín porque el conjunto $\{\overrightarrow{AB}\}$ no es subespacio vectorial. Así que la opción vuelve a ser definir la **suma de variedades afines**, es decir, la menor variedad que las contiene:

$$\Sigma_{i\in I} L_i = \mathcal{A}(\bigcup_i L_i)$$

Para el caso de dos variedades afines tenemos el siguiente resultado:

PROPOSICIÓN

Si $L_1 = A_1 + W_1$ y $L_2 = A_2 + W_2$ entonces

$$L_1 + L_2 = A_1 + (L(\overrightarrow{A_1A_2}) + W_1 + W_2)$$

DEMOSTRACIÓN. La variedad afín $L = A_1 + (L(\overrightarrow{A_1A_2}) + W_1 + W_2)$ contiene a $L_1 \cup L_2$: si $P \in L_1 \cup L_2$ entonces $P = A_1 + w_1$ si $P \in L_1$ y por tanto está en L, o bien $P = A_2 + w_2$ en otro caso; entonces podemos escribir $\overrightarrow{A_1P} = \overrightarrow{A_1A_2} + \overrightarrow{A_2P} = \overrightarrow{A_1A_2} + w_2$ y así $P \in L$. Por otra parte, cualquier variedad afín que contenga a $L_1 \cup L_2$ debe contener en su espacio de dirección al vector $\overrightarrow{A_1A_2}$ y también a los subespacios W_1 y W_2. Esto prueba que L es la menor variedad afín que contiene a $L_1 \cup L_2$. □

Un caso particular de este resultado aparece cuando las dos variedades tienen intersección no vacía.

COROLARIO

Si $A \in L_1 \cap L_2$ entonces

$$L_1 + L_2 = A + (W_1 + W_2)$$

y es válida la siguiente fórmula de las dimensiones:

$$dim\ L_1 + dim\ L_2 = dim\ (L_1 + L_2) + dim\ (L_1 \cap L_2)$$

DEMOSTRACIÓN. Puesto que A es un punto por el que pasan L_1 y L_2, entonces se puede tomar $A_1 = A = A_2$ y por tanto $\overrightarrow{A_1A_2} = 0$. La primera afirmación es ahora evidente. Por otra parte, puesto que los espacios de dirección de la suma y la intersección son la suma y la intersección de los subespacios vectoriales W_1 y W_2, la fórmula es la traducción directa de la fórmula de las dimensiones para subespacios vectoriales. □

1.8. Posición relativa de dos variedades afines

Dadas dos variedades afines $L_1 = A_1 + W_1$ y $L_2 = A_2 + W_2$, diremos que **se cortan** si el conjunto $L_1 \cap L_2$ es no vacío. Si $L_1 \cap L_2 = \emptyset$, es decir, si no se cortan, puede ocurrir que $W_1 \subseteq W_2$ (ó $W_2 \subseteq W_1$) en cuyo caso se dice que **son paralelas** ; en caso contrario se dice que **se cruzan**. Cuando el espacio es afín euclídeo, se puede definir cuándo dos variedades son **perpendiculares**: si $W_1 \subseteq W_2^{\perp}$ ó $W_2 \subseteq W_1^{\perp}$.

Ejemplo 8. *Consideremos el espacio afín euclídeo $\mathbb{R}^3$ con la métrica usual. Las rectas*

$$r \equiv \begin{cases} x = 3 + 2\lambda \\ y = -7 + 2\lambda \\ z = 2 + \lambda \end{cases}$$

y

$$s \equiv \begin{cases} x = 1 + \lambda \\ y = 0 - \lambda \\ z = 1 \end{cases}$$

son perpendiculares puesto que sus correspondientes vectores directores $(2, 2, 1)$ y $(1, -1, 0)$ son ortogonales. Además, es fácil comprobar que su intersección es vacía, y por tanto se cruzan.

Conocidas las ecuaciones cartesianas de las dos variedades, el conjunto $L_1 \cap L_2$ viene dado por los puntos cuyas coordenadas, respecto del sistema de referencia considerado, son las soluciones del sistema que resulta de reunir las ecuaciones cartesianas de ambas variedades. Si denotamos por $n = dim\ \mathcal{A}$, $r = dim\ L_1$ y $s = dim\ L_2$ y suponemos, por ejemplo, que $r \leq s$, al reunir las ecuaciones cartesianas de ambas variedades obtenemos un sistema de $2n - r - s$ ecuaciones $AX = B$. Según que el rango de la matriz de coeficientes coincida con el rango de la ampliada obtenemos la diferencia entre variedades que se cortan o que no se cortan. Si $rg(A)$ es $n - r$, entonces la dimensión de $W_1 \cap W_2$ será r y por tanto $W_1 \cap W_2 = W_1$, con lo que $W_1 \subseteq W_2$. La clasificación queda:

$rg(A) = n - r$	$rg(A) = rg(A\|B)$	$L_1 \subseteq L_2$
$rg(A) = n - r$	$rg(A) \neq rg(A\|B)$	Paralelas
$rg(A) > n - r$	$rg(A) = rg(A\|B)$	Se cortan
$rg(A) > n - r$	$rg(A) \neq rg(A\|B)$	Se cruzan

Ejemplo 9. *En el espacio afín euclídeo* $\mathbb{R}^4$ *consideramos las variedades afines de dimensión* 2

$$\pi_1 \equiv \begin{cases} x + y + 1 = 0 \\ y + z - 1 = 0 \end{cases}$$

y

$$\pi_2 \equiv \begin{cases} z - t + 1 = 0 \\ x - z = 0 \end{cases}$$

al reunir sus ecuaciones cartesianas obtenemos el sistema con matriz ampliada:

$$\left(\begin{array}{cccc|c} 1 & 1 & 0 & 0 & -1 \\ 0 & 1 & 1 & 0 & 1 \\ 0 & 0 & 1 & -1 & -1 \\ 1 & 0 & -1 & 0 & 0 \end{array}\right)$$

y hacemos operaciones elementales para calcular los correspondientes rangos

$$\left(\begin{array}{cccc|c} 1 & 1 & 0 & 0 & -1 \\ 0 & 1 & 1 & 0 & 1 \\ 0 & 0 & 1 & -1 & -1 \\ 1 & 0 & -1 & 0 & 0 \end{array}\right) \sim \left(\begin{array}{cccc|c} 1 & 1 & 0 & 0 & -1 \\ 0 & 1 & 1 & 0 & 1 \\ 0 & 0 & 1 & -1 & -1 \\ 0 & -1 & -1 & 0 & 1 \end{array}\right) \sim \left(\begin{array}{cccc|c} 1 & 1 & 0 & 0 & -1 \\ 0 & 1 & 1 & 0 & 1 \\ 0 & 0 & 1 & -1 & -1 \\ 0 & 0 & 0 & 0 & 2 \end{array}\right)$$

con lo que tenemos que $rg(A) = 3$ *y* $rg(A|B) = 4$ *y por tanto las únicas posibilidades son que se crucen o que sean paralelas, pero como* $rg(A) > 4 - 2$, *las dos variedades se cruzan.*

En el caso de un espacio afín euclídeo respecto de un sistema de referencia rectangular, las ecuaciones cartesianas del espacio de dirección nos proporcionan los vectores de una base del ortogonal; por tanto, una manera alternativa de dar una variedad afín es dar un punto por el que pasa y una **base del ortogonal del espacio de dirección** con la que podemos escribir directamente las ecuaciones cartesianas de W.

Ejemplo 10. *Si en* $\mathbb{R}^3$ *consideramos la recta*

$$r \equiv \begin{cases} x = 3 + 2\lambda \\ y = -7 + 2\lambda \\ z = 2 + \lambda \end{cases}$$

el espacio de dirección de r es $U = L((2,2,1))$ y por tanto $U^{\perp}$ tiene cartesiana $2x+2y+z=0$. Un plano perpendicular a la recta r tendrá una ecuación cartesiana de la forma

$$2x + 2y + z + d = 0$$

El término independiente d dependerá del punto por el que pase; por ejemplo, si deseamos que pase por $(1,1,0)$ entonces debe ser

$$(2\cdot 1) + (2\cdot 1) + (1\cdot 0) + d = 0$$

es decir, $d = -4$ y se obtiene el plano

$$\pi \equiv 2x + 2y + z - 4 = 0$$

1.9. Proyección ortogonal de un punto sobre una variedad

Supondremos en lo que sigue que $\mathcal{A}$ un espacio afín euclídeo de dimensión finita.

PROPOSICIÓN

Dada una variedad afín $L = A + W$ y un punto $B \notin L$, existe una única recta r verificando:

1. *$B \in r$;*
2. *r es perpendicular a L;*
3. *r corta a L.*

DEMOSTRACIÓN. Tomemos el vector $\overrightarrow{AB}$ y consideremos su proyección ortogonal sobre el subespacio W, $p_W(\overrightarrow{AB}) \in W$; entonces, si llamamos $B' = A + p_W(\overrightarrow{AB})$, se tiene que

$$\overrightarrow{AB} = \overrightarrow{AB'} + \overrightarrow{B'B}$$

y como se tiene una descomposición única

$$\overrightarrow{AB} = p_W(\overrightarrow{AB}) + p_{W^{\perp}}(\overrightarrow{AB})$$

debe ser $p_{W^{\perp}}(\overrightarrow{AB}) = \overrightarrow{B'B}$. Así, la recta que pasa por B y tiene vector director $\overrightarrow{B'B}$ cumple las tres condiciones exigidas, siendo B' el punto de corte entre r y L. La unicidad proviene de ser $V = W \oplus W^{\perp}$. □

El punto $B' = A + p_W(\overrightarrow{AB})$ se llama la **proyección ortogonal** del punto B sobre la variedad afín L y se denota $p_L(B)$. Si el punto B pertenece a la variedad afín, entonces es su propia proyección ortogonal.
Este resultado nos proporciona una forma de calcular la proyección ortogonal de un punto sobre una variedad, pero en la práctica resulta más útil hacer uso de lo que llamaremos la **variedad perpendicular** a L pasando por el punto B, que se define por:

$$L_B^{\perp} = B + W^{\perp}$$

PROPOSICIÓN (Cálculo de la proyección ortogonal)

Si $B \notin L$, entonces

$$\{p_L(B)\} = L \cap L_B^{\perp}$$

DEMOSTRACIÓN. En primer lugar, la recta definida en la Proposición anterior está contenida en $L_B^{\perp}$ y corta a L en el punto $p_L(B)$, así que tenemos la primera inclusión. Pero como

$$L \cap L_B^{\perp} = p_L(B) + (W \cap W^{\perp})$$

y $W \cap W^{\perp} = 0$ la intersección se reduce a un punto. □

Ejemplo 11. *Dada la recta de ecuaciones paramétricas*

$$r \equiv \begin{cases} x = 2\lambda \\ y = 2 - \lambda \\ z = 1 + 2\lambda \end{cases}$$

y el punto $B = (1, 3, -1)$, para calcular $p_r(B)$ es muy fácil obtener las ecuaciones cartesianas de $r_B^{\perp}$ (que en este caso es un plano), puesto que el vector director de la recta es perpendicular a dicho plano:

$$r_B^{\perp} \equiv 2x - y + 2z + d = 0$$

Como $B = (1, 3, -1) \in r_B^{\perp}$ entonces $d = -2(1) + 3 - 2(-1) = 3$. Ahora calculamos el punto de intersección entre ambas variedades sustituyendo las ecuaciones paramétricas de r en las cartesianas de $r_B^{\perp}$:

$$2(2\lambda) - (2 - \lambda) + 2(1 + 2\lambda) + 3 = 0$$

de donde $3 + 9\lambda = 0$, es decir $\lambda = \frac{-1}{3}$. Ahora sustituimos en las paramétricas de r y obtenemos el punto buscado:

$$\begin{cases} x = 2(\frac{-1}{3}) = \frac{-2}{3} \\ y = 2 - (\frac{-1}{3}) = \frac{7}{3} \\ z = 1 + 2(\frac{-1}{3}) = \frac{1}{3} \end{cases}$$

Luego $p_r(B) = (\frac{-2}{3}, \frac{7}{3}, \frac{1}{3})$.

Dado un punto $B \notin L$, el **simétrico** de B respecto de la variedad L es el punto $B + 2\overrightarrow{Bp_L(B)}$.

1.10. Distancia de un punto a una variedad afín

Dada una variedad afín $L = A + W$ en un espacio afín euclídeo $\mathcal{A}$ se define la **distancia** de L a un punto B como

$$d(B, L) = min\{d(B, P) \mid P \in L\}$$

PROPOSICIÓN

Dados un punto $B \in \mathcal{A}$ y una variedad afín $L = A + W$, se verifica

$$d(B, L) = d(B, p_L(B))$$

DEMOSTRACIÓN. Consideremos el subespacio vectorial W y llamemos $v = \overrightarrow{AB}$. Dado cualquier punto $P \in L$, el vector $\overrightarrow{BP}$ puede escribirse como

$$\overrightarrow{BP} = \overrightarrow{BA} + \overrightarrow{AP} = \overrightarrow{AP} - \overrightarrow{AB}$$

donde $w = \overrightarrow{AP} \in W$. Entonces, por el Teorema de la mejor aproximación sabemos que

$$||p_W(v) - v|| \leq ||w - v||; \quad \forall w \in W$$

Denotemos $B' = p_L(B)$, entonces $p_W(\overrightarrow{AB}) = \overrightarrow{AB'}$ y por tanto

$$p_W(v) - v = \overrightarrow{AB'} - \overrightarrow{AB} = \overrightarrow{BA} + \overrightarrow{AB'} = \overrightarrow{BB'}$$

Así

$$d(B, L) = ||\overrightarrow{BB'}|| = d(B, p_L(B))$$

□

1.11. Distancia entre dos variedades afines

Dadas dos variedades afines $L_1 = A_1 + W_1$ y $L_2 = A_2 + W_2$ se define la distancia entre ambas por

$$d(L_1, L_2) = min\{d(B_1, B_2); \ B_1 \in L_1 \text{ y } B_2 \in L_2\}$$

Cuando las dos variedades se cortan, la distancia entre ellas es cero, pero en otro caso la existencia de este mínimo viene garantizada por el siguiente resultado:

PROPOSICIÓN

Dadas variedades afines $L_1 = A_1 + W_1$ y $L_2 = A_2 + W_2$, se verifica

$$d(L_1, L_2) = d(A_1, L)$$

donde $L = A_2 + (W_1 + W_2)$ es la variedad que contiene a L_2 y es paralela a L_1.

DEMOSTRACIÓN. Dados dos puntos cualesquiera $B_1 \in L_1$ y $B_2 \in L_2$, podemos considerar el vector $w_1 = \overrightarrow{B_1A_1} \in W_1$ y el punto de L dado por

$$C = B_2 + w_1$$

si calculamos

$$\overrightarrow{B_1B_2} = \overrightarrow{B_1A_1} + \overrightarrow{A_1C} + \overrightarrow{CB_2} = w_1 + \overrightarrow{A_1C} - w_1 = \overrightarrow{A_1C}$$

luego $d(B_1, B_2) = d(A_1, C)$ con $C \in L$. Así tenemos la desigualdad

$$d(A_1, L) \leq d(L_1, L_2)$$

Por otra parte, dado el punto $C = p_L(A_1) \in L$ se puede escribir $C = A_2 + w_2 + w_1$ y llamando $B_2 = A_2 + w_2 \in L_2$ y $B_1 = A_1 - w_1 \in L_1$ tenemos

$$\overrightarrow{A_1C} = \overrightarrow{A_1B_1} + \overrightarrow{B_1B_2} + \overrightarrow{B_2C} = -w_1 + \overrightarrow{B_1B_2} + w_1 = \overrightarrow{B_1B_2}$$

de donde se deduce la otra desigualdad. □

Ejemplo 12. *En $\mathbb{R}^4$ se consideran las rectas que se cruzan*

$$r \equiv \begin{cases} x = 0 + \lambda \\ y = 1 - \lambda \\ z = 1 - \lambda \\ t = 0 \end{cases}$$

y

$$s \equiv \begin{cases} x = 1 + \mu \\ y = 1 + \mu \\ z = 1 - \mu \\ t = 0 \end{cases}$$

Para calcular $d(r,s)$ elegimos un punto cualquiera de r, por ejemplo $P = (0,1,1,0)$ y construimos el plano π que contiene a s y es paralelo a r:

$$\pi \equiv \begin{cases} x = 1 + \lambda + \mu \\ y = 1 - \lambda + \mu \\ z = 1 - \lambda - \mu \\ t = 0 \end{cases}$$

Ahora $d(r,s) = d(P,\pi)$ y sólo necesitamos obtener $p_\pi(P)$; las ecuaciones cartesianas de $\pi_P^\perp$ serán

$$\pi_P^\perp \equiv \begin{cases} x - y - z + d = 0 \\ x + y - z + e = 0 \end{cases}$$

e imponiendo que $P \in \pi_P^\perp$ se tiene que $d = 2$ y $e = 0$. Calculamos la proyección de P sobre π:

$$\begin{cases} (1+\lambda+\mu) - (1-\lambda+\mu) - (1-\lambda-\mu) + 2 = 0 \\ (1+\lambda+\mu) + (1-\lambda+\mu) - (1-\lambda-\mu) = 0 \end{cases} \sim \begin{cases} 3\lambda + \mu + 1 = 0 \\ \lambda + 3\mu + 1 = 0 \end{cases}$$

Así, $\lambda = \mu = -\frac{1}{4}$ y por tanto $p_\pi(P) = (1/2, 1, 3/2, 0)$ y

$$d(r,s) = d(P, p_\pi(P)) = \sqrt{(1/2)^2 + 0 + (1/2)^2 + 0} = 1/\sqrt{2}$$

1.12. Problemas métricos en el plano

Aunque en las secciones anteriores ya se ha visto cómo calcular la distancia de un punto a una variedad o entre dos variedades, calculando proyecciones ortogonales, para el caso de espacios afines euclídeos de dimensiones 2 y 3 es tradicional aportar una letanía de fórmulas para los problemas métricos más usuales. En lo que sigue se supondrá que $R = \{O; e_1, e_2\}$ es un sistema de referencia rectangular en el plano afín euclídeo $\mathcal{A}$, y que todas las coordenadas de puntos y ecuaciones de rectas están expresadas respecto de R.

Ecuaciones de una recta

La recta que pasa por el punto $A = (a_1, a_2)$ y tiene vector director $v = (v_1, v_2)$ tiene ecuaciones paramétricas

$$r \equiv \begin{cases} x = a_1 + v_1\lambda \\ y = a_2 + v_2\lambda \end{cases}$$

Si conocemos un vector normal (o perpendicular) a la recta, $n = (a, b)$ entonces su ecuación cartesiana será

$$ax + by + c = 0$$

y un vector director puede ser $(-b, a)$. Es habitual dar una recta por lo que se llama su **ecuación explícita** que consiste en despejar, cuando es posible, el valor de y:

$$y = \frac{-a}{b}x + d$$

Al valor $m = \frac{-a}{b}$ se le llama **pendiente de la recta** y es el valor de la tangente del ángulo que forma la recta con el eje horizontal.

Distancia entre dos puntos

Si $X = (x_1, x_2)$ e $Y = (y_1, y_2)$ entonces:

$$\boxed{d(X, Y) = \sqrt{(y_1 - x_1)^2 + (y_2 - x_2)^2}}$$

Distancia entre un punto y una recta

Supongamos que $B = (b_1, b_2)$ y $r \equiv c_1x_1 + c_2x_2 + c_0 = 0$ y llamemos B' a la proyección sobre r de B. Entonces, puesto que el vector $\overrightarrow{BB'}$ es perpendicular a la recta, será paralelo al vector normal a la recta: $c = (c_1, c_2)$, con lo cual:

$$cos(\widehat{\overrightarrow{BB'}, c}) = \pm 1.$$

En consecuencia

$$< \overrightarrow{BB'}, c >= \pm \parallel \overrightarrow{BB'} \parallel \cdot \parallel c \parallel$$

y entonces:

$$d(B, r) = \parallel \overrightarrow{BB'} \parallel = \frac{|< \overrightarrow{BB'}, c >|}{\parallel c \parallel} = \frac{| (b_1' - b_1)c_1 + (b_2' - b_2)c_2 |}{\sqrt{c_1^2 + c_2^2}} \qquad (*)$$

Pero, puesto que $B' \in r$, tenemos que $c_1b_1' + c_2b_2' + c_0 = 0$ y sustituyendo en (*) obtenemos finalmente:

$$\boxed{d(B, r) = \frac{|c_1b_1 + c_2b_2 + c_0|}{\sqrt{c_1^2 + c_2^2}}}$$

Distancia entre dos rectas paralelas

Supongamos que $r \equiv c_1x_1 + c_2x_2 + c_0 = 0$ y $s \equiv c_1x_1 + c_2x_2 + d_0 = 0$ son dos rectas paralelas. Entonces $d(r, s) = d(B, r)$ siendo B un punto cualquiera de s, y podemos aplicar la fórmula del apartado anterior; pero si $B \in s$, entonces $c_1b_1 + c_2b_2 = -d_0$ y sustituyendo obtenemos:

$$\boxed{d(r, s) = \frac{|c_0 - d_0|}{\sqrt{c_1^2 + c_2^2}}}$$

Ángulo que forman dos rectas

(a) Si las rectas están dadas en ecuaciones paramétricas:

$$r \equiv \begin{cases} x_1 = a_1 + \lambda u_1 \\ x_2 = a_2 + \lambda u_2 \end{cases} ; \qquad s \equiv \begin{cases} x_1 = b_1 + \mu v_1 \\ x_2 = b_2 + \mu v_2 \end{cases}$$

Entonces los vectores directores de r y s respectivamente son $u = (u_1, u_2)$ y $v = (v_1, v_2)$ y tenemos:

$$cos(\widehat{r,s}) = \frac{<u,v>}{\|u\| \ \|v\|}$$

(b) Si las rectas vienen dadas en ecuaciones cartesianas

$$r \equiv c_1x_1 + c_2x_2 + c_0 = 0; \quad s \equiv d_1x_1 + d_2x_2 + d_0 = 0$$

entonces el ángulo que forman las rectas r y s es igual al que forman los vectores normales a ellas, $c = (c_1, c_2)$ y $d = (d_1, d_2)$ y obtenemos:

$$cos(\widehat{r,s}) = \frac{<c,d>}{\|c\| \ \|d\|}$$

1.13. Problemas métricos en el espacio afín euclídeo tridimensional

A lo largo de esta sección se supondrá que $\mathcal{A}$ es un espacio afín euclídeo de dimensión 3, que $R = \{O; e_1, e_2, e_3\}$ es un sistema de referencia rectangular en $\mathcal{A}$ y que todas las coordenadas de puntos y ecuaciones de rectas y planos están expresadas respecto de R.

Ecuaciones de rectas y planos

Para una recta que pasa por el punto (a_1, a_2, a_3) y tiene vector director (v_1, v_2, v_3) es usual utilizar la que se llama **ecuación continua** de la recta, que se deduce de las ecuaciones paramétricas despejando el parámetro (cuando es posible) e igualando:

$$r \equiv \frac{x - a_1}{v_1} = \frac{y - a_2}{v_2} = \frac{z - a_3}{v_3}$$

Además si una recta r viene dada en ecuaciones cartesianas por:

$$r \equiv \left\{ \begin{array}{lcl} c_1x_1 + c_2x_2 + c_3x_3 + c_0 & = & 0 \\ d_1x_1 + d_2x_2 + d_3x_3 + d_0 & = & 0 \end{array} \right.$$

Entonces los vectores $c = (c_1, c_2, c_3)$ y $d = (d_1, d_2, d_3)$ son perpendiculares a la recta y en consecuencia:

$$c \wedge d = \left(\begin{vmatrix} c_2 & d_2 \\ c_3 & d_3 \end{vmatrix}, \begin{vmatrix} c_3 & d_3 \\ c_1 & d_1 \end{vmatrix}, \begin{vmatrix} c_1 & d_1 \\ c_2 & d_2 \end{vmatrix} \right)$$

es un vector de dirección de r.
Si π es el plano que pasa por el punto A con vectores de dirección u y v, entonces el vector $u \wedge v$ es ortogonal al plano. Así, un punto X está en π si, y solamente si, $\vec{AX} \perp u \wedge v$, es decir:

$$< (x_1 - a_1, x_2 - a_2, x_3 - a_3), u \wedge v >= \begin{vmatrix} x_1 - a_1 & u_1 & v_1 \\ x_2 - a_2 & u_2 & v_2 \\ x_3 - a_3 & u_3 & v_3 \end{vmatrix} = 0$$

nos proporciona una ecuación cartesiana del plano.
Por otra parte, si la ecuación cartesiana del plano es

$$\pi \equiv c_1x + c_2y + c_3z + c_0 = 0$$

entonces el vector (c_1, c_2, c_3) es un vector normal (o perpendicular) al plano.

Distancia entre dos puntos

Si $X = (x_1, x_2, x_3)$ e $Y = (y_1, y_2, y_3)$ entonces:

$$d(X, Y) = \sqrt{(y_1 - x_1)^2 + (y_2 - x_2)^2 + (y_3 - x_3)^2}$$

Distancia entre un punto y un plano
Supongamos que $B = (b_1, b_2, b_3)$ y $\pi \equiv c_1x_1 + c_2x_2 + c_3x_3 + c_0 = 0$ y llamemos B' a la proyección sobre π de B. Entonces, puesto que el vector $\overrightarrow{BB'}$ es perpendicular al plano, será paralelo al vector normal al plano $c = (c_1, c_2, c_3)$, con lo cual:

$$d(B, \pi) = \| \overrightarrow{BB'} \| = \frac{|< \overrightarrow{BB'}, c >|}{\| c \|} = \frac{| (b_1' - b_1)c_1 + (b_2' - b_2)c_2 + (b_3' - b_3)c_3 |}{\sqrt{c_1^2 + c_2^2 + c_3^2}} \qquad (*)$$

Pero, puesto que $B' \in \pi$, tenemos que $c_1b_1' + c_2b'2 + c_3b_3' = -c_0$ y sustituyendo en (*) obtenemos que:

$$d(B, \pi) = \frac{|c_1b_1 + c_2b_2 + c_3b_3 + c_0|}{\sqrt{c_1^2 + c_2^2 + c_3^2}}$$

Distancia entre dos planos paralelos
Supongamos que $\pi_1 \equiv c_1x_1 + c_2x_2 + c_3x_3 + c_0 = 0$ y $\pi_2 \equiv c_1x_1 + c_2x_2 + c_3x_3 + d_0 = 0$. Entonces $d(\pi_1, \pi_2) = d(B, \pi_1)$ siendo B un punto cualquiera de π_2, y podemos aplicar la fórmula del apartado anterior; pero si $B \in \pi_2$, entonces $c_1b_1 + c_2b_2 + c_3b_3 = -d_0$ y sustituyendo obtenemos:

$$d(\pi_1, \pi_2) = \frac{|c_0 - d_0|}{\sqrt{c_1^2 + c_2^2 + c_3^2}}$$

Distancia entre un punto y una recta
Sea B el punto y supongamos que la recta r pasa por el punto A y tiene vector director u. Llamemos $B' = p_r(B)$, entonces $d(B, r) = \| \overrightarrow{BB'} \|$. Ahora bien $\overrightarrow{AB} = \overrightarrow{AB'} + \overrightarrow{B'B}$ y así:

$$\| \overrightarrow{AB} \wedge u \| = \| \overrightarrow{AB'} \wedge u + \overrightarrow{B'B} \wedge u \| = \| \overrightarrow{B'B} \wedge u \| = \| \overrightarrow{B'B} \| \; \| u \|$$

($\overrightarrow{AB'} \wedge u = 0$ por ser linealmente dependientes) y por tanto:

$$d(B, r) = \frac{\|\overrightarrow{AB} \wedge u\|}{\|u\|}$$

Distancia entre recta y plano paralelos
Es la distancia entre un punto cualquiera de la recta y el plano, y se puede aplicar la fórmula ya obtenida.

Distancia entre rectas paralelas
Es la distancia entre un punto cualquiera de la primera recta y la segunda, y se puede aplicar la fórmula para dicha distancia.

Ángulo entre dos rectas
Si $r = A + L(u)$ y $s = B + L(v)$, entonces:

$$cos(\widehat{r, s}) = cos(\widehat{u, v}) = \frac{< u, v >}{\|u\| \; \|v\|}$$

Ángulo entre dos planos

Si $\pi_1 \equiv c_1x_1 + c_2x_2 + c_3x_3 + c_0 = 0$ y $\pi_2 \equiv d_1x_1 + d_2x_2 + d_3x_3 + d_0 = 0$, entonces:

$$cos(\widehat{\pi_1, \pi_2}) = cos(\widehat{c, d}) = \frac{<c,d>}{\|c\| \ \|d\|}$$

Ángulo entre recta y plano

Si $r = A + L(u)$ y $\pi \equiv c_1x_1 + c_2x_2 + c_3x_3 + c_0 = 0$, entonces:

$$sen(\widehat{r, \pi}) = cos(\widehat{u, c}) = \frac{<u,c>}{\|u\| \ \|c\|}$$

Aplicaciones afines y movimientos

2.1. Definición y ejemplos

Sean $\mathcal{A}$ y $\mathcal{A}'$ espacios afines sobre los espacios vectoriales V y V'. Una aplicación

$$f : \mathcal{A} \to \mathcal{A}'$$

se dirá que es una **aplicación afín** si existe un punto $O \in \mathcal{A}$ de forma que la correspondencia

$$\overrightarrow{f} : V \to V'$$

dada por

$$\overrightarrow{f}(\overrightarrow{OX}) = \overrightarrow{f(O)f(X)}$$

es una aplicación lineal.

Ejemplo 13. *La aplicación identidad $I : \mathcal{A} \to \mathcal{A}$ definida por $I(X) = X$ para cada $X \in \mathcal{A}$ es una aplicación afín, puesto que para cualquier $O \in \mathcal{A}$, $\overrightarrow{I} : V \to V$ dada por*

$$\overrightarrow{I}(\overrightarrow{OX}) = \overrightarrow{I(O)I(X)} = \overrightarrow{OX}$$

es la aplicación identidad en el espacio vectorial V y por tanto lineal.

Ejemplo 14. *Si definimos $f : \mathbb{R}^3 \to \mathbb{R}^3$ por*

$$f(x,y,z) = (x+y+1, x-z, x+y+z-1)$$

tomando $O = (0,0,0)$ se tiene $f(O) = (1,0,-1)$ y

$$\overrightarrow{f}(\overrightarrow{OX}) = \overrightarrow{f(O)f(X)} = (x+y+1, x-z, x+y+z-1) - (1,0,-1) = (x+y, x-z, x+y+z)$$

que es una aplicación lineal cuya matriz asociada respecto de la base canónica es

$$A = \begin{pmatrix} 1 & 1 & 0 \\ 1 & 0 & -1 \\ 1 & 1 & 1 \end{pmatrix}$$

PROPOSICIÓN

Si f es una aplicación afín, entonces para cada $A, B \in \mathcal{A}$ se verifica

$$\overrightarrow{f}(\overrightarrow{AB}) = \overrightarrow{f(A)f(B)}$$

DEMOSTRACIÓN. Siempre se puede escribir

$$\overrightarrow{AB} = \overrightarrow{AO} + \overrightarrow{OB} = -\overrightarrow{OA} + \overrightarrow{OB}$$

entonces
$$\overrightarrow{f}(\overrightarrow{AB}) = \overrightarrow{f}(-\overrightarrow{OA} + \overrightarrow{OB}) =$$
usando que $\overrightarrow{f}$ es una aplicación lineal
$$= -\overrightarrow{f}(\overrightarrow{OA}) + \overrightarrow{f}(\overrightarrow{OB}) = -\overrightarrow{f(O)f(A)} + \overrightarrow{f(O)f(B)} = \overrightarrow{f(A)f(B)}$$

□

Como consecuencia de esta Proposición, si f es una aplicación afín, la aplicación lineal $\overrightarrow{f}$ no depende en realidad del punto O elegido para definirla. A la aplicación $\overrightarrow{f}$ se le llama **aplicación lineal asociada** a f.

PROPOSICIÓN

La composición de dos aplicaciones afines es de nuevo una aplicación afín. Además una aplicación afín f es inyectiva (resp. sobreyectiva) si, y sólo si, lo es la aplicación lineal asociada.

DEMOSTRACIÓN. Sean $f : \mathcal{A} \to \mathcal{A}'$ y $g : \mathcal{A}' \to \mathcal{A}''$ dos aplicaciones afines y entonces
$$\overrightarrow{(g \circ f)}(\overrightarrow{AB}) = \overrightarrow{(g \circ f)(A)(g \circ f)(B)} = \overrightarrow{g(f(A))g(f(B))} = \overrightarrow{g}(\overrightarrow{f(A)f(B)}) = (\overrightarrow{g} \circ \overrightarrow{f})(\overrightarrow{AB})$$
y como $\overrightarrow{g}$ y $\overrightarrow{f}$ son aplicaciones lineales, entonces también lo es $\overrightarrow{g \circ f} = \overrightarrow{g} \circ \overrightarrow{f}$. La condición de ser f inyectiva se escribe
$$f(A) = f(B) \ \Rightarrow \ A = B$$
pero esto puede traducirse en
$$\overrightarrow{f(A)f(B)} = 0 \ \Rightarrow \ \overrightarrow{AB} = 0$$
que es la condición de ser $\overrightarrow{f}$ inyectiva.
Para la sobreyectividad, si $f(O) \in \mathcal{A}'$, entonces cualquier punto de $\mathcal{A}'$ es de la forma $X' = f(O) + v'$ con $v' \in V'$ y si $\overrightarrow{f}$ es sobreyectiva, entonces $v' = \overrightarrow{f}(v)$ con $v \in V$. Así, $v' = \overrightarrow{f}(v) = \overrightarrow{f}(\overrightarrow{OX}) = \overrightarrow{f(O)f(X)}$ y por tanto
$$f(X) = f(O) + v' = X'$$
con lo que f es sobreyectiva. El recíproco requiere el razonamiento inverso. □

2.2. Expresión matricial de una aplicación afín

Sean $\mathcal{A}$ y $\mathcal{A}'$ espacios afines de dimensión finita y en ellos consideremos sistemas de referencia $R = \{O; B\}$ y $R' = \{O'; B'\}$. Una aplicación afín $f : \mathcal{A} \to \mathcal{A}'$ está completamente determinada conociendo la imagen del origen, $f(O)$, y la aplicación lineal asociada $\overrightarrow{f}$. En efecto, puesto que $\overrightarrow{f(O)f(X)} = \overrightarrow{f}(\overrightarrow{OX})$, entonces
$$f(X) = f(O) + \overrightarrow{f}(\overrightarrow{OX})$$
Si conocemos las coordenadas de $f(O) = (c_1, c_2, \ldots, c_m)_{R'}$ y la matriz asociada a $\overrightarrow{f}$ en las bases B y B', digamos $A = (a_{ij})_{i,j} \in M_{m\times n}(\mathbb{K})$ y denotamos por $(x_1, x_2, \ldots, x_n)$ a las coordenadas de un punto $X \in \mathcal{A}$ en el sistema de referencia R y por $(y_1, y_2, \ldots, y_m)$ a las coordenadas de $f(X)$ en el sistema R', entonces tenemos
$$f(X) = f(O) + \overrightarrow{f}(\overrightarrow{OX})$$

es decir

$$\begin{pmatrix} y_1 \\ y_2 \\ \vdots \\ y_m \end{pmatrix} = \begin{pmatrix} c_1 \\ c_2 \\ \vdots \\ c_m \end{pmatrix} + \begin{pmatrix} a_{11} & a_{12} & \dots & a_{1n} \\ a_{21} & a_{22} & \dots & a_{2n} \\ \vdots & \vdots & \ddots & \vdots \\ a_{m1} & a_{m2} & \dots & a_{mn} \end{pmatrix} \begin{pmatrix} x_1 \\ x_2 \\ \vdots \\ x_n \end{pmatrix}$$

la **expresión matricial de una aplicación afín**, que podemos escribir como

$$Y = C + AX$$

O también, utilizando una notación ya conocida:

$$\left(\begin{array}{c} 1 \\ \hline y_1 \\ y_2 \\ \vdots \\ y_m \end{array}\right) = \left(\begin{array}{c|cccc} 1 & 0 & 0 & \dots & 0 \\ \hline c_1 & a_{11} & a_{12} & \dots & a_{1n} \\ c_2 & a_{21} & a_{22} & \dots & a_{2n} \\ \vdots & \vdots & \vdots & \ddots & \vdots \\ c_m & a_{m1} & a_{m2} & \dots & a_{mn} \end{array}\right) \left(\begin{array}{c} 1 \\ \hline x_1 \\ x_2 \\ \vdots \\ x_n \end{array}\right)$$

La matriz

$$\left(\begin{array}{c|c} I & 0 \\ \hline C & A \end{array}\right)$$

recibe el nombre de **matriz asociada** a f respecto de R y R'.

Ejemplo 15. *La aplicación afín $f : \mathbb{R}^3 \to \mathbb{R}^3$ dada por*

$$f(x, y, z) = (x + y + 1, x - z, x + y + z - 1)$$

tiene matriz asociada en el sistema de referencia canónico:

$$\left(\begin{array}{c|ccc} 1 & 0 & 0 & 0 \\ \hline 1 & 1 & 1 & 0 \\ 0 & 1 & 0 & -1 \\ -1 & 1 & 1 & 1 \end{array}\right)$$

Ejemplo 16. *Si $\mathcal{A}$ es un espacio afín sobre el espacio vectorial V de dimensión n y elegimos un vector $v \in V$, entonces podemos definir una aplicación*

$$t_v : \mathcal{A} \to \mathcal{A}$$

por

$$t_v(X) = X + v$$

a la que llamamos **traslación de vector** *v. Para comprobar que es aplicación afín calculamos*

$$\overrightarrow{t_v}(\overrightarrow{OX}) = \overrightarrow{t_v(O)t_v(X)} = \overrightarrow{(O+v)(X+v)} = (X + v) - (O + v) = X - O = \overrightarrow{OX}$$

y obtenemos que la aplicación lineal asociada es la identidad. Si consideramos un sistema de referencia $R = \{O; B\}$, y $v = (v_1, v_2, \dots, v_n)_B$ entonces

$$f(O) = O + v = (v_1, v_2, \dots, v_n)_R$$

y como la matriz asociada a $\overrightarrow{t_v}$ es la identidad, entonces la matriz de la traslación de vector v en el sistema de referencia R es:

$$\left(\begin{array}{c|cccc} 1 & 0 & 0 & \dots & 0 \\ \hline v_1 & 1 & 0 & \dots & 0 \\ v_2 & 0 & 1 & \dots & 0 \\ \vdots & \vdots & \vdots & \ddots & \vdots \\ v_n & 0 & 0 & \dots & 1 \end{array}\right)$$

Ejemplo 17. *Describiremos ahora una aplicación afín que se denomina* **homotecia de centro** *C* **y razón** *a. Dado un punto $X \in \mathcal{A}$ se define:*

$$h_{(C,a)}(X) = C + a\,\overrightarrow{CX}$$

Para calcular la matriz asociada respecto de un cierto sistema de referencia R en el que $C = (c_1, c_2, \dots, c_n)_R$ necesitamos conocer $h_{(C,a)}(O)$

$$h_{(C,a)}(O) = C + a\,\overrightarrow{CO} = (c_1, c_2, \dots, c_n) + a(-c_1, -c_2, \dots, -c_n) = (1-a)(c_1, c_2, \dots, c_n)_R$$

y también la aplicación lineal asociada

$$\overrightarrow{h_{(C,a)}}(\overrightarrow{AB}) = \overrightarrow{h_{(C,a)}(A)h_{(C,a)}(B)} = (C + a\,\overrightarrow{CB}) - (C + a\,\overrightarrow{CA}) = a(\overrightarrow{AC} + \overrightarrow{CB}) = a\,\overrightarrow{AB}$$

que consiste en multiplicar cada vector por la razón de la homotecia (o sea, se trata de la homotecia de razón a en un espacio vectorial).

Así, la matriz asociada a $h_{(C,a)}$ respecto de R es:

$$\left(\begin{array}{c|cccc} 1 & 0 & 0 & \dots & 0 \\ \hline (1-a)c_1 & a & 0 & \dots & 0 \\ (1-a)c_2 & 0 & a & \dots & 0 \\ \vdots & \vdots & \vdots & \ddots & \vdots \\ (1-a)c_n & 0 & 0 & \dots & a \end{array}\right)$$

2.3. Movimientos rígidos

Cuando $\mathcal{A}$ es un espacio afín euclídeo tiene sentido preguntarse por las aplicaciones afines que conservan la distancia entre los puntos, a las que se suele llamar **movimientos**, **desplazamientos** o **movimientos rígidos**.

PROPOSICIÓN

La aplicación afín $f : \mathcal{A} \to \mathcal{A}$ es un movimiento rígido si, y sólo si, la aplicación lineal $\overrightarrow{f}$ es una isometría.

DEMOSTRACIÓN. Puesto que $d(A, B) = ||\overrightarrow{AB}||$, entonces $d(f(A), f(B)) = d(A, B)$ si, y sólo si,

$$||\overrightarrow{f(A)f(B)}|| = ||\overrightarrow{f}(\overrightarrow{AB})|| = ||\overrightarrow{AB}||$$

es decir, si $\overrightarrow{f}$ conserva la norma de los vectores. □

Ejemplo 18. *Toda traslación es un movimiento rígido. Las homotecias no son movimientos rígidos, pero conservan los ángulos.*

Cuando se considera un sistema de referencia rectangular, la matriz asociada a un movimiento rígido es de la forma

$$\left(\begin{array}{c|c} 1 & 0 \\ \hline C & A \end{array}\right)$$

con A una matriz ortogonal (puesto que es la matriz de una isometría respecto de una base ortonormal).

PROPOSICIÓN

En un espacio afín euclídeo de dimensión finita, todo movimiento rígido se puede escribir como la composición de un movimiento que deja fijo el origen y una traslación.

DEMOSTRACIÓN. En realidad se trata de comprobar la veracidad de la igualdad:

$$\left(\begin{array}{c|c} 1 & 0 \\ \hline C & A \end{array}\right) = \left(\begin{array}{c|c} 1 & 0 \\ \hline C & I \end{array}\right)\left(\begin{array}{c|c} 1 & 0 \\ \hline 0 & A \end{array}\right)$$

□

2.4. Puntos fijos y variedades invariantes

Si $f : \mathcal{A} \to \mathcal{A}$ es un movimiento rígido, un punto $X \in \mathcal{A}$ se dice que es un **punto fijo** por f si $f(X) = X$. Si la expresión matricial de f en un cierto sistema de referencia rectangular es

$$Y = C + AX$$

entonces los puntos fijos son las soluciones de

$$X = C + AX$$

es decir, del sistema no homogéneo

$$(A - I)X = -C$$

El siguiente resultado es entonces evidente:

PROPOSICIÓN

1.- Un movimiento rígido de ecuación $Y = C + AX$ tiene puntos fijos si, y sólo si, $rg(A - I) = rg(A - I| - C)$.
2.- El conjunto de todos los puntos fijos de un movimiento rígido es una variedad afín de ecuaciones cartesianas

$$(A - I)X = -C$$

Ejemplo 19. *Una traslación distinta de la identidad (o sea, de vector no nulo) no tiene ningún punto fijo. En efecto, puesto que la ecuación de una traslación es*

$$Y = C + IX$$

entonces los puntos fijos deben verificar

$$(I - I)X = -C$$

que si $C \neq 0$ *es un sistema incompatible.*

Ejemplo 20. *En el plano afín euclídeo, la aplicación afín*

$$\begin{cases} x' = -x\cos 2\alpha - y\,sen\,2\alpha + 2\cos\alpha \\ y' = -x\,sen\,2\alpha + y\cos 2\alpha + 2sen\,\alpha \end{cases}$$

es un movimiento rígido, puesto que

$$A^tA = \begin{pmatrix} -\cos 2\alpha & -sen\,2\alpha \\ -sen\,2\alpha & \cos 2\alpha \end{pmatrix}\begin{pmatrix} -\cos 2\alpha & -sen\,2\alpha \\ -sen\,2\alpha & \cos 2\alpha \end{pmatrix} = I$$

es decir, $\overrightarrow{f}$ *es una isometría. Para calcular los puntos fijos debemos resolver el sistema de matriz ampliada:*

$$\left(\begin{array}{cc|c} -\cos 2\alpha - 1 & -sen\,2\alpha & -2\cos\alpha \\ -sen\,2\alpha & \cos 2\alpha - 1 & -2sen\,\alpha \end{array}\right)$$

Utilizando las fórmulas del ángulo doble

$$\begin{cases} \cos 2\alpha = \cos^2\alpha - sen^2\alpha \\ sen\,2\alpha = 2sen\,\alpha\cos\alpha \end{cases}$$

y la igualdad $1 = \cos^2\alpha + sen^2\alpha$ *tenemos:*

$$\left(\begin{array}{cc|c} -\cos^2\alpha + sen^2\alpha - 1 & -2sen\,\alpha\cos\alpha & -2\cos\alpha \\ -2sen\,\alpha\cos\alpha & \cos^2\alpha - sen^2\alpha - 1 & -2sen\,\alpha \end{array}\right) \sim$$

$$\sim \left(\begin{array}{cc|c} -2\cos^2\alpha & -2sen\,\alpha\cos\alpha & -2\cos\alpha \\ -2sen\,\alpha\cos\alpha & -2sen^2\alpha & -2sen\,\alpha \end{array}\right) \sim$$

Si $\cos\alpha \neq 0$

$$\sim \left(\begin{array}{cc|c} -\cos\alpha & -sen\,\alpha & -1 \\ -sen\,\alpha\cos\alpha & -sen^2\alpha & -sen\,\alpha \end{array}\right) \sim \left(\begin{array}{cc|c} -\cos\alpha & -sen\,\alpha & -1 \\ 0 & 0 & 0 \end{array}\right)$$

y queda la recta de ecuación

$$r \equiv x\cos\alpha + y\,sen\,\alpha - 1 = 0$$

si $\cos\alpha \neq 0$.

En el caso $\alpha = \pi/2$ $(\cos\alpha = 0)$ *queda la recta de puntos fijos*

$$r \equiv y - 1 = 0$$

Incluso si no hay puntos fijos en un movimiento rígido, pero la isometría asociada tiene subespacio de vectores fijos no nulo, existen variedades afines que quedan fijas por el movimiento (es decir, si $X \in L$, entonces $f(X) \in L$). Entre ellas destacamos la que tiene como espacio de dirección al subespacio $V_{\vec{f}}$ de los vectores fijos por $\vec{f}$ y a la que llamamos la **variedad invariante** por f. Recordemos que $V_{\vec{f}}$ tiene ecuación cartesiana $(A - I)X = 0$, es decir, es el subespacio propio asociado al valor propio $\lambda = 1$.

PROPOSICIÓN

La variedad invariante $L = P + V_{\vec{f}}$ por el movimiento rígido de ecuación $Y = C + AX$ tiene ecuaciones cartesianas

$$(A - I)^2 X + (A - I)C = 0$$

DEMOSTRACIÓN. Si $X \in L$, entonces el vector $\overrightarrow{Xf(X)}$ es un vector propio asociado al valor propio 1 y por tanto

$$(A - I)(\overrightarrow{Xf(X)}) = 0$$

Como $\overrightarrow{Xf(X)} = (C + AX) - X = C + (A - I)X$, entonces

$$(A - I)(C + (A - I)X) = (A - I)^2 X + (A - I)C = 0$$

□

LEMA

Si $rg(A - I)^2 = rg(A - I)$ entonces el sistema no homogéneo

$$(A - I)^2 X + (A - I)C = 0$$

es compatible.

DEMOSTRACIÓN. Utilizaremos que el rango de un producto es menor o igual que el rango de cada uno de los factores:

$$\begin{aligned} rg((A - I)^2 | (A - I)C) &= rg((A - I)((A - I)|C)) \\ &\leq min\{rg(A - I), rg((A - I)|C)\} \\ &= rg(A - I) \\ &= rg((A - I)^2) \end{aligned}$$

Así, la matriz de coeficientes y la matriz ampliada tienen el mismo rango y por tanto el sistema es compatible. □

Ejemplo 21. *En $\mathbb{R}^2$ el movimiento*

$$\begin{pmatrix} 1 \\ x' \\ y' \end{pmatrix} = \left(\begin{array}{c|cc} 1 & 0 & 0 \\ \hline 3 & -\frac{3}{5} & -\frac{4}{5} \\ 1 & -\frac{4}{5} & \frac{3}{5} \end{array}\right) \begin{pmatrix} 1 \\ x \\ y \end{pmatrix}$$

no tiene puntos fijos, sin embargo la variedad afín invariante por f es no vacía. Calculamos sus ecuaciones cartesianas:

$$(A-I)^2 = \begin{pmatrix} 80/25 & 40/25 \\ 40/25 & 20/25 \end{pmatrix}$$

y

$$(A-I)C = \begin{pmatrix} -28/5 \\ -14/5 \end{pmatrix}$$

y nos queda el sistema

$$\left\{ \begin{array}{l} \frac{16}{5}x + \frac{8}{5}y = \frac{28}{5} \\ \frac{8}{5}x + \frac{4}{5}y = \frac{14}{5} \end{array} \right. \sim \left\{ \frac{8}{5}x + \frac{4}{5}y = \frac{14}{5} \right. \sim \left\{ 4x + 2y = 7 \right.$$

por tanto la variedad invariante es de dimensión 1*, o sea, una recta.*

2.5. Clasificación de los movimientos rígidos en $\mathbb{R}^2$

Clasificamos los movimientos rígidos en el plano y el espacio atendiendo al tipo de la isometría asociada y al conjunto de puntos fijos.

Movimientos rígidos en $\mathbb{R}^2$

$rg(A-I)$	Puntos fijos	Descripción del movimiento
2	un punto fijo	**Rotación de centro el punto fijo**
1	ningún punto fijo	**Simetría deslizante**
1	una recta de puntos fijos	**Simetría respecto de la recta de puntos fijos**
0	ningún punto fijo	**Traslación**
0	todos los puntos son fijos	**Identidad**

Una **simetría deslizante** consiste en una simetría compuesta con una traslación en la que el vector de la traslación es paralelo al eje de simetría. Aunque en una simetría deslizante no existen puntos fijos, como la matriz A es diagonalizable (respecto de una base adecuada la matriz de una simetría es diagonal con valores propios 1 y -1) entonces $rg(A-I) = rg(A-I)^2 = 1$. Así la variedad de ecuaciones

$$(A-I)^2X = -(A-I)C$$

tiene dimensión 1, es decir, una recta que queda fija por el movimiento: el eje de simetría.

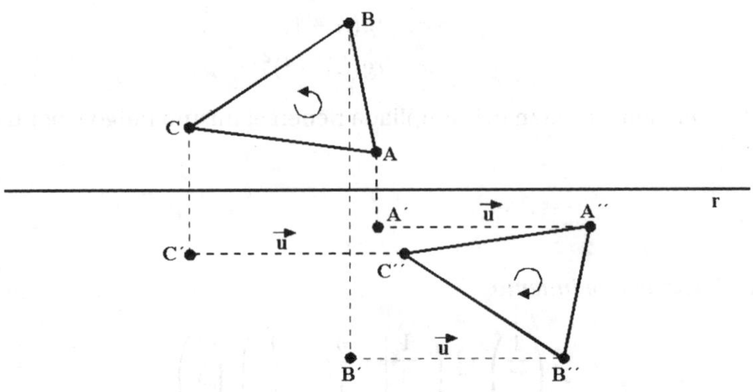

Simetría deslizante en el plano

Ejemplo 22. *En $\mathbb{R}^2$ el movimiento*

$$\begin{pmatrix} 1 \\ x' \\ y' \end{pmatrix} = \left(\begin{array}{c|cc} 1 & 0 & 0 \\ \hline 3 & -\frac{3}{5} & -\frac{4}{5} \\ 1 & -\frac{4}{5} & \frac{3}{5} \end{array}\right) \begin{pmatrix} 1 \\ x \\ y \end{pmatrix}$$

tiene

$$rg(A-I) = rg\begin{pmatrix} -\frac{8}{5} & -\frac{4}{5} \\ -\frac{4}{5} & -\frac{2}{5} \end{pmatrix} = 1$$

y

$$rg(A-I|-C) = rg\left(\begin{array}{cc|c} -\frac{8}{5} & -\frac{4}{5} & -3 \\ -\frac{4}{5} & -\frac{2}{5} & -1 \end{array}\right) = 2$$

así que no tiene puntos fijos y por tanto se trata de una simetría deslizante. El eje de simetría es la variedad invariante que habíamos calculado en el ejemplo 21 que tiene ecuación cartesiana

$$r \equiv 4x + 2y - 7 = 0$$

Para calcular el vector de la traslación que sigue a la simetría observamos que se trata del vector $\overrightarrow{Xf(X)}$ para cualquier punto X en el eje de simetría. Tomando por ejemplo $X = (0, 7/2)$ tenemos que $f(X) = (3,1) + (-28/10, 21/10) = (2/10, 31/10)$ luego $\overrightarrow{Xf(X)} = (2/10, 31/10) - (0, 7/2) = (1/5, -2/5)$.

2.6. Clasificación de los movimientos rígidos en $\mathbb{R}^3$

Como en el caso anterior utilizaremos para la clasificación el tipo de isometría asociada junto con el conjunto de puntos fijos.

Movimientos rígidos en $\mathbb{R}^3$

$rg(A-I)$	Puntos fijos	Descripción del movimiento
3	un punto fijo	**Composición de un giro y una simetría; el eje de giro y el plano de simetría son perpendiculares y se cortan en el punto fijo**
2	ningún punto fijo	**Movimiento helicoidal**
2	una recta de puntos fijos	**Rotación de eje la recta de puntos fijos**
1	ningún punto fijo	**Simetría deslizante**
1	un plano de puntos fijos	**Simetría respecto del plano de puntos fijos**
0	ningún punto fijo	**Traslación**
0	todos los puntos son fijos	**Identidad**

La simetría deslizante, como en el caso del plano, consiste en una simetría respecto de un plano seguido de una traslación de vector paralelo al plano de simetría. Dicho plano de simetría es la variedad invariante por el movimiento, puesto que $rg(A-I) = rg((A-I)^2) = 1$.

Ejemplo 23. *Consideremos la aplicación afín de ecuaciones*

$$\begin{pmatrix} x' \\ y' \\ z' \end{pmatrix} = \begin{pmatrix} 2 \\ 0 \\ 1 \end{pmatrix} + \begin{pmatrix} 0 & 1 & 0 \\ 1 & 0 & 0 \\ 0 & 0 & 1 \end{pmatrix} \begin{pmatrix} x \\ y \\ z \end{pmatrix}$$

tiene

$$rg(A-I) = rg \begin{pmatrix} -1 & 1 & 0 \\ 1 & -1 & 0 \\ 0 & 0 & 0 \end{pmatrix} = 1$$

y

$$rg(A-I|-C) = rg \left(\begin{array}{ccc|c} -1 & 1 & 0 & -2 \\ 1 & -1 & 0 & 0 \\ 0 & 0 & 0 & -1 \end{array}\right) = 2$$

así que se trata de una simetría deslizante. El plano de simetría es la variedad invariante que viene dada por el sistema $(A-I)^2X = -(A-I)C$ *cuya matriz ampliada calculamos:*

$$\begin{pmatrix} -1 & 1 & 0 \\ 1 & -1 & 0 \\ 0 & 0 & 0 \end{pmatrix} \left(\begin{array}{ccc|c} -1 & 1 & 0 & -2 \\ 1 & -1 & 0 & 0 \\ 0 & 0 & 0 & -1 \end{array}\right) = \left(\begin{array}{ccc|c} 2 & -2 & 0 & 2 \\ -2 & 2 & 0 & -2 \\ 0 & 0 & 0 & 0 \end{array}\right)$$

El plano de simetría tiene entonces ecuación cartesiana:

$$\pi \equiv x - y = 1$$

y para calcular el vector de la traslación tomamos $X \in \pi$, *por ejemplo,* $X = (1,0,0)$ *y calculamos* $\overrightarrow{Xf(X)}$: *como* $f(1,0,0) = (2,0,1) + (0,1,0) = (2,1,1)$ *entonces el vector de traslación es* $\vec{v} = (1,1,1)$.

Un **movimiento helicoidal** consiste en una rotación respecto de una recta seguido de una traslación de vector paralelo al eje de giro. Este eje de giro es la variedad invariante por el movimiento que tiene dimensión 1 por ser $rg(A-I) = rg((A-I)^2) = 2$.

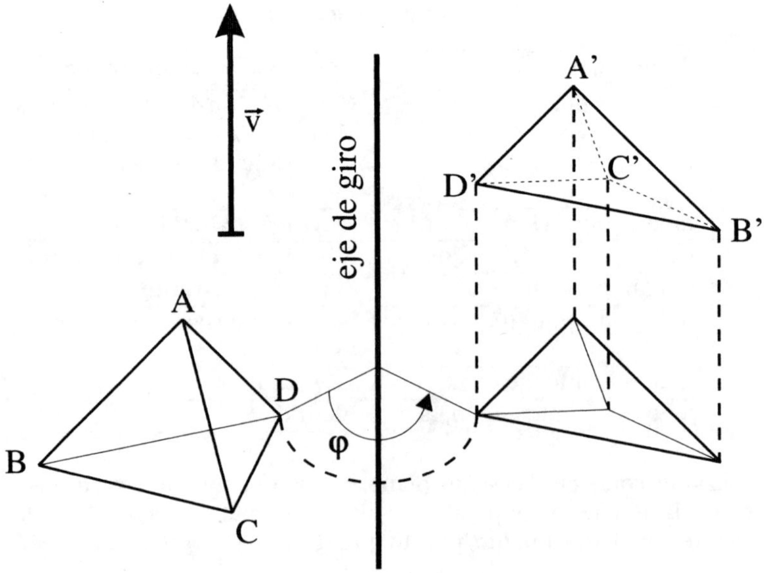

Movimiento helicoidal

Ejemplo 24. *La aplicación afín*

$$\begin{pmatrix} x' \\ y' \\ z' \end{pmatrix} = \begin{pmatrix} \frac{1-\sqrt{3}}{2} \\ \frac{-1-\sqrt{3}}{2} \\ 1 \end{pmatrix} + \begin{pmatrix} 1/2 & -\sqrt{3}/2 & 0 \\ \sqrt{3}/2 & 1/2 & 0 \\ 0 & 0 & 1 \end{pmatrix} \begin{pmatrix} x \\ y \\ z \end{pmatrix}$$

tiene

$$rg(A-I) = rg \begin{pmatrix} -1/2 & -\sqrt{3}/2 & 0 \\ \sqrt{3}/2 & -1/2 & 0 \\ 0 & 0 & 0 \end{pmatrix} = 2$$

y

$$rg(A-I|-C) = rg \left(\begin{array}{ccc|c} -1/2 & -\sqrt{3}/2 & 0 & \frac{-1+\sqrt{3}}{2} \\ \sqrt{3}/2 & -1/2 & 0 & \frac{1+\sqrt{3}}{2} \\ 0 & 0 & 0 & -1 \end{array}\right) = 3$$

con lo que se trata de un movimiento helicoidal. Para calcular el eje de rotación resolvemos el sistema $(A-I)^2X = -(A-I)C$

$$\begin{pmatrix} -1/2 & -\sqrt{3}/2 & 0 \\ \sqrt{3}/2 & -1/2 & 0 \\ 0 & 0 & 0 \end{pmatrix} \left(\begin{array}{ccc|c} -1/2 & -\sqrt{3}/2 & 0 & \frac{-1+\sqrt{3}}{2} \\ \sqrt{3}/2 & -1/2 & 0 & \frac{1+\sqrt{3}}{2} \\ 0 & 0 & 0 & -1 \end{array}\right) =$$

$$= \left(\begin{array}{ccc|c} -1/2 & \sqrt{3}/2 & 0 & \frac{-1-\sqrt{3}}{2} \\ -\sqrt{3}/2 & -1/2 & 0 & \frac{1-\sqrt{3}}{2} \\ 0 & 0 & 0 & 0 \end{array}\right)$$

que nos da las ecuaciones cartesianas

$$\left\{ \begin{array}{rcl} -x+\sqrt{3}y & = & -1-\sqrt{3} \\ -\sqrt{3}x-y & = & 1-\sqrt{3} \end{array} \right. \sim \left\{ \begin{array}{rcl} x & = & \sqrt{3}y+1+\sqrt{3} \\ -\sqrt{3}x-y & = & 1-\sqrt{3} \end{array} \right.$$

$$\sim \left\{ \begin{array}{rcl} x & = & \sqrt{3}y+1+\sqrt{3} \\ -4y & = & 4 \end{array} \right. \left\{ \begin{array}{rcl} x & = & 1 \\ y & = & -1 \end{array} \right.$$

El eje de rotación es la recta

$$r \equiv \left\{ \begin{array}{rcl} x & = & 1 \\ y & = & -1 \end{array} \right.$$

y para obtener la traslación que sigue a la rotación tomamos $X \in r$ *y calculamos* $\overrightarrow{Xf(X)}$*: si* $X = (1,-1,0)$ *entonces* $f(X) = (1,-1,1)$ *y se trata de la traslación de vector* $\vec{v} = (0,0,1)$.

En el caso de la rotación compuesta de la simetría, el único punto fijo es el punto donde se cortan el eje de rotación y el plano de simetría. El eje de rotación tiene subespacio de dirección $V_{-\vec{f}}$ (o sea, el subespacio propio asociado al autovalor $\lambda = -1$), y el plano de simetría es el plano perpendicular a dicha recta.

3. Cónicas y cuádricas

3.1. Elipse

Consideremos el plano afín métrico $\mathbb{R}^2$ y en él un sistema de referencia rectangular. Para definir una **elipse**, tomamos dos puntos F_1 y F_2 a los que llamaremos **focos** y un número positivo a; entonces la elipse de focos F_1 y F_2 y **semieje** a es el conjunto de los puntos (o lugar geométrico) del plano cuya suma de distancias a los focos es $2a$. La ecuación que debe verificar un punto X para pertenecer a la elipse es:

$$d(X, F_1) + d(X, F_2) = 2a \tag{3.1}$$

Desarrollaremos esta ecuación en el caso particular de estar F_1 y F_2 situados sobre uno de los ejes de coordenadas y equidistando del origen; es decir, $F_1 = (d, 0)$ y $F_2 = (-d, 0)$, para cierto $d < a$.
Sustituyendo en 3.1

$$\sqrt{(x-d)^2 + y^2} + \sqrt{(x+d)^2 + y^2} = 2a$$

reordenando y elevando al cuadrado

$$\left(2a - \sqrt{(x+d)^2 + y^2}\right)^2 = (x-d)^2 + y^2$$

$$4a^2 + x^2 + d^2 + 2dx + y^2 - 4a\sqrt{(x+d)^2 + y^2} = x^2 + d^2 - 2dx + y^2$$

simplificando y volviendo a reordenar

$$a^2 + dx = a\sqrt{(x+d)^2 + y^2}$$

elevando de nuevo al cuadrado

$$a^4 + d^2x^2 + 2a^2dx = a^2x^2 + a^2d^2 + 2a^2dx + a^2y^2$$

$$a^2(a^2 - d^2) = x^2(a^2 - d^2) + y^2a^2$$

y siendo $b > 0$ de forma que $b^2 = a^2 - d^2$ queda

$$x^2b^2 + y^2a^2 = a^2b^2$$

o equivalentemente:

$$\boxed{\frac{x^2}{a^2} + \frac{y^2}{b^2} = 1} \tag{3.2}$$

La ecuación 3.2 es llamada **ecuación reducida de la elipse**. En la siguiente figura aparece la elipse cuya ecuación hemos obtenido.

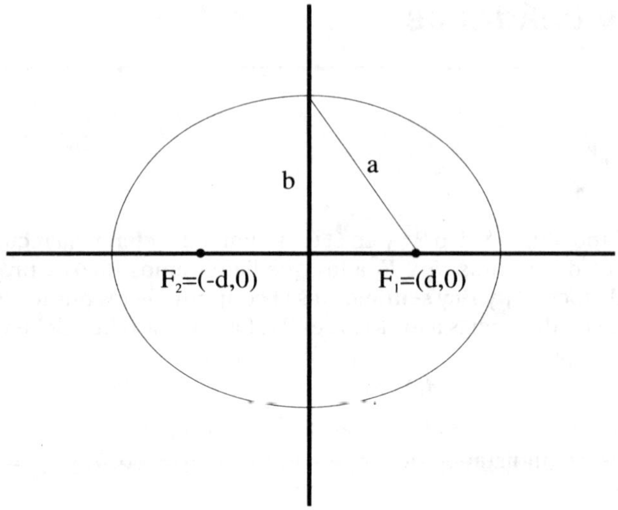

Elipse

Observamos que los ejes del sistema de referencia son los ejes de simetría de la elipse, o simplemente **ejes de la elipse** y que el punto medio entre los focos o **centro de la elipse** es el origen de coordenadas. Los valores a y b pueden obtenerse calculando los puntos de corte de la elipse con los ejes y puesto que $a^2 = b^2 + d^2$, b y d son los lados de un triángulo rectángulo de hipotenusa a. Un ejemplo especial de elipse es la **circunferencia**, donde los dos focos y el centro son el mismo punto, y cuya ecuación reducida verifica $a = b$.

3.2. Hipérbola

Dados dos puntos F_1 y F_2 o **focos** y un número positivo a el conjunto de todos los puntos del plano cuya diferencia de distancias en valor absoluto a los focos es $2a$ se llama **hipérbola**. La ecuación de una hipérbola es

$$|d(X, F_1) - d(X, F_2)| = 2a \tag{3.3}$$

Cuando los focos se toman sobre un eje de coordenadas y equidistando del origen, es decir, si $F_1 = (d, 0)$ y $F_2 = (-d, 0)$ (con $d > a$), podemos desarrollar la ecuación de una manera similar al epígrafe anterior:

$$\pm 2a = \sqrt{(x-d)^2 + y^2} - \sqrt{(x+d)^2 + y^2}$$

$$\left(\pm 2a + \sqrt{(x+d)^2 + y^2}\right)^2 = (x-d)^2 + y^2$$

$$4a^2 + x^2 + d^2 + 2dx + y^2 \pm 4a\sqrt{(x+d)^2 + y^2} = x^2 + d^2 - 2dx + y^2$$

$$a^2 + dx = \pm a\sqrt{(x+d)^2 + y^2}$$

$$a^4 + d^2x^2 + 2a^2dx = a^2x^2 + a^2d^2 + 2a^2dx + a^2y^2$$

$$a^2(a^2 - d^2) = x^2(a^2 - d^2) + y^2a^2$$

Tomando $b > 0$, de forma que $b^2 = d^2 - a^2$, queda

$$\boxed{\frac{x^2}{a^2} - \frac{y^2}{b^2} = 1} \qquad (3.4)$$

que es la **ecuación reducida de la hipérbola**. En el siguiente dibujo observamos los diferentes elementos geométricos para la hipérbola cuya ecuación es 3.4.

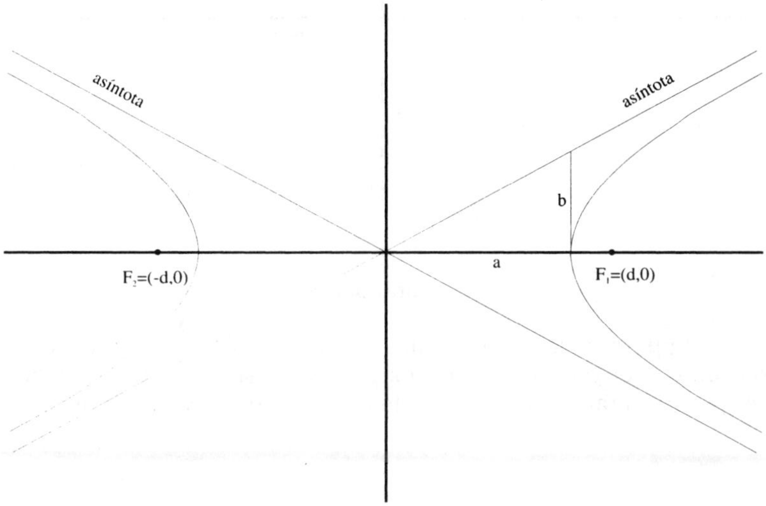

Hipérbola

Los ejes de simetría de esta hipérbola son los ejes del sistema de coordenadas y el centro está sobre el origen de coordenadas. Las rectas que pasan por el centro de la hipérbola y por los puntos (a, b) y $(-a, b)$ reciben el nombre de **asíntotas de la hipérbola**.

3.3. Parábola

Una **parábola** es el lugar geométrico de los puntos del plano que equidistan de un punto F, llamado **foco de la parábola**, y una recta r que se llama **directriz**. La condición que un punto X debe cumplir para pertenecer a la parábola será:

$$d(X,F) = d(X,r) \qquad (3.5)$$

Consideremos el caso particular en el que el foco es el punto $F = (p/2, 0)$ y la directriz es la recta vertical de ecuación $x = -p/2$, entonces la ecuación 3.5 queda:

$$x + p/2 = d(X,r) = d(X,F) = \sqrt{(x-p/2)^2 + y^2}$$

$$x^2 + px + p^2/4 = x^2 - px + p^2/4 + y^2$$

y simplificando

$$\boxed{y^2 = 2px} \qquad (3.6)$$

que es la **ecuación reducida de la parábola**.
Los elementos geométricos de esta parábola aparecen en la siguiente figura:

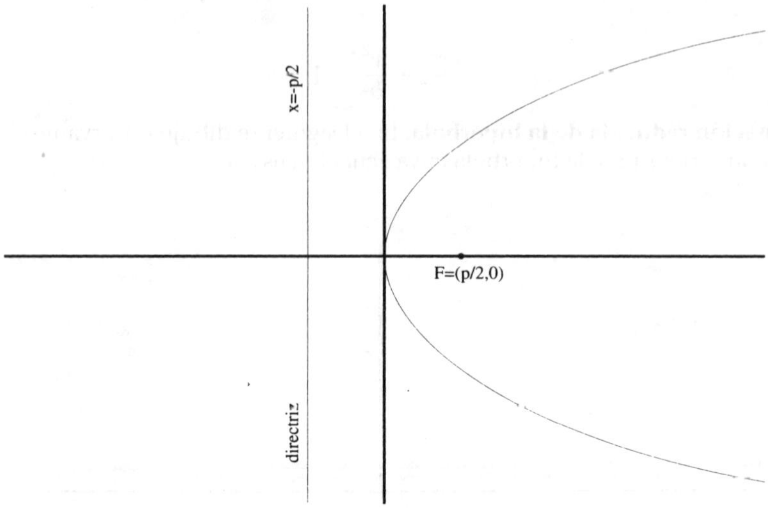

Parábola

Observamos que el punto de la parábola más cercano a la directriz, esto es, el **vértice de la parábola**, está sobre el origen de coordenadas. El eje de simetría de la parábola o **eje de la parábola** es el eje horizontal del sistema de referencia y la **tangente en el vértice** es el eje vertical.

3.4. Secciones cónicas

El nombre genérico de cónicas que se da a elipse, hipérbola y parábola tiene origen en el hecho de que se pueden obtener como resultado de intersecar un cono con un plano (es decir, como una sección cónica). Por ejemplo, si consideramos el cono de ecuación

$$x^2 + y^2 - z^2 = 0$$

y hacemos la intersección

1. Con el plano $\pi \equiv z = 1$ se obtiene la ecuación

   $$x^2 + y^2 = 1$$

   que es una circunferencia, es decir, un tipo de elipse;

2. Con el plano $\pi \equiv y = 1$ se obtiene

   $$x^2 - z^2 = -1$$

   que es una hipérbola;

3. Con el plano $\pi \equiv x - z = 1$ se obtiene la ecuación

   $$y^2 = -2x + 1$$

   que representa a una parábola.

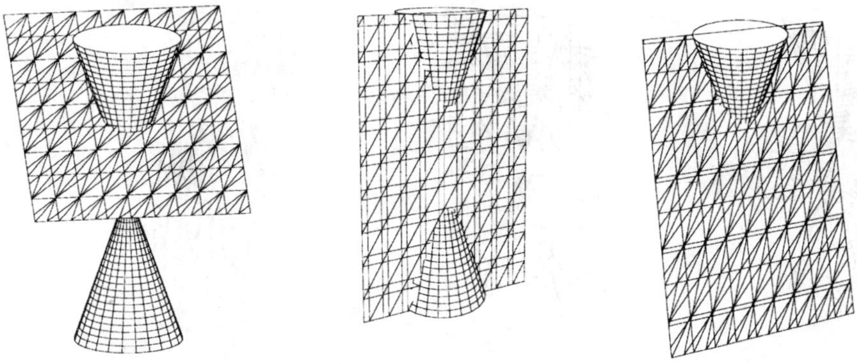

Elipse, hipérbola y parábola

Elipse, hipérbola y parábola son lo que llamamos **cónicas no degeneradas**. Pero al intersecar un cono con un plano pueden aparecer figuras geométricas diferentes, por ejemplo:

1. Con el plano $\pi \equiv z = 0$ se obtiene la ecuación

$$x^2 + y^2 = 0$$

que sólo es verificada por un punto;

2. Con el plano $\pi \equiv y = 0$ se obtiene

$$x^2 - z^2 = 0$$

que se puede escribir también

$$(x - z)(x + z) = 0$$

y es verificada por los puntos en dos rectas que se cortan;

3. Con el plano $\pi \equiv x - z = 0$ se obtiene la ecuación

$$y^2 = 0$$

que es una recta en la que cada punto es dos veces solución, es decir, una recta doble.

Estos tipos de secciones cónicas se denominan **cónicas degeneradas**. Como en el caso de las cónicas no degeneradas, cuando el sistema de referencia está especialmente situado respecto de la cónica aparecen ecuaciones simples de las cónicas degeneradas.

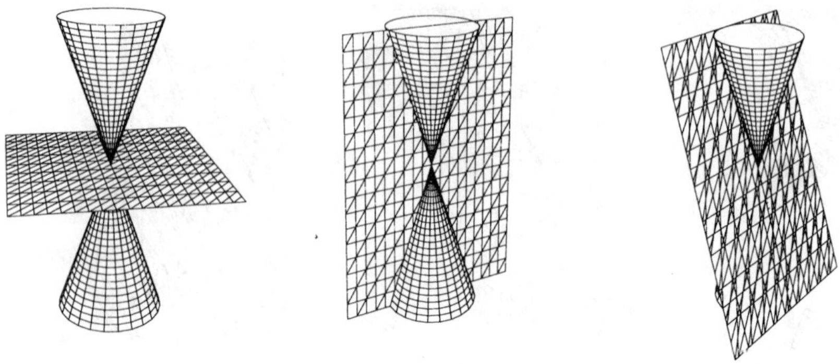

Un punto, dos rectas que se cortan y una recta doble

3.5. Ecuación general de una cónica

Se trata ahora de definir un concepto general que englobe todos los tipos de cónicas que han aparecido: la propiedad que todas tienen en común es que sus ecuaciones son de segundo grado en dos variables. Definiremos una **cónica** como el lugar geométrico de los puntos del plano que verifican una ecuación de segundo grado en dos variables:

$$a_{11}x^2 + a_{22}y^2 + 2a_{12}xy + 2a_{01}x + 2a_{02}y + a_{00} = 0$$

que puede ser expresada en forma matricial

$$\begin{pmatrix} 1 & x & y \end{pmatrix} \begin{pmatrix} a_{00} & a_{01} & a_{02} \\ a_{01} & a_{11} & a_{12} \\ a_{02} & a_{12} & a_{22} \end{pmatrix} \begin{pmatrix} 1 \\ x \\ y \end{pmatrix} = 0$$

utilizando una matriz simétrica de orden 3 a la que denotamos por $\widetilde{A}$:

$$\widetilde{A} = \begin{pmatrix} a_{00} & a_{01} & a_{02} \\ a_{01} & a_{11} & a_{12} \\ a_{02} & a_{12} & a_{22} \end{pmatrix}$$

la ecuación matricial queda:

$$\widetilde{X}^t \widetilde{A} \widetilde{X} = 0$$

O bien llamando

$$A = \begin{pmatrix} a_{11} & a_{12} \\ a_{12} & a_{22} \end{pmatrix} \quad B = \begin{pmatrix} 2a_{01} & 2a_{02} \end{pmatrix}$$

se obtiene la expresión:

$$X^t A X + BX + a_{00} = 0$$

donde X es la matriz columna de las coordenadas de un punto del plano afín.

Ejemplo 25. *La ecuación*

$$9x^2 - 4xy + 6y^2 - 10x - 29y - 5 = 0$$

representa una cónica puesto que es una ecuación de segundo grado en dos variables. Esta ecuación se puede escribir en sus dos formas matriciales:

$$(1 \quad x \quad y)\begin{pmatrix} -5 & -5 & -29/2 \\ -5 & 9 & -2 \\ -29/2 & -2 & 6 \end{pmatrix}\begin{pmatrix} 1 \\ x \\ y \end{pmatrix} = 0$$

y también

$$(x \quad y)\begin{pmatrix} 9 & -2 \\ -2 & 6 \end{pmatrix}\begin{pmatrix} x \\ y \end{pmatrix} + (-10 \quad -29)\begin{pmatrix} x \\ y \end{pmatrix} - 5 = 0$$

3.6. Ecuación reducida de una cónica

La ecuación de una cónica

$$X^tAX + BX + a_{00} = 0$$

se dirá que es una **ecuación reducida** de la cónica si

1. La matriz A es diagonal.
2. Si 0 no es valor propio de A, entonces $B = 0$.

2'. Si 0 es valor propio de A, entonces de entre los elementos a_{0i} hay a lo más uno no nulo.

Las ecuaciones de la elipse, hipérbola y parábola que obtuvimos al comienzo de esta sección son ejemplos de ecuaciones reducidas, y el hecho de ser unas ecuaciones tan simples se debe a la situación de la cónica respecto del sistema de referencia utilizado. El problema que tratamos de resolver a continuación es el de obtener, a partir de una ecuación general de una cónica, una ecuación reducida realizando un cambio de sistema de referencia (rectangular, para que las magnitudes no se alteren) o lo que es igual, un movimiento rígido.

Puesto que el primer requisito para tener una ecuación reducida es que la matriz de la cónica sea diagonal, dada una ecuación

$$X^tAX + BX + a_{00} = 0$$

trataremos de sustituir A por una matriz diagonal. Puesto que A es simétrica, entonces es diagonalizable por semejanza ortogonal, es decir, existen D diagonal y P ortogonal (que puede elegirse con $det(P) = 1$) tales que $P^tAP = D$. Entonces, la expresión

$$X = PX'$$

representa una rotación en el plano afín euclídeo en la que el origen queda fijo, o también un cambio de sistema de referencia en el que el origen no varía. Sustituyendo en la ecuación de la cónica queda

$$(X')^tD(X') + BP(X') + a_{00} = 0$$

con lo que la primera condición de ecuación reducida se verifica.

Si la matriz de la cónica ya es diagonal tendremos que eliminar los términos en x e y (si los dos valores propios son no nulos) o al menos uno de ellos (si algún valor propio es 0); para ello realizaremos un nuevo cambio de sistema de referencia en el que sólo cambia el origen (es decir, una traslación). El método que utilizaremos consiste en "completar cuadrados", esto es, si tenemos términos en x^2 y x, sustituirlos por un cuadrado más un término independiente:

$$x^2 + 2b_1x = (x + b_1)^2 - b_1^2$$

De forma similar:

$$y^2 + 2b_2 y = (y + b_2)^2 - b_2^2$$

Mediante la sustitución

$$\begin{cases} x' = x + b_1 \\ y' = y + b_2 \end{cases}$$

quedan eliminados los términos de grado 1 de la ecuación. Además, puesto que la matriz de cambio de base (o de la isometría) es la identidad, sólo cambia el origen (o puede interpretarse como una traslación).
En el caso de ser uno de los valores propios el 0, sólo puede realizarse la completación de cuadrados para una de las variables. Después, la otra variable puede ser modificada para obtener un término independiente nulo.
Tenemos así un proceso que nos permite pasar de una ecuación cualquiera de una cónica a una ecuación reducida mediante la composición de dos movimientos rígidos: una rotación y una traslación. También es un cambio de sistema de referencia entre sistemas rectangulares, y por tanto las propiedades geométricas de la cónica no varían, sólo lo hace la ecuación. Si la rotación tiene ecuación $X = PX'$ con P la matriz de paso a forma diagonal, y la traslación viene dada por $X'' = C + IX'$, entonces el movimiento rígido que resulta al componerlas es

$$X'' = C + P^t X$$

Hemos demostrado así el siguiente Teorema

TEOREMA

Cualquier ecuación de una cónica $X^tAX + BX + a_{00} = 0$ puede transformarse en una ecuación reducida mediante un cambio de sistema de referencia

$$X'' = C + P^t X$$

con $det(P) = +1$.

A continuación realizamos un ejemplo completo:

Ejemplo 26. *Para calcular la ecuación reducida de la cónica*

$$x^2 - 6xy - 7y^2 + 10x + 2y + 9 = 0$$

cuya ecuación matricial es

$$(x \quad y)\begin{pmatrix} 1 & -3 \\ -3 & -7 \end{pmatrix}\begin{pmatrix} x \\ y \end{pmatrix} + (10 \quad 2)\begin{pmatrix} x \\ y \end{pmatrix} + 9 = 0$$

empezamos diagonalizando la matriz asociada

$$\begin{vmatrix} 1-\lambda & -3 \\ -3 & -7-\lambda \end{vmatrix} = (1-\lambda)(-7-\lambda) - 9 = \lambda^2 + 6\lambda - 16 = 0$$

que tiene valores propios $\lambda = 2$ y $\lambda = -8$. Para obtener la base ortonormal de vectores propios calculamos:

$$\begin{pmatrix} 9 & -3 \\ -3 & 1 \end{pmatrix}\begin{pmatrix} x \\ y \end{pmatrix} = \begin{pmatrix} 0 \\ 0 \end{pmatrix}$$

Luego puede tomarse $v = (\frac{1}{\sqrt{10}}, \frac{3}{\sqrt{10}})$ *como vector propio para* $\lambda = -8$ *y*

$$\begin{pmatrix} -1 & -3 \\ -3 & -9 \end{pmatrix} \begin{pmatrix} x \\ y \end{pmatrix} = \begin{pmatrix} 0 \\ 0 \end{pmatrix}$$

nos da $u = (-\frac{3}{\sqrt{10}}, \frac{1}{\sqrt{10}})$ *como vector propio para* $\lambda = 2$.

Como

$$P = \begin{pmatrix} \frac{1}{\sqrt{10}} & -\frac{3}{\sqrt{10}} \\ \frac{3}{\sqrt{10}} & \frac{1}{\sqrt{10}} \end{pmatrix}$$

la rotación que vamos a realizar tiene ecuaciones $X = PX'$ *y la ecuación de la cónica quedará:*

$$-8(x')^2 + 2(y')^2 + (10 \quad 2) \begin{pmatrix} \frac{1}{\sqrt{10}} & -\frac{3}{\sqrt{10}} \\ \frac{3}{\sqrt{10}} & \frac{1}{\sqrt{10}} \end{pmatrix} \begin{pmatrix} x' \\ y' \end{pmatrix} + 9 = 0$$

Es decir,

$$-8(x')^2 + 2(y')^2 + \frac{16}{\sqrt{10}}(x') - \frac{28}{\sqrt{10}}(y') + 9 = 0$$

Ahora tenemos que realizar una traslación para eliminar los términos de grado 1; *completando cuadrados:*

$$\begin{aligned} -8\left((x')^2 - \frac{2}{\sqrt{10}}(x')\right) &= -8\left((x' - \frac{1}{\sqrt{10}})^2 - \frac{1}{10}\right) \\ &= -8(x'')^2 + \frac{8}{10} \end{aligned}$$

donde $x'' = x' - \frac{1}{\sqrt{10}}$;

$$\begin{aligned} 2\left((y')^2 - \frac{14}{\sqrt{10}}(x')\right) &= 2\left((y' - \frac{7}{\sqrt{10}})^2 - \frac{49}{10}\right) \\ &= 2(y'')^2 - \frac{98}{10} \end{aligned}$$

con $y'' = y' - \frac{7}{\sqrt{10}}$.

Sustituyendo en la ecuación queda

$$-8(x'')^2 + 2(y'')^2 + \frac{8}{10} - \frac{98}{10} + 9 = 0$$

que resulta

$$4(x'')^2 - (y'')^2 = 0$$

o equivalentemente

$$(2x'' + y'')(2x'' - y'') = 0$$

por lo que se trata de un par de rectas que se cortan.

La ecuación del movimiento rígido realizado resulta al sustituir en las ecuaciones de la traslación las de la rotación: $X' = P^t X$. *En este ejemplo quedará:*

$$\begin{pmatrix} x'' \\ y'' \end{pmatrix} = \begin{pmatrix} -\frac{1}{\sqrt{10}} \\ -\frac{7}{\sqrt{10}} \end{pmatrix} + \begin{pmatrix} \frac{1}{\sqrt{10}} & \frac{3}{\sqrt{10}} \\ -\frac{3}{\sqrt{10}} & \frac{1}{\sqrt{10}} \end{pmatrix} \begin{pmatrix} x \\ y \end{pmatrix}$$

En virtud del Teorema, toda ecuación de una cónica se puede transformar para obtener una ecuación reducida. Salvo proporcionalidad, todas las posibles ecuaciones reducidas son las que se recogen en la tabla siguiente, donde hemos de tener en cuenta que las ecuaciones que se obtienen al intercambiar x e y son ecuaciones reducidas del mismo tipo de cónica:

Ecuaciones reducidas de las cónicas

Ecuación	$\tilde{A}$	Tipo de cónica
$\alpha^2x^2+\beta^2y^2=c^2$	$\begin{pmatrix} -c^2 & 0 & 0 \\ 0 & \alpha^2 & 0 \\ 0 & 0 & \beta^2 \end{pmatrix}$	Elipse real
$\alpha^2x^2+\beta^2y^2=-c^2$	$\begin{pmatrix} c^2 & 0 & 0 \\ 0 & \alpha^2 & 0 \\ 0 & 0 & \beta^2 \end{pmatrix}$	Elipse imaginaria
$\alpha^2x^2-\beta^2y^2=\pm c^2$	$\begin{pmatrix} \mp c^2 & 0 & 0 \\ 0 & \alpha^2 & 0 \\ 0 & 0 & -\beta^2 \end{pmatrix}$	Hipérbola
$y^2=2px$	$\begin{pmatrix} 0 & -p & 0 \\ -p & 0 & 0 \\ 0 & 0 & 1 \end{pmatrix}$	Parábola
$\alpha^2x^2+\beta^2y^2=0$	$\begin{pmatrix} 0 & 0 & 0 \\ 0 & \alpha^2 & 0 \\ 0 & 0 & \beta^2 \end{pmatrix}$	Un punto
$\alpha^2x^2-\beta^2y^2=0$	$\begin{pmatrix} 0 & 0 & 0 \\ 0 & \alpha^2 & 0 \\ 0 & 0 & -\beta^2 \end{pmatrix}$	Par de rectas que se cortan
$y^2=0$	$\begin{pmatrix} 0 & 0 & 0 \\ 0 & 0 & 0 \\ 0 & 0 & 1 \end{pmatrix}$	Recta doble
$y^2=c^2$	$\begin{pmatrix} -c^2 & 0 & 0 \\ 0 & 0 & 0 \\ 0 & 0 & 1 \end{pmatrix}$	Par de rectas reales paralelas
$y^2=-c^2$	$\begin{pmatrix} c^2 & 0 & 0 \\ 0 & 0 & 0 \\ 0 & 0 & 1 \end{pmatrix}$	Par de rectas imaginarias paralelas

Ejemplo 27. *Para calcular la ecuación reducida de la cónica*

$$9x^2+12xy+4y^2-52=0$$

procedemos a diagonalizar por semejanza ortogonal la matriz

$$A=\begin{pmatrix} 9 & 6 \\ 6 & 4 \end{pmatrix}$$

Calculamos sus valores propios

$$\begin{vmatrix} 9-\lambda & 6 \\ 6 & 4-\lambda \end{vmatrix}=(9-\lambda)(4-\lambda)-36=\lambda^2-13\lambda=\lambda(\lambda-13)$$

que son $\lambda = 0$ *y* $\lambda = 13$. *Los subespacios propios son*

$$\begin{pmatrix} 9 & 6 \\ 6 & 4 \end{pmatrix} \begin{pmatrix} x \\ y \end{pmatrix} = \begin{pmatrix} 0 \\ 0 \end{pmatrix}$$

es decir, $3x + 2y = 0$ *para* $\lambda = 0$ *con base ortonormal* $v = (2/\sqrt{13}, -3/\sqrt{13})$; *y*

$$\begin{pmatrix} -4 & 6 \\ 6 & -9 \end{pmatrix} \begin{pmatrix} x \\ y \end{pmatrix} = \begin{pmatrix} 0 \\ 0 \end{pmatrix}$$

que nos da $-2x + 3y = 0$ *para* $\lambda = 13$ *con base ortonormal* $u = (3/\sqrt{13}, 2/\sqrt{13})$.

Así

$$D = \begin{pmatrix} 0 & 0 \\ 0 & 13 \end{pmatrix} \quad P = \begin{pmatrix} 2/\sqrt{13} & 3/\sqrt{13} \\ -3/\sqrt{13} & 2/\sqrt{13} \end{pmatrix}$$

y sustituyendo en la ecuación de la cónica queda

$$13(y')^2 - 52 = 0$$

o bien

$$(y')^2 = 4$$

con lo que se trata de un par de rectas paralelas. El cambio de sistema de referencia (o el movimiento rígido) realizado es

$$\begin{pmatrix} x' \\ y' \end{pmatrix} = \begin{pmatrix} 2/\sqrt{13} & -3/\sqrt{13} \\ 3/\sqrt{13} & 2/\sqrt{13} \end{pmatrix} \begin{pmatrix} x \\ y \end{pmatrix}$$

Ejemplo 28. *En la cónica*

$$x^2 + 6x + 5y + 14 = 0$$

podemos completar cuadrados para la variable x

$$x^2 + 6x = (x+3)^2 - 9$$

con lo que tras el cambio $x' = x + 3$; $y' = y$ *la ecuación de la cónica quedará:*

$$(x')^2 + 5(y') + 5 = 0$$

Pero agrupando el término de grado 1 *en* y' *con el término independiente*

$$5(y') + 5 = 5(y' + 1)$$

y realizando el cambio $y'' = y' + 1$; $x'' = x'$ *tendremos la ecuación reducida*

$$(x'')^2 = -5(y'')$$

que es la ecuación de una parábola.

3.7. Cálculo de los elementos geométricos

Dada una elipse, hipérbola o parábola de ecuación

$$\widetilde{X}^t\widetilde{A}\widetilde{X} = 0$$

después de un movimiento rígido de ecuaciones

$$X'' = C + P^t X$$

podemos obtener una ecuación reducida de la cónica. Esto significa que el nuevo sistema de referencia R'' tiene como origen el centro de la cónica (elipse e hipérbola) o el vértice (parábola) y como ejes los ejes de la cónica (elipse e hipérbola) o el eje y la tangente en el vértice (parábola). Puesto que las coordenadas del origen de R'' respecto de R'' son $(0, 0)$, entonces el centro (o vértice) es la solución del sistema

$$0 = C + P^t X$$

Para calcular los ejes recordamos que la nueva base está formada por los vectores propios de la matriz A y por tanto estos vectores son los vectores directores de los ejes de la cónica. En el caso de la parábola, el vector propio asociado a $\lambda = 0$ nos da la dirección del eje y el otro vector propio proporciona la dirección de la tangente en el vértice.
De forma similar al cálculo del centro se pueden obtener los focos de la cónica, la directriz de la parábola (que tiene la misma dirección que la tangente), las asíntotas de la hipérbola (que tienen direcciones $(a, b)_{R''}$ y $(-a, b)_{R''}$), etc.

Ejemplo 29. *La cónica*

$$-2xy - 2x + 6y + 5 = 0$$

tras el cambio de sistema de referencia

$$\begin{pmatrix} x'' \\ y'' \end{pmatrix} = \begin{pmatrix} -4/\sqrt{2} \\ -2/\sqrt{2} \end{pmatrix} + \begin{pmatrix} 1/\sqrt{2} & -1/\sqrt{2} \\ 1/\sqrt{2} & 1/\sqrt{2} \end{pmatrix} \begin{pmatrix} x \\ y \end{pmatrix}$$

tiene ecuación reducida

$$(x'')^2 - (y'')^2 = 1$$

así que se trata de una hipérbola con $a = b = 1$. Para calcular el centro de la hipérbola sólo hay que resolver el sistema

$$\begin{pmatrix} 0 \\ 0 \end{pmatrix} = \begin{pmatrix} -4/\sqrt{2} \\ -2/\sqrt{2} \end{pmatrix} + \begin{pmatrix} 1/\sqrt{2} & -1/\sqrt{2} \\ 1/\sqrt{2} & 1/\sqrt{2} \end{pmatrix} \begin{pmatrix} x \\ y \end{pmatrix}$$

que tiene una única solución por ser la matriz de coeficientes regular y es $x = 3, y = -1$. Así el centro de la cónica está en el punto $(3, -1)_R$. Para calcular los ejes, puesto que los vectores propios aparecen en el cambio de sistema de referencia como las filas de P^t, tenemos que son las rectas de vectores directores $(1/\sqrt{2}, -1/\sqrt{2})$ y $(1/\sqrt{2}, 1/\sqrt{2})$ (o equivalentemente $(1, -1)$ y $(1, 1)$) y pasan por el centro, es decir:

$$r_1 \equiv \left\{ \begin{array}{ll} x = & 3 + \lambda \\ y = & -1 - \lambda \end{array} \right. \quad r_2 \equiv \left\{ \begin{array}{ll} x = & 3 + \lambda \\ y = & -1 + \lambda \end{array} \right.$$

Para las asíntotas sabemos que pasan por el centro y por los puntos $(a, b)_{R''} = (1, 1)_{R''}$ y $(-a, b)_{R''} = (-1, 1)_{R''}$. Efectuando el cambio de sistema de referencia tenemos que $(1, 1)_{R''} = (3 + \sqrt{2}, -1)_R$ y $(-1, 1)_{R''} = (3, -1 + \sqrt{2})_R$ y por tanto se trata de las rectas

$$s_1 \equiv \left\{ \begin{array}{ll} x = & 3 + \lambda \\ y = & -1 \end{array} \right. \quad s_2 \equiv \left\{ \begin{array}{ll} x = & 3 \\ y = & -1 + \lambda \end{array} \right.$$

Por último, puesto que $d^2 = a^2 + b^2 = 2$ *entonces los focos son los puntos* $(\sqrt{2},0)_{R''}$ *y* $(-\sqrt{2},0)_{R''}$ *que en el sistema de referencia R tienen coordenadas* $(4,-2)$ *y* $(2,0)$ *respectivamente.*

3.8. Invariantes métricos de las cónicas

Dada la cónica de ecuación

$$a_{11}x^2 + a_{22}y^2 + 2a_{12}xy + 2a_{01}x + 2a_{02}y + a_{00} = 0$$

consideramos los números:

$$I_3 = det(\widetilde{A})$$
$$I_2 = det(A)$$
$$I_1 = tr(A) = a_{11} + a_{22}$$

PROPOSICIÓN

Los números I_1, I_2, I_3 *no varían cuando la cónica es afectada por un movimiento rígido.*

DEMOSTRACIÓN. Para probar que $I_3 = det(\widetilde{A})$ es invariante por un movimiento de ecuación

$$\widetilde{X}' = Q\widetilde{X}$$

observemos que aunque Q no es necesariamente ortogonal, verifica $det(Q) = \pm 1$. La matriz de la cónica después del movimiento queda

$$(Q^{-1})^t\,\widetilde{A}\,Q^{-1}$$

y su determinante es:

$$\begin{aligned} det((Q^{-1})^t\,\widetilde{A}\,Q^{-1}) &= det((Q^{-1})^t)det(\widetilde{A})det(Q^{-1}) \\ &= det(\widetilde{A}) \\ &= I_3 \end{aligned}$$

Utilicemos ahora la ecuación de la cónica

$$X^tAX + BX + a_{00} = 0$$

y la del movimiento rígido en la forma

$$X' = C + P^tX$$

sustituyendo obtenemos la nueva ecuación de la cónica:

$$(X')^tP^tAP(X') + D(X') + d_{00} = 0$$

Los números I_1 e I_2 son los coeficientes en el polinomio característico de A:

$$\begin{aligned} \begin{vmatrix} a_{11}-\lambda & a_{12} \\ a_{12} & a_{22}-\lambda \end{vmatrix} &= \lambda^2 - (a_{11}+a_{22})\lambda + (a_{11}a_{22} - a_{12}^2) \\ &= \lambda^2 - I_1\lambda + I_2 \end{aligned}$$

La nueva matriz de los términos de grado 2 tras aplicar el movimiento es P^tAP, o bien, como P es ortogonal, $P^{-1}AP$ y puesto que A y esta matriz son semejantes, tienen el mismo polinomio característico y por tanto los coeficientes de éste son idénticos. □

Los números I_1, I_2, I_3 se llaman **invariantes métricos** de las cónicas y nos permiten identificar el tipo de cónica. Cuando $I_3 \neq 0$ se obtiene una cónica no degenerada y en caso contrario es degenerada. Puesto que para una elipse se tiene $I_2 > 0$ a las cónicas verificando esta condición se les llama de tipo elíptico. Análogamente si $I_2 = 0$ se trata de una cónica de tipo parabólico y si $I_2 < 0$ entonces es de tipo hiperbólico. La siguiente tabla resulta de calcular los invariantes métricos en la clasificación de las cónicas por su ecuación reducida.

Clasificación de las cónicas por invariantes

<table>
<tr><td rowspan="4">$I_3 \neq 0$
(no degeneradas)</td><td rowspan="2">$I_2 > 0$</td><td rowspan="2">Elipse</td><td>$I_1 I_3 < 0$</td><td>Real</td></tr>
<tr><td>$I_1 I_3 > 0$</td><td>Imaginaria</td></tr>
<tr><td>$I_2 < 0$</td><td colspan="3">Hipérbola</td></tr>
<tr><td>$I_2 = 0$</td><td colspan="3">Parábola</td></tr>
<tr><td rowspan="3">$I_3 = 0$
(degeneradas)</td><td>$I_2 > 0$</td><td colspan="3">Un punto</td></tr>
<tr><td>$I_2 < 0$</td><td colspan="3">Dos rectas secantes</td></tr>
<tr><td>$I_2 = 0$</td><td colspan="3">Dos rectas paralelas</td></tr>
</table>

Ejemplo 30. *La cónica*

$$2x^2 - 4xy - y^2 - 4x - 8y + 14 = 0$$

tiene invariantes

$$I_3 = \begin{vmatrix} 14 & -2 & -4 \\ -2 & 2 & -2 \\ -4 & -2 & -1 \end{vmatrix} = -28 - 16 - 16 - 32 - 56 + 4 = -144 \neq 0$$

por lo que es no degenerada;

$$I_2 = \begin{vmatrix} 2 & -2 \\ -2 & -1 \end{vmatrix} = -2 - 4 = -6$$

luego es una hipérbola. Aunque no es necesario para su clasificación tenemos

$$I_1 = 2 + (-1) = 1$$

3.9. Invariantes y ecuación reducida

El proceso para obtener una ecuación reducida de una cónica por invariantes se basa en el hecho de que, puesto que I_1, I_2, I_3 son invariantes por movimientos rígidos, han de coincidir los valores obtenidos a partir de la ecuación de partida y a partir de la correspondiente ecuación reducida.

En el caso en que $I_2 \neq 0$, la cónica dada tendrá una ecuación reducida del tipo

$$ax^2 + by^2 + d = 0$$

con matriz asociada

$$\begin{pmatrix} d & 0 & 0 \\ 0 & a & 0 \\ 0 & 0 & b \end{pmatrix}$$

de donde se obtiene que $I_3 = -abd$, $I_2 = ab$ e $I_1 = a + b$ y que por tanto $d = \frac{I_3}{I_2}$, mientras que a y b pueden ser obtenidos como las raíces de la ecuación $\lambda^2 - I_1\lambda + I_2 = 0$.
Para el caso de la parábola, cálculos similares nos proporcionan una ecuación reducida $y^2 = 2px$ donde el coeficiente p se obtiene por la fórmula:

$$p = \sqrt{-\frac{I_3}{I_1^3}}$$

Ejemplo 31. *La hipérbola del ejemplo 30 tendrá término independiente*

$$d = \frac{I_3}{I_2} = \frac{-144}{-6} = 24$$

y los coeficientes a y b de los términos de grado dos serán las raíces de

$$\lambda^2 - \lambda - 6 = 0$$

es decir

$$\lambda = \frac{1 \pm \sqrt{1 + 24}}{2} = 3, -2$$

con lo que queda la ecuación reducida:

$$3x^2 - 2y^2 + 24 = 0$$

O también, dividiendo por 24*,*

$$\frac{x^2}{8} - \frac{y^2}{12} = -1$$

3.10. Ecuación general, clasificación y cálculo de la ecuación reducida de una cuádrica

Llamaremos **cuádrica** al lugar geométrico de los puntos de $\mathbb{R}^3$ que verifican una ecuación general de segundo grado en tres variables

$$a_{11}x^2 + a_{22}y^2 + a_{33}z^2 + 2a_{12}xy + +2a_{13}xz + 2a_{23}yz + 2a_{01}x + 2a_{02}y + 2a_{03}z + a_{00} = 0$$

que puede ser expresada en forma matricial

$$\begin{pmatrix} 1 & x & y & z \end{pmatrix} \begin{pmatrix} a_{00} & a_{01} & a_{02} & a_{03} \\ a_{01} & a_{11} & a_{12} & a_{13} \\ a_{02} & a_{12} & a_{22} & a_{23} \\ a_{03} & a_{13} & a_{23} & a_{33} \end{pmatrix} \begin{pmatrix} 1 \\ x \\ y \\ z \end{pmatrix} = 0$$

utilizando una matriz simétrica de orden 4 a la que denotamos por $\widetilde{A}$

$$\widetilde{A} = \begin{pmatrix} a_{00} & a_{01} & a_{02} & a_{03} \\ a_{01} & a_{11} & a_{12} & a_{13} \\ a_{02} & a_{12} & a_{22} & a_{23} \\ a_{03} & a_{13} & a_{23} & a_{33} \end{pmatrix}$$

se tiene:

$$\widetilde{X}^t \widetilde{A} \widetilde{X} = 0$$

O bien llamando

$$A = \begin{pmatrix} a_{11} & a_{12} & a_{13} \\ a_{12} & a_{22} & a_{23} \\ a_{13} & a_{23} & a_{33} \end{pmatrix} \quad B = \begin{pmatrix} 2a_{01} & 2a_{02} & 2a_{03} \end{pmatrix}$$

entonces:

$$X^t AX + BX + a_{00} = 0$$

donde X es la matriz columna de las coordenadas de un punto en el espacio afín.

Ecuaciones reducidas de las cuádricas

Ecuación	$\widetilde{A}$	Tipo de cuádrica
$\alpha^2x^2 + \beta^2y^2 + \gamma^2z^2 - c^2 = 0$	$\begin{pmatrix} -c^2 & 0 & 0 & 0 \\ 0 & \alpha^2 & 0 & 0 \\ 0 & 0 & \beta^2 & 0 \\ 0 & 0 & 0 & \gamma^2 \end{pmatrix}$	Elipsoide real
$\alpha^2x^2 + \beta^2y^2 + \gamma^2z^2 + c^2 = 0$	$\begin{pmatrix} c^2 & 0 & 0 & 0 \\ 0 & \alpha^2 & 0 & 0 \\ 0 & 0 & \beta^2 & 0 \\ 0 & 0 & 0 & \gamma^2 \end{pmatrix}$	Elipsoide imaginario
$\alpha^2x^2 + \beta^2y^2 - \gamma^2z^2 - c^2 = 0$	$\begin{pmatrix} -c^2 & 0 & 0 & 0 \\ 0 & \alpha^2 & 0 & 0 \\ 0 & 0 & \beta^2 & 0 \\ 0 & 0 & 0 & -\gamma^2 \end{pmatrix}$	Hiperboloide de una hoja
$\alpha^2x^2 + \beta^2y^2 - \gamma^2z^2 + c^2 = 0$	$\begin{pmatrix} c^2 & 0 & 0 & 0 \\ 0 & \alpha^2 & 0 & 0 \\ 0 & 0 & \beta^2 & 0 \\ 0 & 0 & 0 & -\gamma^2 \end{pmatrix}$	Hiperboloide de dos hojas
$\alpha^2x^2 + \beta^2y^2 - \gamma^2z^2 = 0$	$\begin{pmatrix} 0 & 0 & 0 & 0 \\ 0 & \alpha^2 & 0 & 0 \\ 0 & 0 & \beta^2 & 0 \\ 0 & 0 & 0 & -\gamma^2 \end{pmatrix}$	Cono real
$\alpha^2x^2 + \beta^2y^2 + \gamma^2z^2 = 0$	$\begin{pmatrix} 0 & 0 & 0 & 0 \\ 0 & \alpha^2 & 0 & 0 \\ 0 & 0 & \beta^2 & 0 \\ 0 & 0 & 0 & \gamma^2 \end{pmatrix}$	Cono imaginario

Ecuación	$\widetilde{A}$	Tipo de cuádrica
$\alpha^2x^2+\beta^2y^2-2cz=0$	$\begin{pmatrix}0&0&0&-c\\0&\alpha^2&0&0\\0&0&\beta^2&0\\-c&0&0&0\end{pmatrix}$	Paraboloide elíptico
$\alpha^2x^2-\beta^2y^2-2cz=0$	$\begin{pmatrix}0&0&0&-c\\0&\alpha^2&0&0\\0&0&-\beta^2&0\\-c&0&0&0\end{pmatrix}$	Paraboloide hiperbólico
$\alpha^2x^2+\beta^2y^2-c^2=0$	$\begin{pmatrix}-c^2&0&0&0\\0&\alpha^2&0&0\\0&0&\beta^2&0\\0&0&0&0\end{pmatrix}$	Cilindro elíptico real
$\alpha^2x^2+\beta^2y^2+c^2=0$	$\begin{pmatrix}c^2&0&0&0\\0&\alpha^2&0&0\\0&0&\beta^2&0\\0&0&0&0\end{pmatrix}$	Cilindro elíptico imaginario
$\alpha^2x^2-\beta^2y^2-c^2=0$	$\begin{pmatrix}-c^2&0&0&0\\0&\alpha^2&0&0\\0&0&-\beta^2&0\\0&0&0&0\end{pmatrix}$	Cilindro hiperbólico
$\alpha^2x^2-\beta^2y^2=0$	$\begin{pmatrix}0&0&0&0\\0&\alpha^2&0&0\\0&0&-\beta^2&0\\0&0&0&0\end{pmatrix}$	Par de planos que se cortan
$\alpha^2x^2+\beta^2y^2=0$	$\begin{pmatrix}0&0&0&0\\0&\alpha^2&0&0\\0&0&\beta^2&0\\0&0&0&0\end{pmatrix}$	Par de planos imaginarios que se cortan
$y^2=2px$	$\begin{pmatrix}0&-p&0&0\\-p&0&0&0\\0&0&1&0\\0&0&0&0\end{pmatrix}$	Cilindro parabólico
$x^2-c^2=0$	$\begin{pmatrix}-c^2&0&0&0\\0&1&0&0\\0&0&0&0\\0&0&0&0\end{pmatrix}$	Par de planos paralelos
$x^2+c^2=0$	$\begin{pmatrix}c^2&0&0&0\\0&1&0&0\\0&0&0&0\\0&0&0&0\end{pmatrix}$	Par de planos paralelos imaginarios
$x^2=0$	$\begin{pmatrix}0&0&0&0\\0&1&0&0\\0&0&0&0\\0&0&0&0\end{pmatrix}$	Plano doble

Los distintos tipos de cuádricas pueden verse en las siguientes figuras:

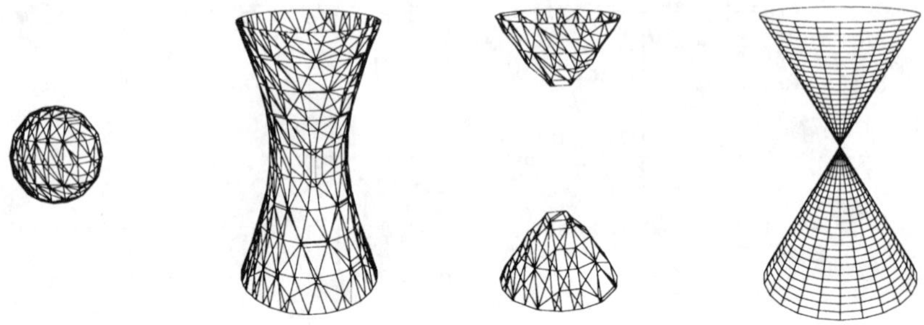

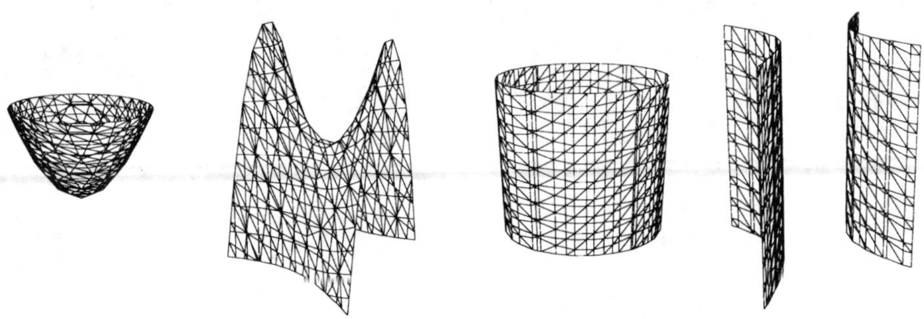

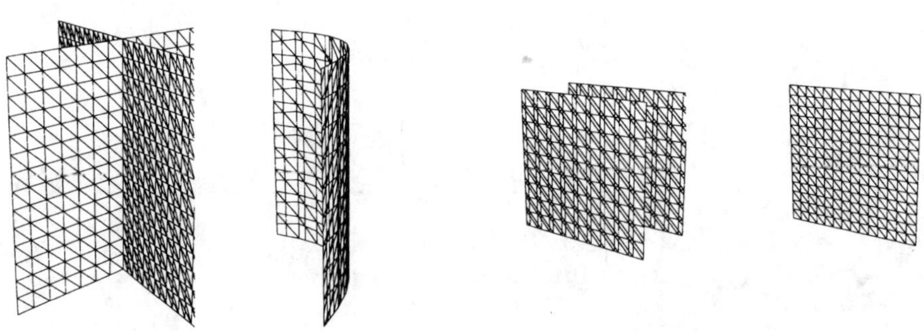

Dos planos secantes, cilindro parabólico, dos planos paralelos y un plano doble

Dada la ecuación de una cuádrica, el procedimiento para calcular una ecuación reducida es idéntico al desarrollado para cónicas. En primer lugar se diagonaliza la matriz A por semejanza ortogonal, es decir, se realiza un cambio de sistema de referencia en el que sólo cambia la base ortonormal y que elimina los términos de grado dos cruzados. Después una traslación (o cambio del origen del sistema de referencia) nos permite eliminar los términos de grado uno. Veamos un caso práctico:

Ejemplo 32. *La cuádrica de ecuación*

$$2xy + 2xz + 2yz - 6x - 6y - 4z + 9 = 0$$

tiene matriz asociada

$$A = \begin{pmatrix} 0 & 1 & 1 \\ 1 & 0 & 1 \\ 1 & 1 & 0 \end{pmatrix}$$

de la que calculamos los valores propios

$$\begin{vmatrix} -\lambda & 1 & 1 \\ 1 & -\lambda & 1 \\ 1 & 1 & -\lambda \end{vmatrix} = -\lambda^3 + 1 + 1 + 3\lambda = -\lambda^3 + 3\lambda + 2 = 0$$

y resultan ser $\lambda = -1$ *con multiplicidad algebraica* $\alpha = 2$ *y* $\lambda = 2$ *con multiplicidad algebraica* 1. *Ahora obtenemos una base ortonormal de vectores propios: para* $\lambda = -1$ *el subespacio propio tiene ecuación* $x + y + z = 0$ *y una base ortonormal es* $\{(\frac{1}{\sqrt{2}}, -\frac{1}{\sqrt{2}}, 0), (\frac{1}{\sqrt{6}}, \frac{1}{\sqrt{6}}, -\frac{2}{\sqrt{6}})\}$*; el subespacio propio asociado a* $\lambda = 2$ *tiene base ortonormal* $\{(\frac{1}{\sqrt{3}}, \frac{1}{\sqrt{3}}, \frac{1}{\sqrt{3}})\}$*. La matriz*

$$P = \begin{pmatrix} \frac{1}{\sqrt{2}} & \frac{1}{\sqrt{6}} & \frac{1}{\sqrt{3}} \\ -\frac{1}{\sqrt{2}} & \frac{1}{\sqrt{6}} & \frac{1}{\sqrt{3}} \\ 0 & -\frac{2}{\sqrt{6}} & \frac{1}{\sqrt{3}} \end{pmatrix}$$

es la matriz de una rotación (o de un cambio de sistema de referencia donde el origen permanece fijo) y al realizarla en la ecuación de la cuádrica queda:

$$-(x')^2 - (y')^2 + 2(z')^2 + \begin{pmatrix} -6 & -6 & -4 \end{pmatrix} \begin{pmatrix} \frac{1}{\sqrt{2}} & \frac{1}{\sqrt{6}} & \frac{1}{\sqrt{3}} \\ -\frac{1}{\sqrt{2}} & \frac{1}{\sqrt{6}} & \frac{1}{\sqrt{3}} \\ 0 & -\frac{2}{\sqrt{6}} & \frac{1}{\sqrt{3}} \end{pmatrix} \begin{pmatrix} x' \\ y' \\ z' \end{pmatrix} + 9 = 0$$

es decir

$$-(x')^2 - (y')^2 + 2(z')^2 - \frac{4}{\sqrt{6}}y' - \frac{16}{\sqrt{3}}z' + 9 = 0$$

Agrupando los términos en cada una de las incógnitas y ajustando los cuadrados podemos obtener la traslación que nos dará la ecuación reducida de la cuádrica.

$$x'' = x'$$

$$\begin{aligned} -(y')^2 - \frac{4}{\sqrt{6}}y' &= -\left((y' + \frac{2}{\sqrt{6}})^2 - \frac{4}{6}\right) \\ &= -(y'')^2 + \frac{2}{3} \end{aligned}$$

$$
\begin{aligned}
2(z')^2 - \frac{16}{\sqrt{3}}z' &= 2\left((z' - \frac{4}{\sqrt{3}})^2 - \frac{16}{3}\right) \\
&= 2(z'')^2 - \frac{32}{3}
\end{aligned}
$$

y nos queda la ecuación

$$-(x'')^2 - (y'')^2 + 2(z'')^2 - 1 = 0$$

o bien

$$(x'')^2 + (y'')^2 - 2(z'')^2 + 1 = 0$$

que nos indica que se trata de un hiperboloide de dos hojas. El cambio de sistema de referencia realizado será

$$\begin{pmatrix} x'' \\ y'' \\ z'' \end{pmatrix} = \begin{pmatrix} 0 \\ 2/\sqrt{6} \\ -4/\sqrt{3} \end{pmatrix} + \begin{pmatrix} \frac{1}{\sqrt{2}} & -\frac{1}{\sqrt{2}} & 0 \\ \frac{1}{\sqrt{6}} & \frac{1}{\sqrt{6}} & -\frac{2}{\sqrt{6}} \\ \frac{1}{\sqrt{3}} & \frac{1}{\sqrt{3}} & \frac{1}{\sqrt{3}} \end{pmatrix} \begin{pmatrix} x \\ y \\ z \end{pmatrix}$$

3.11. Invariantes métricos y clasificación por invariantes de las cuádricas

Dada la cuádrica de ecuación

$$\widetilde{X}^t\widetilde{A}\widetilde{X} = 0$$

consideramos los números:

$$I_4 = det(\widetilde{A})$$

$$I_3 = det(A)$$

$$I_2 = \begin{vmatrix} a_{11} & a_{12} \\ a_{12} & a_{22} \end{vmatrix} + \begin{vmatrix} a_{11} & a_{13} \\ a_{13} & a_{33} \end{vmatrix} + \begin{vmatrix} a_{22} & a_{23} \\ a_{23} & a_{33} \end{vmatrix}$$

$$I_1 = tr(A) = a_{11} + a_{22} + a_{33}$$

PROPOSICIÓN

Los números I_1, I_2, I_3 e I_4 no varían cuando la cuádrica es afectada por un movimiento rígido.

DEMOSTRACIÓN. La demostración es idéntica al caso de cónicas, puesto que al efectuar un cambio de sistema de referencia, la matriz $\widetilde{A}$ queda multiplicada por dos matrices de determinante ± 1 y por tanto I_4 es invariante. La matriz A se transforma en una matriz semejante con ella y por tanto su polinomio característico que es

$$\lambda^3 + I_1\lambda^2 - I_2\lambda + I_3$$

es invariante. □

Clasificación de las cuádricas por invariantes

<table>
<tr><td rowspan="6">$I_4 \neq 0$</td><td rowspan="4">$I_3 \neq 0$</td><td rowspan="2">$I_3 I_1 > 0$ e $I_2 > 0$</td><td>$I_4 > 0$</td><td>Elipsoide imaginario</td></tr>
<tr><td>$I_4 < 0$</td><td>Elipsoide real</td></tr>
<tr><td rowspan="2">$I_3 I_1 \geq 0$ e $I_2 < 0$
ó $I_3 I_1 < 0$</td><td>$I_4 > 0$</td><td>Hiperboloide de una hoja</td></tr>
<tr><td>$I_4 < 0$</td><td>Hiperboloide de dos hojas</td></tr>
<tr><td colspan="2" rowspan="2">$I_3 = 0$</td><td>$I_4 > 0$</td><td>Paraboloide hiperbólico</td></tr>
<tr><td>$I_4 < 0$</td><td>Paraboloide elíptico</td></tr>
<tr><td rowspan="3">$I_4 = 0$</td><td colspan="2" rowspan="2">$I_3 \neq 0$</td><td>$I_3 I_1 > 0, I_2 > 0$</td><td>Cono imaginario</td></tr>
<tr><td>Otro caso</td><td>Cono real</td></tr>
<tr><td colspan="2">$I_3 = 0$</td><td colspan="2">Cilindro o un par de planos</td></tr>
</table>

En el caso $I_4 = 0$, $I_3 = 0$ no puede distinguirse entre cilindros (hiperbólicos y parabólicos) y un par de planos (secantes, paralelos o confundidos). Es posible encontrar nuevos invariantes que discriminan estos casos, pero no pretendemos un estudio exhaustivo.

Ejemplo 33. *Para la cuádrica*

$$2xy - 6x + 10y + z - 31 = 0$$

tenemos

$$I_4 = \begin{vmatrix} -31 & -3 & 5 & 1/2 \\ -3 & 0 & 1 & 0 \\ 5 & 1 & 0 & 0 \\ 1/2 & 0 & 0 & 0 \end{vmatrix} = -\frac{1}{2}(-\frac{1}{2}) = \frac{1}{4}$$

$$I_3 = \begin{vmatrix} 0 & 1 & 0 \\ 1 & 0 & 0 \\ 0 & 0 & 0 \end{vmatrix} = 0$$

$$I_2 = \begin{vmatrix} 0 & 1 \\ 1 & 0 \end{vmatrix} + \begin{vmatrix} 0 & 0 \\ 0 & 0 \end{vmatrix} + \begin{vmatrix} 0 & 0 \\ 0 & 0 \end{vmatrix} = -1$$

$$I_1 = -31$$

Puesto que $I_4 > 0$ *e* $I_3 = 0$, *se trata de un paraboloide hiperbólico.*

Ejercicios resueltos

En un espacio afín $\mathcal{A}$ de dimensión 2 sobre $\mathbb{R}$ con $R = \{O; \{u_1, u_2\}\}$ como sistema de referencia cartesiano, consideramos $R' = \{A, B, C\}$ un sistema de referencia afín con $A = (2,1), B = (3,3), C = (1,4)$ en R. Hallar las ecuaciones del cambio de referencia y la ecuación de la recta $r \equiv 3x - 5y - 7 = 0$ en el sistema R'.

Resolución.

El nuevo sistema de referencia R' tiene como origen el punto A y como base del espacio vectorial $B' = \{\overrightarrow{AB}, \overrightarrow{AC}\}$. Calculamos la matriz del cambio de base de B' a B; como $\overrightarrow{AB} = (1,2)_B$ y $\overrightarrow{AC} = (-1,3)_B$ entonces

$$P = \begin{pmatrix} 1 & -1 \\ 2 & 3 \end{pmatrix}$$

Así, las ecuaciones del cambio de sistema de referencia de R' a R son:

$$\begin{pmatrix} 1 \\ x \\ y \end{pmatrix} = \begin{pmatrix} 1 & 0 & 0 \\ 2 & 1 & -1 \\ 1 & 2 & 3 \end{pmatrix} \begin{pmatrix} 1 \\ x' \\ y' \end{pmatrix}$$

Para calcular la ecuación de la recta en el sistema de referencia R', sustituimos en su ecuación respecto de R los valores de x e y en función de x' e y' que tenemos del cambio de sistema de referencia:

$$r \equiv 3(2 + x' - y') - 5(1 + 2x' + 3y') - 7 = 0$$

y queda

$$r \equiv (3 - 10)x' + (-3 - 15)y' + (6 - 5 - 7) = 0 \equiv 7x' + 18y' + 6 = 0$$

Sea $\mathcal{A}$ un espacio afín de dimensión cuatro sobre $\mathbb{R}$. Hallar las ecuaciones paramétricas y cartesianas de la variedad dada por un punto P y un sistema generador de su espacio de dirección.

$$P = (1,0,0,0);$$

$$\begin{cases} v_1 = (0,1,-3,2) \\ v_2 = (0,1,-3,0) \\ v_3 = (1,2,-1,1) \\ v_4 = (1,1,2,-1) \end{cases}$$

Resolución.

En primer lugar calculamos una base de la variedad de dirección

$$\begin{pmatrix} 0 & 0 & 1 & 1 \\ 1 & 1 & 2 & 1 \\ -3 & -3 & -1 & 2 \\ 2 & 0 & 1 & -1 \end{pmatrix} \sim_c \begin{pmatrix} 0 & 0 & 1 & 0 \\ 0 & 1 & 2 & -1 \\ 0 & -3 & -1 & 3 \\ 2 & 0 & 1 & -2 \end{pmatrix} \sim_c \begin{pmatrix} 0 & 0 & 1 & 0 \\ 0 & 1 & 2 & 0 \\ 0 & -3 & -1 & 0 \\ 2 & 0 & 1 & -2 \end{pmatrix} \sim_c \begin{pmatrix} 0 & 0 & 1 & 0 \\ 0 & 1 & 2 & 0 \\ 0 & -3 & -1 & 0 \\ 2 & 0 & 1 & 0 \end{pmatrix}$$

y ahora escribimos unas ecuaciones paramétricas:

$$L \equiv \begin{cases} x = 1 & +0\lambda & +0\mu & +1\gamma \\ y = 0 & +0\lambda & +1\mu & +2\gamma \\ z = 0 & +0\lambda & +(-3)\mu & +(-1)\gamma \\ t = 0 & +2\lambda & +0\mu & +1\gamma \end{cases}$$

Puesto que la dimensión de L es 3 en un espacio afín de dimensión 4, sólo necesitamos calcular una ecuación cartesiana:

$$\begin{vmatrix} x-1 & 0 & 0 & 1 \\ y & 0 & 1 & 2 \\ z & 0 & -3 & -1 \\ t & 2 & 0 & 1 \end{vmatrix} = (-1)^{4+2}(2) \begin{vmatrix} x-1 & 0 & 1 \\ y & 1 & 2 \\ z & -3 & -1 \end{vmatrix} = 2(-(x-1) - 3y - z + 6(x-1)) = 0$$

y queda

$$L \equiv 5x - 3y - z - 5 = 0$$

85. En cada uno de los siguientes casos, dar las ecuaciones paramétricas y un conjunto de puntos afínmente independientes que generen la variedad afín dada. Calcular también la suma e intersección de ambos subespacios afines.

1.

$$L_1 \equiv \left\{ \begin{aligned} x_1 + x_2 + x_3 + x_4 &= 0 \\ x_1 - x_2 + 2x_4 &= 1 \\ -2x_2 + x_3 + x_4 &= 1 \end{aligned} \right.$$

2.

$$L_2 \equiv \left\{ \begin{aligned} x_1 + x_2 + x_3 + x_4 &= 0 \\ x_1 - x_2 + 2x_4 &= 0 \\ -2x_2 + x_3 + x_4 &= 1 \end{aligned} \right.$$

Resolución.

Para calcular ecuaciones paramétricas es suficiente resolver el sistema de las ecuaciones cartesianas:

$$L_1 \equiv \left\{ \begin{aligned} x_1 + x_2 + x_3 + x_4 &= 0 \\ x_1 - x_2 + 2x_4 &= 1 \\ -2x_2 + x_3 + x_4 &= 1 \end{aligned} \right. \sim \left\{ \begin{aligned} x_1 + x_2 + x_3 + x_4 &= 0 \\ -2x_2 - x_3 + x_4 &= 1 \\ -2x_2 + x_3 + x_4 &= 1 \end{aligned} \right. \sim$$

$$\sim \left\{ \begin{aligned} x_1 + x_2 + x_3 + x_4 &= 0 \\ -2x_2 - x_3 + x_4 &= 1 \\ 2x_3 &= 0 \end{aligned} \right. \sim \left\{ \begin{aligned} x_1 &= -x_3 - x_2 - x_4 \\ x_4 &= 1 + 2x_2 + x_3 \\ x_3 &= 0 \end{aligned} \right. \sim$$

$$\sim \left\{ \begin{aligned} x_1 &= -x_2 - (1 + 2x_2) \\ x_3 &= 0 \\ x_4 &= 1 + 2x_2 \end{aligned} \right. \sim \left\{ \begin{aligned} x_1 &= -1 - 3x_2 \\ x_3 &= 0 \\ x_4 &= 1 + 2x_2 \end{aligned} \right.$$

Luego unas ecuaciones paramétricas de L_1 son:

$$L_1 \equiv \left\{ \begin{aligned} x_1 &= -1 - 3\lambda \\ x_2 &= 0 + \lambda \\ x_3 &= 0 \\ x_4 &= 1 + 2\lambda \end{aligned} \right.$$

y un conjunto de puntos afínmente independientes que generan L_1 se obtiene de las paramétricas: como la dimensión es 1 necesitamos 2 puntos, se toma el punto por el que pasa $A_1 = (-1, 0, 0, 1)$ y se le suma un vector director (tomando por ejemplo $\lambda = 1$ en las paramétricas): $A_2 = (-4, 1, 0, 3)$. Para L_2 procedemos de la misma forma:

$$L_2 \equiv \left\{ \begin{aligned} x_1 + x_2 + x_3 + x_4 &= 0 \\ x_1 - x_2 + 2x_4 &= 0 \\ -2x_2 + x_3 + x_4 &= 1 \end{aligned} \right. \sim \left\{ \begin{aligned} x_1 + x_2 + x_3 + x_4 &= 0 \\ -2x_2 - x_3 + x_4 &= 0 \\ -2x_2 + x_3 + x_4 &= 1 \end{aligned} \right. \sim$$

$$\sim \begin{cases} x_1 + x_2 + x_3 + x_4 = 0 \\ -2x_2 - x_3 + x_4 = 0 \\ 2x_3 = 1 \end{cases} \sim \begin{cases} x_1 = -x_2 - x_3 - x_4 \\ x_4 = 2x_2 + x_3 \\ x_3 = 1/2 \end{cases} \sim$$

$$\sim \begin{cases} x_1 = -1/2 - x_2 - (1/2 + 2x_2) \\ x_4 = 1/2 + 2x_2 \\ x_3 = 1/2 \end{cases} \sim \begin{cases} x_1 = & -1 & -3x_2 \\ x_3 = & 1/2 & \\ x_4 = & 1/2 & +2x_2 \end{cases}$$

Y unas ecuaciones paramétricas de L_2 son:

$$L_2 = \begin{cases} x_1 = & -1 & -3\mu \\ x_2 = & 0 & +\mu \\ x_3 = & 1/2 & \\ x_4 = & 1/2 & +2\mu \end{cases}$$

y un conjunto de puntos afínmente independientes que generan L_2 puede ser

$$\{B_1 = (-1, 0, 1/2, 1/2), B_2 = (-4, 1, 1/2, 5/2)\}$$

$L_1 \cap L_2$ se obtiene reuniendo las cartesianas de ambos:

$$L_1 \cap L_2 \equiv \begin{cases} x_1 + x_2 + x_3 + x_4 = 0 \\ x_1 - x_2 + 2x_4 = 1 \\ -2x_2 + x_3 + x_4 = 1 \\ x_1 + x_2 + x_3 + x_4 = 0 \\ x_1 - x_2 + 2x_4 = 0 \\ -2x_2 + x_3 + x_4 = 1 \end{cases} \sim \begin{cases} x_1 + x_2 + x_3 + x_4 = 0 \\ x_1 - x_2 + 2x_4 = 1 \\ -2x_2 + x_3 + x_4 = 1 \\ x_1 + x_2 + x_3 + x_4 = 0 \\ 0 = -1 \\ -2x_2 + x_3 + x_4 = 1 \end{cases}$$

y como es un sistema incompatible, entonces $L_1 \cap L_2 = \emptyset$.

Como

$$L_1 + L_2 = A_1 + (W_1 + W_2 + L(\overrightarrow{A_1B_1}))$$

y $\overrightarrow{A_1B_1} = (0, 0, 1/2, -1/2)$ entonces un sistema de generadores del espacio de dirección de $L_1 + L_2$ será:

$$\begin{pmatrix} -3 & -3 & 0 \\ 1 & 1 & 0 \\ 0 & 0 & 1/2 \\ 2 & 2 & -1/2 \end{pmatrix} \sim_c \begin{pmatrix} -3 & 0 & 0 \\ 1 & 0 & 0 \\ 0 & 0 & 1/2 \\ 2 & 0 & -1/2 \end{pmatrix}$$

y unas paramétricas:

$$L_1 + L_2 \equiv \begin{cases} x_1 = & -1 & -3\lambda & \\ x_2 = & 0 & +1\lambda & \\ x_3 = & 0 & +0\lambda & +1/2\mu \\ x_4 = & 1 & +2\lambda & -1/2\mu \end{cases}$$

De dos variedades afines L_1 y L_2 de un espacio afín $\mathcal{A}$ sobre el espacio vectorial V se dice que son suplementarias si sus espacios de dirección son subespacios suplementarios de V. Probar que si $L_1 = A_1 + W_1$ y $L_2 = A_2 + W_2$ entonces son suplementarias si, y sólo si, $L_1 \cap L_2$ consta de un sólo punto y $L_1 + L_2 = \mathcal{A}$.

Resolución.

Si L_1 y L_2 son suplementarios, entonces cualquier vector se escribe como suma de un vector de W_1 más uno de W_2, en particular:

$$\overrightarrow{A_1A_2} = \overrightarrow{A_1P} + \overrightarrow{PA_2}$$

con $\overrightarrow{A_1P} \in W_1$ y por tanto $P \in L_1$ y $\overrightarrow{PA_2} = -\overrightarrow{A_2P} \in W_2$ con lo que $P \in L_2$. Así que $P \in L_1 \cap L_2$ y puesto que $L_1 + L_2 = A_1 + (W_1 + W_2 + L(\overrightarrow{A_1A_2}))$ es evidente que la suma es el total. Sólo queda probar que $L_1 \cap L_2 = \{P\}$ para lo que se puede usar la fórmula de las dimensiones en el caso finito, o bien razonar que si $Q \in L_1 \cap L_2$

entonces $\overrightarrow{PQ} \in W_1 \cap W_2 = \{0\}$ *luego* $P = Q$. *El recíproco es muy fácil usando el punto* $\{P\} \in L_1 \cap L_2$ *y que se verifica*

$$L_1 \cap L_2 = P + (W_1 \cap W_2)$$

y

$$L_1 + L_2 = P + (W_1 + W_2)$$

87. Sea $\mathcal{A}$ un espacio afín. Calcular la mínima dimensión de $\mathcal{A}$ para que dos variedades L_1 y L_2, de dimensiones r y s respectivamente, se corten en un punto.

Resolución.

Llamemos $r = dim\ L_1$ *y* $s = dim\ L_2$, *entonces como* $L_1 \cap L_2 \neq \emptyset$ *se verifica*

$$dim\ L_1 + dim\ L_2 = dim\ (L_1 \cap L_2) + dim\ (L_1 + L_2)$$

es decir

$$r + s = 0 + dim\ (L_1 + L_2)$$

luego $dim\ \mathcal{A} \geq r + s$, *puesto que* $L_1 + L_2 \subseteq \mathcal{A}$.

88. Dadas las rectas

$$r \equiv \frac{x-1}{2} = \frac{y}{-1} = \frac{z}{4};$$

$$s \equiv \frac{x}{3} = y + 3 = \frac{z-1}{2};$$

$$t \equiv \frac{x+2}{-1} = \frac{y+1}{-2} = \frac{z-1}{2}$$

comprobar que son paralelas a un mismo plano, y calcular el plano incidente con el origen que es paralelo a las tres rectas.

Resolución.

Puesto que los vectores directores de las tres rectas deben estar contenidos en la variedad de dirección de un plano, tienen que ser linealmente dependientes:

$$\begin{vmatrix} 2 & 3 & -1 \\ -1 & 1 & -2 \\ 4 & 2 & 2 \end{vmatrix} = 4 + 2 - 24 + 4 + 8 + 6 = 0$$

así que en efecto las tres rectas son paralelas a un mismo plano. El vector normal a este plano puede calcularse usando el producto vectorial de dos vectores directores linealmente independientes:

$$\begin{vmatrix} i & j & k \\ 3 & 1 & 2 \\ -1 & -2 & 2 \end{vmatrix} = 2i - 6k - 2j + k + 4i - 6j \equiv (6, -8, -5)$$

Luego la ecuación cartesiana del plano que pasa por el origen será

$$\pi \equiv 6x - 8y - 5z = 0$$

Hallar la proyección ortogonal del punto $B = (-3, -7, 0)$ sobre el plano que pasa por los puntos $A_1 = (2, 0, 1)$, $A_2 = (3, -1, 2)$ y $A_3 = (2, 1, 3)$. Hallar también la distancia de B al plano.

Resolución.

Calculamos el plano que contiene a los tres puntos calculando los dos vectores directores: $\overrightarrow{A_1A_2} = (1, -1, 1)$ *y* $\overrightarrow{A_1A_3} = (0, 1, 2)$. *Unas ecuaciones paramétricas son:*

$$\pi \equiv \left\{ \begin{array}{llll} x = & 2 & +\lambda & \\ y = & 0 & -\lambda & +\mu \\ z = & 1 & +\lambda & +2\mu \end{array} \right.$$

Ahora, las ecuaciones cartesianas de $\pi_B^{\perp}$ *quedan:*

$$\pi_B^{\perp} \equiv \left\{ \begin{array}{r} x - y + z + d = 0 \\ y + 2z + e = 0 \end{array} \right.$$

y como contiene al punto B: $-3 - (-7) + d = 0$ *y* $(-7) + 2(0) + e = 0$, *es decir,* $d = -4$ *y* $e = 7$. *Ahora calculamos* $p_\pi(B) = \pi \cap \pi_B^{\perp}$ *sustituyendo las paramétricas de* π *en las cartesianas de* $\pi_B^{\perp}$:

$$\left\{ \begin{array}{r} (2+\lambda) - (-\lambda+\mu) + (1+\lambda+2\mu) - 4 = 0 \\ (-\lambda+\mu) + 2(1+\lambda+2\mu) + 7 = 0 \end{array} \right. \sim \left\{ \begin{array}{r} 3\lambda + \mu - 1 = 0 \\ \lambda + 5\mu + 9 = 0 \end{array} \right.$$

$$\sim \left\{ \begin{array}{r} 3(-9-5\mu) + \mu - 1 = 0 \\ \lambda = -9 - 5\mu \end{array} \right. \left\{ \begin{array}{r} \mu = -2 \\ \lambda = -9 - 5\mu = 1 \end{array} \right.$$

y sustituyendo los valores de λ *y* μ *en las paramétricas de* π *obtenemos el punto* $p_\pi(B) = (3, -3, -2)$. *Ahora,* $d(B, \pi) = d(B, p_\pi(B)) = ||\overrightarrow{Bp_\pi(B)}||$, *es decir*

$$d(B, \pi) = \sqrt{36 + 16 + 4} = 2\sqrt{14}$$

. Hallar la distancia del punto $A = (1, 3, -1)$ a la recta

$$r \equiv \left\{ \begin{array}{l} x = 2\lambda \\ y = 2 - \lambda \\ z = 1 + 2\lambda \end{array} \right.$$

Resolución.

El plano $r_A^{\perp}$ *tiene ecuación cartesiana*

$$2x - y + 2z + d = 0$$

con $2(1) - (3) + 2(-1) + d = 0$ *y por tanto* $d = 3$. *Ahora calculamos* $r \cap r_A^{\perp}$:

$$2(2\lambda) - (2 - \lambda) + 2(1 + 2\lambda) + 3 = 0$$

$$9\lambda = -3$$

Sustituyendo $\lambda = -1/3$ *en las paramétricas de r obtenemos*

$$p_r(A) = (-2/3, 7/3, 1/3)$$

Ahora,

$$d(A, r) = d(A, p_r(A)) = ||(-5/3, -2/3, 4/3)|| = \frac{\sqrt{25 + 4 + 16}}{3} = \sqrt{5}$$

91. Hallar el simétrico de $A = (-2, 6, 2)$ respecto del plano $\pi \equiv 3x - 5y + z = 1$.

Resolución.

La recta perpendicular al plano pasando por el punto dado es

$$\pi_A^\perp \equiv \begin{cases} x = & -2 & +3\lambda \\ y = & 6 & -5\lambda \\ z = & 2 & +\lambda \end{cases}$$

y $p_\pi(A)$ aparece cuando

$$3(-2 + 3\lambda) - 5(6 - 5\lambda) + (2 + \lambda) = 1$$

es decir, $\lambda = 1$, luego $p_\pi(A) = (1, 1, 3)$. Para calcular el simétrico,

$$s_\pi(A) = A + 2\overrightarrow{Ap_\pi(A)} = (-2, 6, 2) + 2\,(3, -5, 1) = (4, -4, 4)$$

92. Hallar el simétrico de $B = (1, -2, 0)$ respecto de la recta

$$r \equiv \frac{x+1}{5} = \frac{y+4}{-2} = \frac{z-2}{3}$$

Resolución.

Tenemos

$$r_B^\perp \equiv 5x - 2y + 3z + d = 0$$

y $5(1) - 2(-2) + 3(0) + d = 0$, con lo cual $d = -9$. Así calculamos $r \cap r_B^\perp$:

$$5(-1 + 5\lambda) - 2(-4 - 2\lambda) + 3(2 + 3\lambda) - 9 = 0$$

con lo que queda $\lambda = 0$ y $p_r(B) = (-1, -4, 2)$. Ahora

$$s_r(B) = B + 2\overrightarrow{Bp_r(B)} = 2(-1, -4, 2) - (1, -2, 0) = (-3, -6, 4)$$

93. Hallar la posición relativa y la distancia entre las rectas

$$r \equiv \frac{x+3}{3} = \frac{y-9}{-2} = \frac{z-8}{-2} \qquad \text{y} \qquad s \equiv \frac{x-3}{-2} = \frac{y-2}{1} = \frac{z-1}{2}$$

Resolución.

Puesto que los vectores directores están dados, observamos que no son paralelas. Calculamos las cartesianas y la intersección:

$$r \equiv \begin{cases} -2x - 6 = & 3y - 27 \\ -2x - 6 = & 3z - 24 \end{cases} \sim \begin{cases} -2x - 3y + 21 = 0 \\ -2x - 3z + 18 = 0 \end{cases}$$

$$s \equiv \begin{cases} x - 3 = & -2y + 4 \\ 2x - 6 = & -2z + 2 \end{cases} \sim \begin{cases} x + 2y - 7 = 0 \\ 2x + 2z - 8 = 0 \end{cases}$$

y

$$s \cap r \equiv \begin{cases} x + 2y - 7 = 0 \\ 2x + 2z - 8 = 0 \\ -2x - 3y + 21 = 0 \\ -2x - 3z + 18 = 0 \end{cases}$$

Estudiamos el rango de las matrices del sistema:

$$\left(\begin{array}{ccc|c} 1 & 2 & 0 & 7 \\ 2 & 0 & 2 & 8 \\ -2 & -3 & 0 & -21 \\ -2 & 0 & -3 & -18 \end{array}\right) \sim \left(\begin{array}{ccc|c} 1 & 2 & 0 & 7 \\ 2 & 0 & 2 & 8 \\ 0 & -3 & 2 & -13 \\ 0 & 0 & -1 & -10 \end{array}\right)$$

$$\sim \left(\begin{array}{ccc|c} 1 & 2 & 0 & 7 \\ 0 & -4 & 2 & -6 \\ 0 & -3 & 2 & -13 \\ 0 & 0 & -1 & -10 \end{array}\right)$$

El rango de la matriz de coeficientes es 3*, pero como*

$$\begin{vmatrix} -4 & 2 & -6 \\ -3 & 2 & -13 \\ 0 & -1 & -10 \end{vmatrix} = 80 - 18 + 52 - 60 = 54$$

el rango de la ampliada es cuatro y por tanto las rectas se cruzan. Para calcular la distancia entre ellas tomamos un punto cualquiera de la primera, $A = (-3, 9, 8)$ *y entonces*

$$d(r, s) = d(A, \pi)$$

donde π *es el plano que contiene a* s *y es paralelo a* r*:*

$$\pi \equiv \begin{cases} x = & 3 & +3\lambda & -2\mu \\ y = & 2 & -2\lambda & \mu \\ z = & 1 & -2\lambda & +2\mu \end{cases}$$

y su ecuación cartesiana es

$$\begin{vmatrix} x-3 & 3 & -2 \\ y-2 & -2 & 1 \\ z-1 & -2 & 2 \end{vmatrix} = 2x + 2y + z - 11 = 0$$

Ahora calculamos la recta $\pi_A^\perp$*:*

$$\pi_A^\perp \equiv \begin{cases} x = & -3 & +2\lambda \\ y = & 9 & +2\lambda \\ z = & 8 & +\lambda \end{cases}$$

y la intersección nos da:

$$2(-3 + 2\lambda) + (9 + \lambda) + 2(8 + 2\lambda) - 10 = 0$$

o sea, $\lambda = -1$ *con lo que tenemos* $p_\pi(A) = (-5, 7, 7)$ *y*

$$d(r, s) = d((-3, 9, 8), (-5, 8, 6)) = \sqrt{4 + 4 + 1} = 3$$

Hallar la ecuación de la recta que pasa por el punto $A = (3, 5, 1)$ y que corta perpendicularmente a la recta

$$r \equiv \frac{x-2}{3} = \frac{y-2}{2} = \frac{z+1}{-1}$$

Resolución.

La recta pedida es la que pasa por A *y por* $p_r(A)$*, así que calculamos este segundo punto:*

$$r_A^\perp \equiv 3x + 2y - z + d = 0$$

Con $3(3) + 2(5) - (1) + d = 0$ *y* $r \cap r_A^\perp$ *es:*

$$3(2 + 3\lambda) + 2(2 + 2\lambda) - (-1 - \lambda) - 18 = 0$$

con lo que $\lambda = 1/2$. *Entonces* $p_r(A) = (7/2, 3, -3/2)$ *y la recta pedida tiene vector director:*

$$\overrightarrow{Ap_r(A)} = (1/2, -2, -5/2)$$

o uno proporcional como $v = (1, -4, -5)$. *Así, unas paramétricas de la recta pedida son:*

$$s \equiv \begin{cases} x = & 3 & +\lambda \\ y = & 5 & -4\lambda \\ z = & 1 & -5\lambda \end{cases}$$

95. Hallar la distancia entre los planos $\pi \equiv 2x + 4y - z = -7$ y $\pi' \equiv 4x + 8y - 2z = 1$.

Resolución.

Puesto que son dos planos paralelos de $\mathbb{R}^3$ *podemos usar la fórmula correspondiente:*

$$d(\pi, \pi') = \frac{|-14-1|}{\sqrt{4^2+8^2+(-2)^2}} = \frac{15}{\sqrt{84}}$$

96. Dadas las rectas

$$r \equiv x = \frac{y-1}{3} = \frac{z-4}{7} \qquad \text{y} \qquad s \equiv x-2 = \frac{y-2}{3} = \frac{z-3}{4}$$

se pide:

1. Comprobar que se cruzan.
2. Calcular una recta perpendicular a r y a s y que las corte a ambas.
3. Calcular la distancia entre r y s.

Resolución.

1.- *Las rectas no son paralelas puesto que sus vectores directores no son proporcionales. Para calcular la intersección pasamos a cartesianas:*

$$r \cap s \equiv \begin{cases} 3x - y + 1 = 0 \\ 7x - z + 4 = 0 \\ 3x - y - 4 = 0 \\ 4x - z - 5 = 0 \end{cases} \sim \begin{cases} 3x - y + 1 = 0 \\ 7x - z + 4 = 0 \\ -5 = 0 \\ 4x - z - 5 = 0 \end{cases}$$

y como el sistema es incompatible no se cortan, así que se cruzan.

2.- *La recta que buscamos está contenida en un plano que sea perpendicular a r y a s a la vez, es decir, que tenga vector director*

$$\begin{vmatrix} i & j & k \\ 1 & 3 & 7 \\ 1 & 3 & 4 \end{vmatrix} = 12i + 3k + 7j - 3k - 21i - 4j \equiv (-3, 1, 0)$$

y que contenga a r

$$\pi \equiv \begin{vmatrix} x-0 & 1 & -3 \\ y-1 & 3 & 1 \\ z-4 & 7 & 0 \end{vmatrix} = -7x - 21y + 10z - 19 = 0$$

También está contenida en un plano que, teniendo a $(-3, 1, 0)$ *como vector director, contenga a la recta s:*

$$\pi' \equiv \begin{vmatrix} x-2 & 1 & -3 \\ y-2 & 3 & 1 \\ z-3 & 4 & 0 \end{vmatrix} = 4x + 12y - 10z - 2 = 0$$

Así que la recta pedida es la intersección de estos dos planos:

$$t \equiv \left\{ \begin{array}{r} 7x + 21y - 10z + 19 = 0 \\ 2x + 6y - 5z - 1 = 0 \end{array} \right.$$

3.-

$$d(r, s) = d((0, 1, 4), \pi)$$

donde π *es el plano que contiene a* s *y es paralelo a* r *y por tanto tiene vector normal* $(-3, 1, 0)$, *luego*

$$\pi \equiv -3x + y + d = 0$$

y como, por ejemplo, $(2, 2, 3) \in \pi$ *entonces* $d = 4$. *Ahora, calculamos* $p_\pi((0, 1, 4))$:

$$\pi^{\perp}_{(0,1,4)} \equiv \left\{ \begin{array}{rrr} x = & 0 & +3\lambda \\ y = & 1 & -\lambda \\ z = & 4 & \end{array} \right.$$

entonces debe ser

$$3(3\lambda) - (1 - \lambda) - 4 = 0$$

con lo que $\lambda = 1/2$ *y* $p_\pi((0, 1, 4)) = (3/2, 1/2, 4)$. *Ahora,*

$$d((0, 1, 4), \pi) = ||(3/2, -1/2, 0)|| = \frac{\sqrt{10}}{2}$$

Movimientos

. Demostrar que el único punto fijo por una homotecia distinta de la identidad es el centro de la homotecia.

Resolución.

Consideramos las ecuaciones de una homotecia de centro $C = (c_1, c_2, \ldots, c_n)$ *y razón* $a \neq 1$:

$$Y = (1 - a)C + aIX$$

El conjunto de puntos fijos será la variedad afín que tiene ecuaciones cartesianas

$$X = (1 - a)C + aIX$$

o bien

$$(1 - a)IX = (1 - a)C$$

y como el rango de la matriz de coeficientes $(1 - a)I$ *es* n *si* $a \neq 1$, *entonces tiene una única solución que es* $X = C$.

. Sea t_v la traslación de vector v y $h(C, a)$ la homotecia de centro C y razón a $(a \neq 0, 1)$. Se pide:

1. Demostrar que $t_v \circ h$ y $h \circ t_v$ son homotecias.
2. Hallar los centros y las razones de las homotecias anteriores.

Resolución.

Puesto que conocemos las matrices asociadas a una traslación y a una homotecia, sólo tenemos que calcular los productos de las matrices correspondientes a las composiciones $t_v \circ h$ y $h \circ t_v$:

$$\left(\begin{array}{c|cccc} 1 & 0 & 0 & \dots & 0 \\ \hline v_1 & 1 & 0 & \dots & 0 \\ v_2 & 0 & 1 & \dots & 0 \\ \vdots & \vdots & \vdots & \vdots & \vdots \\ v_n & 0 & 0 & \dots & 1 \end{array}\right)\left(\begin{array}{c|cccc} 1 & 0 & 0 & \dots & 0 \\ \hline (1-a)c_1 & a & 0 & \dots & 0 \\ (1-a)c_2 & 0 & a & \dots & 0 \\ \vdots & \vdots & \vdots & \vdots & \vdots \\ (1-a)c_n & 0 & 0 & \dots & a \end{array}\right) = \left(\begin{array}{c|cccc} 1 & 0 & 0 & \dots & 0 \\ \hline v_1+(1-a)c_1 & a & 0 & \dots & 0 \\ v_2+(1-a)c_2 & 0 & a & \dots & 0 \\ \vdots & \vdots & \vdots & \vdots & \vdots \\ v_n+(1-a)c_n & 0 & 0 & \dots & a \end{array}\right)$$

y observamos que resulta una homotecia de la misma razón a, pero con un centro distinto:

$$C' = C + \frac{v}{(1-a)}$$

Ahora, para calcular la matriz de $h \circ t_v$:

$$\left(\begin{array}{c|cccc} 1 & 0 & 0 & \dots & 0 \\ \hline (1-a)c_1 & a & 0 & \dots & 0 \\ (1-a)c_2 & 0 & a & \dots & 0 \\ \vdots & \vdots & \vdots & \vdots & \vdots \\ (1-a)c_n & 0 & 0 & \dots & a \end{array}\right)\left(\begin{array}{c|cccc} 1 & 0 & 0 & \dots & 0 \\ \hline v_1 & 1 & 0 & \dots & 0 \\ v_2 & 0 & 1 & \dots & 0 \\ \vdots & \vdots & \vdots & \vdots & \vdots \\ v_n & 0 & 0 & \dots & 1 \end{array}\right) = \left(\begin{array}{c|cccc} 1 & 0 & 0 & \dots & 0 \\ \hline av_1+(1-a)c_1 & a & 0 & \dots & 0 \\ av_2+(1-a)c_2 & 0 & a & \dots & 0 \\ \vdots & \vdots & \vdots & \vdots & \vdots \\ av_n+(1-a)c_n & 0 & 0 & \dots & a \end{array}\right)$$

que es también una homotecia de razón a pero que tiene centro

$$C'' = C + \frac{a}{(1-a)}v$$

00. En el plano afín euclídeo ordinario se pide:

1. Hallar las ecuaciones de la transformación afín que asocia a cada punto del plano su proyección sobre la recta $y = 2x$.
2. Idem para la simetría respecto de dicha recta.

Resolución.

Tenemos que calcular los transformados por ambas aplicaciones del origen $(0,0)$ y de los vectores de la base canónica $\{e_1 = (1,0), e_2 = (0,1)\}$. Puesto que $(0,0)$ pertenece a la recta, la proyección sobre la recta y su simétrico son el mismo punto $(0,0)$. Si consideramos los puntos $A_1 = (1,0)$ y $A_2 = (0,1)$ entonces $\overrightarrow{f}(e_i) = \overrightarrow{f(O)f(A_i)} = \overrightarrow{Of(A_i)}$ y podemos calcular la proyección y el simétrico de A_1 y A_2. La variedad perpendicular a la recta es la recta de vector director $(2,-1)$ y si debe pasar por A_1 obtenemos

$$r_{A_1}^{\perp} \equiv \left\{ \begin{array}{l} x = 1 + 2\lambda \\ y = 0 - \lambda \end{array} \right.$$

y por tanto $p_r(A_1) = (\frac{1}{5}, \frac{2}{5})$ y $s_r(A_1) = 2(\frac{1}{5}, \frac{2}{5}) - (1,0) = (-\frac{3}{5}, \frac{4}{5})$ Del mismo modo

$$r_{A_2}^{\perp} \equiv \left\{ \begin{array}{l} x = 2\lambda \\ y = 1 - \lambda \end{array} \right.$$

y por tanto $p_r(A_2) = (\frac{2}{5}, \frac{4}{5})$ y $s_r(A_2) = 2(\frac{2}{5}, \frac{4}{5}) - (0,1) = (\frac{4}{5}, \frac{3}{5})$.
Así la ecuación de la proyección es

$$\begin{pmatrix} x' \\ y' \end{pmatrix} = \begin{pmatrix} 0 \\ 0 \end{pmatrix} + \begin{pmatrix} 1/5 & 2/5 \\ 2/5 & 4/5 \end{pmatrix}\begin{pmatrix} x \\ y \end{pmatrix}$$

mientras que la ecuación de la simetría queda

$$\begin{pmatrix} x' \\ y' \end{pmatrix} = \begin{pmatrix} -3/5 & 4/5 \\ 4/5 & 3/5 \end{pmatrix} \begin{pmatrix} x \\ y \end{pmatrix}$$

0. Calcular las ecuaciones del movimiento helicoidal que consiste en una rotación de 60° alrededor de la recta

$$r \equiv \begin{cases} x = & 1 \\ y = & -1 \end{cases}$$

seguido de una traslación de vector $\vec{v} = (0, 0, 1)$.

Resolución.

En primer lugar, la matriz de la aplicación lineal asociada es

$$\begin{pmatrix} 1/2 & -\sqrt{3}/2 & 0 \\ \sqrt{3}/2 & 1/2 & 0 \\ 0 & 0 & 1 \end{pmatrix}$$

puesto que se trata de una rotación en la que el tercer vector de la base queda fijo.
Ahora necesitamos el transformado del origen; dado un punto en el eje de giro, digamos $P = (1, -1, 1)$, el vector $\overrightarrow{OP} = (1, -1, 1)$ tiene imagen por la rotación

$$\vec{f}(\overrightarrow{OP}) = (\frac{1+\sqrt{3}}{2}, \frac{-1+\sqrt{3}}{2}, 1)$$

y puesto que $\vec{f}(\overrightarrow{OP}) = \overrightarrow{f(O)f(P)} = \overrightarrow{f(O)P}$ y que $f(P)$ es tan sólo el trasladado del punto P por el vector $\vec{v}$ será $f(P) = (1, -1, 2)$ y queda

$$\begin{aligned} f(O) = f(P) - \vec{f}(\overrightarrow{OP}) &= (1, -1, 2) - (\frac{1+\sqrt{3}}{2}, \frac{-1+\sqrt{3}}{2}, 1) \\ &= (\frac{1-\sqrt{3}}{2}, \frac{-1-\sqrt{3}}{2}, 1) \end{aligned}$$

Así las ecuaciones del movimiento rígido son:

$$\begin{pmatrix} x' \\ y' \\ z' \end{pmatrix} = \begin{pmatrix} \frac{1-\sqrt{3}}{2} \\ \frac{-1-\sqrt{3}}{2} \\ 1 \end{pmatrix} + \begin{pmatrix} 1/2 & -\sqrt{3}/2 & 0 \\ \sqrt{3}/2 & 1/2 & 0 \\ 0 & 0 & 1 \end{pmatrix} \begin{pmatrix} x \\ y \\ z \end{pmatrix}$$

Cónicas y cuádricas

1.* (a) Clasificar la cónica:

$$xy + x + y + 1 = 0$$

y calcular su ecuación reducida y sus elementos geométricos si los tiene.

Resolución.

Para la clasificación podemos usar sus invariantes:

$$I_3 = \begin{vmatrix} 1 & 1/2 & 1/2 \\ 1/2 & 0 & 1/2 \\ 1/2 & 1/2 & 0 \end{vmatrix} = \frac{1}{8} + \frac{1}{8} - \frac{1}{4} = 0$$

luego es degenerada. Como

$$I_2 = \begin{vmatrix} 0 & 1/2 \\ 1/2 & 0 \end{vmatrix} = -\frac{1}{4} < 0$$

se trata de un par de rectas que se cortan. También pueden usarse los invariantes para obtener la ecuación reducida, el término independiente es $\frac{I_3}{I_2} = 0$ *y los términos de grado dos son las raíces de*

$$\lambda^2 - I_1\lambda + I_2 = \lambda^2 - \frac{1}{4} = 0$$

es decir, $\lambda = \pm\frac{1}{2}$*, con lo que la ecuación quedará*

$$\frac{1}{2}(x'')^2 - \frac{1}{2}(y'')^2 = 0$$

o también

$$(x'')^2 - (y'')^2 = 0$$

El único elemento geométrico de interés es el punto de corte de las dos rectas que es el origen del nuevo sistema de referencia. Podemos calcular la rotación y la traslación que nos llevan a la ecuación reducida:
Rotación:

$$\begin{vmatrix} -\lambda & 1/2 \\ 1/2 & -\lambda \end{vmatrix} = \lambda^2 - \frac{1}{4} = (\lambda - \frac{1}{2})(\lambda + \frac{1}{2})$$

Un vector propio unitario asociado a $\lambda = \frac{1}{2}$ *es* $\overrightarrow{v} = (1/\sqrt{2}, 1/\sqrt{2})$ *y asociado a* $\lambda = -\frac{1}{2}$ *podemos elegir* $\overrightarrow{u} = (-1/\sqrt{2}, 1/\sqrt{2})$*. La matriz de la rotación es*

$$P = \begin{pmatrix} 1/\sqrt{2} & -1/\sqrt{2} \\ 1/\sqrt{2} & 1/\sqrt{2} \end{pmatrix}$$

y la ecuación de la cónica queda:

$$\frac{1}{2}(x')^2 - \frac{1}{2}(y')^2 + \begin{pmatrix} 1 & 1 \end{pmatrix} \begin{pmatrix} 1/\sqrt{2} & -1/\sqrt{2} \\ 1/\sqrt{2} & 1/\sqrt{2} \end{pmatrix} \begin{pmatrix} x' \\ y' \end{pmatrix} + 1 = 0$$

Es decir:

$$(x')^2 - (y')^2 + 2\sqrt{2}(x') + 1 = 0$$

Traslación:
Agrupamos los términos en x': $(x')^2 + 2\sqrt{2}(x') = ((x') + \sqrt{2})^2 - 2)$ *y tomamos* $x'' = x' + \sqrt{2}$, $y'' = y'$. *Entonces queda la ecuación*

$$(x'')^2 - (y'')^2 = 0$$

luego se trata de las rectas $(x'') + (y'') = 0$ *y* $(x'') - (y'') = 0$.

La ecuación del movimiento rígido efectuado será:

$$\begin{pmatrix} x'' \\ y'' \end{pmatrix} = \begin{pmatrix} \sqrt{2} \\ 0 \end{pmatrix} + \begin{pmatrix} 1/\sqrt{2} & 1/\sqrt{2} \\ -1/\sqrt{2} & 1/\sqrt{2} \end{pmatrix} \begin{pmatrix} x \\ y \end{pmatrix}$$

El punto de corte de las rectas es la solución del sistema

$$\begin{pmatrix} 0 \\ 0 \end{pmatrix} = \begin{pmatrix} \sqrt{2} \\ 0 \end{pmatrix} + \begin{pmatrix} 1/\sqrt{2} & 1/\sqrt{2} \\ -1/\sqrt{2} & 1/\sqrt{2} \end{pmatrix} \begin{pmatrix} x \\ y \end{pmatrix}$$

que nos da el punto $(-1, -1)_R$*. Las ecuaciones de las rectas en el sistema de referencia R pueden obtenerse utilizando también el cambio de sistema anterior:* $y + 1 = 0$ *y* $x + 1 = 0$.

2.* Mediante un giro y una traslación, calcular la ecuación reducida de la parábola

$$x^2 + y^2 + 2xy + 6\sqrt{2}x - 2\sqrt{2}y + 26 = 0$$

Calcular también el vértice, el eje y la tangente en el vértice, el foco y la directriz.

Resolución.

Giro:

$$\begin{vmatrix} 1-\lambda & 1 \\ 1 & 1-\lambda \end{vmatrix} = (1-\lambda)^2 - 1 = \lambda(\lambda - 2)$$

Una base ortonormal de vectores propios puede ser $\{(\frac{1}{\sqrt{2}}, -\frac{1}{\sqrt{2}}), (\frac{1}{\sqrt{2}}, \frac{1}{\sqrt{2}})\}$, *con lo que la matriz de la rotación será*

$$P = \begin{pmatrix} \frac{1}{\sqrt{2}} & \frac{1}{\sqrt{2}} \\ -\frac{1}{\sqrt{2}} & \frac{1}{\sqrt{2}} \end{pmatrix}$$

y la ecuación de la cónica queda

$$2(y')^2 + \begin{pmatrix} 6\sqrt{2} & -2\sqrt{2} \end{pmatrix} \begin{pmatrix} \frac{1}{\sqrt{2}} & \frac{1}{\sqrt{2}} \\ -\frac{1}{\sqrt{2}} & \frac{1}{\sqrt{2}} \end{pmatrix} \begin{pmatrix} x' \\ y' \end{pmatrix} + 26 = 0$$

es decir

$$(y')^2 + 4(x') + 2(y') + 13 = 0$$

Traslación:
Agrupamos los términos en y': $(y')^2 + 2(y') = ((y'+1)^2 - 1)$ *y sustituyendo* $y'' = y' + 1$ *queda la ecuación*

$$(y'')^2 + 4x' + 12 = 0$$

y ajustando el valor de $x'' = x' + 3$ *tenemos la ecuación reducida de la cónica:*

$$(y'')^2 + 4(x'') = 0$$

Las ecuaciones del cambio de sistema de referencia quedan:

$$\begin{pmatrix} x'' \\ y'' \end{pmatrix} = \begin{pmatrix} 3 \\ 1 \end{pmatrix} + \begin{pmatrix} 1/\sqrt{2} & -1/\sqrt{2} \\ 1/\sqrt{2} & 1/\sqrt{2} \end{pmatrix} \begin{pmatrix} x \\ y \end{pmatrix}$$

Elementos geométricos:
El vértice es la solución del sistema

$$\begin{pmatrix} 0 \\ 0 \end{pmatrix} = \begin{pmatrix} 3 \\ 1 \end{pmatrix} + \begin{pmatrix} 1/\sqrt{2} & -1/\sqrt{2} \\ 1/\sqrt{2} & 1/\sqrt{2} \end{pmatrix} \begin{pmatrix} x \\ y \end{pmatrix}$$

que resulta ser $(-2\sqrt{2}, \sqrt{2})_R$. *Para calcular el foco que tiene coordenadas* $(-p/2, 0)_{R''} = (-1, 0)_{R''}$ *resolvemos un nuevo sistema*

$$\begin{pmatrix} -1 \\ 0 \end{pmatrix} = \begin{pmatrix} 3 \\ 1 \end{pmatrix} + \begin{pmatrix} 1/\sqrt{2} & -1/\sqrt{2} \\ 1/\sqrt{2} & 1/\sqrt{2} \end{pmatrix} \begin{pmatrix} x \\ y \end{pmatrix}$$

y obtenemos $F = (-\frac{5}{\sqrt{2}}, \frac{3}{\sqrt{2}})_R$. *La dirección del eje viene dada por el vector propio asociado a* $\lambda = 0$ *y por tanto es la recta*

$$r \equiv \begin{cases} x = & -2\sqrt{2} + \lambda \\ y = & \sqrt{2} - \lambda \end{cases}$$

mientras que la directriz es la recta

$$s \equiv \begin{cases} x = & -\frac{3}{\sqrt{2}} + \lambda \\ y = & \frac{1}{\sqrt{2}} + \lambda \end{cases}$$

puesto que $(1, 0)_{R''} = (-\frac{3}{\sqrt{2}}, \frac{1}{\sqrt{2}})_R$.

103. Calcular la ecuación reducida de la cuádrica

$$2x^2 + y^2 + 2z^2 - 2xz - 1 = 0$$

y clasificarla.

Resolución.

Rotación:
Calculamos los valores y vectores propios:

$$\begin{vmatrix} 2-\lambda & 0 & -1 \\ 0 & 1-\lambda & 0 \\ -1 & 0 & 2-\lambda \end{vmatrix} = (1-\lambda)((2-\lambda)^2 - 1) = (1-\lambda)^2(3-\lambda)$$

El subespacio propio asociado a $\lambda = 1$ tiene ecuaciones cartesianas $x = z$ y una base ortonormal puede ser

$$\{(1/\sqrt{2}, 0, 1/\sqrt{2}), (0, 1, 0)\}$$

Para $\lambda = 3$ tenemos el subespacio $y = 0$ con base ortonormal $\{(-1/\sqrt{2}, 0, 1/\sqrt{2})\}$. Así, la matriz de la rotación queda

$$P = \begin{pmatrix} \frac{1}{\sqrt{2}} & 0 & -\frac{1}{\sqrt{2}} \\ 0 & 1 & 0 \\ \frac{1}{\sqrt{2}} & 0 & \frac{1}{\sqrt{2}} \end{pmatrix}$$

y la ecuación de la cuádrica

$$(x')^2 + (y')^2 + 3(z')^2 - 1 = 0$$

con lo que se trata de un elipsoide real.

Ejercicios propuestos

2. En un plano afín sobre $\mathbb{R}$ se considera el sistema de referencia $R = \{O; \{u_1, u_2\}\}$ y un segundo sistema de referencia $R' = \{O; \{u'_1, u'_2\}\}$ donde $u'_1 = u_1 - 2u_2$ y $u'_2 = u_1 - u_2$. Encontrar las fórmulas del cambio de sistema de referencia.

3. En un espacio afín $\mathcal{A}$ de dimensión 3 sobre $\mathbb{R}$ y respecto de un sistema de referencia $R = \{O; \{u_1, u_2, u_3\}\}$ se consideran los puntos $O' = (1, 2, 1)$, $A_1 = (2, 3, 1)$, $A_2 = (2, 2, 2)$, $A_3 = (4, 3, 1)$. Dado

$$R' = \{O'; \{\overrightarrow{O'A_1}, \overrightarrow{O'A_2}, \overrightarrow{O'A_3}\}\}$$

hallar las ecuaciones del cambio de sistema de referencia.

4. Sea $\mathcal{A}$ un espacio afín de dimensión 2 sobre $\mathbb{R}$ y sea $R = \{O; \{e_1, e_2\}\}$ un sistema de referencia cartesiano. Sea $R' = \{O'; \{e'_1, e'_2\}\}$ otro sistema de referencia ligado con el anterior mediante

$$\left\{ \begin{array}{rl} \overrightarrow{00'} = & 2e_1 + 3e_2 \\ e'_1 = & e_1 + 3e_2 \\ e'_2 = & -2e_1 + 4e_2 \end{array} \right.$$

Hallar las ecuaciones del cambio de sistema de referencia. ¿Cuáles son las coordenadas del punto M en R' si $M = (4, 5)_R$?

5. Sea $\mathcal{A}$ un espacio afín de dimensión cuatro sobre $\mathbb{R}$. Hallar las ecuaciones paramétricas y cartesianas de la variedad dada por el punto P y un sistema generador de su espacio de dirección.

$$P = (1, 0, 0, 1);$$

$$\left\{ \begin{array}{l} v_1 = (1, 2, -1, 0) \\ v_2 = (0, 0, 1, 0) \\ v_3 = (1, -1, 1, -1) \\ v_4 = (0, 3, -1, 1) \end{array} \right.$$

6. Hallar las ecuaciones paramétricas e implícitas de las variedades afines generadas por los puntos

   1. $P_1 = (1, 2, 1, 2); P_2 = (1, 1, 1, 1); P_3 = (-1, 2, 0, 0); P_4 = (0, 2, 1, 0)$.
   2. $P_1 = (1, 0, 1, 0); P_2 = (2, 1, 3, -1); P_3 = (1, 1, -2, 0); P_4 = (2, 2, 0, 1); P_5 = (3, 3, 2, -2)$.

7. Hallar las ecuaciones de la recta que es coplanaria con la que pasa por $A = (2, -1, 0)$ y $B = (1, 3, -1)$ y con la recta

$$r \equiv \left\{ \begin{array}{l} 2x + 2y - z + 1 = 0 \\ -x + y + 4z - 2 = 0 \end{array} \right.$$

y que pasa por el punto $P = (2, 4, 5)$.

8. Hallar la recta que pasa por $(0, 0, 0)$ y es coplanaria con las rectas

$$r \equiv x + 1 = \frac{y-2}{3} = z; \quad s \equiv \frac{x-4}{5} = \frac{y+3}{4} = z$$

9. Hallar el plano perpendicular a la recta r que pasa por el punto $(1, 1, 0)$, con

$$r \equiv \frac{x-3}{2} = \frac{y+7}{2} = \frac{z-2}{1}$$

0. Hallar la distancia del punto $(-1, 8, 4)$ al plano $-5x + 2y + 3z = -5$.

1. Hallar la ecuación de la recta perpendicular a las rectas:

$$r \equiv \frac{x-8}{3} = \frac{y-3}{4} = \frac{z-6}{3}$$

$$s \equiv \frac{x-2}{6} = \frac{y}{3} = \frac{z-1}{7}$$

182. 1. En el espacio $\mathbb{R}^3$ consideramos dos variedades afines L_1 y L_2 que no se cortan ($L_1 \cap L_2 = \emptyset$). ¿Qué dimensión tiene $L_1 + L_2$ en los siguientes casos?

a) $\begin{cases} dim\ L_1 = 0 \\ dim\ L_2 = 2 \end{cases}$

b) $\begin{cases} dim\ L_1 = 1 \\ dim\ L_2 = 2 \end{cases}$

c) $\begin{cases} dim\ L_1 = 0 \\ dim\ L_2 = 0 \end{cases}$

2. En el espacio $\mathbb{R}^3$ consideramos dos variedades afines L_1 y L_2 tales que $L_1 \cap L_2$ se reduce a un punto. ¿Qué dimensión tiene $L_1 + L_2$ en los siguientes casos?

a) $\begin{cases} dim\ L_1 = 0 \\ dim\ L_2 = 2 \end{cases}$

b) $\begin{cases} dim\ L_1 = 1 \\ dim\ L_2 = 2 \end{cases}$

c) $\begin{cases} dim\ L_1 = 0 \\ dim\ L_2 = 0 \end{cases}$

3. Comprobar que los planos siguientes son paralelos. ¿Son coincidentes?

$$\pi \equiv \begin{cases} x = \lambda + \mu \\ y = -\lambda \\ z = \mu \end{cases}$$

$$\pi' \equiv x + y - z = 0$$

4. Comprobar que los planos siguientes son paralelos. ¿Son coincidentes?

$$\pi \equiv \begin{cases} x = 1 + \lambda + \mu \\ y = -\lambda \\ z = \mu \end{cases}$$

$$\pi' \equiv x + y - z = 0$$

5. Supongamos que $L_1 = A_1 + W_1$ y $L_2 = A_2 + W_2$ son dos variedades afines perpendiculares. ¿Es necesariamente $L_1 \cap L_2 \neq \emptyset$? Razonar o dar un contraejemplo.

6. Supongamos que $L = A + W$ es una variedad afín y $L_B^\perp$ la variedad perpendicular a L por el punto B ($B \notin L$). ¿Puede ser $L \cap L_B^\perp = \emptyset$? ¿Por qué?

183.* 1. Dar una de las matrices del cambio de sistema de referencia entre $R = \{O; \{e_1, e_2\}\}$ y $R' = \{O'; \{u_1, u_2\}\}$ sabiendo que

$$u_1 = e_1 + e_2$$
$$u_2 = e_1 - e_2$$
$$\overrightarrow{OO'} = 2e_1$$

2. En un espacio afín, si L y L' son variedades afines, ¿cuándo puede usarse la siguiente relación?

$$dim\ L + dim\ L' = dim\ (L + L') + dim\ (L \cap L')$$

3. En $\mathbb{R}^3$, respecto de un sistema de referencia rectangular, consideramos la recta

$$r \equiv \begin{cases} x = 0 \\ y = \lambda \\ z = 0 \end{cases}$$

Calcular dos rectas perpendiculares a r que pasen por $(1, 0, 0)$.

4.* En el espacio afín euclídeo tridimensional, respecto de un sistema de referencia rectangular, se dan las rectas:

$$r \equiv x = \frac{y-1}{3} = \frac{z-4}{7} \text{ y } s \equiv x-2 = \frac{y-2}{3} = \frac{z-3}{4}$$

1. Comprobar que se cruzan.
2. Calcular una recta perpendicular a r y a s que corte a ambas.
3. Calcular la distancia entre r y s.

5.*

1. En el plano afín ordinario consideramos dos sistemas de referencia R y R'. Ambos tienen el mismo punto origen, y la base B' se obtiene cambiando de sentido los vectores de B. Escribir una de las matrices del cambio de sistema de referencia.
2. En el espacio vectorial euclídeo ordinario $\mathbb{R}^3$, calcular un vector perpendicular a $u = (0,1,1)$ y a $v = (1,2,1)$ que tenga norma 1.
3. En el plano afín euclídeo ordinario, calcular una recta perpendicular a $r \equiv x + y - 5 = 0$ que pase por el punto $(0,0)$.
4. En el espacio afín euclídeo ordinario de dimensión 3 y con un sistema de referencia rectangular, se pide:

   a) Las ecuaciones paramétricas e implícita del plano que pasa por el punto $A = (1,2,-3)$ que es paralelo a la recta

   $$r \equiv \begin{cases} x_1 - x_2 = 0 \\ x_3 = 0 \end{cases}$$

   y es perpendicular al plano

   $$\pi \equiv 5x_1 - 2x_2 + 2x_3 + 4 = 0$$

   b) Calcular la distancia de la recta r al plano pedido.

6.* En el espacio afín euclídeo tridimensional, hallar la ecuación del plano que es perpendicular al plano $\pi = x - 5y + 2z - 4 = 0$, es paralelo a la recta

$$r \equiv \begin{cases} x - 2z = 0 \\ y - 3z + 1 = 0 \end{cases}$$

y pasa por el simétrico del punto $B = (4,0,2)$ respecto de la recta

$$s \equiv \frac{x+1}{5} = \frac{y+4}{-2} = \frac{z-3}{3}$$

7.* Dada la recta

$$r \equiv \begin{cases} x + y + z - 1 = 0 \\ x - y - 2z = 0 \end{cases}$$

determinar la recta r^* proyección ortogonal de r sobre el plano $\pi \equiv x + 2y + 3z - 17 = 0$. Dado el punto $P = (0,0,1)$ determinar el punto P^* simétrico de P respecto de π y la distancia de P a P^*.

8.* Sean las variedades afines de $\mathbb{R}^3$

$$L_1 = (1,0,1) + L((1,1,1),(2,1,0))$$

$$L_2 = (1,2,2) + L((2,1,-2),(2,-2,1))$$

1. Encontrar una ecuaciones paramétricas y cartesianas de $L_1 + L_2$ y $L_1 \cap L_2$.
2. Calcular la proyección ortogonal del punto $P = (1,1,1)$ sobre la recta r, así como la distancia de P a r, donde

$$r \equiv \begin{cases} x + y = 0 \\ x + z = 1 \end{cases}$$

189.* Sea $\mathcal{A}$ un espacio afín euclídeo tridimensional con un sistema de referencia rectangular. Se dan los planos

$$\pi_1 \equiv x + y + z - 3 = 0; \quad \pi_2 \equiv 2x + 3y - 5z + 1 = 0$$

y el punto $A = (1, 1, 1) \in \pi_1$.

1. Hallar unas ecuaciones de la recta r tal que $A \in r$; $r \subset \pi_1$ y $r \perp (\pi_1 \cap \pi_2)$.
2. Hallar la recta s que es la proyección ortogonal de r sobre π_2.

190.* Dados los puntos $P = (1, 2, -1)$ y $Q = (1, 3, 2)$ y la recta

$$r \equiv \begin{cases} 2x + y - z = 6 \\ x - y + z = 1 \end{cases}$$

se pide:

1. Proyección ortogonal de P sobre r.
2. Punto situado en el plano perpendicular a r por P que esté a la menor distancia posible de Q.

191.* Estudiar la posición relativa de los planos

$$\pi_1 \equiv -2x + 3y - 4z - 6 = 0 \qquad \text{y} \qquad \pi_2 \equiv 4x - ky + 8z - 5 = 0$$

según el valor del parámetro k. En cada una de las diferentes posiciones relativas que se presenten calcular $\pi_1 \cap \pi_2$ y $\pi_1 + \pi_2$.

192.* Dadas las rectas

$$r \equiv \begin{cases} x = 9 - 3\lambda \\ y = -1 + 4\lambda \\ z = 4 + \lambda \end{cases} ; s \equiv \begin{cases} x - 2z - 1 = 0 \\ y + z - 3 = 0 \end{cases} ; t \equiv \begin{cases} x + 3z - 2 = 0 \\ y - 4z = 0 \end{cases}$$

y los planos

$$\pi_1 \equiv -x + 2y - 3z + 2 = 0; \qquad \pi_2 \equiv 3x - 6y + 9z - 5 = 0$$

se pide:

1. Determinar el punto de corte de las rectas r y s.
2. Ecuación del plano que determinan r y s.
3. Probar que r y t son paralelas y calcular la distancia entre ellas.
4. Demostrar que s y t se cruzan. Hallar la mínima distancia entre ellas y las ecuaciones de la perpendicular común a ambas.
5. Probar que los planos π_1 y π_2 son paralelos y determinar la distancia entre ellos.

193.* En el espacio métrico tridimensional, ¿se puede determinar una recta cuya distancia al plano $\pi \equiv 2x + y - 2z + 3 = 0$ sea 3 y que pase por el punto $P = (1, -2, -3)$? ¿y una que pase por $Q = (3, 1, 2)$?

194.*

1. En el plano afín euclídeo $\mathbb{R}^2$ (con el producto escalar usual) se considera un cuadrado dos de cuyos vértices son $(1, 1)$ y $(5, 1)$ y cuyo lado es $2\sqrt{2}$. Calcular los dos vértices restantes.
2. En el espacio afín métrico tridimensional usual se consideran dos rectas no paralelas r y s de las que se sabe que:
   a) r pasa por el punto $A = (1, 0, 0)$.
   b) s pasa por el punto $B = (0, 1, 0)$.
   c) El vector de dirección de la perpendicular común a ambas es $u = (3, 1, -1)$.

   Calcular $d(r, s)$.

195.* En el espacio afín euclídeo $\mathbb{R}^4$ se considera la variedad afín $L = A + U$ donde $A = (0, -1, 0, -1)$ y

$$U \equiv \begin{cases} x + y = 0 \\ z - t = 0 \end{cases}$$

1. Calcular las ecuaciones cartesianas de L, la proyección ortogonal del punto $B = (1, 0, 1, 0)$ sobre L y $d(B, L)$.
2. Dar las ecuaciones cartesianas del plano que pasa por B y es ortogonal a L.

.* En el espacio afín euclídeo $\mathbb{R}^4$ respecto de un sistema de referencia rectangular, se considera la variedad afín

$$L \equiv \left\{ \begin{array}{r} x + y - z - t + 4 = 0 \\ 2x - y + 2z - t + 9 = 0 \end{array} \right.$$

y el punto $A = (0, 1, 1, 0)$. Calcular $p_L(A)$ y $d(A, L)$.

.* 1. En el espacio afín métrico $\mathbb{R}^4$ se considera la recta r que pasa por el punto $(1, 1, 0, 0)$ y tiene vector director $(0, 1, 1, 0)$. Dar sus ecuaciones paramétricas y cartesianas.

2. Calcular la proyección ortogonal del punto $(0, 0, 0, 1)$ sobre el plano π que contiene a r y es paralelo a la recta

$$s \equiv \left\{ \begin{array}{ccccc} x & +y & & +1 & = 0 \\ & y & +z & -1 & = 0 \\ & & z & -t+1 & = 0 \end{array} \right.$$

3. Calcular la distancia del punto $(0, 0, 0, 1)$ al plano π.

.* En el espacio afín euclídeo $\mathbb{R}^3$ consideramos un nuevo sistema de referencia rectangular verificando que:

1. el origen es el punto $(1, 1, -1)$,
2. los dos primeros ejes son las rectas

$$r \equiv \left\{ \begin{array}{l} x = y \\ x - z = 2 \end{array} \right.$$

$$s \equiv \left\{ \begin{array}{l} x - z = 2 \\ 2x + y = 3 \end{array} \right.$$

Calcular:

1. el tercer eje del sistema de referencia;
2. la expresión matricial del cambio de sistema de referencia;
3. la ecuación en el nuevo sistema de referencia del cono que, respecto del sistema de referencia usual, viene dado por

$$x^2 + y^2 - z^2 = 0$$

9.* Se dan las rectas

$$r \equiv \left\{ \begin{array}{l} x = 0 \\ y = 0 \end{array} \right. ; \; s \equiv \left\{ \begin{array}{l} x + y - 1 = 0 \\ z = 0 \end{array} \right.$$

1. Estudiar su posición relativa, es decir, si se cortan, se cruzan o son paralelas.
2. Calcular la familia de rectas que cortan a r y a s. (Indicación: utilizar haces de planos.)
3. Calcular la recta que corta a r y a s y pasa por el punto $(1, -1, 1/2)$.
4. Calcular la o las rectas que apoyándose en r y s sean perpendiculares al plano $\pi \equiv x + 2y + 3z - 4 = 0$.

0.* En el espacio afín euclídeo $\mathbb{R}^4$ respecto de un sistema de referencia rectangular, se considera la variedad afín

$$L \equiv \left\{ \begin{array}{r} x + y - z - t + 4 = 0 \\ 2x - y + 2z - t + 9 = 0 \end{array} \right.$$

y el punto $A = (0, 1, 1, 0)$. Calcular $p_L(A)$ y $d(A, L)$.

1.* En $\mathbb{R}^4$ con su estructura de espacio afín euclídeo usual, se considera la variedad afín

$$\pi \equiv \left\{ \begin{array}{l} y = t \\ x = 1 + z \end{array} \right.$$

Dado el punto $A = (2, 1, 1, -1)$, calcular la única recta que pasa por A y corta a π perpendicularmente. Calcular también la distancia de A a π.

Cónicas y cuádricas

202. Calcular la ecuación reducida de las siguientes cónicas y clasificarlas. Calcular también los elementos distinguidos (centro, ejes, vértice, etc.) en el sistema de referencia utilizado.

1. $2x^2 - 4xy - y^2 - 4x - 8y + 14 = 0$
2. $x^2 + 3y^2 + 7 = 0$
3. $x^2 + y^2 - 2x - 4y + 5 = 0$
4. $9x^2 - 4xy + 6y^2 - 10x - 29y - 5 = 0$
5. $3x^2 - 8xy - 12y^2 - 30x - 64 = 0$
6. $21x^2 + 6xy + 13y^2 - 114x + 34y + 73 = 0$
7. $x^2 - 6xy - 7y^2 + 10x + 2y + 9 = 0$
8. $4x^2 - 20xy + 25y^2 - 15x - 6y = 0$
9. $x^2 - 2xy + y^2 = 0$
10. $9x^2 + 12xy + 4y^2 - 52 = 0$

203.* Determinar la matriz de una rotación en $\mathbb{R}^2$ que lleve el punto $(2, 0)$ en el punto $(1, \sqrt{3})$.
(a) Determinar la ecuación de una hipérbola que pase por los puntos $(-2, 0)$ y $(2, 0)$.
(b) Determinar la ecuación de una hipérbola que pase por los puntos $(-1, 2)$ y $(3, 2)$.
(c) Determinar la ecuación de una hipérbola que pase por los puntos $(-1, -\sqrt{3})$ y $(1, \sqrt{3})$.

204.* Dadas las cónicas:

$$C_1 \equiv 14x^2 + 11y^2 + 4xy + 28\sqrt{5}x + 4\sqrt{5}y + 40 = 0$$

y

$$C_2 \equiv 5x^2 + 5y^2 + 2xy - 22x - 14y + 17 = 0$$

reconocer si se pueden superponer y calcular el movimiento rígido (giro + traslación) que llevaría una en la otra.

205.*

1. Dada la elipse $\frac{x^2}{2} + \frac{y^2}{3} = 1$ escribir su ecuación cuando se hace un cambio de sistema de referencia de la siguiente forma:

   el nuevo origen es el punto (2,-1),
   el nuevo eje horizontal es la recta $y = 2x - 5$,
   el nuevo eje vertical es la recta $y = -(1/2)x$.

2. Encontrar la ecuación reducida de la cónica

$$14x^2 + 11y^2 + 4xy + 28\sqrt{5}x + 4\sqrt{5}y + 40 = 0$$

3. ¿Existe alguna similitud entre las dos elipses? ¿Son la misma elipse?

206.* Dada la cónica de ecuación

$$\frac{7}{2}x^2 + \frac{7}{2}y^2 - 3xy - 2\sqrt{2}x + 3\sqrt{2}y + \frac{3}{8} = 0$$

se pide:

1. Calcular la ecuación reducida de la cónica.
2. ¿Tiene centro? En caso de respuesta afirmativa, calcular dicho centro.

207.* Dada la matriz $A = BB^t$, para $B = \begin{pmatrix} 1 \\ 2 \\ 1 \end{pmatrix}$

1. Diagonalizar por congruencia la forma cuadrática X^tAX.

2. Calcular la ecuación reducida de la cuádrica $X^tAX = 0$, sin hacer uso de invariantes, y decir qué tipo de cuádrica es.

* En el plano afín euclídeo se pide:

1. Dada la familia de cónicas
$$C_\lambda \equiv x^2 + (2+2\lambda)xy + y^2 - 1 = 0$$
identificarlas según los valores del parámetro λ.
2. Para $\lambda = -2$ calcular los puntos de corte de la cónica C_{-2} con las rectas $r_1 \equiv x - y - 1 = 0$ y $r_2 \equiv x - y + 1 = 0$. Calcular el área de la figura delimitada por la cónica C_{-2} y las dos rectas r_1 y r_2.

Calcular la ecuación reducida de las siguientes cuádricas y clasificarlas.

1. $9x^2 + 36y^2 + 4z^2 - 18x - 144y - 24z + 153 = 0$
2. $2xy + z = 0$
3. $6x^2 + 3y^2 - z^2 + 12x - 18y - 8z + 7 = 0$
4. $4x^2 + 9y^2 - z^2 - 54y - 50z - 544 = 0$
5. $3x^2 - 3y^2 - z^2 + 42x + 144 = 0$
6. $2x^2 + 3y^2 + 23z^2 + 72xz + 150 = 0$
7. $4x^2 + 4y^2 + 4z^2 + 4xy + 4xz + 4yz - 5 = 0$
8. $144x^2 + 100y^2 + 81z^2 - 2164xz - 540x - 720z = 0$
9. $x^2 + 7y^2 + 10z^2 - 2xy - 4xz + 4yz - 12x + 12y + 60z - 24 = 0$
10. $2xy - 6x + 10y + z - 31 = 0$
11. $2x^2 + 2y^2 + 5z^2 - 4xy - 2xz + 2yz + 10x - 26y - 2z = 0$

VII

Inversas generalizadas. Mínimos-cuadrados

1. Matrices inversas generalizadas

1.1. Matrices de rango pleno

Dada una matriz de orden $m \times n$

$$A = \begin{pmatrix} a_{11} & a_{12} & \dots & a_{1n} \\ a_{21} & a_{22} & \dots & a_{2n} \\ \vdots & \vdots & \ddots & \vdots \\ a_{m1} & a_{m2} & \dots & a_{mn} \end{pmatrix} \in \mathfrak{M}_{m\times n}(\mathbb{R})$$

A es la matriz asociada respecto de las respectivas bases canónicas a una aplicación lineal

$$f : \mathbb{R}^n \longrightarrow \mathbb{R}^m; \qquad f(x) = AX$$

donde, como es usual, denotamos por X la matriz columna formada por las coordenadas de un vector x.

Por otra parte, recordemos que el espacio de filas de A es el subespacio $\mathcal{F}(A)$ de $\mathbb{R}^n$ generado por las filas de A, y el espacio de columnas de A es el subespacio $\mathcal{C}(A)$ de $\mathbb{R}^m$ generado por las columnas de A y se verifica $dim(\mathcal{F}(A)) = dim(\mathcal{C}(A)) = rg(A)$.

Como ya sabemos, el espacio de columnas de A es precisamente $Im(f) = \{AX \mid x \in \mathbb{R}^n\}$. Veamos cuál puede ser la interpretación del espacio de filas de A. Para ello consideremos el núcleo de la aplicación lineal f, $Ker(f) = \{x \in \mathbb{R}^n | AX = 0\}$

$$AX = \begin{pmatrix} a_{11} & a_{12} & \dots & a_{1n} \\ a_{21} & a_{22} & \dots & a_{2n} \\ \vdots & \vdots & \ddots & \vdots \\ a_{m1} & a_{m2} & \dots & a_{mn} \end{pmatrix} \begin{pmatrix} x_1 \\ x_2 \\ \vdots \\ x_n \end{pmatrix} = \begin{pmatrix} a_{11}x_1 + \dots + a_{1n}x_n \\ a_{21}x_1 + \dots + a_{2n}x_n \\ \vdots \\ a_{m1}x_1 + \dots + a_{mn}x_n \end{pmatrix}$$

Considerando en $\mathbb{R}^n$ el producto escalar usual tenemos que los elementos en la matriz AX son precisamente los productos escalares de las filas de A con el vector x. Por tanto $AX = 0$ si, y sólo si, x es ortogonal a cada una de las filas de A, es decir:

$$Ker(f) = (\mathcal{F}(A))^{\perp} \quad y \quad \mathcal{F}(A) = (Ker(f))^{\perp}$$

Se dice que A es de **rango pleno por filas** si $rg(A) = m$, esto es, si el rango de A es igual a su número de filas, o equivalentemente, si $\mathcal{C}(A) = \mathbb{R}^m$. Análogamente, se dice que A es de **rango pleno por columnas** si $rg(A) = n$ (o equivalentemente si $\mathcal{F}(A) = \mathbb{R}^n$). Evidentemente, para una matriz cuadrada, son equivalentes ser de rango pleno por filas, ser de rango pleno por columnas y ser regular.

Ejemplo 1. *Para las matrices*

$$A = \begin{pmatrix} 2 & 1 & 3 \\ 0 & 1 & 2 \end{pmatrix}; \quad B = \begin{pmatrix} 1 & 0 & 2 \\ 2 & 0 & 4 \end{pmatrix}; \quad C = \begin{pmatrix} 1 & 2 \\ 0 & 1 \end{pmatrix}; \quad D = \begin{pmatrix} 1 & 0 \\ 0 & 2 \\ 2 & 5 \end{pmatrix}$$

se tiene que A es de rango pleno por filas ($rg(A) = 2$), B no es de rango pleno por filas ni por columnas ($rg(B) = 1$), C es cuadrada regular ($rg(C) = 2$) y por tanto de rango pleno por filas y por columnas y finalmente D es de rango pleno por columnas ($rg(D) = 2$).

1.2. Inversas laterales

Dada una matriz $A \in \mathfrak{M}_{m\times n}(\mathbb{K})$, una **inversa a derecha** de A es una matriz $B \in \mathfrak{M}_{n\times m}(\mathbb{K})$ de forma que $AB = I_m$. De forma similar, una **inversa a izquierda** de A es una matriz $C \in \mathfrak{M}_{n\times m}(\mathbb{K})$ tal que $CA = I_n$.

Ejemplo 2. *Consideremos la matriz:*

$$A = \begin{pmatrix} 1 & 2 & 3 \\ 0 & 1 & 2 \end{pmatrix}$$

Una inversa a derecha de A es la matriz

$$B = \begin{pmatrix} 1 & -2 \\ 0 & 1 \\ 0 & 0 \end{pmatrix}$$

ya que

$$AB = \begin{pmatrix} 1 & 2 & 3 \\ 0 & 1 & 2 \end{pmatrix} \begin{pmatrix} 1 & -2 \\ 0 & 1 \\ 0 & 0 \end{pmatrix} = \begin{pmatrix} 1 & 0 \\ 0 & 1 \end{pmatrix}$$

Ejemplo 3. *Sin embargo, la matriz*

$$A = \begin{pmatrix} 1 & 2 & 3 \\ 1 & 2 & 3 \end{pmatrix}$$

no tiene ninguna inversa a derecha, ya que si

$$\begin{pmatrix} 1 & 2 & 3 \\ 1 & 2 & 3 \end{pmatrix} \begin{pmatrix} a & b \\ c & d \\ e & f \end{pmatrix} = \begin{pmatrix} 1 & 0 \\ 0 & 1 \end{pmatrix}$$

entonces

$$\begin{aligned} a + 2b + 3c &= 0 \\ a + 2b + 3c &= 1 \end{aligned}$$

y se obtiene un sistema incompatible.

PROPOSICIÓN

Dada una matriz $A \in \mathfrak{M}_{m\times n}(\mathbb{K})$, se verifica:

1. *A tiene inversa a izquierda $\Longleftrightarrow$ A es de rango pleno por columnas.*
2. *A tiene inversa a derecha $\Longleftrightarrow$ A es de rango pleno por filas.*

DEMOSTRACIÓN.
1. Si $BA = I_n$, entonces

$$n = rg(I_n) = rg(BA) \leq min\{rg(A), rg(B)\} \leq rg(A)$$

y siendo A de orden $m \times n$, ha de ser $rg(A) = n$.
Recíprocamente, supongamos que $rg(A) = n$ y sea H la forma de Hermite por filas de A y Q una matriz regular de orden m de forma que $H = QA$. Puesto que H es de orden $m \times n$ y en ella aparecen n pivotes 1, ha de ser de la forma

$$H = \left(\frac{I_n}{0}\right)$$

Si escribimos

$$Q = \left(\frac{B}{C}\right)$$

donde B es la matriz de orden $n \times m$ formada por las n primeras filas de Q, entonces, puesto que $QA = H$, tenemos:

$$\left(\frac{BA}{CA}\right) = \left(\frac{B}{C}\right) A = \left(\frac{I_n}{0}\right)$$

y por tanto $BA = I_n$ y B es una inversa a izquierda de A.
2. Es consecuencia de (1), teniendo en cuenta que una matriz tiene inversa a derecha si, y sólo si, su traspuesta tiene inversa a izquierda, ya que $AB = I$ si, y sólo si, $B^t A^t = I^t = I$. □

Ejemplo 4. *Calculemos una inversa a izquierda para la matriz D del ejemplo 1*

$$D = \begin{pmatrix} 1 & 0 \\ 0 & 2 \\ 2 & 5 \end{pmatrix}$$

$$\left(\begin{array}{cc|ccc} 1 & 0 & 1 & 0 & 0 \\ 0 & 2 & 0 & 1 & 0 \\ 2 & 5 & 0 & 0 & 1 \end{array}\right) \sim_f \left(\begin{array}{cc|ccc} 1 & 0 & 1 & 0 & 0 \\ 0 & 1 & 0 & 1/2 & 0 \\ 0 & 5 & -2 & 0 & 1 \end{array}\right) \sim_f \left(\begin{array}{cc|ccc} 1 & 0 & 1 & 0 & 0 \\ 0 & 1 & 0 & 1/2 & 0 \\ 0 & 0 & -2 & -5/2 & 1 \end{array}\right)$$

luego:

$$\left(\begin{array}{ccc} 1 & 0 & 0 \\ 0 & 1/2 & 0 \\ \hline -2 & -5/2 & 1 \end{array}\right) \begin{pmatrix} 1 & 0 \\ 0 & 2 \\ 2 & 5 \end{pmatrix} = \left(\begin{array}{cc} 1 & 0 \\ 0 & 1 \\ \hline 0 & 0 \end{array}\right)$$

En consecuencia:

$$\begin{pmatrix} 1 & 0 & 0 \\ 0 & 1/2 & 0 \end{pmatrix} \begin{pmatrix} 1 & 0 \\ 0 & 2 \\ 2 & 5 \end{pmatrix} = \begin{pmatrix} 1 & 0 \\ 0 & 1 \end{pmatrix}$$

y por tanto una inversa a izquierda de D es la matriz

$$\begin{pmatrix} 1 & 0 & 0 \\ 0 & 1/2 & 0 \end{pmatrix}$$

Resaltemos que una matriz puede tener múltiples inversas a derecha (o a izquierda).

Ejemplo 5. *Otra inversa a izquierda de la matriz D del ejemplo anterior es*

$$\begin{pmatrix} -3 & -5 & 2 \\ -2 & -2 & 1 \end{pmatrix}$$

LEMA

Dada una matriz $A \in \mathfrak{M}_{m\times n}(\mathbb{R})$, se verifica:

1. $\mathcal{C}(A^tA) = \mathcal{C}(A^t)$.
2. $rg(A^tA) = rg(AA^t) = rg(A)$.

DEMOSTRACIÓN.
1. Veamos primero que $Ker(A^tA) = Ker(A)$. Evidentemente, si $AX = 0$, entonces $A^tAX = 0$. Recíprocamente, si $A^tAX = 0$, entonces:

$$||AX||^2 =< AX, AX >= X^tA^tAX = X^t0 = 0$$

y por consiguiente $AX = 0$.
Ahora, usando que $Ker(A) = (\mathcal{F}(A))^{\perp}$, podemos deducir que $\mathcal{F}(A^tA) = \mathcal{F}(A)$ y puesto que el espacio de filas de una matriz es igual al espacio de columnas de su traspuesta, tenemos que $\mathcal{C}(A^tA) = \mathcal{C}(A^t)$.
2. Usando (1), obtenemos

$$rg(A^tA) = dim(\mathcal{C}(A^tA)) = dim(\mathcal{C}(A^t)) = rg(A).$$

Para la segunda igualdad, aplicamos ésta a la matriz $B = A^t$:

$$rg(AA^t) = rg(B^tB) = rg(B) = rg(A^t) = rg(A).$$

□

TEOREMA

Dada una matriz $A \in \mathfrak{M}_{m\times n}(\mathbb{R})$, se verifica:

1. *Si A es de rango pleno por filas, entonces una inversa a derecha de A es $A^R = A^t(AA^t)^{-1}$.*
2. *Si A es de rango pleno por columnas, entonces una inversa a izquierda de A es $A^L = (A^tA)^{-1}A^t$.*

DEMOSTRACIÓN. Probaremos la primera afirmación, siendo la segunda enteramente similar. Si A es de rango pleno por filas, entonces $rg(AA^t) = rg(A) = m$ y puesto que AA^t es cuadrada de orden m tenemos que AA^t es invertible. Además:

$$AA^R = AA^t(AA^t)^{-1} = I_m.$$

□

Ejemplo 6. *Consideremos la matriz de rango pleno por filas:*

$$A = \begin{pmatrix} 1 & 0 & 1 & 0 \\ 0 & 1 & 1 & 1 \end{pmatrix}$$

Entonces

$$AA^t = \begin{pmatrix} 1 & 0 & 1 & 0 \\ 0 & 1 & 1 & 1 \end{pmatrix} \begin{pmatrix} 1 & 0 \\ 0 & 1 \\ 1 & 1 \\ 0 & 1 \end{pmatrix} = \begin{pmatrix} 2 & 1 \\ 1 & 3 \end{pmatrix}$$

$$(AA^t)^{-1} = \frac{1}{5} \begin{pmatrix} 3 & -1 \\ -1 & 2 \end{pmatrix}$$

y finalmente

$$A^R = A^t(AA^t)^{-1} = \frac{1}{5} \begin{pmatrix} 1 & 0 \\ 0 & 1 \\ 1 & 1 \\ 0 & 1 \end{pmatrix} \begin{pmatrix} 3 & -1 \\ -1 & 2 \end{pmatrix} = \frac{1}{5} \begin{pmatrix} 3 & -1 \\ -1 & 2 \\ 2 & 1 \\ -1 & 2 \end{pmatrix}$$

1.3. Inversa generalizada de Moore-Penrose

Dada una matriz $A \in \mathfrak{M}_{m\times n}(\mathbb{R})$, una **inversa generalizada de Moore-Penrose** de A es una matriz X de orden $n \times m$, de forma que:

1. $AXA = A$.
2. $XAX = X$.
3. AX y XA son simétricas.

PROPOSICIÓN

Para cada matriz A, si existe inversa de Moore-Penrose de A, ésta es única.

DEMOSTRACIÓN. Supongamos que X e Y son inversas de Moore-Penrose de A y veamos que $X = Y$. Para ello observemos que siendo AX, XA, AY e YA simétricas se tiene $X^tA^t = AX$, $A^tX^t = XA$, $A^tY^t = AY$ e $Y^tA^t = AY$. Así pues:

$$X = XAX = A^tX^tX = A^tY^tA^tX^tX = YAA^tX^tX = YAXAX = YAX$$
$$Y = YAY = YY^tA^t = YY^tA^tX^tA^t = YY^tA^tAX = YAYAX = YAX$$

□

A la inversa de Moore-Penrose de A, si existe, la notaremos por A^+.

Ejemplo 7. *Si A es una matriz cuadrada regular, entonces evidentemente* $A^+ = A^{-1}$.

Ejemplo 8. *Si A es una matriz de rango pleno por filas, entonces* $A^+ = A^R$. *En efecto:*

$$\begin{aligned} AA^RA &= IA = A. \\ A^RAA^R &= A^RI = A^R. \\ AA^R &= I. \\ (A^RA)^t &= (A^t(AA^t)^{-1}A)^t = A^t(AA^t)^{-1}A = A^RA. \end{aligned}$$

De igual forma, si A es de rango pleno por columnas, entonces $A^+ = A^L$.

Dada una matriz A de orden $m \times n$, llamaremos **factorización de rango pleno** de A a cada descomposición de A en producto de una matriz de rango pleno por columnas y una de rango pleno por filas. Veamos que toda matriz posee una factorización de rango pleno.
Dada la matriz $A \in \mathfrak{M}_{m\times n}(\mathbb{R})$, denotemos $r = rg(A)$ y sea H la forma de Hermite por filas de A y Q una matriz regular de orden m de forma que $QA = H$ (y por tanto $A = Q^{-1}H$). Partimos en bloques Q^{-1} y H:

$$Q^{-1} = (E\,|\,G)\,; \qquad H = \left(\frac{F}{0}\right)$$

donde E es la matriz formada por las r primeras columnas de Q^{-1}, G la matriz formada por las restantes $m-r$ columnas de Q^{-1} y F es la matriz formada por las r filas no nulas de H. Entonces se tiene:

$$A = Q^{-1}H = (E\,|\,G)\left(\frac{F}{0}\right) = (EF + G0) = EF.$$

Así pues $A = EF$ y E es de rango pleno por columnas (sus columnas son independientes ya que forman parte de la matriz Q^{-1} que es regular) y F es de rango pleno por filas.

Ejemplo 9. *Consideremos la siguiente matriz:*

$$A = \begin{pmatrix} 2 & 0 & 2 & 0 \\ 1 & 1 & 2 & 1 \\ -1 & 3 & 2 & 3 \end{pmatrix}$$

Calculamos su forma de Hermite por filas y la matriz de paso Q:

$$\left(\begin{array}{rrrr|rrr} 2 & 0 & 2 & 0 & 1 & 0 & 0 \\ 1 & 1 & 2 & 1 & 0 & 1 & 0 \\ -1 & 3 & 2 & 3 & 0 & 0 & 1 \end{array}\right) \sim_f \left(\begin{array}{rrrr|rrr} 1 & 1 & 2 & 1 & 0 & 1 & 0 \\ 2 & 0 & 2 & 0 & 1 & 0 & 0 \\ -1 & 3 & 2 & 3 & 0 & 0 & 1 \end{array}\right) \sim_f$$

$$\sim_f \left(\begin{array}{rrrr|rrr} 1 & 1 & 2 & 1 & 0 & 1 & 0 \\ 0 & -2 & -2 & -2 & 1 & -2 & 0 \\ 0 & 4 & 4 & 4 & 0 & 1 & 1 \end{array}\right) \sim_f \left(\begin{array}{rrrr|rrr} 1 & 1 & 2 & 1 & 0 & 1 & 0 \\ 0 & 1 & 1 & 1 & -\frac{1}{2} & 1 & 0 \\ 0 & 0 & 0 & 0 & 2 & -3 & 1 \end{array}\right) \sim_f$$

$$\sim_f \left(\begin{array}{rrrr|rrr} 1 & 0 & 1 & 0 & \frac{1}{2} & 0 & 0 \\ 0 & 1 & 1 & 1 & -\frac{1}{2} & 1 & 0 \\ 0 & 0 & 0 & 0 & 2 & -3 & 1 \end{array}\right)$$

Así pues la forma de Hermite de A y la matriz de paso son:

$$H = \begin{pmatrix} 1 & 0 & 1 & 0 \\ 0 & 1 & 1 & 1 \\ 0 & 0 & 0 & 0 \end{pmatrix}; \qquad Q = \begin{pmatrix} \frac{1}{2} & 0 & 0 \\ -\frac{1}{2} & 1 & 0 \\ 2 & -3 & 1 \end{pmatrix}$$

y se verifica $H = QA$. De aquí, se obtiene $A = Q^{-1}H$, esto es:

$$A = \left(\begin{array}{rr|r} 2 & 0 & 0 \\ 1 & 1 & 0 \\ -1 & 3 & 1 \end{array}\right)\left(\begin{array}{rrrr} 1 & 0 & 1 & 0 \\ 0 & 1 & 1 & 1 \\ \hline 0 & 0 & 0 & 0 \end{array}\right)$$

Por tanto:

$$A = \begin{pmatrix} 2 & 0 \\ 1 & 1 \\ -1 & 3 \end{pmatrix}\begin{pmatrix} 1 & 0 & 1 & 0 \\ 0 & 1 & 1 & 1 \end{pmatrix}$$

TEOREMA

Toda matriz $A \in \mathfrak{M}_{m\times n}(\mathbb{R})$ tiene inversa generalizada de Moore-Penrose.

DEMOSTRACIÓN. Como hemos visto, A se descompone como producto $A = EF$ con E de rango pleno por columnas y F de rango pleno por filas. Veamos que entonces $A^+ = F^R E^L$. En efecto, notemos $X = F^R E^L$; entonces, puesto que $FF^R = I$ y $E^L E = I$, tenemos

$$\begin{aligned}
AXA &= (EF)(F^R E^L)(EF) = E(FF^R)(E^L E)F = EF = A. \\
XAX &= (F^R E^L)(EF)(F^R E^L) = F^R(E^L E)(FF^R)E^L = F^R E^L = X. \\
AX &= EFF^R E^L = EE^L \quad \text{que es simétrica, por ser } E^L = E^+. \\
XA &= F^R E^L EF = F^R F \quad \text{que es simétrica, por ser } F^R = F^+.
\end{aligned}$$

□

Ejemplo 10. *Consideremos la matriz del ejemplo 9*

$$A = \begin{pmatrix} 2 & 0 & 2 & 0 \\ 1 & 1 & 2 & 1 \\ -1 & 3 & 2 & 3 \end{pmatrix}$$

Una factorización de rango pleno de A es $A = EF$ con:

$$E = \begin{pmatrix} 2 & 0 \\ 1 & 1 \\ -1 & 3 \end{pmatrix}; \qquad F = \begin{pmatrix} 1 & 0 & 1 & 0 \\ 0 & 1 & 1 & 1 \end{pmatrix}$$

Por tanto la inversa de Moore-Penrose de A es $A^+ = F^R E^L$. Según vimos en el ejemplo 6:

$$F^R = \frac{1}{5}\begin{pmatrix} 3 & -1 \\ -1 & 2 \\ 2 & 1 \\ -1 & 2 \end{pmatrix}$$

Asimismo, no es difícil ver que

$$E^L = \frac{1}{14}\begin{pmatrix} 5 & 3 & -1 \\ 1 & 2 & 4 \end{pmatrix}$$

Así pues

$$A^+ = F^R E^L = \frac{1}{5}\begin{pmatrix} 3 & -1 \\ -1 & 2 \\ 2 & 1 \\ -1 & 2 \end{pmatrix} \frac{1}{14}\begin{pmatrix} 5 & 3 & -1 \\ 1 & 2 & 4 \end{pmatrix} = \frac{1}{70}\begin{pmatrix} 14 & 7 & -7 \\ -3 & 1 & 9 \\ 11 & 8 & 2 \\ -3 & 1 & 9 \end{pmatrix}$$

2. Sistemas de ecuaciones. Mínimos cuadrados

2.1. Soluciones mínimo-cuadráticas de un sistema incompatible

Consideremos un sistema de ecuaciones lineales

$$\left\{\begin{array}{lcl} a_{11}x_1 + \cdots + a_{1n}x_n & = & b_1 \\ a_{21}x_1 + \cdots + a_{2n}x_n & = & b_2 \\ \cdots\cdots\cdots\cdots\cdots & & \cdots \\ a_{m1}x_1 + \cdots + a_{mn}x_n & = & b_m \end{array}\right.$$

y su expresión matricial:

$$A \cdot X = B$$

donde A es la matriz de coeficientes, X la matriz incógnita y B la matriz de términos independientes. Puesto que $\mathcal{C}(A) = \{AX \mid x \in \mathbb{R}^n\}$, el sistema será compatible si, y sólo si, $B \in \mathcal{C}(A)$. A menudo, para un sistema incompatible (esto es, $B \notin \mathcal{C}(A)$) interesa buscar un valor de X que aproxime la solución. Llamaremos **solución mínimo-cuadrática** del sistema a cada vector $\overline{x}$ de $\mathbb{R}^n$ haciendo mínima la norma $||A\overline{X} - B||$. Observemos que el concepto de solución mínimo-cuadrática tiene también sentido en el caso de sistemas compatibles, pero en este caso puesto que $B \in \mathcal{C}(A)$, se tiene que las soluciones mínimo-cuadráticas no son otra cosa que las soluciones del sistema.
El siguiente Teorema nos muestra cómo determinar las soluciones mínimo-cuadráticas de un sistema incompatible.

TEOREMA

Las soluciones mínimo-cuadráticas del sistema $AX = B$, coinciden con las soluciones del sistema $A^tAX = A^tB$, que es compatible. Si A es de rango pleno por columnas, existe una única solución mínimo-cuadrática dada por $X = A^LB$.

DEMOSTRACIÓN. Por el Teorema de la mejor aproximación, la norma $||A\overline{X} - B||$ será mínima si, y sólo si, $A\overline{X}$ es la proyección ortogonal de B sobre $\mathcal{C}(A)$. Esto es equivalente a que sea $A\overline{X} - B \perp \mathcal{C}(A)$, y puesto que cada vector de $\mathcal{C}(A)$ es de la forma Ay, $y \in \mathbb{R}^n$, tenemos:

$$\begin{array}{rcl} A\overline{X} - B \perp \mathcal{C}(A) & \Longleftrightarrow & \forall Y,\ < AY, A\overline{X} - B >= 0 \\ & \Longleftrightarrow & \forall Y,\ Y^tA^t(A\overline{X} - B) = 0 \\ & \Longleftrightarrow & \forall Y,\ Y^tA^tA\overline{X} = Y^tA^tB \\ & \Longleftrightarrow & A^tA\overline{X} = A^tB \end{array}$$

luego $\overline{X}$ es solución mínimo-cuadrática de $AX = B$ si, y sólo si, es solución del sistema $A^tAX = A^tB$ y este sistema es compatible puesto que $A^tB \in \mathcal{C}(A^t) = \mathcal{C}(A^tA)$. Finalmente, si A es de rango pleno por columnas, la matriz A^tA es invertible y por tanto el sistema $A^tAX = A^tB$ es de Cramer con solución única $X = (A^tA)^{-1}A^tB = A^LB$. □

Ejemplo 11. *Consideremos el sistema incompatible*

$$\left\{\begin{array}{rcrcr} 2x & + & y & = & 5 \\ -3x & + & 2y & = & -6 \\ x & - & 3y & = & 7 \end{array}\right.$$

Su expresión matricial es:

$$\begin{pmatrix} 2 & 1 \\ -3 & 2 \\ 1 & -3 \end{pmatrix} \begin{pmatrix} x \\ y \end{pmatrix} = \begin{pmatrix} 5 \\ -6 \\ 7 \end{pmatrix}$$

y tenemos

$$A^t A = \begin{pmatrix} 2 & -3 & 1 \\ 1 & 2 & -3 \end{pmatrix} \begin{pmatrix} 2 & 1 \\ -3 & 2 \\ 1 & -3 \end{pmatrix} = \begin{pmatrix} 14 & -7 \\ -7 & 14 \end{pmatrix}; \quad A^t B = \begin{pmatrix} 2 & -3 & 1 \\ 1 & 2 & -3 \end{pmatrix} \begin{pmatrix} 5 \\ -6 \\ 7 \end{pmatrix} = \begin{pmatrix} 35 \\ -28 \end{pmatrix}$$

Luego las soluciones mínimo-cuadráticas del sistema de partida son las soluciones del sistema

$$\left\{ \begin{array}{rcrcr} 14x & - & 7y & = & 35 \\ -7x & + & 14y & = & -28 \end{array} \right.$$

que es compatible determinado con solución única $x = 2$, $y = -1$.

Ejemplo 12. *Consideremos ahora el sistema incompatible:*

$$\left\{ \begin{array}{rcrcrcr} 3x & + & 2y & + & z & = & 2 \\ x & + & y & & & = & 0 \\ -x & & & - & z & = & 1 \end{array} \right.$$

Ahora

$$A^t A = \begin{pmatrix} 3 & 1 & -1 \\ 2 & 1 & 0 \\ 1 & 0 & -1 \end{pmatrix} \begin{pmatrix} 3 & 2 & 1 \\ 1 & 1 & 0 \\ -1 & 0 & -1 \end{pmatrix} = \begin{pmatrix} 11 & 7 & 4 \\ 7 & 5 & 2 \\ 4 & 2 & 2 \end{pmatrix}; \quad A^t B = \begin{pmatrix} 3 & 1 & -1 \\ 2 & 1 & 0 \\ 1 & 0 & -1 \end{pmatrix} \begin{pmatrix} 2 \\ 0 \\ 1 \end{pmatrix} = \begin{pmatrix} 5 \\ 4 \\ 1 \end{pmatrix}$$

y el sistema $A^t AX = A^t B$ *es*

$$\left\{ \begin{array}{rcrcrcr} 11x & + & 7y & + & 4z & = & 5 \\ 7x & + & 5y & + & 2z & = & 4 \\ 4x & + & 2y & + & 2z & = & 1 \end{array} \right.$$

que es compatible indeterminado con soluciones

$$\left\{ \begin{array}{rcl} x & = & -\frac{1}{2} - \lambda \\ y & = & \frac{3}{2} + \lambda \\ z & = & \lambda \end{array} \right.$$

Por tanto, en este caso, el sistema de partida tiene infinitas soluciones mínimo-cuadráticas.

2.2. Solución mínimo-cuadrática de norma mínima

Como ya hemos visto en el ejemplo 12, un sistema puede tener múltiples soluciones mínimo-cuadráticas y nos planteamos ahora cuál de ellas será óptima en algún sentido.
Comenzaremos, dado un sistema compatible indeterminado $AX = B$, determinando de entre todas sus soluciones aquella de menor norma.

LEMA

Dado un sistema de ecuaciones lineales $AX = B$ con A de rango pleno por filas, el sistema es compatible y la solución de norma mínima viene dada por $X = A^R B$.

DEMOSTRACIÓN. Que $A^R B$ es solución del sistema es claro, puesto que siendo $AA^R = I$, se obtiene $A(A^R B) = B$. Por otra parte, notemos que si $\overline{X}$ es otra solución del sistema, entonces $A\overline{X} = B = A(A^R B)$, y por tanto $A(\overline{X} - A^R B) = 0$, es decir $\overline{X} - A^R B \in Ker(A)$. Así pues $\overline{X} = A^R B + L$, para cierto $L \in Ker(A)$ (de hecho, el conjunto de soluciones puede ser visto como la variedad afín que pasa por $A^R B$ y tiene espacio de dirección $Ker(A)$). Por tanto:

$$||\overline{X}||^2 = ||A^R B||^2 + ||L||^2 + 2 < L, A^R B >$$

Pero

$$< L, A^R B >= L^t A^R B = L^t A^t (AA^t)^{-1} = (AL)^t (AA^t)^{-1} = 0$$

puesto que $AL = 0$, ya que $L \in Ker(A)$. Así pues, para cada otra solución del sistema $\overline{X} \neq A^R B$ se tiene

$$||\overline{X}||^2 = ||A^R B||^2 + ||L||^2 > ||A^R B||^2$$

y por tanto $X = A^R B$ es la solución de norma mínima. □

TEOREMA

Dado un sistema de ecuaciones lineales $AX = B$ (compatible o incompatible), la solución mínimo-cuadrática de norma mínima viene dada por $X = A^+ B$.

DEMOSTRACIÓN. Consideremos una factorización de rango pleno de A, $A = EF$, con E de rango pleno por columnas y F de rango pleno por filas. Entonces el sistema $AX = B$ se puede escribir como $EFX = B$ o equivalentemente:

$$\begin{cases} EY = B \\ FX = Y \end{cases}$$

Es decir, las soluciones del sistema $EFX = B$ pueden obtenerse resolviendo primero $EY = B$, sustituyendo los valores obtenidos para Y en $FX = Y$ y resolviendo después este otro sistema. El primer sistema $EY = B$, puesto que E es de rango pleno por columnas, tiene una única solución mínimo-cuadrática que viene dada por $Y = E^L B$. El segundo sistema $FX = Y$, al ser F de rango pleno por filas, es compatible con solución de norma mínima dada por $X = F^R Y$. En consecuencia, la solución mínimo-cuadrática de norma mínima viene dada por

$$X = F^R Y = F^R E^L B = A^+ B$$

□

Ejemplo 13. *Consideremos el sistema*

$$\begin{cases} 2x & & +2z & & = & 6 \\ x & +y & +2z & +t & = & 0 \\ -x & +3y & +2z & +3t & = & 2 \end{cases}$$

El sistema es incompatible, puesto que $rg(A) = 2$ *y* $rg(A|B) = 3$. *La solución mínimo cuadrática de norma mínima viene dada por* $X = A^+B$. *La inversa de Moore-Penrose* A^+ *fue calculada en el ejemplo 10:*

$$A^+ = \frac{1}{70}\begin{pmatrix} 14 & 7 & -7 \\ -3 & 1 & 9 \\ 11 & 8 & 2 \\ -3 & 1 & 9 \end{pmatrix}$$

Por tanto, la solución mínimo cuadrática de norma mínima es

$$X = A^+B = \frac{1}{70}\begin{pmatrix} 14 & 7 & -7 \\ -3 & 1 & 9 \\ 11 & 8 & 2 \\ -3 & 1 & 9 \end{pmatrix}\begin{pmatrix} 6 \\ 0 \\ 2 \end{pmatrix} = \frac{1}{70}\begin{pmatrix} 70 \\ 0 \\ 70 \\ 0 \end{pmatrix} = \begin{pmatrix} 1 \\ 0 \\ 1 \\ 0 \end{pmatrix}$$

es decir:

$$\begin{cases} x = 1 \\ y = 0 \\ z = 1 \\ t = 0 \end{cases}$$

2.3. Problemas de mínimos cuadrados

Nos planteamos ahora un nuevo problema: partiendo de datos empíricos de una variable y a partir de otra x

x	x_1	x_2	x_3	...	x_n
y	y_1	y_2	y_3	...	y_n

encontrar una función polinómica $y = p(x)$ de grado prefijado que aproxime estos datos. Recordemos que, según vimos en *III*,3, existe un único polinomio de grado $n-1$, $p(x)$, de forma que para cada $i = 1, \dots, n$ se tiene $p(x_i) = y_i$, que se calcula por interpolación de Lagrange. Si lo que se busca es un polinomio de grado menor, podemos recurrir a la aproximación por mínimos cuadrados.

Si consideramos, por ejemplo, una función polinómica de grado 1 (es decir, una recta) $y = ax + b$, se trata de determinar a y b de forma que la norma $||Y - (aX + B)||$ sea mínima, o equivalentemente, que sea mínima la suma de cuadrados $\sum_{i=1}^{n}(y_i - (ax_i + b))^2$. Este problema se reduce entonces a determinar la solución mínimo-cuadrática del sistema

$$\begin{cases} ax_1 + b = y_1 \\ ax_2 + b = y_2 \\ \dots\dots\dots\dots \\ ax_n + b = y_n \end{cases}$$

en las incógnitas a y b (recordemos que $x_1, \dots, x_n$ e $y_1, \dots, y_n$ son los datos de partida). La expresión matricial de este sistema es

$$\begin{pmatrix} x_1 & 1 \\ x_2 & 1 \\ \vdots & \vdots \\ x_n & 1 \end{pmatrix}\begin{pmatrix} a \\ b \end{pmatrix} = \begin{pmatrix} y_1 \\ y_2 \\ \vdots \\ y_n \end{pmatrix}$$

y denotando por A a la matriz de coeficientes

$$A = \begin{pmatrix} x_1 & 1 \\ x_2 & 1 \\ \vdots & \vdots \\ x_n & 1 \end{pmatrix}$$

la solución buscada vendrá dada por

$$\begin{pmatrix} a \\ b \end{pmatrix} = A^L \begin{pmatrix} y_1 \\ y_2 \\ \vdots \\ y_n \end{pmatrix}$$

Veamos un ejemplo:

Ejemplo 14. *La siguiente tabla indica la estatura media en centímetros para niños de* $0, 1, 2, 3$ *y* 4 *semestres de vida:*

x	0	1	2	3	4
y	50	66,5	75	81	86,5

Ajustemos una recta $y = ax + b$:

$$\begin{cases} & & b & = & 50 \\ a & + & b & = & 66{,}5 \\ 2a & + & b & = & 75 \\ 3a & + & b & = & 81 \\ 4a & + & b & = & 86{,}5 \end{cases}$$

Matricialmente:

$$\begin{pmatrix} 0 & 1 \\ 1 & 1 \\ 2 & 1 \\ 3 & 1 \\ 4 & 1 \end{pmatrix} \begin{pmatrix} a \\ b \end{pmatrix} = \begin{pmatrix} 50 \\ 66{,}5 \\ 75 \\ 81 \\ 86{,}5 \end{pmatrix}$$

Para la matriz de coeficientes

$$A = \begin{pmatrix} 0 & 1 \\ 1 & 1 \\ 2 & 1 \\ 3 & 1 \\ 4 & 1 \end{pmatrix}$$

se tiene

$$A^L = \frac{1}{10} \begin{pmatrix} -2 & -1 & 0 & 1 & 2 \\ 6 & 4 & 2 & 0 & 2 \end{pmatrix}$$

y por tanto la solución mínimo-cuadrática del sistema es

$$\begin{pmatrix} a \\ b \end{pmatrix} = A^L B = \frac{1}{10} \begin{pmatrix} -2 & -1 & 0 & 1 & 2 \\ 6 & 4 & 2 & 0 & 2 \end{pmatrix} \begin{pmatrix} 50 \\ 66{,}5 \\ 75 \\ 81 \\ 86{,}5 \end{pmatrix} = \begin{pmatrix} 8{,}75 \\ 54{,}3 \end{pmatrix}$$

Es decir, la recta que mejor se ajusta a los datos por mínimos cuadrados es

$$y = 8{,}75\,x + 54{,}3$$

Para esta recta se obtienen las estimaciones:

x	0	1	2	3	4
y	54,3	62,05	70,8	79,55	88,3

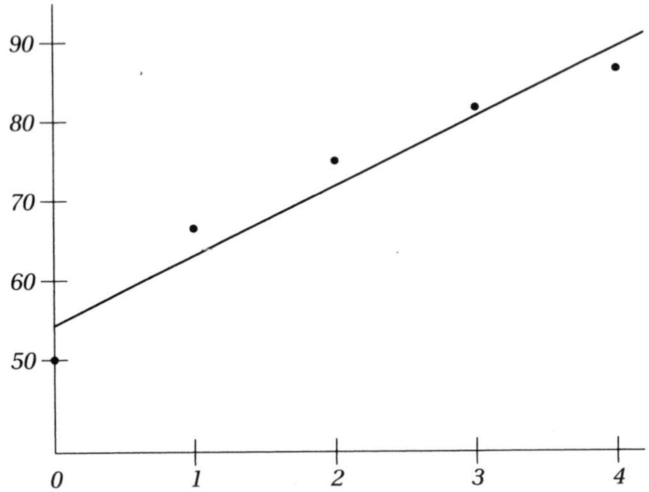

Más en general, si se desea aproximar los datos por una función polinómica de grado $k < n-1$:

$$y = a_k x^k + \cdots + a_1 x + a_0$$

se obtiene el sistema

$$\left\{ \begin{array}{ccccccccc} a_k x_1^k & + & \dots & + & a_1 x_1 & + & a_0 & = & y_1 \\ a_k x_2^k & + & \dots & + & a_1 x_2 & + & a_0 & = & y_2 \\ \dots & \dots & \dots & \dots & \dots & \dots & \dots & \dots & \dots \\ a_k x_n^k & + & \dots & + & a_1 x_n & + & a_0 & = & y_n \end{array} \right.$$

en las incógnitas $a_0, a_1, \dots, a_k$. Este sistema se expresa matricialmente

$$\begin{pmatrix} x_1^k & \dots & x_1^2 & x_1 & 1 \\ x_2^k & \dots & x_2^2 & x_2 & 1 \\ \vdots & \ddots & \vdots & \vdots & \vdots \\ x_n^k & \dots & x_n^2 & x_n & 1 \end{pmatrix} \begin{pmatrix} a_k \\ \vdots \\ a_1 \\ a_0 \end{pmatrix} = \begin{pmatrix} y_1 \\ y_2 \\ \vdots \\ y_n \end{pmatrix}$$

La matriz de coeficientes:

$$A = \begin{pmatrix} x_1^k & \dots & x_1^2 & x_1 & 1 \\ x_2^k & \dots & x_2^2 & x_2 & 1 \\ \vdots & \ddots & \vdots & \vdots & \vdots \\ x_n^k & \dots & x_n^2 & x_n & 1 \end{pmatrix}$$

de orden $n \times (k+1)$ es de rango pleno por columnas, con la hipótesis de que $k+1$ de los x_i sean distintos entre sí. En efecto, siendo $k < n-1$ se tiene que $k+1 < n$ y la submatriz cuadrada

formada por sus $k+1$ filas distintas tiene determinante no nulo, usando los determinantes de Vandermonde (ver el ejercicio resuelto 8).
Así pues, el sistema tiene una única solución mínimo-cuadrática que se obtiene por

$$\begin{pmatrix} a_k \\ \vdots \\ a_1 \\ a_0 \end{pmatrix} = A^L \begin{pmatrix} y_1 \\ \vdots \\ y_{n-1} \\ y_n \end{pmatrix}$$

Ejemplo 15. *Retomemos los datos del ejemplo 14 y aproximémoslos ahora por una función polinómica de grado 2, $y = ax^2 + bx + c$:*

$$\begin{cases} & & & & c & = & 50 \\ a & + & b & + & c & = & 66{,}5 \\ 4a & + & 2b & + & c & = & 75 \\ 9a & + & 3b & + & c & = & 81 \\ 16a & + & 4b & + & c & = & 86{,}5 \end{cases}$$

En este caso la matriz de coeficientes es

$$A = \begin{pmatrix} 0 & 0 & 1 \\ 1 & 1 & 1 \\ 4 & 2 & 1 \\ 9 & 3 & 1 \\ 16 & 4 & 1 \end{pmatrix}$$

Para la cual podemos calcular

$$A^L = \frac{1}{70} \begin{pmatrix} 10 & -5 & -10 & -5 & 10 \\ -54 & 13 & 40 & 27 & -26 \\ 62 & 18 & -6 & -10 & 6 \end{pmatrix}$$

y entonces:

$$\begin{pmatrix} a \\ b \\ c \end{pmatrix} = A^L B = \frac{1}{70} \begin{pmatrix} 10 & -5 & -10 & -5 & 10 \\ -54 & 13 & 40 & 27 & -26 \\ 62 & 18 & -6 & -10 & 6 \end{pmatrix} \begin{pmatrix} 50 \\ 66{,}5 \\ 75 \\ 81 \\ 86{,}5 \end{pmatrix} = \frac{1}{70} \begin{pmatrix} -122{,}5 \\ 1102{,}5 \\ 3556 \end{pmatrix}$$

Luego la función buscada es

$$y = \frac{1}{70}(-122{,}5x^2 + 1102{,}5x + 3556).$$

Las aproximaciones que se obtienen en este caso son:

x	0	1	2	3	4
y	50,8	64,9	75,3	82,3	85,8

Ejercicios resueltos

4. Para las siguientes matrices, estudiar cuáles tienen inversa a izquierda o inversa a derecha y, para aquellas que la tengan, calcular una.

$$A = \begin{pmatrix} 2 & 3 \end{pmatrix}; \quad B = \begin{pmatrix} 2 & 1 & 5 \\ -1 & 1 & 3 \end{pmatrix}; \quad C = \begin{pmatrix} 1 & 0 \\ -1 & 1 \\ 2 & 0 \\ 1 & 1 \end{pmatrix}$$

Resolución.

A y B tienen rango pleno por filas y por tanto tienen inversa a derecha, mientras que C es de rango pleno por columnas y tiene inversa a izquierda.
Una inversa a derecha de A es $A^R = A^t(AA^t)^{-1}$. *Calculemos*

$$AA^t = \begin{pmatrix} 2 & 3 \end{pmatrix} \begin{pmatrix} 2 \\ 3 \end{pmatrix} = \begin{pmatrix} 13 \end{pmatrix}$$

$$A^R = \begin{pmatrix} 2 \\ 3 \end{pmatrix} \begin{pmatrix} 1/13 \end{pmatrix} = \begin{pmatrix} 2/13 \\ 3/13 \end{pmatrix}$$

Para B, calculamos una inversa a derecha por transformaciones elementales

$$\left(\begin{array}{ccc} 2 & 1 & 5 \\ -1 & 1 & 3 \\ \hline 1 & 0 & 0 \\ 0 & 1 & 0 \\ 0 & 0 & 1 \end{array}\right) \sim_c \left(\begin{array}{ccc} 1 & 2 & 5 \\ 1 & -1 & 3 \\ \hline 0 & 1 & 0 \\ 1 & 0 & 0 \\ 0 & 0 & 1 \end{array}\right) \sim_c \left(\begin{array}{ccc} 1 & 0 & 0 \\ 1 & -3 & -2 \\ \hline 0 & 1 & 0 \\ 1 & -2 & -5 \\ 0 & 0 & 1 \end{array}\right) \sim_c \left(\begin{array}{ccc} 1 & 0 & 0 \\ 1 & 1 & -2 \\ \hline 0 & -1/3 & 0 \\ 1 & 2/3 & -5 \\ 0 & 0 & 1 \end{array}\right) \sim_c \left(\begin{array}{ccc} 1 & 0 & 0 \\ 0 & 1 & 0 \\ \hline 1/3 & -1/3 & -2/3 \\ 1/3 & 2/3 & -11/3 \\ 0 & 0 & 1 \end{array}\right)$$

Así pues

$$\begin{pmatrix} 2 & 1 & 5 \\ -1 & 1 & 3 \end{pmatrix} \begin{pmatrix} 1/3 & -1/3 & -2/3 \\ 1/3 & 2/3 & -11/3 \\ 0 & 0 & 1 \end{pmatrix} = \begin{pmatrix} 1 & 0 & 0 \\ 0 & 1 & 0 \end{pmatrix}$$

y por tanto

$$\begin{pmatrix} 2 & 1 & 5 \\ -1 & 1 & 3 \end{pmatrix} \begin{pmatrix} 1/3 & -1/3 \\ 1/3 & 2/3 \\ 0 & 0 \end{pmatrix} = \begin{pmatrix} 1 & 0 \\ 0 & 1 \end{pmatrix}$$

y en consecuencia, una inversa a derecha de B es la matriz

$$\begin{pmatrix} 1/3 & -1/3 \\ 1/3 & 2/3 \\ 0 & 0 \end{pmatrix}$$

De forma similar, para C tenemos

$$\left(\begin{array}{cc|cccc} 1 & 0 & 1 & 0 & 0 & 0 \\ -1 & 1 & 0 & 1 & 0 & 0 \\ 2 & 0 & 0 & 0 & 1 & 0 \\ 1 & 1 & 0 & 0 & 0 & 1 \end{array}\right) \sim_f \left(\begin{array}{cc|cccc} 1 & 0 & 1 & 0 & 0 & 0 \\ 0 & 1 & 1 & 1 & 0 & 0 \\ 0 & 0 & -2 & 0 & 1 & 0 \\ 0 & 0 & -2 & -1 & 0 & 1 \end{array}\right)$$

luego

$$\begin{pmatrix} 1 & 0 & 0 & 0 \\ 1 & 1 & 0 & 0 \\ -2 & 0 & 1 & 0 \\ -2 & -1 & 0 & 1 \end{pmatrix} \begin{pmatrix} 1 & 0 \\ -1 & 1 \\ 2 & 0 \\ 1 & 1 \end{pmatrix} = \begin{pmatrix} 1 & 0 \\ 0 & 1 \\ 0 & 0 \\ 0 & 0 \end{pmatrix}$$

$$\begin{pmatrix} 1 & 0 & 0 & 0 \\ 1 & 1 & 0 & 0 \end{pmatrix} \begin{pmatrix} 1 & 0 \\ -1 & 1 \\ 2 & 0 \\ 1 & 1 \end{pmatrix} = \begin{pmatrix} 1 & 0 \\ 0 & 1 \end{pmatrix}$$

y por tanto una inversa a izquierda de C es la matriz

$$\begin{pmatrix} 1 & 0 & 0 & 0 \\ 1 & 1 & 0 & 0 \end{pmatrix}$$

105. Calcular las soluciones mínimo-cuadráticas del sistemas de ecuaciones

$$\left\{ \begin{array}{rcrcl} x & + & 2y & = & 3 \\ x & + & 2y & = & 4 \end{array} \right.$$

Resolución.

Escribiendo el sistema matricialmente, $AX = B$:

$$\begin{pmatrix} 1 & 2 \\ 1 & 2 \end{pmatrix} \begin{pmatrix} x \\ y \end{pmatrix} \begin{pmatrix} 3 \\ 4 \end{pmatrix}$$

Las soluciones mínimo-cuadráticas del sistema serán las soluciones del sistema compatible $A^tAX = A^tB$. Calculamos

$$A^tA = \begin{pmatrix} 1 & 1 \\ 2 & 2 \end{pmatrix} \begin{pmatrix} 1 & 2 \\ 1 & 2 \end{pmatrix} = \begin{pmatrix} 2 & 4 \\ 4 & 8 \end{pmatrix}; \qquad A^tB = \begin{pmatrix} 1 & 1 \\ 2 & 2 \end{pmatrix} \begin{pmatrix} 3 \\ 4 \end{pmatrix} = \begin{pmatrix} 7 \\ 14 \end{pmatrix}$$

El sistema $A^tAX = A^tB$ es por tanto

$$\left\{ \begin{array}{rcrcl} 2x & + & 4y & = & 7 \\ 4x & + & 8y & = & 14 \end{array} \right.$$

cuyas soluciones son:

$$\left\{ \begin{array}{rcl} x & = & \frac{7}{2} - 2\lambda \\ y & = & \lambda \end{array} \right.$$

106. Dada $A \in \mathfrak{M}_{m\times n}(\mathbb{R})$, probar que $(A^+)^+ = A$ y que $(A^t)^+ = (A^+)^t$.

Resolución.

Por la definición de inversa de Moore-Penrose, se verifica

1. $AA^+A = A$.
2. $A^+AA^+ = A^+$.
3. AA^+ y A^+A son simétricas.

Así pues la matriz $X = A$ verifica:

1. $XA^+X = X$.
2. $A^+XA^+ = A^+$.
3. XA^+ y A^+X son simétricas.

Es decir, la inversa de Moore-Penrose de A^+ es A. Para la segunda afirmación, a partir de

1. $AA^+A = A$.

2. $A^+AA^+ = A^+$.
3. AA^+ y A^+A son simétricas.

Tomando traspuestas obtenemos

1. $A^t(A^+)^tA^t = A^t$.
2. $(A^+)^tA^t(A^+)^t = (A^+)^t$.
3. $A^t(A^+)^t$ y $(A^+)^tA^t$ son simétricas.

y por tanto la inversa de Moore-Penrose de A^t es $(A^+)^t$.

7. Calcular una factorización de rango pleno y la inversa de Moore-Penrose de la matriz

$$\begin{pmatrix} -2 & -1 & 0 \\ 0 & -2 & 4 \\ 1 & -1 & 3 \end{pmatrix}$$

Resolución.

$$\left(\begin{array}{ccc|ccc} -2 & -1 & 0 & 1 & 0 & 0 \\ 0 & -2 & 4 & 0 & 1 & 0 \\ 1 & -1 & 3 & 0 & 0 & 1 \end{array}\right) \sim_f \left(\begin{array}{ccc|ccc} 1 & -1 & 3 & 0 & 0 & 1 \\ 0 & -3 & 6 & 1 & 0 & 2 \\ 0 & 1 & -2 & 0 & -1/2 & 0 \end{array}\right) \sim_f \left(\begin{array}{ccc|ccc} 1 & 0 & 1 & 0 & -1/2 & 1 \\ 0 & 1 & -2 & 0 & -1/2 & 0 \\ 0 & 0 & 0 & 1 & -3/2 & 2 \end{array}\right)$$

Luego el rango de A es 2 y llamando

$$H = \begin{pmatrix} 1 & 0 & 1 \\ 0 & 1 & -2 \\ 0 & 0 & 0 \end{pmatrix}; \qquad Q = \begin{pmatrix} 0 & -1/2 & 1 \\ 0 & -1/2 & 0 \\ 1 & -3/2 & 2 \end{pmatrix}$$

se verifica $H = QA$ y en consecuencia $A = Q^{-1}H$. Calculemos Q^{-1}:

$$\left(\begin{array}{ccc|ccc} 0 & -1/2 & 1 & 1 & 0 & 0 \\ 0 & -1/2 & 0 & 0 & 1 & 0 \\ 1 & -3/2 & 2 & 0 & 0 & 1 \end{array}\right) \sim_f \left(\begin{array}{ccc|ccc} 1 & -3/2 & 2 & 0 & 0 & 1 \\ 0 & 1 & 0 & 0 & -2 & 0 \\ 0 & 0 & 1 & 1 & -1 & 0 \end{array}\right) \sim_f$$

$$\sim_f \left(\begin{array}{ccc|ccc} 1 & 0 & 2 & 0 & -3 & 1 \\ 0 & 1 & 0 & 0 & -2 & 0 \\ 0 & 0 & 1 & 1 & -1 & 0 \end{array}\right) \sim_f \left(\begin{array}{ccc|ccc} 1 & 0 & 0 & -2 & -1 & 1 \\ 0 & 1 & 0 & 0 & -2 & 0 \\ 0 & 0 & 1 & 1 & -1 & 0 \end{array}\right)$$

Así pues

$$Q^{-1} = \begin{pmatrix} -2 & -1 & 1 \\ 0 & -2 & 0 \\ 1 & -1 & 0 \end{pmatrix}$$

y se tiene:

$$A = \begin{pmatrix} -2 & -1 & 1 \\ 0 & -2 & 0 \\ 1 & -1 & 0 \end{pmatrix} \begin{pmatrix} 1 & 0 & 1 \\ 0 & 1 & -2 \\ 0 & 0 & 0 \end{pmatrix}$$

Por tanto, obtenemos

$$A = EF = \begin{pmatrix} -2 & -1 \\ 0 & -2 \\ 1 & -1 \end{pmatrix} \begin{pmatrix} 1 & 0 & 1 \\ 0 & 1 & -2 \end{pmatrix}$$

que es una factorización de rango pleno de A.
La inversa de Moore-Penrose de A es $A^+ = F^R E^L$. Calculemos

$$FF^t = \begin{pmatrix} 1 & 0 & 1 \\ 0 & 1 & -2 \end{pmatrix} \begin{pmatrix} 1 & 0 \\ 0 & 1 \\ 1 & -2 \end{pmatrix} = \begin{pmatrix} 2 & -2 \\ -2 & 5 \end{pmatrix}; \qquad (FF^t)^{-1} = \frac{1}{6}\begin{pmatrix} 5 & 2 \\ 2 & 2 \end{pmatrix}$$

$$F^R = F^t(FF^t)^{-1} = \frac{1}{6}\begin{pmatrix}1 & 0\\ 0 & 1\\ 1 & -2\end{pmatrix}\begin{pmatrix}5 & 2\\ 2 & 2\end{pmatrix} = \frac{1}{6}\begin{pmatrix}5 & 2\\ 2 & 2\\ 1 & -2\end{pmatrix}$$

$$E^tE = \begin{pmatrix}-2 & 0 & 1\\ -1 & -2 & -1\end{pmatrix}\begin{pmatrix}-2 & -1\\ 0 & -2\\ 1 & -1\end{pmatrix} = \begin{pmatrix}5 & 1\\ 1 & 6\end{pmatrix}; \qquad (E^tE)^{-1} = \frac{1}{29}\begin{pmatrix}6 & -1\\ -1 & 5\end{pmatrix}$$

$$E^L = (E^tE)^{-1}E^t = \frac{1}{29}\begin{pmatrix}6 & -1\\ -1 & 5\end{pmatrix}\begin{pmatrix}-2 & 0 & 1\\ -1 & -2 & -1\end{pmatrix} = \frac{1}{29}\begin{pmatrix}-11 & 2 & 7\\ -3 & -10 & -6\end{pmatrix}$$

Por último

$$A^+ = F^RE^L = \frac{1}{6}\begin{pmatrix}5 & 2\\ 2 & 2\\ 1 & -2\end{pmatrix}\frac{1}{29}\begin{pmatrix}-11 & 2 & 7\\ -3 & -10 & -6\end{pmatrix} = \frac{1}{174}\begin{pmatrix}-61 & -10 & 23\\ -28 & -16 & 2\\ -5 & 22 & 19\end{pmatrix}$$

108. Calcular la solución mínimo-cuadrática de norma mínima del sistema

$$\begin{cases} x+2y = 3\\ x+2y = 4\end{cases}$$

Resolución.

Escribimos el sistema en forma matricial $AX = B$:

$$\begin{pmatrix}1 & 2\\ 1 & 2\end{pmatrix}\begin{pmatrix}x\\ y\end{pmatrix} = \begin{pmatrix}3\\ 4\end{pmatrix}$$

La solución mínimo-cuadrática de norma mínima es $X = A^+B$. Calculemos pues A^+. Una factorización de rango pleno de A es

$$A = EF = \begin{pmatrix}1\\ 1\end{pmatrix}\begin{pmatrix}1 & 2\end{pmatrix}$$

Es fácil ver que

$$F^R = \begin{pmatrix}1/5\\ 2/5\end{pmatrix}; \qquad E^L = \begin{pmatrix}1/2 & 1/2\end{pmatrix}$$

y en consecuencia

$$A^+ = F^RE^L = \begin{pmatrix}1/10 & 1/10\\ 1/5 & 1/5\end{pmatrix}$$

y la solución mínimo-cuadrática de norma mínima es

$$\begin{pmatrix}x\\ y\end{pmatrix} = \begin{pmatrix}1/10 & 1/10\\ 1/5 & 1/5\end{pmatrix}\begin{pmatrix}3\\ 4\end{pmatrix} = \begin{pmatrix}7/10\\ 7/5\end{pmatrix}$$

109. Dados los datos

x	0	1	2
y	0	2	5

calcular la recta que mejor aproxima estos datos por mínimos cuadrados.

Resolución.

Consideremos una recta $y = ax + b$, entonces

$$\begin{cases} \quad\quad\;\; b = 0\\ a + b = 2\\ 2a + b = 5\end{cases}$$

$$\begin{pmatrix} 0 & 1 \\ 1 & 1 \\ 2 & 1 \end{pmatrix} \begin{pmatrix} a \\ b \end{pmatrix} = \begin{pmatrix} 0 \\ 2 \\ 5 \end{pmatrix}$$

$$(A^tA) = \begin{pmatrix} 0 & 1 & 2 \\ 1 & 1 & 1 \end{pmatrix} \begin{pmatrix} 0 & 1 \\ 1 & 1 \\ 2 & 1 \end{pmatrix} = \begin{pmatrix} 5 & 3 \\ 3 & 3 \end{pmatrix}; \qquad (A^tA)^{-1} = \frac{1}{6} \begin{pmatrix} 3 & -3 \\ -3 & 5 \end{pmatrix}$$

$$A^L = \frac{1}{6} \begin{pmatrix} 3 & -3 \\ -3 & 5 \end{pmatrix} \begin{pmatrix} 0 & 1 & 2 \\ 1 & 1 & 1 \end{pmatrix} = \frac{1}{6} \begin{pmatrix} -3 & 0 & 3 \\ 5 & 2 & -1 \end{pmatrix}$$

$$\begin{pmatrix} a \\ b \end{pmatrix} = \frac{1}{6} \begin{pmatrix} -3 & 0 & 3 \\ 5 & 2 & -1 \end{pmatrix} \begin{pmatrix} 0 \\ 2 \\ 5 \end{pmatrix} = \frac{1}{6} \begin{pmatrix} 15 & -1 \end{pmatrix} = \begin{pmatrix} 5/2 & -1/6 \end{pmatrix}$$

La recta buscada es por tanto

$$y = \frac{5}{2}x - \frac{1}{6}$$

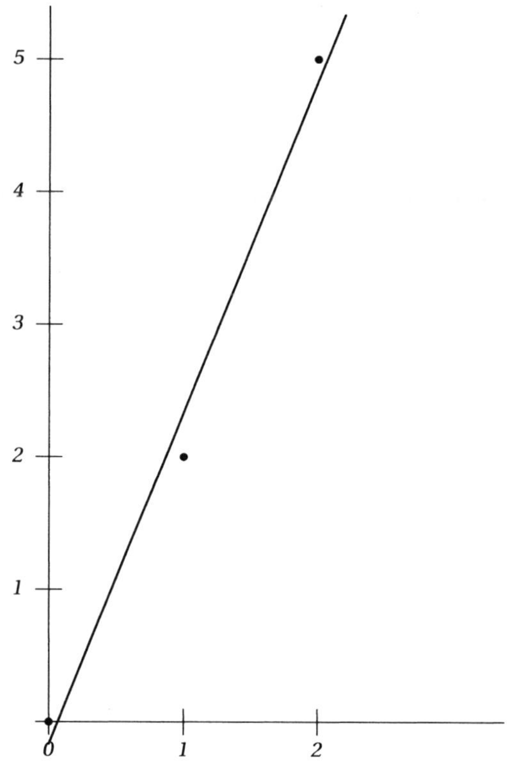

Ejercicios propuestos

. Para las siguientes matrices, estudiar cuáles tienen inversa a derecha y cuáles a izquierda. Calcularlas y comprobar el resultado.

$$\begin{pmatrix} 1 \\ -1 \end{pmatrix} \quad \begin{pmatrix} 1 & 2 & 3 \\ 2 & 1 & 0 \\ 0 & 3 & 6 \end{pmatrix} \quad \begin{pmatrix} 1 & 2 & 3 \\ 2 & 1 & 0 \\ 3 & 3 & 4 \end{pmatrix} \quad \begin{pmatrix} 1 & 2 & 3 & 4 & 5 \\ 5 & 4 & 3 & 2 & 1 \\ 2 & 4 & 6 & 8 & 10 \end{pmatrix}$$

. Resolver por mínimos cuadrados los siguientes sistemas:

$$\left\{\begin{array}{rcl} x+2y &=& 3 \\ x+2y &=& 3 \\ x+2y &=& 4 \end{array}\right. \qquad \left\{\begin{array}{rcl} x &=& 1 \\ x &=& 2 \\ x &=& 3 \end{array}\right. \qquad \left\{\begin{array}{rcl} x+2y+z &=& 2 \\ 2x+4y+2z &=& 3 \end{array}\right.$$

2. Calcular una factorización de rango pleno y la inversa de Moore-Penrose de las siguientes matrices:

$$\begin{pmatrix} 6 & 9 \\ 10 & 15 \end{pmatrix} \quad \begin{pmatrix} 2 & 1 & 5 \\ -1 & 1 & 3 \end{pmatrix} \quad \begin{pmatrix} 1 & 2 & -1 \\ 2 & 4 & 0 \\ 1 & -2 & 1 \\ 0 & 8 & 2 \end{pmatrix} \quad \begin{pmatrix} 1 & 2 & 0 & 2 & 1 \\ -1 & -2 & 1 & 1 & 0 \\ 1 & 2 & -3 & -7 & -2 \end{pmatrix}$$

3. Para cada uno de los sistemas de ecuaciones del ejercicio 211 y de los siguientes, obtener la solución de norma mínima o solución mínimo-cuadrática de norma mínima según corresponda.

$$\left\{\begin{array}{rcl} x+2y &=& 3 \\ 2x+4y &=& 6 \\ 3x+6y &=& 9 \end{array}\right. \qquad \left\{\begin{array}{rcl} x+2y &=& 3 \\ x - y &=& -2 \\ 2x+y &=& 7 \end{array}\right. \qquad \left\{\begin{array}{rcl} -2x-y &=& 3 \\ -2y+4z &=& 1 \\ x-y+3z &=& 0 \end{array}\right.$$

4. Dados los datos:

x	2	5	8	11	14
y	3	6	10	11	15

Calcular la recta que más se ajusta a los datos por el método de mínimos cuadrados. ¿Cuáles son los valores estimados de y para $x = 3, 5, 10, 20$?
Proceder igual con:

x	2	3	3	4	6
y	1	3	4	5	7

5. Cinco niños de 2, 3, 5, 7 y 8 años pesan 14, 24, 30, 42 y 44 kilos respectivamente. Encontrar la recta de regresión del peso sobre la edad y calcular el peso estimado para niños de 4 y de 10 años.

Índice